"十二五"职业教育国家规划教材

经全国职业教育教材审定委员会审定

高等职业院校国家技能型紧缺人才培养培训工程规划教材·汽车运用与维修专业

工程机械底盘构造与维修

（第2版）

李文耀　主　编

姜　婷　杨晋平　副主编

电子工业出版社

Publishing House of Electronics Industry

北京·BEIJING

内 容 简 介

本书以培养高职高专院校学生就业的岗位能力需求为目标，以岗位工作内容为学习任务，把工程机械底盘中理论知识和操作技能以信息资料的形式体现，力图更接近与工作过程相对接的教学模式，有利于学生小组学习及讨论，有利于培养学生的职业能力。通过 14 个工作任务的学习，学生可以系统地掌握常用典型的工程机械底盘构造、原理、维护、维修以及故障诊断技术。

本书既可作为高等职业院校工程机械运用与维护专业的教材，也可作为工程机械企业维修人员的培训教材，还可为专业技术人员提供参考。

图书在版编目（CIP）数据

工程机械底盘构造与维修 / 李文耀主编. —2 版. —北京：电子工业出版社，2013.1
高等职业院校国家技能型紧缺人才培养培训工程规划教材. 汽车运用与维修专业

ISBN 978-7-121-19452-8

Ⅰ. ①工… Ⅱ. ①李… Ⅲ. ①工程机械－底盘－构造－高等职业教育－教材②工程机械－底盘－维修－高等职业教育－教材 Ⅳ. ①TU60

中国版本图书馆 CIP 数据核字（2013）第 013747 号

策划编辑：程超群
责任编辑：郝黎明
印　　刷：北京七彩京通数码快印有限公司
装　　订：北京七彩京通数码快印有限公司
出版发行：电子工业出版社
　　　　　北京市海淀区万寿路 173 信箱　邮编 100036
开　　本：787×1 092　1/16　印张：23　字数：588.8 千字
版　　次：2008 年 7 月第 1 版
　　　　　2013 年 1 月第 2 版
印　　次：2021 年 1 月第 6 次印刷
定　　价：45.00 元

前　言

为提高高等职业教育教学质量，高职院校课程改革打破了传统课程的结构框架，构建符合职业教育特点和生产一线的高素质高技能人才需求的课程体系，加强以工作过程为导向工学结合的专业课程改革。本课程在维修企业调研的基础上，分析完成该任务所需要的知识、技能、能力，把它变为与工作过程对接的学习型任务，以任务为载体实现"学习的内容是工作，通过工作实现学习"。每个任务的学习基本模式为：布置维修任务→小组形式学习基本理论，查找维修资料，初步制订维修方案→教师讲解、演示、解答疑问→小组完善维修方案→小组分工现场操作→过程考核。整个学习组织中，学生作为学习主体发挥主观能动性，增强了自学能力、决策能力以及动手能力；教师则是辅导者的角色。小组合作学习增强了学生的沟通、协调及合作能力。

本书以上述教学模式为基础，为学生提供就业前所必须掌握的知识、技能及经验，尽力使学习内容和工作内容紧密结合。本书的特点概括如下：

（1）以工作任务为驱动。将与生产实践对应的教学内容分解为具体的任务去学习和训练。

（2）突出以学生为主体。教材内容选取学生就业岗位所必需的基本理论、基础知识，以加强实用性，实践操作则面向岗位需求，围绕常用的典型机械进行实操。

（3）注重学生学习能力的培养。现代教育理论认为，教材是学生学习的对象，是一种学习资源。本书力求通俗、简洁，有利于学生自学和小组学习。每个任务配有任务思考题，用来检验学习效果，同时锻炼学生自主学习和自我评价的能力。

（4）注重实用性。为了及时反映工程机械底盘技术的发展状况，在本书编写过程中，编者参阅了大量资料文献，并将编者多年的教学、生产、培训及教学改革的成果融入书中，加强针对性与实用性，以满足与社会和市场对接的优秀人才的需要。

本书由山西交通职业技术学院李文耀副教授担任主编，姜婷、杨晋平担任副主编，参加编写的人员还有周传应、史同心、朱江涛、孙志星、张锦和杨文刚。其中李文耀编写了项目二中的任务二和项目三；姜婷编写了项目一中的任务五和项目六；杨晋平编写了项目四；周传应编写了项目一中的任务一、任务二；史同心编写了项目一中的任务三；朱江涛编写了项目二中的任务一；孙志星编写了项目五中的任务一；张锦编写了项目一中的任务四；杨文刚编写了项目五中的任务二。在本书编写的过程中，得到山西交通科学研究院教授级高工靳长征、山西工程机械协会的大力支持，鲁静、申敏做了大量的文字工作，在此表示感谢。

由于编者学识和水平有限，书中有不妥和错误之处，恳请使用本书的教师、学生以及专业人员不吝指正。

编　者
2013 年 1 月

目　　录

项目一 机械式传动系构造与维修

任务一 主离合器构造与维修

知识目标：

1. 学会描述传动系功用、类型、组成。
2. 学会描述主离合器功用、类型、原理、典型结构。
3. 学会分析主离合器常见故障原因。

技能目标：

1. 能够正确拆装并调整离合器间隙。
2. 能够对离合器主要零部件进行检修。
3. 能够正确诊断和排除典型结构离合器常见故障。

任务咨询：

咨询一 传动系相关知识

一、工程机械底盘概述

工程机械有自行式和拖式两大类，本教材主要介绍自行式工程机械。自行式工程机械按其行驶方式的不同可分为轮式和履带式两种。自行式工程机械虽然种类很多，结构形式各异，但基本上可以划分为动力装置（内燃机）、工作装置和底盘三大部分。

（1）动力装置：发动机为自行式工程机械提供动力。通常采用柴油机，其输出的动力经过底盘传动系传给行驶系使机械行驶，经过底盘的传动系或液压传动系统等传给工作装置使机械作业。

（2）工作装置：工程机械直接完成各种工程作业任务而进行作业的装置，是机械作业的执行机构。不同类型的工程机械有不同的工作装置，如推土机的推土铲刀、推架等组成推土装置，装载机的装载铲斗、动臂等组成装载装置，挖掘机的铲斗、斗杆、动臂等组成挖掘装置。

（3）底盘：接受动力装置发出的动力，使机械能够行驶或同时进行作业。底盘是全机的基础，柴油机、工作装置、操纵系统及驾驶室等都装在它上面。底盘通常由传动系、行驶系、转向系和制动系组成。

底盘按行驶系的构造特点不同，可分为轮式和履带式两种。按传动系的构造特点不同，一般可分为机械传动式、液力机械传动式、全液压传动式和电传动式四种类型。

传动系的功用是将发动机输出的动力按需要传给驱动轮，使其适应各种工况下机械行驶或作业的需要。轮式机械传动系主要由主离合器（变矩器）、变速器、万向传动装置、主传动装置、差速器及轮边减速器等组成。履带式机械传动系主要由主离合器（变矩器）、变速器、中央传动装置、转向制动装置及侧减速器等组成。

行驶系的功用是将发动机输出的扭矩转化为驱动机械行驶的牵引力，并支承机械的重量和承受各种力。轮式机械行驶系主要由车轮、车桥、车架及悬挂装置等组成。履带式机械行驶系主要由行驶装置、悬架及车架等组成。

转向系的功用是使机械保持直线行驶及灵活准确地改变或回复其行驶方向。轮式机械转向系主要由转向盘、转向器、转向传动机构等组成。履带式机械转向系主要由转向离合器和转向制动器等组成。

制动系的功用是使机械减速或停车，并使机械可靠地停车而不滑溜。轮式机械制动系主要由制动器和制动传动机构等组成。履带式机械没有专门的制动系，而是利用转向制动装置进行制动。

随着工程机械的不断发展，工程机械新技术的应用更为普遍，给工程机械的维修带来许多新的问题。底盘是工程机械极为重要、极具共性的组成部分，本书根据工程机械的特点，以工程机械底盘构造与工作原理、常见故障诊断与排除、故障排除实例、典型底盘维修为主干，讲解工程机械底盘。

二、传动系的功用

工程机械的传动系是将发动机发出的动力按需要传给驱动轮或工作装置，使其在不同使用条件下正常行驶或作业的系统。其具体功用有以下几点。

1. 减速增扭

只有当作用在驱动轮上的牵引力足以克服外界对工程机械的阻力时，工程机械方能起步、行驶和作业。

2. 变速变扭

工程机械的使用条件（如负载大小、道路坡度、路面状况等）都在很大范围内变化，这就要求工程机械牵引力和速度应有足够的变化范围。为了使发动机能保持在有利转速范围（保证发动机功率较大而燃料消耗率较低的曲轴转速范围）内工作，而工程机械牵引力和速度又能在足够大的范围内变化，应使传动系传动比 i 有足够大的变化范围，即传动系应起变速作用。

3. 实现机械倒驶

工程机械在作业时或进入停车场、车库，在窄路上掉头时，常常需要倒退行驶。然而，发动机是不能反向旋转的，故传动系必须保证在发动机旋转方向不变的情况下，能使驱动轮反向旋转，一般结构措施是在变速器内加设倒退挡。

4. 结合或切断动力

发动机只能在无负荷情况下启动，而且启动后的转速必须保持在最低稳定转速以上，否则可能熄火。所以在工程机械起步之前，必须将发动机与驱动轮之间的传动路线暂时切断，以便启动发动机。在变换传动系挡位（换挡）以及对工程机械进行制动之前，也有必要暂时中断动力传递。为此，在发动机与变速器之间，应装设一个主动和从动部分能分离和结合的短时分离机构,这就是离合器。

在工程机械长时间停车时,以及在发动机不熄火、工程机械短时间停车时,或高速行驶的工程机械靠自身惯性进行长距离滑行时,传动系应能长时间保持在中断传动状态,故在变速器中设有空挡。

5. 差速作用

当工程机械转弯行驶时,左、右车轮在同一时间内滚过的距离不同,如果两侧驱动轮仅用一根刚性轴驱动,则二者转速相同,因而转弯时必然产生车轮相对于地面滑动的现象,这将造成转向困难、动力消耗增加、传动系内某些零件和轮胎加速磨损。所以,驱动桥内应装有差速器,使左、右两驱动轮能以不同的转速旋转。

此外,由于发动机、离合器和变速器都固定在车架上,而驱动桥和驱动轮是通过悬挂装置与车架连接的。因此在工程机械行驶过程中,变速器与驱动轮之间的相互位置会产生一定的变化。在此情况下,二者之间不能用简单的整体传动轴连接,而应采用由万向节和传动轴组成的万向传动装置。

三、传动系的类型

目前工程机械传动系类型有机械式传动系统、液力机械式传动系统、全液压式传动系统、电力传动系统等。

1. 机械式传动系统

(1)轮式工程机械传动系。

如图 1-1-1 所示,它主要由以下几个总成组成。

主离合器:位于内燃机和变速器之间,由驾驶员操纵,可以根据机械运行作业的实际需要,切断或接通传给变速器等总成的动力。

变速器:驾驶员通过操纵变速器,改变机械的行驶速度,或改变机械的行驶方向。

万向传动装置:由于变速器动力输出轴与传动系其他装置的动力输入轴不在同一直线上,而且动力输入轴和输出轴的相对位置在机械行驶过程中是变化的,所以需要用万向节传动装置连接并传递动力。万向传动装置包括万向节和传动轴。

主传动器:主传动器由一对或两对齿轮组成,它进一步降低转速、增大转矩。同时,还将万向传动装置传递来的动力方向改变 90° 后,传给差速器。

差速器:工程机械在行驶过程中,因弯道等原因,会出现在同一行驶时间内左、右驱动轮所滚过的路程不相等的现象。为此,把驱动左、右轮的驱动轴做成两段,形成两根半轴,由差速器把两半轴连接起来,实现左、右驱动轮不等速滚动,保证机械正常行驶。

(2)履带式工程机械传动系

如图 1-1-2 所示,内燃机纵向前置,与之连接的是主离合器。动力从内燃机输出,经离合器、联轴器传给变速器。变速器动力输出轴和主传动齿轮制成一体。动力方向改变 90° 后,由紧固在驱动轴上的从动锥齿轮传给左、右转向离合器,最后经终传动装置传到驱动链轮。

履带式工程机械传动系因转向制动方式与轮式工程机械传动系不同,故在驱动桥内设置了转向制动装置。另外,在动力传至驱动链轮之前,为进一步减速增矩,增设了终传动装置,以满足履带式机械较大牵引力的需求。

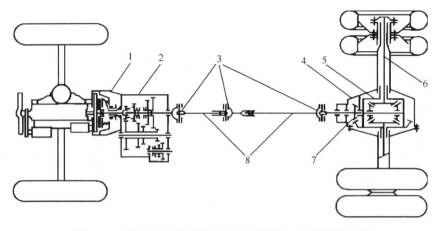

图 1-1-1　轮式工程机械用机械式传动系的一般组成及布置

1—离合器；2—变速器；3—万向节；4—驱动桥；5—差速器；6—半轴；7—主传动装置；8—传动轴

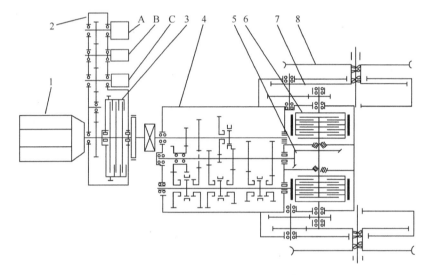

图 1-1-2　履带式工程机械传动系简图

1—内燃机；2—齿轮箱；3—主离合器；4—变速器；5—主传动齿轮；6—转向离合器；7—终传动装置；8—驱动链轮；

A—工作装置液压油泵；B—离合器液压油泵；C—转向离合器液压油泵

2．液力机械式传动系统

工程机械工作负荷变化剧烈，需要根据负荷大小不断改变工作机构的速度，以取得必要的作业能力和生产率，并防止发动机熄火，使得驾驶员劳动强度大、生产力低、作业能力小。如果用液力传动可改善上述缺点，生产率可提高 30%～50%，驾驶员劳动强度降低，发动机不会熄火，可以重载启动，简化变速箱结构，减少挡数，延长机械使用寿命等。由于液力机械传动的优点突出，因此液力机械式传动系在工程机械上得到重视和发展。图 1-1-3 为 ZL50型装载机传动系简图。

从图 1-1-3 中可以看出，和机械式传动系主要区别是内燃机动力经液力变矩器及具有双行星排的动力换挡变速器传给前后驱动桥。液力变矩器有以下工作特点：

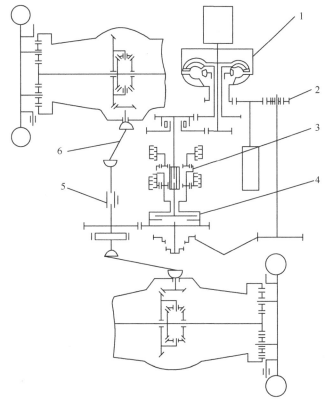

图 1-1-3　ZL50 型装载机传动系简图

1—液力变矩器；2—超越离合器；3—动力换挡变速器；4—主离合器；5—脱桥机构；6—传动轴

（1）提高了机械的使用寿命。液力变矩器工作时，泵轮输入能量，涡轮输出能量，两者之间有 2mm 左右的间隙，相互没有刚性连接，而是通过油这种介质把它们之间的能量进行交换的。这种连接可称为柔性连接，前后没有机械冲击，会起到相互的保护作用，提高了机械的使用寿命。据统计，采用液力机械式传动和机械式传动相比，发动机寿命增加 47%，变速器寿命增加 100%，驱动桥寿命增加 93%。对于载荷变化较剧烈的工程机械，效果更为显著。

（2）液力变矩器能自动变矩而适应外载荷的变化。柴油机转矩适应性系数较小（仅为1.05～1.20），故超载能力有限。为了适应机械作业时工作阻力急剧变化的特点及避免超载时发动机熄火，往往不得不提高发动机的功率储备，因而导致在正常工作范围内发动机功率利用程度降低，经济性下降。应用液力变矩器能大大地改善发动机的输出特性，使其在正常载荷条件下发动机处于额定工况下工作；而当载荷增大时，变矩器能自动增大输出转矩并降低输出转速（液力变矩器的最大变矩系数可达 2.5 以上），保持发动机的负荷与转速不变或变化很小，因此可充分利用发动机的最大功率工作，大大改善了机械作业时的牵引性能和动力性能。

（3）简化了机械的操纵。因为液力元件本身就相当于一个无级变速器，其性能扩展了发动机的动力范围，故变速器的排挡数可以显著减少，简化了变速器的结构，加之采用动力换挡，因而使机械的操纵简化，减轻了驾驶人员的劳动强度。

（4）提高了机械的起步性能和通过性能。由于变矩器具有自动无级变速的能力，因而起步平稳，并能以任意小的速度稳定行驶，这使机械行驶部分与地面的附着力增加，从而提高机械的通过性能。这对机械在泥泞、沼泽地带行驶或作业都是有利的。

（5）提高了机械的舒适性。采用变矩器后，机械可以平稳起步并在较大速度范围内无级变速，此外还可以吸收和消除冲击和振动，从而提高机械的操纵舒适性。

（6）减少了维修工作。液力传动元件由于工作在油中，较少出现故障，一般无须经常维修。

（7）液力机械传动系统缺点。液力变矩器工作时，有较大的能量损失，使它的工作效率比机械传动的偏低。一般变矩器的最高效率只能达到 0.82～0.92，能量损失较大，油温会升高，还须要液压系统来补充油量和冷却油液。工程机械液力变矩器的工作效率一般都不大于88%。在行驶阻力变化小而连续作业时，由于效率低而增加了燃油消耗量。液力传动系统需要设置供油系统，其液力元件加工精度要求高、价格贵，工作油容易泄漏，这使其结构复杂化，同时增加了成本。

3．全液压式传动系统

全液压式传动系统也是一种无级变速传动系统，结构简单、布置方便、操纵轻便、工作效率高、容易改型换代等优点，近年来，在公路工程机械上应用广泛。例如，具有全液压式传动系的挖掘机目前已基本取代了机械式传动系的挖掘机。

图 1-1-4 为挖掘机的全液压式传动系示意图。从图中可以看出，柴油机通过分动箱直接驱动 5 个液压泵，其中两个双向变量柱塞泵供行走装置中柱塞马达用，两个辅助齿轮泵作为行走装置液压系统补油用，另一个齿轮泵供工作装置用。行走装置是由柱塞马达通过减速箱来驱动 4 个行走轮的。也改变液压马达的供油量可改变机械行驶速度，改变供油方向使液压马达反转可使机械后退。有的机械直接用液压马达驱动行走轮，进一步简化了传动系统。

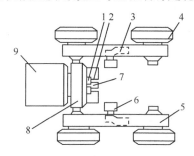

图 1-1-4　全液压式传动系示意图

1—辅助齿轮泵；2—双向变量柱塞泵；3—小齿轮箱；4—行走轮；5—行走减速器；6—柱塞式液压马达；

7—齿轮式液压泵；8—分动箱；9—柴油机

液压传动应用于工程机械行驶系的传动装置具有以下特点：

（1）能实现无级变速，变速范围大，并能实现微动，而且在相当大的变速范围内，保持较高的效率。

（2）用一根操纵杆便能改变行驶方向和速度。

（3）可利用液压传动系统实现制动。

（4）在履带式机械或以差速方式转向的轮式机械中，当左、右驱动轮分别采用独立的传动系统时，不需要主离合器、转向离合器及制动器等机构，因此传动系统中没有易损零件，结构简单，保养方便。另外，改变左、右驱动轮的转速能平稳地实现按任意转向半径转向及原地转向。

（5）便于实现自动化及远距离操纵。

工程机械工作时阻力大，前进、后退换向频繁及载荷变化剧烈工作条件恶劣，目前液压元件的性能还不能完全适应，要保证所有液压元件的耐久性和可靠性较困难，工程机械行驶系统中采用液压传动价格贵、噪声大。因此，目前在工程机械中液压传动使用较少。但是，随着液压元件性能的不断提高，预计会有更多的机械采用液压传动。

4．电力传动系统

工程机械中最常见的电力传动系统为电动轮的形式，如图 1-1-5 所示。其基本原理是由发动机带动直流发电机，然后用发电机输出的电能驱动装在车轮中的直流电动机，车轮和直流电动机（包括减速装置）装成一体，称为电动轮。电传动价格高、自重大。目前主要用于自卸载货汽车、铲运机以及矿用轮式装载机上。电动轮的结构如图1-1-6所示，这种传动系统的优点如下。

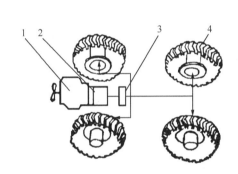

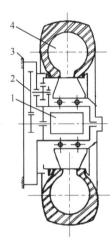

图 1-1-5　电动轮传动系统示意图

1—柴油机；2—发电机；3—操纵装置；4—电动轮

图 1-1-6　电动轮结构示意图

1—电动机；2—减速器；3—车架；4—车轮

（1）动力装置（柴油机发电机）和车轮之间没有刚性联系，便于总体布置及维修。

（2）变速操纵方便，可以实现无级变速，因而在整个速度变化范围内都可充分利用发动机功率。

（3）电动轮通用性强，可简单地实现任意多驱动轮驱动的方式，以满足不同机械对牵引性能和通过性能的要求。

（4）可以采用电力制动，在长坡道上行驶时可大大减轻车轮制动器的负荷，延长制动的寿命。

（5）容易实现自动化。

四、典型工程机械的传动系简图

工程机械传动系可用简图表示其动力的传递途径和系统组成情况。常见的工程机械中，快速履带式推土机、TL—120A 推土机、74 式Ⅲ挖掘机的传动系为机械传动，TL—180 推土机、PY—160B 平地机、ZL—40 装载机、CL—7 铲运机的传动系为液力机械式传动，TITAN355 型轮胎式摊铺机为液压传动。其各自的传动系简图如图1-1-7～图1-1-11所示。

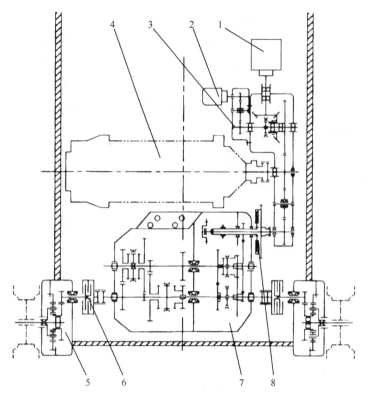

图 1-1-7　快速履带式推土机传动简图

1—作业油泵；2—助力油泵；3—齿轮传动箱；4—发动机；5—侧减速器；6—转向离合器；7—变速器；8—主离合器

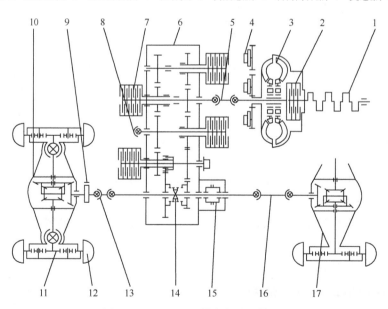

图 1-1-8　TL—180 推土机传动简图

1—发动机；2—锁紧离合器；3—变矩器；4—油泵；5—传动轴；6—变速器；7—换挡离合器；

8—铰盘传动轴；9—手制动器；10—前驱动桥；11—轮边减速器；12—车轮；13—前传动轴；14—高低挡啮合套；

15—后桥脱桥机构；16—后传动轴；17—后驱动桥

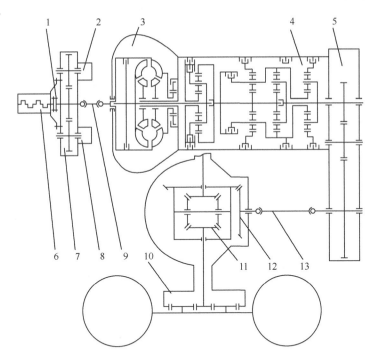

图 1-1-9　CL—7 铲运机传动简图

1—联轴器；2—工作油泵；3—变矩器；4—变速器；5—加力器；6—发动机；7—功率输出箱；8—转向油泵；

9—前传动轴；10—轮边减速器；11—差速器；12—主传动器；13—后传动轴

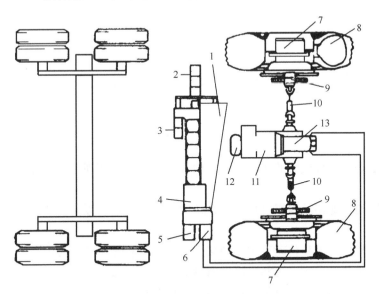

图 1-1-10　TITAN355 型轮胎式摊铺机液压传动图

1—柴油机；2—供右刮板螺旋输送系统和转向用的三联泵；3—供左刮板螺旋输送系统和转向用的双联泵；

4—油冷却器；5—供振捣梁用的油泵；6—用于行驶的油泵；7—行星减速器；8—驱动轮；9—制动器；10—万向传动轴；

11—带差速锁的减速器；12—机械操作的蹄式停车制动器；13—液压马达

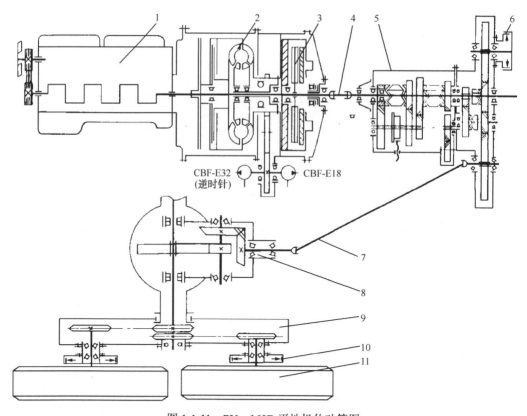

图 1-1-11　PY—160B 平地机传动简图

1—发动机；2—变矩器；3—主离合器；4、7—传动轴；5—变速器；6—手制动器；8—后驱动桥；

9—平衡箱；10—车轮制动器；11—车轮

咨询二　主离合器概述

一、主离合器作用和要求

主离合器是根据工程机械的实际需要，由驾驶员操纵，实现分离和接合的机构。其具体功用如下：

（1）能迅速彻底地切断内燃机与传动系统间的动力传递，以防止变速器换挡时齿轮产生啮合冲击；

（2）能将内燃机动力和传动柔和地接合，使工程机械平稳起步；

（3）当外界负荷剧增时，可利用离合器打滑作用起过载保护；

（4）利用离合器的分离，可使工程机械短时间驻车。

离合器工作时，分离应彻底，以保证平顺换挡；接合要柔顺，以保证机械平稳起步及行驶平稳；应具有足够的动力传递能力，既能传递内燃机产生的最大转矩，以保证机械具有良好的动力性，又能防止传动系的零部件过载；离合器中摩擦副的摩擦系数要高，耐磨、耐高温，具有较长的使用寿命；离合器散热性能要好，使其工作性能稳定、可靠。此外，离合器的操作要轻便，调整简便，以减小驾驶员的劳动强度；离合器从动部分的零件质量要小，以便迅速换挡；离合器各零件质量应均匀，结构和布置要对称，以保证整个离合器（以至内燃机）具有较高的动平衡精度，使机械（特别是传动系）运转平稳。

二、主离合器分类

离合器的类型较多，有摩擦式、液力式和电磁式等。工程机械应用最广泛的是根据摩擦原理设计而成的离合器，称为摩擦离合器。这种离合器结构简单，工作可靠。摩擦式离合器可根据以下情况分类。

（1）根据从动摩擦盘数，可分为单盘式、双盘式和多盘式离合器。

单盘式离合器有2个摩擦面。它的优点是结构简单、分离彻底、散热良好、调整方便、从动部分转动惯量小。

双盘式离合器有4个摩擦面。它的优点是接合较平顺、摩擦力大、可传递较大的扭矩。

多盘式离合器从动部分惯量大，不易分离彻底。一般只有在传递扭矩大，同时结构尺寸受到限制的机械上采用。

（2）根据压紧机构的类型，可分为弹簧压紧式和杠杆压紧式离合器。

弹簧压紧式离合器平时处于接合状态，故又称为常结合式。它只需要单向操纵，一般由脚控制，这种离合器操纵方便，便于机械在行驶时进行变速换挡。轮式机械多采用这种离合器。

杠杆压紧式离合器与弹簧压紧式离合器相比有两个特征：第一，摩擦副的正压力是由杠杆系统施加的。第二，此离合器接合和分离需要双向操纵，一般由手操纵杆进行控制，驾驶员不操纵时，既可以稳定地处于结合状态，又可以稳定地处于分离状态，故又称为非常结合式。若机械需要短时间停车，只需分离离合器即可，而不需将变速杆放入空挡。同时它便于驾驶员对其他操纵元件的操作，这对工程机械操作是十分必要的。履带式机械多采用这种离合器。

（3）根据摩擦盘的工作条件，可分为干式和湿式离合器。

干式离合器结构简单、制造容易，但使用中操纵要正确，该离合器磨损较快，需经常进行调整，否则易发生故障，并使磨损加剧，缩短寿命。

湿式离合器的摩擦盘是在油浴中工作，强制循环的工作液体对其进行润滑及冷却，所以磨损较小。摩擦面材料是用粉末冶金烧结而成，因而它单位面积所允许承受的压力较高，耐磨性好，可使用较长时间不需调整，使用寿命长（一般比干式离合器长3~4倍），但需要增加压紧力来补偿。为了操纵轻便，一般都装有液压助力器。湿式离合器结构较复杂，但其优点突出，目前在工程机械中得到了广泛应用。

（4）按照操纵机构方式，可分为机械式、液压式、气动式3种，其中机械式和液压式操纵机构又常和各种形式的助力器配合使用。助力器有弹簧助力、液压助力和气动助力等形式。

三、主离合器组成与原理

1. 常合式摩擦离合器组成及原理

常合式摩擦离合器（图1-1-12为离合器工作原理简图）一般由摩擦副、压紧与分离机构、操纵机构等组成。摩擦副包括主动摩擦盘和从动摩擦盘。这种摩擦离合器是直接利用内燃机飞轮的外端面作主动盘，从动盘通过花键和离合器轴相连，既可带动离合器轴一起旋转，又能沿离合器轴做轴向移动。离合器轴前端靠滚动轴承支承在飞轮中心凹孔中。

压紧与分离机构包括压盘、压紧弹簧、分离拉杆、分离杠杆等，它们都安装于离合器盖上，离合器盖用螺钉固紧在飞轮上。因而，压紧与分离机构是随飞轮一起旋转的。同时，压盘又可在压紧弹簧或分离拉杆的作用下做轴向移动。操纵机构包括分离轴承、分离套筒、分离拨叉、拉杆及离合器脚踏板等。因压紧弹簧装配时有预紧力，在此预紧力作用下，借助压盘将从动盘紧紧地压在飞轮的外端面上。此时离合器处于"接合"状态，内燃机动力由飞轮经从动盘、离合器轴传至变速器。

驾驶员踩下离合器脚踏板时，分离杠杆向右移动，分离拨叉推动分离滑套，分离轴承左移，使分离杠杆内端受压。当操纵力大于压紧弹簧预紧力时，分离杠杆外端通过分离拉杆将压盘向右拉，压缩压紧弹簧，直至使压盘、从动盘及飞轮表面间出现 0.5mm 的间隙为止，此时离合器处于"分离"状态，内燃机动力传递被"切断"。

常合式离合器是靠压紧弹簧的预紧力传递动力的，当驾驶员不操纵时处于"接合"状态（由此而称其为常合式弹簧压紧摩擦离合器），传递转矩的大小取决于弹簧压紧力、摩擦副平均直径、摩擦系数等因素。"分离"状态时主、从动摩擦副之间必须保持一定的间隙。

结合状态时，分离轴承与分离杠杆内端之间预留的间隙称为离合器的自由间隙，它防止离合器从动盘摩擦片磨损变薄后压盘不能前移而造成的离合器打滑。消除离合器自由间隙及分离机构、操纵机构零件弹性变形所需要的离合器踏板行程称为离合器踏板自由行程。其大小可以调整。

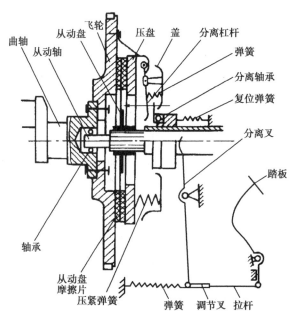

图 1-1-12　离合器的组成和工作原理示意图

2．非常合式离合器的组成及原理

非常合式摩擦离合器的工作原理如图 1-1-13 所示。

非常合式摩擦离合器摩擦副包括主动盘和前从动盘、后从动盘。主动盘上的外花键和飞轮上的内花键相连，既可随飞轮一起旋转，又能做轴向移动。前从动盘用键和离合器轴紧固连接，并利用前端螺母定位，防止其产生轴向移动。在其轮毂的后端外圆上，分别铣有花键和螺纹。后从动盘通过内花键套装在轮毂的外花键上，而压紧与分离机构则拧在轮毂的螺纹上。

压紧与分离机构包括以螺纹拧在前从动轮毂上的十字架、加压杠杆、弹性推杆等。当利用操纵杆使分离套 6 向左移动时，弹性推杆 8 使加压杠杆 9 向内收紧，使加压杠杆 9 的凸起处将后从动盘 4 向左推移，直至将后从动盘 4 及主动盘 3 与前从动盘 2 压紧。当分离套移到图 1-1-13（b）所示的位置（即处于中立位置）时，弹性推杆处于垂直位置。此时，作用在后从动盘上的压紧力达到最大，但此位置是不稳定的，稍有振动，加压杠杆就有退回到分离位置 [图 1-1-13（c）] 的可能。为避免出现这种情况，应将分离套继续向左推移，让弹性推杆越过垂直位置，稍向后倾斜 [图 1-1-13（a）]，这样，尽管压紧力减小了一些，但可以保证离合器处于稳定的接合位置。

当扳动操纵杆带动分离套 6 右移，加压杠杆 9 的凸缘离开后从动盘 4，主离合器分离，动力被切断 [图 1-1-13（c）]。

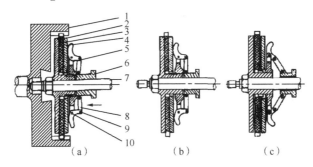

图 1-1-13　非常合式摩擦离合器工作原理

1—飞轮；2—前从动盘；3—主动盘；4—后从动盘；5—十字架；6—分离套；7—离合器轴；

8—弹性推杆；9—加压杠杆；10—杠杆销轴

咨询三　典型主离合器构造原理

常合式离合器工程汽车及某些工程机械，中小马力的机械大多用单片或双片干式离合器，如解放牌汽车、黄河牌汽车、74 式挖掘机、PY160 型平地机等。一些工程机械采用汽车底盘，如混凝土泵车采用奔驰底盘，所以离合器为单片干式离合器，直径 430mm，液压助力的类型。采用沃尔沃底盘的离合器为干式双片、液力辅助类型。常合式离合器一般多采用弹簧压紧机构，如单片、双片、多片干式离合器。

非常合式离合器一般用于动力较大的履带底盘工程机械，可以长时间处于分离状态，有较大摩擦系数、承受较高正压力的粉末冶金材料的多片摩擦离合器，弹性杠杆既是压紧机构，又是松放机构。上海 TY120 型推土机、移山 80 型推土机、TY220 推土机及一些挖掘机上采用非常合式离合器。

一、单片常合式摩擦离合器

图 1-1-14 为东风 EQ1090 型载货汽车用单片常合式摩擦离合器，它具有结构简单、分离彻底、散热性好、调整方便、尺寸紧凑等优点。

（1）摩擦副

离合器摩擦副包括飞轮、压盘和从动盘。为减小从动盘的转动惯量，减小变速器换挡时的冲击，从动盘一般用薄钢板制成，用铆钉和从动盘毂铆接在一起。从动盘毂以花键和离合器输出轴连接。在从动盘两端面上，用铝质埋头铆钉铆有模压石棉衬面，用以提高摩擦副的摩擦系数和耐磨性。从动盘上还装有扭转减振器，以吸收冲击和振动。

（2）压紧与分离机构

为保证压盘具有足够的刚度并防止其受热后翘曲变形，压盘为铸铁制成的具有一定厚度的圆盘，它通过4组弹性传动片和离合器盖相连接。传动片一端用铆钉铆在离合器盖上，另一端用螺钉紧固于压盘上。离合器盖以2个定位孔与飞轮对正后，用8个螺钉固定在飞轮上，通过传动片带动压盘随飞轮一起旋转。为保证离合器分离时的对中性及离合器工作的平稳性，4组传动片相隔90°并沿圆周切向均匀分布。离合器分离时，弹性传动片发生弯曲变形，从而使压盘相对于离合器盖向右移动。压盘与离合器盖采用这种传动片连接方式，具有结构简单、传动效率高、噪声小、接合平稳、压盘与离合器盖间不存在磨损等优点。在压盘的右侧，沿圆周方向分布着16个压紧弹簧，当离合器处于接合状态时，它将压盘、从动盘紧紧压在飞轮上。

4个用薄钢板冲压而成的分离杠杆，通过调整螺母的支承螺栓及浮动销支承在离合器盖上。支承螺栓的左端插入压盘相应的孔中。支承弹簧使分离杠杆的中部通过浮动销紧靠在支承螺栓方形孔的左内侧面上。分离杠杆的外端通过摆动支承片顶住压盘。离合器接合时，摆动支承片。

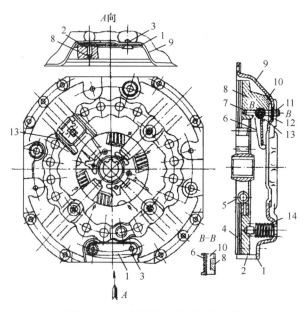

图 1-1-14 单片常合式摩擦离合器

1—传动片；2—螺钉；3—铆钉；4—从动盘；5—扭转减振器；6—分离杠杆；7—支承螺栓；8—压盘；
9—离合器盖；10—摆动支承片；11—调整螺母；12—浮动销；13—支承弹簧；14—压紧弹簧

呈凹字形（图1-1-14中B—B剖视），其平直的一边支承在分离杠杆外端的凹面处，两者保持完全接触，而其凹边则嵌入压盘的凸起部。离合器分离时，分离杠杆内端绕浮动销转动，外端则通过摆动支承片将压盘拉向右方。此时，一方面浮动销沿与支承螺栓方形孔的左内侧接触面向离合器中心滚动一个很小距离；另一方面，摆动支承片与压盘接触边向外倾斜。这样，可消除运动件间的干涉，并减小摆动支承片与分离杠杆接触面间的滑动摩擦。这种结构因其工艺结构简单、零件数目少，而得到广泛的应用。

为保证离合器在分离和接合过程中，压盘位置和飞轮外端面平行，防止因压盘歪斜而造成分离不彻底及起步时发生"颤抖"现象，可通过调整螺母进行调整，使4个分离杠杆内端处在平行于飞轮端面的同一平面内。

离合器处于接合状态时，自由间隙可通过调整螺母进行调整。由于离合器自由间隙的存在，驾驶员在踩下离合器踏板后，要先消除自由间隙，然后才能使离合器分离。这样，离合器踏板行程就由两部分组成：对应自由间隙的踏板行程称为离合器踏板自由行程，余下的踏板行程称为离合器踏板工作行程。离合器踏板自由行程是通过调整踏板拉杆前端的螺母来实现的。

为保证内燃机与离合器整体的动平衡，除应严格控制运动零件的质量外，在离合器盖的紧固螺栓（图1-1-14中未画出）上还装有平衡片，拆卸时应做上记号，装复时要按原样装回。必要时，离合器连同内燃机要进行动平衡复试，否则会破坏曲轴与飞轮的动平衡，使曲轴发生早期疲劳损坏。内燃机若运转不平稳，会使整个传动系产生较大的振动与噪声。

二、双片常合式摩擦离合器

以74式Ⅲ挖掘机的主离合器为例进行分析。主离合器为弹簧压紧双盘干式离合器，主要由主动部分、压紧机构、从动部分和操纵机构等组成（图1-1-15）。

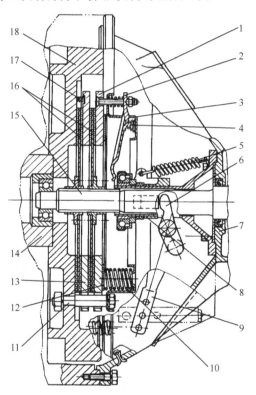

图1-1-15 74式Ⅲ挖掘机主离合器

1—压盘；2—分离臂；3—离合器盖；4—支承弹簧；5—回位弹簧；6—分离叉；7—壳体；8—分离套；9—拉臂；10—压紧弹簧；11—传动销；12—隔热环；13—主动盘；14—曲轴；15—离合器轴；16—从动盘；17—分离弹簧；18—飞轮

（1）主动部分与压紧机构

主动部分与压紧机构主要由传动销、主动盘、压盘、离合器盖、压紧弹簧和分离臂等组成。6个传动销压装在飞轮上，并用螺母固定。主动盘和压盘套装在传动销上，可做轴向移动。离合器盖用螺钉固定在传动销的端部。6个分离臂的中部均制有凹槽，用以卡装在离合器盖的窗口内，并以此作为工作时的支点。分离臂外端用螺栓和压盘连接在一起，这样当向左压分离臂内端时，压盘便随之右移。分离臂外端的螺栓还可以用来调整分离臂内端工作面的高度。为防止离合器转动时分离臂发生振动，在分离臂中部和分离臂固定螺栓上装有支承弹簧。12 个压紧弹簧的两端分别支承在离合器盖的凸台和压盘的隔热环上，隔热环用螺钉固定在压盘上。为防止主动盘在离合器分离时与前从动盘接触而造成离合器不能彻底分离，故在飞轮与主动盘之间装有 3 个锥形分离弹簧，并在离合器盖上旋装有 3 个限位螺钉，限位螺钉内端穿过压盘上的专用孔，以便在离合器分离时限制主动盘后移量。但在离合器结合后，其端部与压盘之间应有一定间隙（1～1.25mm）。发动机在工作时，上述所有部件跟随飞轮一起旋转。

（2）从动部分

从动部分由前、后两个从动盘和离合器轴（即变速器主动轴）组成。每个从动盘都由从动盘毂、钢片和摩擦片组成，其中从动盘毂和钢片、钢片和摩擦片均铆接在一起。从动盘毂通过内花键套装在变速器主动轴的前部花键上，并可轴向移动。从动盘毂两端是不对称的，在安装时应使短的部分相对，否则离合器将不能正常工作。从动盘毂用铆钉与钢片铆接，钢片上开有 6 条径向槽，用以防止受热后翘曲变形。在钢片的两侧用铆钉铆有摩擦片，两个从动盘分别处于飞轮、主动盘、压盘之间，由压紧弹簧将它们相互压紧在一起。

三、弹簧压紧液压助力多盘干式离合器

轮式推土机的主离合器采用弹簧压紧液压助力多盘干式的结构形式，它前面与齿轮传动箱连接，后面与变速器连接（图 1-1-16）。

1. 结构

主离合器由主动部分、从动部分、分离机构部分和操纵装置组成。

（1）主动部分

主动部分由连接齿轮及接合盘、主动毂、主动摩擦片、球轴承及毡垫盖等组成。

连接齿轮和接合盘制成一体，在连接齿轮毂内制有花键，风扇联动装置的主动轴插入其中。为防止轴窜出，在连接齿轮外端装有轴盖。接合盘上有两个甩油孔，用以将进入接合盘内的润滑脂甩出。主动毂用螺栓与接合盘连接，毂内制有齿槽，外周制有启动齿圈，启动发动机时，启动电动机的启动齿轮与它啮合，以带动主动毂转动。

主动摩擦片（9 片）制有外齿，与主动毂内的齿槽啮合。主动毂支承球轴承装在变速器主动轴上，内圈顶住从动毂，并用螺母固定，螺母用锁紧垫圈锁紧。毡垫盖套在轴承外圈上，用螺栓与接合盘相连，从而把主动部分支承在变速器主动轴上，并使主、从动部分很好地对中，另一方面当主离合器分离或打滑时，主动部分可在变速器主动轴上空转毡垫盖上装有毡垫，毡垫与从动毂接触，以防止轴承内的润滑脂流到摩擦片上。

（2）从动部分

从动部分由从动毂、从动摩擦片、压盘、压缩轮盘、弹簧销和压紧弹簧等组成。

从动毂内制有花键槽，套在变速器主动轴的花键上，在从动毂与变速器手动轴密封衬套之间装有调整垫片，用以在安装主离合器时，调整分离弹子间隙。从动毂外周制有齿槽及凸边，齿槽与从动摩擦片内齿啮合，凸边用以支承摩擦片，并兼起摩擦面的作用。从动毂中部制有 18 个圆孔，弹簧销从其中穿过。从动毂上制有 3 道轴向油道，以沟通分离弹子与球轴承之间的油道从动摩擦片（8 片）制有内齿，与从动毂的外齿槽啮合。

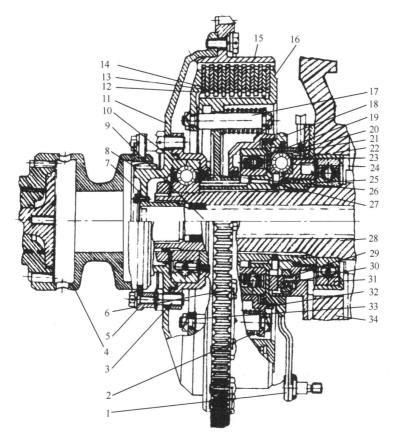

图 1-1-16 轮式推土机主离合器

1—活动盘拉臂；2—压紧弹簧；3—连接螺栓；4—联轴器；5—定位锁片；6—启动齿圈；7—轴盖；8—连接齿轮；

9—风扇联动装置主动轴；10—主动毂支承球轴承；11—接合盘；12—压盘；13—从动摩擦片；14—主动摩擦片；

15—主动毂；16—从动毂；17—弹簧销；18—活动盘；19—活动盘分离环；20—注油接管；21—固定盘分离环；22—向定盘；

23—球轴承；24—分离弹子；25—密封衬套；26—毡垫盖；27、33—调整垫片；28—变速器主动轴；29—套筒；

30—套筒弹簧；31—主动轴支承轴承；32—压缩轮盘；34—变速器箱体

　　弹簧销两端用螺栓分别固装着压盘和压缩轮盘，中间穿过压紧弹簧和从动毂，从而将主、从动摩擦片压紧。在压盘与每根弹簧销台肩之间装有调整垫片（垫片厚度为 0.5mm），它可以调整分离弹子的间隙。

　　（3）分离机构

　　分离机构由固定盘、活动盘、向心球轴承、分离弹子、顶压装置（29 和 30）等组成。

　　固定盘与变速器主动轴支承轴承的固定套一起用螺栓固定在变速器箱体上，并起轴承盖的作用，固定盘上铆有分离环，并焊有注油接管。分离环上有 3 个带斜度的弹子槽和 3 个钻孔。注油接管与固定在变速器上的注油管相连，用以向主离合器分离装置及轴承内加注润滑脂。在固定盘的内缘的环形槽内，装有密封毡垫。

　　活动盘套在从动毂上，其上铆有分离环，环内也有 3 个带斜度的弹子槽，但倾斜方向与固定盘分离环上的斜槽方向相反。活动盘的外缘有两道环槽，槽内装环形密封环，密封环与压缩轮盘配合，防止球轴承内的润滑脂外溢。活动盘内缘环形槽内装有密封毡垫，防止分离装置内的润滑脂外溢。活动盘拉臂，借连接销与操纵装置相连。

向心球轴承套在活动盘毂上，外圈装在压缩轮盘毂内，用于分离主离合器时，将分离装置的推力传给压缩轮盘，并可保证活动盘不随压缩轮盘转动。

分离弹子共3个，装在活动盘与固定盘的弹子槽内。主离合器结合时，分离弹子与弹子深槽保持一定的间隙，此间隙称为弹子间隙。当活动盘逆时针转动时，弹子由深槽滚向浅槽，弹子间隙消失后，继续转动活动盘，弹子便推动活动盘、压缩轮盘、弹簧销和压盘做轴向移动，使主离合器分离。

顶压装置共有3个，装在固定盘分离环的钻孔内，套筒的平面借弹簧的张力压向活动盘，有利于保持钢球间隙。

（4）操纵装置

操纵装置为液压助力式，主要由操纵杆系和液压助力系统组成。

① 操纵杆系。操纵杆系由踏板、空心轴、前拉杆、中拉杆、横轴、后拉杆、助力弹簧等组成（图1-1-17）。

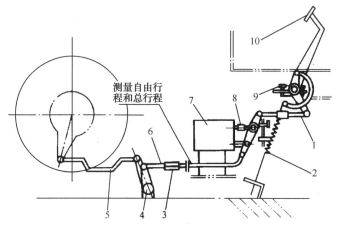

图 1-1-17 主离合器操纵杆系

1—前拉杆；2—助力弹簧；3—调整螺母；4—横轴；5—后拉杆；6—中拉杆；

7—液压助力器；8—调整螺栓；9—空心轴；10—踏板

踏板固定在空心轴的平板上。空心轴以两边的滚针轴承支承在脚制动器踏板轴上。空心轴中部有注油螺塞，用以向轴承加注润滑脂。为防止润滑脂外溢，轴承外端装有毡垫。空心轴上焊有闭锁杠杆、平板和拉臂。闭锁杠杆在踏下制动器踏板并固定时，就被制动器踏板固定器的齿条挡住，而使主离合器踏板踏不下去，用以防止机械在制动的情况下起步。平板上有5个螺栓孔，用来固定和调整踏板在平板上的位置。平板前端上、下各有一限制螺栓，用来限制踏板的位置和拉杆的总行程。

中拉杆前端与助力器拉臂相连，后端与横轴左端的拉臂相连。拉杆中部有调整接头，用来在使用中调整自由行程。后拉杆一端与横轴上的拉臂相连，另一端与活动盘拉臂相连。后拉杆上有调整接头叉，用来在使用中调整自由行程。

助力装置由钩板、助力弹簧、支架和调整螺栓组成，用来帮助驾驶员分离主离合器，并使踏板处于最后位置。钩板与空心轴上拉臂相连，另一端挂助力弹簧。弹簧通过调整螺栓和螺母固定在支架上，调整螺栓可调整弹簧的长度，使助力装置正常工作。

② 液压助力系统。液压助力系统主要由助力器、齿轮泵（YBC30/80）、精滤器（YL−3）、液动顺序阀（XY−B63B）、单向阀（L−63B）等组成。液压助力系统的作用在于借助油液

压力作用把操纵离合器结合或分离所需的作用力减小，使操纵轻便灵活。液压助力系统原理图如图1-1-18所示。

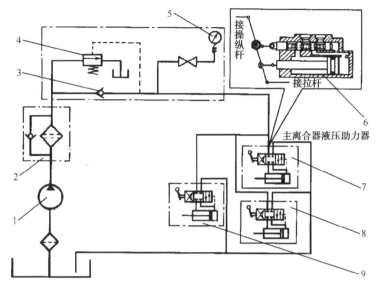

图 1-1-18　液压助力系统原理图

1—齿轮泵；2—精滤器；3—单向阀；4—液动顺序阀；5—压力表；6—液压助力器；7—主离合器；

8—右转向液压助力器；9—左转向液压助力器

2．工作情况

（1）分离［图1-1-19（b）］。踩下主离合器踏板时，通过操纵装置带动活动盘拉臂向前转动，分离弹子由深槽滚向浅槽，先使弹子间隙消失，而后推动活动盘、球轴承、压缩轮盘、弹簧销，使压盘向齿轮传动箱方向做轴向移动，弹簧被压缩，压盘松开摩擦片，主、从动摩擦片之间产生间隙，主离合器分离，动力被切断。

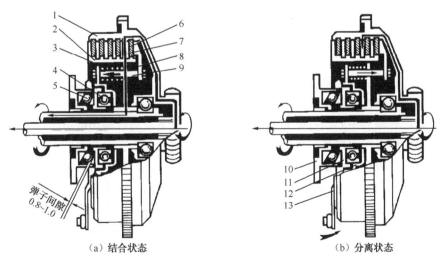

（a）结合状态　　　　　　（b）分离状态

图 1-1-19　主离合器的工作情形

1—从动毂；2、8—弹簧；3—球轴承；4—分离弹子；5—主动摩擦片；6—从动摩擦片；7—压板；

9—固定盘；10—活动盘；11—压缩轮盘；12—活动盘拉臂

（2）结合［图1-1-19（a）］。松开主离合器踏板时，主离合器弹簧伸长，推动压缩轮盘、球轴承向变速器方向移动，迫使活动盘回转，分离弹子由浅槽滚向深槽。弹簧张力通过弹簧销带动压盘，压紧主、从动摩擦片踏板回到最高位置时，弹子间隙恢复，主离合器完全结合，发动机动力经齿轮传动箱、主离合器传给变速器。

（3）过载打滑。当推土机运动速度或负荷急剧变化（如撞击障碍物等）时，作用在主离合器上的扭矩大于它的摩擦力矩，主离合器便产生滑磨（即打滑），从而保证了传动系和发动机各机件不致因过载而损坏。

四、杠杆压紧单片干式非常合式摩擦离合器

图1-1-20为国产TY—120型推土机用单片非常合式摩擦离合器。

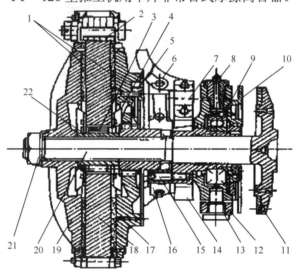

图1-1-20　TY—120型推土机离合器

1—扇形摩擦片；2—橡胶连接片组；3—主动盘轴承；4—挡油盘；5—回拉片弹簧；6—压爪；7—耳簧；8—油嘴；

9—分离轴承；10—轴承壳；11—制动片；12—松放圈；13—销轴；14—分离滑套；15—导向传动销；16—压爪支架；

17—压盘；18—主动盘；19—前从动盘；20—离合器轴；21—螺母；22—主动盘内套。

（1）摩擦副

摩擦副由铸铁制成的主动盘和铆有摩擦衬片的从动盘及从动压盘组成。主动盘通过5个用橡胶帆布制成的弹性连接块与飞轮相连。

为保证离合器轴的中心线在略有偏移或倾斜的情况下，离合器仍能可靠地传递转矩，主动盘除用弹性块和飞轮连接外，还用滚柱轴承通过内齿套支承在离合器轴上。

从动盘用花键装在离合器轴上，并用螺母作轴向定位，只允许它随离合器转动。从动压盘用内齿圈套在压盘毂上，压盘毂通过花键套在离合器轴上。在从动压盘外端面上铆有一组片式弹簧，片式弹簧的内缘压在压盘毂上。离合器轴的前端通过滚柱轴承、弹性连接块间接地支承在飞轮上，后端通过铆有摩擦衬片的连接盘与变速器输入轴连接盘相连。

（2）压紧与分离机构

压紧与分离机构由拧在压盘毂上的支架、压紧杠杆和弹性推杆组成。这种机构的分离与接合动作，都必须由驾驶员来操纵。

（3）操纵机构

操纵机构如图 1-1-21 所示。套在离合器轴上的分离接合套的前端和弹性推杆铰接在一起。在分离接合套后端的轮毂上装有分离轴承、分离拨圈，通过连接销与分离轴承外座圈相连，然后，经一系列杆件将分离拨圈和离合器操纵手柄连接起来。

（4）小制动器

工程机械一般作业速度都较低，当离合器分离、变速器挂入空挡时，机械就会很快停下来。而此时离合器输出轴因惯性力矩作用，仍以较高的转速旋转，这就给换挡带来了困难，容易出现打齿现象或延迟换挡时间。为此，特在离合器输出轴上设置一个小制动器。当离合器分离时，可迫使离合器轴迅速停止转动。

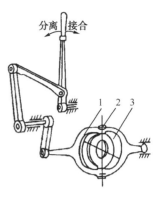

图 1-1-21　操纵机构示意图

1—分离拨圈；2—连接销；

3—分离轴承外座圈

单片非常合式摩擦离合器在使用过程中，当摩擦衬片磨损后，压紧杠杆对从动压盘的压紧力会急剧下降，致使离合器严重打滑。因此，当摩擦衬片磨损超过限度、离合器出现打滑时，应当及时进行离合器摩擦副间的间隙调整。调整的方法将在实践训练中说明。

五、杠杆压紧多片湿式非常合式摩擦离合器

干式离合器结构简单，分离彻底，但能传递的转矩较小，散热条件较差，并且在使用中必须经常保持摩擦面干燥、清洁。一般用于中小功率、以运输为主的工程机械中。如重型、大功率的工程机械（如重型履带推土机等），因所需传递的转矩较大，普遍采用多片湿式非常合摩擦离合器。

多片湿式非常合摩擦离合器一般具有 2~4 个从动盘，其摩擦副浸在油液中。由于润滑油的清洗、润滑和冷却作用，所以湿式离合器摩擦副的磨损小，寿命长，使用中无须进行调整。又因为摩擦片多用粉末冶金（一般为铜基粉末冶金）烧结而成，承压能力强，加之采用多片，故可传递较大的转矩。图 1-1-22 为国产 TY—180 型推土机用多片湿式非常合摩擦离合器结构简图。

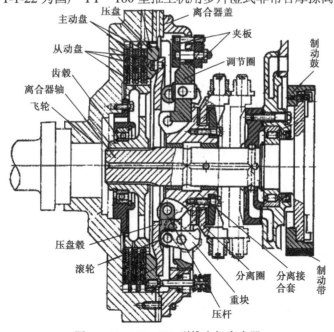

图 1-1-22　TY—180 型推土机离合器

（1）摩擦副

在飞轮的内齿圈上，安装有带轮齿的主动盘和压盘，它们可随飞轮一起旋转，也可做轴向移动。

离合器轴前端的花键上装有从动齿毂，并靠轴承支承在飞轮的中心孔内。

从动齿毂的外齿圈上安装了 3 片带轮齿的从动盘。从动盘除轴向移动外，还可带动从动齿毂、离合器轴旋转。从动盘（图 1-1-23）由 2 片锰钢片铆接而成，其外端面分别有一层烧结的铜基粉末冶金片。与石棉材料相比，用这种材料做成的摩擦衬片，具有承受比压高、高温下耐磨性好、摩擦系数稳定、使用寿命长等优点，但其质量较大，且成本较高。在粉末冶金片的外表面上开有螺旋形油槽，润滑油通过油槽对摩擦片进行润滑、冷却和清除杂质（磨削物）。2 片锰钢片内侧圆周方向上均布有 4 个蝶形弹簧，保证离合器接合时柔和、平稳。

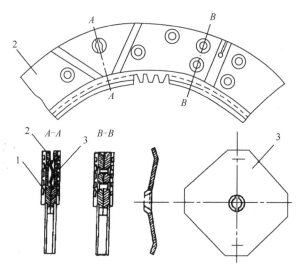

图 1-1-23　从动盘结构

1—铜基粉末冶金片；2—锰钢片；3—蝶形弹簧

（2）压紧与分离机构

TY—180 型推土机离合器的分离与接合动作是采用重块肘节式压紧与分离机构来完成的。这种结构具有借助重块离心力自动促进离合器接合或分离的特点，其工作原理如图 1-1-24 所示。离合器处于分离状态［图 1-1-24（c）］时，分离接合套架处于最右端，重块的离心力通过连接片对分离接合套产生一个向右的推力，从而保证离合器处于稳定的分离状态。当分离接合套在分离叉作用下沿离合器轴向左移至图 1-1-24（b）的位置时，滚轮对压盘毂的压紧力达到最大，但此位置是不稳定的。所以，要将分离接合套再向左移到达图 1-1-24（a）的位置，此时，重块的离心力对压爪架产生一个向左的推力，使离合器处于稳定的接合状态。

为便于离合器压紧与分离，在压盘上装有压盘毂及复位螺栓。复位螺栓右端借助复位弹簧安装在离合器盖上。当小滚轮向左压紧压盘毂时，复位弹簧受压缩，离合器处于接合状态。

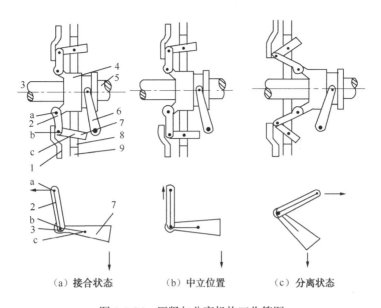

（a）接合状态　　　　（b）中立位置　　　　（c）分离状态

图 1-1-24　压紧与分离机构工作简图

1—压盘毂；2—压杆；3—小滚轮；4—分离结合套；5—离合器轴；6—分离圈；7—重块；

8—调节圈；9—离合器盖；a、b、c—销子

小滚轮由销子与连接片的重块铰接在一起，连接片的内端通过销子口铰接于压爪架的耳块上。重块则通过销子铰接于调整圈上。具有外螺纹的调整圈拧装在离合器盖上，转动调整圈时，调整圈就会相对于离合器盖做轴向移动，从而调整了小滚轮与压盘毂的间隙。分离接合套的后端用螺钉固定，装有后盖板，两者之间形成一环槽，分离圈就安装在带衬套的环槽内。分离圈通过两个对称的衬块与离合器分离拨叉（图 1-1-22 中未画出）相连。

（3）操纵机构

因 TY－180 型推土机的功率较大，离合器传递的转矩大，离合器摩擦副间所需的压紧力就比较大，所以需要有较大的离合器操纵力。为减小驾驶员的劳动强度，减小离合器的操纵力，在离合器操纵机构中设置了液压助力器。液压助力器（图 1-1-25）是由滑阀、活塞、大小弹簧及阀体等主要零件组成的一个随动滑阀。

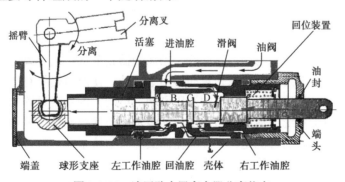

图 1-1-25　液压助力器离合器分离状态

助力器的阀体横装在离合器的外壳后上方。阀体内的滑阀的右端，通过双臂杠杆与驾驶室内的操纵杆（图中未画出）相连。活塞的左端经球座接头并借助球头杠杆连接在离合器分离叉轴上。这样，驾驶员只需用很小的力量（约 60N 左右）拨动操纵杆，带动滑阀做微量的

移动，就可借助压力油推动活塞左右移动，实现离合器接合与分离动作的操纵。

当需要接合离合器时，驾驶员拨动操纵杆，通过双臂杠杆使滑阀克服弹簧中大弹簧的压力而右移，导致滑阀中央的两个凸台将油口 A 和油口 C 堵死，压力油自进油腔经油口 D 进入右工作腔，推动活塞左移，带动分离叉轴摆动，使离合器趋于接合，与此同时，左工作腔内的油经回油腔流出，形成低压油腔。

离合器完全接合后，驾驶员松开操纵杆，滑阀在小弹簧作用下移，将油口 A、C 同时开启。此时，阀体进出油腔和左右工作腔彼此连通，滑阀处于中立位置，作用于活塞上的力处于平衡状态，活塞静止不动，离合器处于稳定的接合状态。

离合器分离时，在驾驶员的操纵下，滑阀克服大弹簧的压力左移，利用凸台将油口 B、D 堵死，压力油自进油腔进入左工作腔，推动活塞右移，使离合器趋于分离。

同时，右工作腔与出油腔连通，形成低压油腔。当离合器完全分离后，操纵杆松开，滑阀在弹簧作用下右移，油口 A、B、C、D 全打开，滑阀处于中立位置，活塞两端油压处于平衡状态，活塞保持不动，离合器处于稳定的分离状态。

离合器操纵机构的油液是循环使用的（图 1-1-26）。油泵从离合器壳内（经滤油器过滤后）将油液吸出，直接送入助力器，随后油液进入冷却器得到冷却，再进入离合器内润滑各运动部件，最后流回离合器壳。

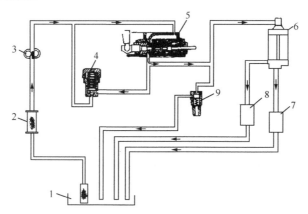

图 1-1-26　离合器油路图

1—离合器壳；2—滤油器；3—油泵；4—安全阀；5—液压助力器；6—冷却器；7—润滑离合器各运动部件；

8—润滑动力输出装置各部件；9—泄油阀

在循环油路中，有安全阀与助力器并联。当离合器完全接合或分离时，驾驶员可能仍未松开操纵手柄，这样，滑阀就不能在弹簧的作用下移动，使油口始终有 2 个处于关闭状态，封闭油泵的排油通道，导致油泵出口处的油压剧增，与助力器并联设置安全阀，则可有效解决上述问题，避免由于系统内油压剧增而造成油泵及助力器等元件的损坏。

泄油阀与冷却器并联的目的是，当冷却器出故障（如堵塞等）时，可使油液直接经泄油阀流回离合器壳中，不至于使管路中压力升高。

TY—180 型推土机在离合器轴上安装有带式小制动器。它主要由离合器轴、制动带及制动杠杆等零件所组成。装有摩擦衬片的制动带左端固定在离合器壳上，另一端用螺钉与制动杆连接，然后经制动杠杆等和离合器的分离机构联动。制动带与离合器轴一起旋转。当离合器分离时，离合器操纵杆通过制动杠杆拉紧制动带，迫使离合器轴停止转动，以利换挡。

咨询四　离合器的故障诊断排除

一、离合器打滑

1．故障现象

离合器打滑是指离合器不能将发动机的扭矩和转速可靠地传给传动系。其表现为：

（1）机械起步困难；

（2）机械的行驶速度不能随发动机的转速提高而提高；

（3）机械行驶或作业阻力增大时，机械不走而离合器发出焦糊臭味。

2．原因分析

摩擦式主离合器是依靠其摩擦副的摩擦力矩来传递发动机扭矩的，如果离合器的摩擦力矩小于发动机的输出扭矩，离合器就会出现打滑现象。离合器摩擦力矩的大小主要取决于其摩擦副的摩擦力的大小，离合器的摩擦力是作用在压盘上的正压力与摩擦副的摩擦系数的乘积。如果作用在压盘上的压力减小或摩擦系数减小或者两者都减小，摩擦力也相应减小，离合器的摩擦力矩也会减小，会导致离合器打滑。具体原因如下：

（1）离合器摩擦片变质。离合器摩擦衬片在工作时与压盘或飞轮之间出现滑动摩擦，所产生的高温易使摩擦衬片中的有机物质发生变质，从而导致摩擦副的摩擦系数下降，严重时可导致摩擦片龟裂，影响离合器的正常工作。

（2）摩擦衬片表面因长期使用而硬化，也会导致摩擦副的摩擦系数减小。

（3）摩擦衬片表面有油污或水时，摩擦系数将大大下降。

（4）常结合式主离合器压盘总压力是由压紧弹簧产生的，其大小取决于压紧弹簧的刚度和工作长度。如果压紧弹簧的刚度减小或工作长度增加，则压盘的总压力减小。引起弹簧压紧力减小的原因有：离合器摩擦片磨损变薄后，压盘的工作行程增加，使弹簧的工作长度增加，导致压盘压紧力减小；离合器长期工作或打滑产生的高温使压紧弹簧的刚度下降，导致压紧力不足；压紧弹簧长期承受交变载荷，使其疲劳而导致弹力衰退、压紧力下降。

（5）非经常结合式主离合器是由杠杆系统压紧的，其压紧力的大小取决于其加压杠杆与压盘受力点距离的大小，即加压杠杆与其距离大，压紧力小；反之，压紧力大。在使用过程中，由于摩擦面的不断磨损，使主、从动摩擦盘越来越靠近，而使加压杠杆与压盘受力点越来越远，导致压紧力减小、离合器打滑。各铰链销及孔磨损；压臂磨损；压盘及摩擦片磨损过多；耳簧及各弹性连接臂弹性减弱；调整圈上的导向销松动伸出；离合器前端螺母松动等均能造成离合器打滑。

弹性推杆的弹力对压盘压紧力也有直接影响，若弹性推杆材料选择不当或受交变载荷而疲劳，会使其弹力下降，导致压盘压紧力相应减小。

另外，使用操作不当如离合器分离不迅速；大油门高挡位起步；低挡换高挡时，车速没有足够高时就挂高挡并猛加油门；用突然猛加油门的方法克服大的阻力；使离合器处于半结合状态的时间过长等也可能造成离合器打滑。

3．诊断与排除

（1）试车判断

判断常接合式离合器是否打滑，可将发动机启动，拉紧手制动器，挂上挡，慢慢抬起离合器踏板，徐徐加大油门，如车身不动，发动机也不熄火，说明离合器打滑。另一方法是挂上挡，拉紧手制动器，用摇手柄摇转发动机，若发动机能够摇转，但车身并不移动，也说明离合器打滑。

判断非常接合式离合器是否打滑，可启动发动机，挂上三挡或四挡，结合离合器，机械行驶速度明显减慢；挂上一挡或二挡爬坡或作业，加大油门仍感到无力，但发动机不熄火，则说明离合器打滑。

（2）排除故障

① 检查自由行程。

常合式主离合器踏板自由行程的检查。离合器在结合状态下，测量分离轴承距分离杠杆内端的间隙应不小于 2～2.5mm，或将直尺放在踏板旁，先测出踏板完全放松时最高位置的高度，再测出踩下踏板感到有阻力时的高度，两者之差即为离合器踏板的自由行程。若检查出踏板自由行程正常时，应查看离合器分离杠杆内端是否在同一平面内，当个别分离杠杆调整不当或弯曲变形时，会影响踏板自由行程的检查，应进行处理。若踏板无自由行程，应按规定要求进行调整。

非常合式主离合器杠杆最大压紧力的调整。机械工作时若出现离合器打滑，扳动离合器操纵杆，手感很轻，说明离合器打滑多是由于杠杆压紧机构的最大压紧力减小所致，应予以调整。调整步骤如下：

a．将变速操纵杆置于空挡位置。

b．扳动离合器操纵杆，使其处于分离状态。

c．拆下离合器罩的检视孔盖，拨转加压杠杆的十字架，使其压紧螺钉处于易放松的位置。将变速操纵杆置入任一挡位，以阻止离合器轴的转动。

d．放松夹紧螺钉，转动十字架，旋入则杠杆最大压紧力增加，旋出则减小。将离合器调整到机械全负荷工作时不打滑为止。

e．调整完毕后拧紧压紧螺钉。

② 检查摩擦片。步骤如下：

a．拆下离合器检视孔盖，观察离合器有无甩出的油迹。若有油迹，则会使摩擦副的摩擦系数减小而引起离合器打滑。此时应拆下离合器，用汽油或碱水清洗油污并加热干燥。

b．若摩擦片厚度小于规定值，如铆钉头低于表面不足 0.5mm，或摩擦片产生烧焦破裂时，应更换摩擦片。若摩擦片厚度足够，但表面硬化，应进行修磨，消除硬化层，并增加其表面粗糙度，以恢复摩擦副的摩擦系数。

③ 检查压紧弹簧。经过以上检查和处理后离合器打滑现象仍未消除，则可能是压紧弹簧弹力减小所造成的，应更换压紧弹簧。

二、离合器分离不彻底

1．现象

离合器分离不彻底是指踩下离合器踏板或扳动离合器操纵杆使离合器分离时，动力传递未完全切断的现象。表现为挂挡困难或挂挡时变速器内发出齿轮撞击声。

2．原因分析

离合器分离不彻底是由于主动盘与从动盘未完全分离而造成的，使发动机的动力仍能够传递给变速箱输入轴。

（1）常合式主离合器分离不彻底的主要原因如下。

① 离合器踏板自由行程过大。

② 从动盘变形。

③ 分离杠杆调整不当。若分离杠杆内端高度不在同一平面内，会使离合器在分离过程中压盘发生歪斜，导致离合器局部分离不彻底。若分离杠杆内端调整过低，也会使压盘分离行程不足而使离合器分离不彻底。

④ 摩擦衬片过厚。

⑤ 双片式离合器中间压盘限位螺钉调整不当。为了限制中间主动盘的行程，防止它与后摩擦片接触，双片式离合器盖的外端圆周上，装有 3 个限位螺钉，如图 1-1-27 所示。如果限位螺钉调整不当，会使中间主动盘位移量不足，导致离合器分离不彻底。

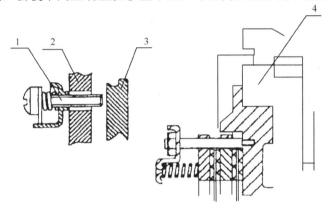

图 1-1-27　双片式离合器限位螺钉

1—限位螺钉；2—压盘；3—中间主动盘；4—飞轮

⑥ 从动盘花键毂涩滞。离合器分离时摩擦片不能灵活地轴向移动使离合器分离不彻底。

⑦ 摩擦（衬）片破碎。离合器分离时摩擦（衬）片碎片可能填挤在主、从动盘之中，使离合器分离不彻底。

⑧ 分离弹簧失效。双片式离合器在飞轮与中间主动盘之间装有 3 个分离弹簧，以保证两从动盘与中间主动盘、压盘及飞轮外端面彼此彻底分离。若分离弹簧折断、脱落或严重变形而使弹力减小，便失去其作用，进而使离合器分离不彻底。

⑨ 双片式离合器传动销的影响。双片式离合器沿周向均布有 6 个传动销，中间主动盘与压盘均滑套在传动销上，若传动销与销孔的形位偏差过大或锈蚀，可导致在分离时压盘轴向移动阻力增大，不能与从动盘产生间隙，使离合器分离不彻底。

⑩ 变速箱第一轴支承轴承的影响。变速箱第一轴用轴承支承在飞轮中心的承孔内，如果轴承锈蚀或烧蚀，会使飞轮与变速箱第一轴直接连接，离合器分离时即使其分离良好，发动机的动力仍能通过轴承向变速箱第一轴传递，容易被误认为离合器分离不彻底。

⑪ 液压操纵式离合器油液不足或液压管路中进入空气，也会导致离合器分离不彻底。

（2）非常合式主离合器分离不彻底的主要原因如下。

① 调整不当。非常合式主离合器最大压紧力调整时，杠杆压紧机构的十字架旋入过多，

使主、从动摩擦盘的分离间隙过小而导致离合器分离不彻底。

② 板弹簧的影响。在离合器后盘上铆接有三组板弹簧，其作用是在离合器分离时，使主、从动摩擦盘产生分离间隙。如果由于铆钉松脱或板弹簧本身疲劳而使其弹力下降，会导致离合器分离不彻底。

③ 摩擦盘锈蚀的影响。机械在潮湿的环境中停放过久，容易使离合器的摩擦盘产生锈蚀，导致主、从动摩擦盘之间的分离间隙减小而造成离合器分离不彻底。

离合器主动盘轴承的锈蚀或因缺乏润滑油而导致烧蚀，会使发动机的动力不经离合器摩擦副而直接传给离合器轴，离合器不能切断动力。

3．诊断与排除

判断离合器是否分离不彻底，可将变速杆放空挡位置，使离合器处于分离状态，用起子推动从动盘，如能轻轻推动，则说明离合器分离彻底，反之，则说明分离不彻底。

（1）常合式主离合器故障诊断排除。

① 检查踏板自由行程，方法同前所述。若自由行程过大，可能是引起离合器分离不彻底的原因，应进行调整。

② 检查分离杠杆内端。打开离合器检视孔，观察分离杠杆内端的高度是否在同一平面内，若出现高低不一的现象应进行调整。

③ 双片式离合器限位螺钉的检查。检查离合器限位螺钉端头距中间压盘的间隙是否符合规定，若不符合则应进行调整。

④ 检查离合器摩擦（衬）片的厚度。离合器新换摩擦（衬）片后分离不彻底，可能是由于摩擦（衬）片过厚所导致的，应调整离合器的分离距离。

如果经过上述检查与调整后离合器仍分离不彻底，其原因可能是摩擦片翘曲变形、破裂或分离弹簧失效等原因，应做进一步分析。

（2）非常合式主离合器故障诊断排除。

① 如果机械停机时分离正常，停放过久后出现离合器分离不彻底，且驾驶员扳动操纵杆费力，说明离合器分离不彻底大多是因为锈蚀导致的，应予以排除。

② 如果机械刚维修后出现离合器分离不彻底，则说明是因为离合器杠杆压紧机构的十字架调整不当导致的，应重新调整。

三、离合器发抖

1．现象

当离合器按正常操作平缓地接合时，机械不是平滑的增加速度，而是间断起步甚至使机械产生抖动或机械突然闯出。离合器发抖也称为离合器接合不平顺，是由于发动机向传动系输出较大扭矩时，离合器传递动力不连续。

2．原因分析

根本原因是主从动盘间传递的扭矩时大时小，不能平顺地增加。

离合器发抖故障的具体原因如下。

① 主、从动摩擦盘接触面不平，如主、从动盘翘曲、变形，导致发动机的动力传递断断续续，而使离合器发抖。

② 压盘正压力不均匀。离合器压紧弹簧弹力不一致或分离杠杆内端不在同一平面内，均会造成压盘压力不均匀，进而使离合器发抖。

③ 离合器从动盘钢片键槽松旷或变速箱第一轴花键轴磨损过大而松旷，也会导致动力传递不连续及离合器发抖。

④ 从动盘毂铆钉松动，从动钢片断裂，转动件动平衡不符合要求等。

⑤ 操作不当。如油门小，挡位高，起步过猛。

3．诊断与排除

离合器发抖故障的诊断与排除的步骤及方法如下。

① 检查分离杠杆内端与分离轴承的间隙是否一致。若不一致，说明分离杠杆内端不在同一平面内，应进行调整。反之，可检查发动机前后支架及变速箱的固定情况。如果以上检查均正常，说明离合器发抖可能是由于机件变形或平面度误差过大导致的，应分解离合器检查测量。

② 从动盘的检查。从动摩擦片的端面跳动量应不大于 0.8mm，平面度约 1mm，若不符合要求，应进行修磨。

③ 压紧弹簧的检查。将压紧弹簧拆下，在弹簧弹力检查仪上检测其弹力是否一致。也可测量弹簧的高度并作比较，若弹簧的自由长度不一致，则其弹力也不一样，应予以更换。

四、离合器异响

1．现象

离合器异响是指离合器工作时发出不正常的响声。异响可分为连续摩擦响声或撞击声，可以出现在离合器的分离或接合过程中，也可能是分离后或接合后发响。

2．诊断排除

离合器异响故障的原因分析及诊断、排除的步骤与方法如下。

① 启动发动机后即出现"沙沙"的摩擦声时，应先检查离合器踏板自由行程。若无自由行程，但离合器踏板放松后还能抬起少许，且异响随之消失，说明异响的原因是踏板回位弹簧过软或折断，应予以更换。若踏板放松后不能抬起，则原因是调整不当，应重新调整。若离合器踏板自由行程正常，但在发动机转速变化时有间断撞击声或摩擦声，异响的原因是离合器套筒回位弹簧脱落、折断或过软，应拆开离合器盖认真检查或更换弹簧。

② 发动机怠速运转时踩下离合器踏板少许，使其自由行程消除。若此时出现干摩擦响声，说明分离轴承缺少润滑油，注入润滑油后再次试验。若有效则为轴承松旷，若无效再踩下踏板少许，并略提高发动机转速，如果异响增大，说明分离轴承损坏，应予以更换。

③ 在踩下离合器踏板的过程中无异响，但踩到底后出现金属敲击声，且随着发动机转速升高而加重，但在中速稳定运转时声响又明显减弱或消失。对于双片式离合器，此异响原因是中间主动盘的传动销与销孔配合松旷，使中间主动盘失去定心作用，在自重的作用下，每转过一个角度就会向下跌落一次，使传动销与销孔撞击而产生金属敲击响。对于单片离合器，此异响原因可能为压盘与离合器盖配合松旷，可在离合器踏板踩到底后，用螺丝刀拨动压盘进一步检查并予以排除。

④ 连续踩动离合器踏板，在将要分离或结合的瞬间出现异响，多数是因为分离杠杆或

支架销孔磨损松旷或摩擦衬片铆钉松动外露引起的。

⑤ 如果在离合器接合时有撞击声，可能是从动盘花键毂的铆钉松动或从动盘花键毂与变速箱第一轴配合松旷引起的。可根据离合器异响的原因分析和异响的特征进行判断，必要时应解体确诊，并予以排除。

五、故障实例

W4—60 挖掘机上采用 CA—10 汽车离合器，结构如图 1-1-28 所示。

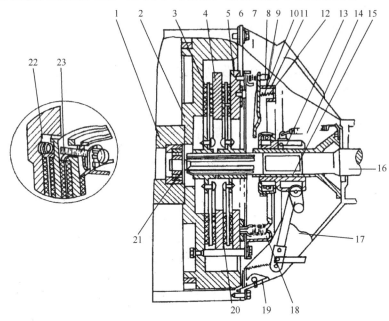

图 1-1-28 离合器结构图

1—曲轴；2—飞轮；3—从动盘；4—中间盘；5—压盘；6—隔热环；7—分离杠杆弹簧；8—分离弹簧螺母；9—分离杠杆螺杆；

10—分离杠杆；11—离合器盖；12—支承弹簧；13—分离套筒及轴承；14—分离轴承回位弹簧；15—分离叉；16—变速器输入轴；

17—拉臂；18—压紧弹簧；19—壳体；20—传动销；21—轴承；22—分离弹簧；23—限位螺钉

有一台 W4—60 挖掘机，曾出现离合器分离不彻底的故障，此故障的排除过程如下：

① 查得踏板自由行程为 32mm，较正常值偏大，将其调整为 20mm，经试验无明显改进。

② 按规定重新调整限位螺钉 23，试验后发现故障没有被排除。

③ 检查分离杠杆 10 内端高度，结果是高低不一。按要求调整后试验，故障依旧。

④ 因该离合器更换摩擦片后已经正常工作了一个时期，所以排除了摩擦片过厚或从动盘 3 装反的问题。

⑤ 经拆检发现，3 个分离弹簧 22 状况良好；从动盘 3 没有翘曲不平的现象；变速器输入轴 16 上虽有少量油污，但不至于影响离合器的分离。

进一步检查，发现离合器盖 11 和压盘 5 明显不平行，如果调整分离杠杆 10 外端的螺母使离合器盖 11 和压盘 5 趋于平行，则分离杠杆 10 内端的高度就严重不一致。进一步分解发现，12 个压紧弹簧 18 的高度差别较大，压盘 5 和压紧弹簧 18 等都有发蓝退火的痕迹。至此，找到故障的真正原因是：在此之前曾因离合器打滑烧坏了摩擦片，其产生的高温使主动部分，尤其是压紧弹簧 18 退火，弹性减退。当时未曾仔细检查就更换了摩擦片，装复使用后开始尚能正常工作，但压紧弹簧 18 退火变软的问题随着工作时间的增加逐渐显露出来，因为退火程度的不同，弹性减弱的程度也大不相同，使得离合器盖 11 与压盘 5 之间产生偏斜，分离杠杆 10 内端的高度也不一致，在弹簧最弱的一边离合器盘 5 与压盖 11 靠得最近，其分离杠杆 10 内端也最低。虽然分离杠杆 10 内端的高度可通过调整使之一致，但使压盘 5 的偏斜更大，因此根本无助于故障的排除。更换压紧弹簧 18 后，排除了故障。

实践训练 1　常结合式离合器维修

一、离合器的维护

为了减少离合器故障的发生，使用时，分离应迅速、彻底，接合要平稳、缓慢、柔和；合理使用半联动，且一般应尽量少用；绝不允许离合器长时间处于半分离状态。离合器应根据说明书的规定及时维护，按时润滑离合器的各润滑点，且润滑时注意不要使油污浸入离合器的摩擦面，以免引起离合器打滑。

若因离合器沾有油污而引起打滑时，应及时进行清洗（干式）。在清洗前先旋下飞轮壳下部放油螺塞，放出积聚的废油，再启动发动机并使离合器片处于分离状态下，将汽油或煤油喷射在摩擦片的工作表面。经过一定时间（2～3min），待油污彻底清洗干净后，再旋紧放油螺塞。清洗后的离合器应按规定重新给各润滑点注油。

离合器一级维护时，应检查离合器踏板的自由行程。二级维护时，还要检查分离轴承复位弹簧的弹力，如有离合器打滑、分离不彻底、接合不平顺、分离时发响发抖等故障发生，还要对离合器进行拆检，以及更换从动盘、中压盘、复位弹簧及分离轴承等附加作业项目。

对其他车型应根据用户手册推荐的行驶里程按离合器维护项目进行。

二、常结合式离合器的拆装与调整

离合器的装配与调整是离合器修复后的重要工序，它直接影响离合器的正常工作。在进行装配与调整时，应注意零件之间的相互联系和遵循其客观规律。以 74 式Ⅲ挖掘机的主离合器为例。

1. 离合器的拆装

（1）离合器分解

从车上拆下离合器，首先应拆下变速器，再拆下离合器总成。离合器盖总成分解时，首先应用压具把弹簧压缩，再拆下分离杠杆调整螺钉等，最后慢慢松开压具将其分解。

（2）离合器装配

① 装配注意事项

离合器从动盘装配时要仔细观察离合器从动盘的结构，检查表面是否有油污，应短毂相对，面向中间压盘。如果一片装反了，将使两从动盘之间的距离大于中间压盘的厚度，工作中从动盘受压变形；如两片都装反了则离合器不能装复。中压盘装复时，有弹簧座孔的一面朝向飞轮，其锥形支承弹簧大端装在座孔内。否则前从动盘与飞轮和中间压盘之间的摩擦力无法解除，从而造成分离不彻底。

中压盘装复时，有弹簧座孔的一面朝向飞轮，其锥形支承弹簧大端装在座孔内。否则前从动盘与飞轮和中间压盘之间的摩擦力无法解除，从而造成分离不彻底。

装车时用专用修理工具（或校正杆或变速器输入轴）插入离合器从动盘键槽做导杆，使离合器从动盘键槽中心对正，将离合器从动盘装在飞轮上（图1-1-29）。使前、后从动盘花键孔对正，否则将造成变速器装车困难。

② 离合器盖总成装配。

离合器盖总成装配应在专用压具上进行，按照分解的相反顺序，将后压盘、弹簧、分离杠杆依次组合，用压具压紧后，在装上分离杠杆固定螺钉。

同时注意离合器盖装配时要对正原记号，同时也要注意对正和飞轮上所做的装配记号，以免增加不平衡。再均匀地以规定的拧紧顺序和力矩分几次拧紧各螺栓。装配时，要在各活动部位（如分离叉支承衬套、分离轴承内腔、连接销等处）涂以润滑脂。

③ 离合器总成装配。

总成装配时依次装上前从动盘、中间压盘、后从动盘、离合器盖总成，用变速器第一轴作导向后，拧紧固定螺栓。

2. 离合器的调整

（1）分离杠杆高度的调整。分离杠杆高度调整不当将影响离合器的分离状况。其调整部位及要求与车型有关。74式Ⅲ挖掘机的主离合器分离杠杆内端上平面至后压盘的工作面距离为（34.5±0.25）mm，高度差不超过0.25mm，一般测量从动盘毂平面至分离杠杆内端上平面的距离，应为（33.5±0.25）mm，如图1-1-30所示。调整时通过分离杠杆外端的调整螺母进行调整，拧进螺母，距离增大，反之减小。

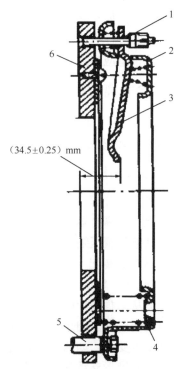

（34.5±0.25）mm

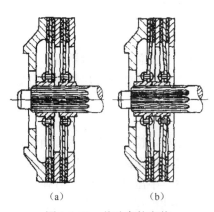

（a）　　　　（b）

图 1-1-29　从动盘的安装

图 1-1-30　分离杠杆高度调整距离

1—调整螺母；2—离合器盖；3—分离杠杆；

4—压紧弹簧；5—螺栓；6—飞轮

（2）中间压盘行程的调整。中间压盘与限位螺钉之间应保持 1～1.25mm 的间隙。间隙过大或过小都会造成分离不彻底。间隙过小，中压盘后移量不足，使前从动盘与飞轮和中压盘之间的摩擦力不能彻底解除，造成离合器分离不彻底。间隙过大，则中压盘后移量太大，使之与后从动盘摩擦片产生摩擦，同样造成分离不彻底。调整时，使离合器处于接合状态，旋入中间压盘三只限位螺钉至与中间压盘接触，再退回 2/3～5/6 圈，一般听到锁片发出 4～5 响，此时，中间压盘有 1.25mm 的移动行程。

（3）离合器机械操纵机构要有踏板自由行程的调整。踏板自由行程是指踏板踩至离合器临界分离位置，此时的踏板高度与踏板在自由状态的高度之差。检查时，先测出踏板在完全放松时的高度，再测出用手掌按下踏板感觉有阻力时的高度，前后两数值之差就是踏板的自由行程。

三、离合器主要零件的检修

（1）飞轮

飞轮后端面易出现磨损、沟槽、翘曲和裂纹等。磨损沟槽深度超过 0.5mm、平面度误差超过 0.12mm 时，应修整平面。当飞轮工作面摆差超过极限值时需更换飞轮。飞轮摆差的检查方法如图 1-1-31 所示。

（2）导向轴承

导向轴承通常是永久加以润滑而不需清洁或加注润滑油的。检查导向轴承时，一面用手转动轴承，一面向转动方向施加压力，如轴承卡住或阻力过大，则应更换导向轴承。更换导向轴承时，需用特种修理工具拆装，拆装的方法如图 1-1-32 所示。

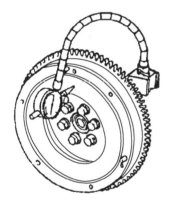
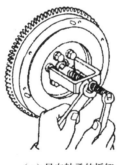
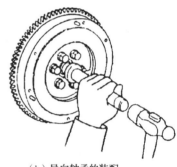

（a）导向轴承的拆卸　　　　（b）导向轴承的装配

图 1-1-31　飞轮摆差测量　　　　　　　图 1-1-32　导向轴承的更换

（3）压盘和离合器盖

离合器压盘和中间压盘的主要耗损是工作表面的磨损，严重时会出现磨损沟槽。使用不当时，甚至引起翘曲或破损现象。

工作表面的轻微磨损，可用油石修平，磨损沟槽超过 0.5mm 时应修平平面，压盘的极限减薄量不得大于 1mm，修整后压盘的平面度误差不得大于 0.10mm，而且应进行静平衡试验。

压盘有严重的磨损或变形甚至出现裂纹，磨削后厚度小于极限值，应更换新件。

离合器盖与飞轮接合面的平面度公差为 0.50mm。如有翘曲、裂纹或变形，应更换新件。

（4）从动盘

离合器从动盘的常见耗损有摩擦片的磨损、烧蚀、表面龟裂、油污、铆钉外露或松动等。

使用不当时，还会出现扭转减振器弹簧折断、钢片与花键毂铆钉松动等现象。

从动盘摩擦衬片表面有烧焦、开裂、松动和扭转减振器弹簧折断时，应更换新片。

从动摩擦衬片表面严重油污，应更换新摩擦衬片并检查曲轴后油封与变速器第一轴的密封情况。

从动摩擦衬片表面严重磨损，用卡尺测量铆钉头深度，如图 1-1-33 所示。铆钉头深度小于 0.50mm 时应更换新片。新的或经修复的从动盘装配前应按图 1-1-34 所示的方法检验其端面圆跳动，若超过允许值应进行校正。

（5）螺旋压紧弹簧

自由长度减小值大于 2mm，在全长上的偏斜量超过 1mm，或出现裂纹时应予更换。

（6）分离杠杆、分离轴承和分离叉

分离杠杆的端面磨损严重或变形、分离轴承运转不灵活或有噪声，应更换。有些离合器分离叉采用尼龙衬套支承，应检查其磨损情况，如松旷会使离合器操纵沉重，应更换新件。

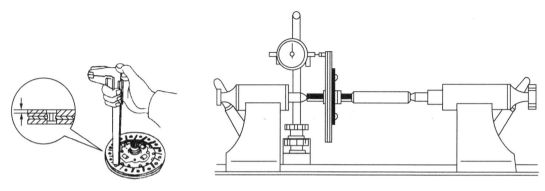

图 1-1-33　离合器摩擦片磨损检查　　　　图 1-1-34　从动盘端面圆跳动的检查

实践训练 2　非常结合式离合器维修

一、干式非常结合式离合器拆装调整

1．非常接合式离合器的分解

非常接合式离合器如需从机械上拆下时（以 TY-120 推土机为例），则首先应拆掉驾驶室底板，然后拆下离合器壳上盖，拆掉离合器轴接盘与变速器轴接盘的固定螺钉及胶布节与 5 个传动销连接的固定螺母，将胶布节与传动销分开，再从飞轮上卸掉 2 个传动销，使飞轮拆去传动销的部位处于上方，即可抬出离合器。

离合器总成的分解步骤：

（1）拆掉离合器轴前端固定螺帽。

（2）取下前压盘。

（3）取下主动盘。

（4）抽出离合器轴。

（5）松开调整圈上的夹紧螺钉，旋掉调整圈。

（6）取下后压盘及短轴套即可分解成几大部分。

（7）拆掉各铰链轴销，将压臂、耳簧，调整圈、松放套分解成零件。

（8）最后卸下分离轴承。

2．非常接合式离合器的装配

非常接合式离合器组装时一般可单独组装成一体。非常接合式离合器组装时应注意以下技术要求。

（1）压盘应在齿套上灵活滑动，尤其在离合器分离时，压盘在片状复位弹簧作用下应能很快后移。

（2）离合器分离时，中间主动盘不得与从动盘及压盘相摩擦，TY—120型推土机主离合器分离时主、从动盘间最小间隙应大于0.3mm，最大间隙应小于0.8mm。

（3）离合器各压爪应属同一重量组，其质量差应不大于15g。

（4）连接主动盘与飞轮时，应使橡胶连接块工作时产生拉力。如果装反，工作时将很快损坏。

3．非常接合式主离合器的调整

非常接合式离合器主要是调整压盘的正压力，以保证传递足够的转矩。正压力是通过压爪产生的，而压爪压力是由操纵杆上的操纵力经过一系列杠杆传递的（指非助力式操纵），因此压盘上压力与操纵力有一定的关系。托盘上的正压力是通过操纵力的大小来判断的。当操纵力小于要求数值过多时，说明正压力过小；当操纵力大于要求数值时，说明正压过大。不合要求时可通过改变压爪支架相对于压盘的轴向位置进行调整。具体方法是：在离合器分离状态下，旋松压爪支架夹紧螺栓，相对压盘转动压爪支架，支架接近压盘时压力增加，反之则减小。边调边试操纵力大小，调后使夹紧螺栓可靠锁紧。调后的离合器应既能可靠传递转矩，又能自锁。

TY-120型推土机主离合器是杠杆压紧非常接合式离合器。在使用过程中，随着从动盘与压盘上的摩擦衬片的磨损变薄而使离合器打滑或接合不良，进而影响机械的正常运转，因此必须进行调整，其调整程序如下：分开主离合器，打开检视口盖，并把变速器放空挡。转动压爪支架，使夹紧螺栓朝向检视口位置。并将其旋松，然后将变速杆置于任一挡位，再将压爪支架沿与飞轮转动相反的方向转动一个角度，于是它就沿压盘毂外的螺纹向压盘稍移一些，压盘压力增大，向相反方向调则压盘压力减小。边调边试操纵杆操纵力大小（150～200N为宜）。调好后拧紧夹紧螺栓并锁紧，调好的标志是满载下不打滑。

TY-120型推土机主离合器小制动器在使用过程中，主动盘与从动盘之间的间隙不需要调整。

二、湿式非常结合式离合器的拆装调整

以TY-180型推土机为例阐述湿式离合器的检修。

1．湿式离合器拆卸步骤

（1）拆下驾驶室底板、操纵拉杆、油管等表面连接件。

（2）拆下万向节和小制动带，抽出离合器轴。

（3）拆下离合器外壳固定螺栓，将离合器向后移动脱离稳定销，再向左移动（从后面看）使拨叉与松放圈分离，抬出离合器壳体等，再分别分解油泵、助力器等。

（4）拆下离合器盖固定螺栓，将离合器盖、调整圈、松放套、松放圈等一起取下，再进行分解。

（5）取下压盘、从动盘、主动盘。

（6）由从动齿毂三个拆装孔中，先将轴承座固定螺栓卸下，然后将从动齿毂、轴承、轴承座等一同取下，再将卡环取下，卸下轴承座和轴承。

2．湿式离合器的分解要点

（1）拆卸时，可参照图1-1-35、图1-1-36等各部分分解图，并依据装配情况，前后、左右、上下的关联，按顺序进行拆卸。

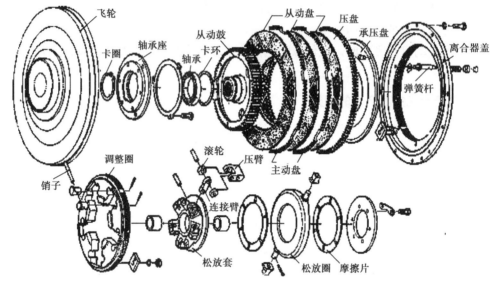

图 1-1-35　TY-180 主离合器分解图

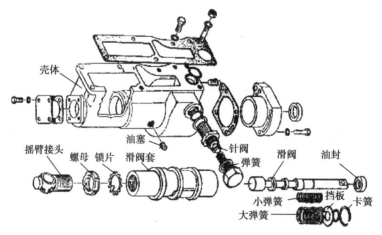

图 1-1-36　液压助力器分解图

（2）对定位销、零件加工面以及铝合金件严禁使用铁锤敲打，对于不易拆卸的螺栓、螺母，切不可勉强硬卸。

（3）对操纵联杆拆卸时，杆的调整值不得随意变动，必须变动时要事先量好长度，以使组装时按此值重调。

（4）拆卸主离合器从动齿轮时，待取出主、从动片后，应由从动齿轮孔先将轴承护圈螺栓拧下，然后再拆卸从动齿轮。

（5）拆卸分离弹簧时，使用专用工具先将分离弹簧压缩，取出锁片，再将弹簧拆除。

（6）各部件拆卸后要清洗干净。特别对油封、轴承、调整垫片等应妥善保管。组装时，对涂有防锈剂的新零件，须除净防锈剂后再组装。

（7）装配油封时，要注意油封唇部的方向，装妥后要涂以润滑油；组装轴承时，要特别注意防尘；轴承、油封、衬套等部件需用压力机或压入工具组装。

（8）组装时，依据装配关系，有对合记号要求的应特别注意，如飞轮和压盘应对合装配，不得随意组装。

（9）拆卸主离合器从动齿毂时，不得硬撬，应先将轴承座固定螺栓旋出，然后将从动齿毂拆下。

3．湿式离合器的装配

湿式离合器的装配可按分解时的相反顺序进行装入，同时应注意：各零件要特别注意清洗干净。对有记号要求的部位应特别注意，如飞轮和压盘应对合装配，不得随意组装。装轴承、油封、衬套等应用专用机工具；装油封时应注意油封唇部的方向；装轴承时特别注意防尘。组装离合器操纵杆部分时注意保持连接拉杆的规定长度。

4．湿式离合器的调整

（1）主离合器调整时，应将发动机熄火，并使其处于减压状态，打开主离合器检查盖，利用启动电动机转动飞轮，将锁板（两处相隔 180°）转到离合器壳体检查孔的下方，分别松开锁板的锁紧螺母。

用专用扳手转动调整环（顺时针转动调整环，离合器压紧），直到调好为止。重新将两个锁紧螺母拧紧，使锁板可靠紧固，并按下述步骤检查离合器的调整正确性。

使发动机全速运转，将变速杆置于五挡位置，踩下全部制动踏板，然后将主离合器操纵杆向后拉，使离合器接合。此时，如发动机能在 2s 内自行熄火，并且操纵离合器的作用力不超过 60N 时，则认为离合器调整合格。

（2）小制动器的调整步骤（图 1-1-37）如下。

① 把离合器操纵杆前推，使主离合器处于分离位置。

② 将调整螺钉 2 拧紧，使制动器复位臂 1 与制动臂 5 分开。松开锁紧螺母，并拧紧调整螺钉 3，使之与制动臂 5 分开。

③ 轻推制动臂 5，使制动衬带刚好密贴制动毂，制动臂应保持在该位置，然后退回调整螺钉 2，使制动器复位臂 1 与制动臂 5 接触为止，再转回 1～2 圈，并将锁紧螺母紧固。

④ 将调整螺钉 3 转回到能与制动臂 5 相接触的位置，然后紧固锁紧螺母，此时决不可使助力器阀杆移动，调好后，检查制动毂与衬片带的间隙，应为 0.8mm。

在上述调整中，如果发现两个调整螺钉之一失效或更换新制动衬带（衬带磨损量超过 2.3mm）时，应补充下述步骤：在完成步骤①至步骤③后，松开锁紧螺母，并拧紧调整螺钉 6，直到制动臂 5 近似处于垂直位置，而制动衬带应与制动毂密贴，再将锁紧螺母紧固，其余按步骤④和⑤进行调整。

当小制动器衬片带磨损不大时，可直接按下述步骤调整：松开锁紧螺母，拧调整螺钉 6，使衬带与制动毂密贴，再将调整螺钉 6 退回 1～2 圈，然后紧固锁紧螺母。

小制动器调整后，应检查其调整的正确性；待发动机运转正常后，将主离合器操纵杆向前推到底，离合器轴在 3s 内迅速制动，则认为调整合格。

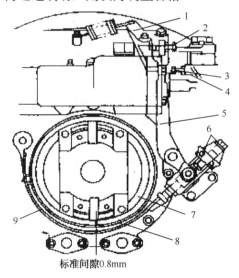

图 1-1-37　小制动器的调整位置

1—复位臂；2、6—调整螺钉；3—螺钉；4—臂；5—制动臂；　7—制动毂；8—制动衬带摩擦面；9—制动衬带

任务思考题 1

1. 简述传动系的作用、种类及其优缺点。
2. 简述主离合器的作用、种类。
3. 简述非常结合式离合器结构特点及原理。
4. 如何检修离合器从动盘？
5. 74 式Ⅱ型挖掘机离合器的装配注意事项有哪些？
6. 简述 74 式Ⅱ型挖掘机离合器的调整。
7. 离合器打滑和分离不彻底的现象及原因有哪些？怎样诊断？
8. 74 式Ⅱ型挖掘机离合器随着从动盘摩擦片和主动盘磨损的增大，踏板自由行程是增大还是减小？试分析原因。

任务二　机械换挡变速箱构造与维修

知识目标：

1. 学会描述机械变速器功用、类型及原理。
2. 学会描述机械变速器结构。
3. 学会描述机械变速箱调整方法。
4. 学会分析机械变速箱动力传递路线及常见故障原因。

技能目标：

1. 能够正确拆装、调整机械变速器。
2. 能够正确检修机械变速箱主要零部件。
3. 能够正确诊断和排除机械变速箱典型故障。

任务咨询：

咨询一　工程机械变速箱概述

一、变速箱的功用与要求

变速箱是通过改变转速比，从而改变传动扭矩比的装置。它与发动机配合工作，保证车辆有良好的动力性能和经济性能。

1．变速器的功用

（1）变速变扭改变传动比，扩大驱动轮扭矩和转速的变化范围，以适应经常变化的工作条件，同时使发动机在有利的（功率较高而耗油率较低）工况下工作。

（2）实现倒车。在发动机旋转方向不变的前提下，使工程机械能实现倒驶。

（3）切断动力。变速器挂空挡，在发动机运转的情况下，机械能长时间停车，便于机械的停车及维护。

2．工程机械对变速器的要求

（1）具有足够的挡位和合适的传动比，使机械能在合适的牵引力和速度下工作，具有良好的牵引性和燃料经济性以及较高的生产率。

（2）变速器应工作可靠，传动效率高，使用寿命长，结构简单，维修方便。

（3）变速器应换挡轻便，不允许出现同时挂两个挡或自动脱挡、跳挡现象。

（4）对动力换挡变速还要求换挡离合器结合平稳。

二、变速箱的类型

1．按传动比变化的方式分类

（1）有级式变速器。它采用齿轮传动，具有若干个定值传动比。

（2）无级式变速器。它的传动比在一定数值范围内可按无限多级变化，常见的有电力式和液力式（动液式）两种。电力式无级变速器的变速传动部件是直流串激电动机，液力式无级变速器的传动部件是液力变矩器。

（3）综合式变速器。由液力变矩器和齿轮式有级变速器组成的液力机械式变速器，其传动比可在最大值和最小值之间的几个间断范围内无级变化，目前在重型汽车和工程机械上应用广泛。

2．按换挡操纵的方式分类

（1）机械换挡变速器

通过操纵机构来拨动齿轮或啮合套进行换挡。其工作原理如图 1-2-1 所示。

图 1-2-1（c）为固定连接，表示齿轮与轴为固定连接。一般用键或花键连接在轴上，并轴向定位，不能轴向移动。

图 1-2-1（d）为空转连接，表示齿轮通过轴承装在轴上，可相对轴转动，但不能轴向移动。

图 1-2-1（e）为滑动连接，表示齿轮通过花键与轴连接，可轴向移动，但不能相对轴转动。

① 拨动滑动齿轮换挡。如图 1-2-1（a）所示，双联滑动齿轮 a、b 用花键与轴相连接，拨动该齿轮使齿轮副 a−a′ 或 b−b′ 相啮合，从而改变传动比，即所谓换挡。

② 拨动啮合套换挡。如图 1-2-1（b）所示，齿轮 c′、d′ 与轴相固连；齿轮 c、d 分别与齿轮 c′、d′ 构成常啮合齿轮副。但因齿轮 c、d 是用轴承装在轴上，属空转连接，不传递动力。啮合套与轴相固连，通过拨动啮合套上的齿圈分别与齿轮 c（或 d）端部的外齿圈相啮合，将齿轮 c（或 d）与轴相固连，从而实现换挡。

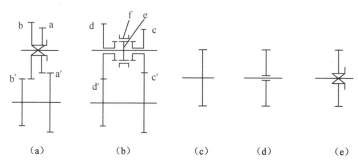

（a）　　　　（b）　　　　（c）　　　　（d）　　　　（e）

图 1-2-1　机械换挡示意图

（2）动力换挡变速器

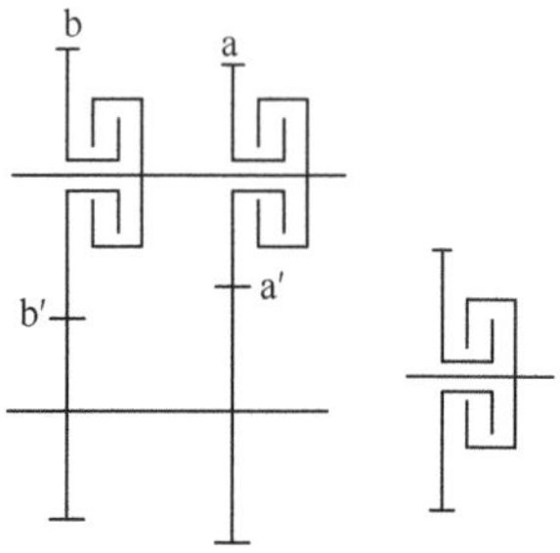

图 1-2-2 与图 1-2-1（b）啮合套换挡齿轮和轴之间都是空转连接，不同之处是齿轮和轴的结合和分离不是通过啮合套，而是通过离合器，这个离合器的分离和结合一般是用液压操纵的。

液压操纵的压力油由发动机带动的液压泵提供，离合器的结合和分离靠的是发动机的动力，所以称为动力换挡。

人力换挡变速器结构简单、工作可靠、制造方便、重量轻、传动效率高，但是人力操纵劳动强度大。同时，人力换挡变速器换挡时，动力切断的时间较长，这些因素影响了机械的作业效率，并使机械在恶劣路面上行驶时通过性差。

图 1-2-2　动力换挡示意图

动力换挡变速器结构复杂、体积大、重量重，而且由于换挡元件（离合器或制动器）上有摩擦功率损失，传动效率较低。但是对于动力换挡，操纵轻便简单、换挡快、换挡时动力切断的时间可降低到最低限度，可以实现负荷下不停车换挡，有利于生产率的提高。由于工程机械工作时换挡频繁，迫切需要改善换挡操作。因此，动力换挡变速器虽然结构复杂、制造困难，但随着制造水平的提高，动力换挡变速器的应用更加广泛。

3．按轮系形式分类

（1）定轴式变速器

变速器中所有齿轮都有固定的回转轴线。

（2）行星式变速器

变速器中有些齿轮的轴线在空间旋转，这样的齿轮称为行星轮，它在空间有两个运动：绕自身轴线的自转和随自身轴线在空间中绕公共轴线的公转。因此称这类变速器为行星式齿轮变速器。

定轴式变速器的结构比行星式变速器简单，可用人力换挡，也可用动力换挡；行星式变速器结构复杂，只有通过动力换挡一种方式进行操纵。两种形式的变速器在工程机械上均得到较广泛的应用。

三、机械换挡变速箱工作原理

现在工程机械上的变速器，结构都比较复杂，而且形式也不一样，但其齿轮传动原理相同。齿轮传动时，主动齿轮的各个轮齿依次地拨动从动齿轮各对应的轮齿。若主动齿轮小、从动齿轮大，根据"作用力乘半径等于扭矩"可知：在作用力相等的条件下，小齿轮半径小扭矩小，大齿轮半径大扭矩大。因此，小齿轮驱动大齿轮转动时，降低了大齿轮的转速，增大了扭矩。主动齿轮的转速 n_1 与从动齿轮的转速 n_2 之比，称为一对啮合齿轮的传动比 i，则传动比为：

$$i = n_1 / n_2 = z_1 / z_2$$

式中　z_1——主动齿轮的齿数；

　　　z_2——从动齿轮的齿数。

如果是多级齿轮组成的传动轮系，传动比是指该轮系中第一级传动的主动齿轮的转速与最末一级传动的从动齿轮的转速之比，称为该轮系的总传动比。总传动比等于组成该轮系的各对啮合齿轮之传动比 $i_1 i_2 i_3 \cdots i_n$ 的连乘积，则总传动比为：

$$i = i_1 i_2 i_3 \cdots i_n$$

对于外齿啮合的齿轮传动，两轮的旋转方向相反 [图 1-2-3（a）]。若前进挡为两齿啮合，倒退挡则应增加中间传动齿轮 [图 1-2-3（b）]，使从动轴的转动方向与前进挡相反。内齿啮合的齿轮传动，两轮的转动方向相同 [图 1-2-3（c）]。

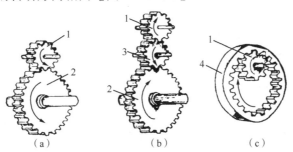

图 1-2-3　齿轮传动的方向

1—主动齿轮；2—从动齿轮；3—传动齿轮；4—从动齿圈

咨询二 典型机械换挡变速箱构造原理

一、平面三轴式变速箱结构特点

这类变速箱的特点是输入轴与输出轴布置在同一轴线上，可以获得直接挡，由于输入轴、输出轴和中间轴处在同一平面内，故称为平面三轴式变速箱。图1-2-4为EQ1090E平面三轴五挡变速箱结构简图。

此变速箱有5个前进挡和1个倒挡，主要由壳体、输入轴、输出轴、中间轴、倒挡轴、各轴上齿轮及操纵机构等几部分组成。

第一轴和第一轴常啮合齿轮为一个整体，是变速箱的动力输入轴。输入轴前部花键插于离合器从动盘毂中。

在中间轴上制有（或固装有）6个齿轮，作为一个整体而转动。最左面的齿轮与输入轴常啮合齿轮相啮合。从离合器输入轴的动力经过这一对常啮合齿轮传到中间轴各齿轮上。向后依次称各齿轮为中间轴三挡、二挡、倒挡、一挡和五挡齿轮。

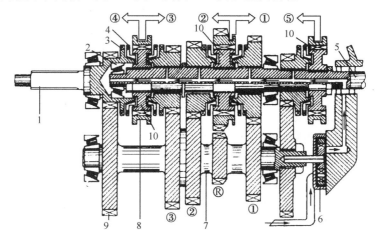

图1-2-4 平面三轴五挡变速箱结构简图

1—输入轴；2—轴承；3—接合齿圈；4—同步环；5—输出轴；

6—油泵；7—中间轴；8—接合套；9—中间轴常啮合齿轮；10—花键毂

在输出轴上，通过花键固装有三个花键毂，通过轴承安装有输出轴各挡齿轮。其中从左向右，在第一和第二花键毂之间装有三挡和二挡齿轮，在第二和第三花键毂之间装有一挡和五挡齿轮，分别与中间轴上各相应挡齿轮相啮合。在三个花键毂上分别套有带有内花键的接合套，并设有同步机构。通过接合套的前后移动，可以使花键毂与相邻齿轮上的接合齿圈连接在一起，将齿轮动力传给输出轴。其中在第二个接合套上还制有倒挡齿轮。输出轴前端插入第一轴常啮合齿轮的中心孔，两者之间设有轴承。输出轴后端是变速箱的输出端。

二、空间三轴式机械换挡变速箱构造

下面以T220履带推土机变速箱传动机构为例介绍空间三轴式机械换挡变速器构造。

T220履带推土机变速箱结构如图1-2-5（a）所示。它是由箱体、齿轮、轴和轴承等零件组成的，具有5个前进挡和4个倒挡，采用啮合套换挡的空间三轴式变速箱。

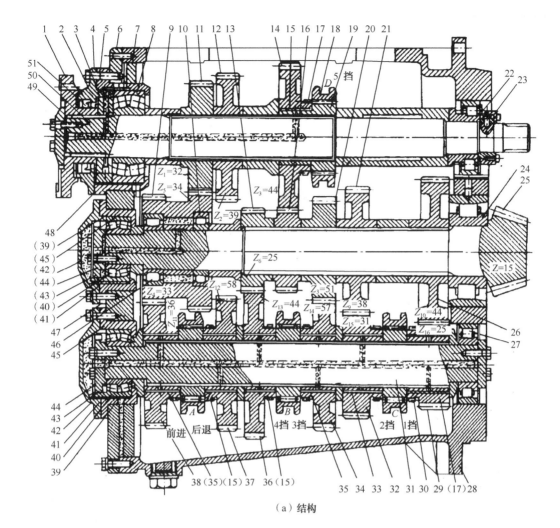

（a）结构

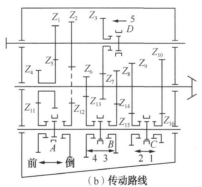

（b）传动路线

图 1-2-5 T220 推土机变速箱构造

1—万向节盘；2—挡板；3、7、39、41、43、48—密封圈；4—轴承压盖；5、45—轴承座；6—前盖；8、40—双列球面滚柱轴承；

9—双联齿轮；10、22、24、27、46—滚柱轴承；11—前进挡主动齿轮；12—倒挡主动齿轮；13—四挡从动齿轮；14—五挡主动齿轮；

15、30、33、35—花键套；16—五挡从动齿轮；17—双金属滑动轴承；18—啮合套；19—啮合套毂；20—三挡从动齿轮；

21—二挡从动齿轮；23—定位螺母；25—主动螺旋锥齿轮；26——挡从动齿轮；28—箱体；29——挡主动齿轮；31—中间轴；

32—二挡主动齿轮；34—三挡主动齿轮；36—四挡主动齿轮；37—倒挡从动齿轮；38—前进挡从动齿轮；42—轴承盖；

44—挡油盘；47—调整垫片；49—固定板；50—输入轴；51—油封

T220 推土机变速箱共有 3 根轴：输入轴、中间轴和输出轴。这 3 根轴呈空间三角形布置，以保证各挡齿轮副的传动关系。

（1）输入轴：前端有万向接盘，由此接盘通过万向节与主离合器相连；后端伸出箱体外，伸出端上有花键，作功率输出用。前进挡主动齿轮和倒挡主动齿轮通过花键固装在输入轴上，五挡主动齿轮通过双金属衬套滑动轴承支承在花键套上，花键套通过花键固装在轴上。啮合套毂通过花键固装在轴上，其啮合齿上套着啮合套。

（2）中间轴：前进挡从动齿轮、倒挡从动齿轮和一、二、三、四挡主动齿轮都通过双金属滑动轴承支承在轴的花键套上，轴上还有 3 个啮合套。

（3）输出轴：输出轴和主动螺旋锥齿轮制成一体。一、二、三、四、五挡从动齿轮通过花键固装在轴上。前进挡双联齿轮通过两个轴承装在轴上。该轴的轴向位置，可用调整垫片来进行调整，以保证主传动的螺旋锥齿轮的正确啮合。

3 根轴都是前端用双列球面滚柱轴承支承，后端用滚柱轴承支承。前端支承可防止轴向移动；后端支承允许轴向移动，以防止受热膨胀而卡死。采用双列球面滚柱轴承还可以自动调心，允许内、外圈有较大的偏斜（<2°），对轴线偏差起补偿作用。

双列球面滚柱轴承通过轴承座装在前盖上，这样装配较方便。3 根轴的后端滚柱轴承的外圈分别通过卡簧或销钉加上紧固螺钉做固定。前盖和箱体上的轴承孔都是通孔，利于加工。所有轴上的定位隔套，通过键或花键与轴连接，以防止轴套相对轴转动。

变速箱体采用前盖可卸式筒状结构，以改善箱体的工艺性。前盖和箱体通过止口定芯，用一个销钉在圆周方向定位，用螺钉固定。

T220 推土机变速箱传动路线分析如图 1-2-5（b）所示。

从变速箱变速传动的特点来看，T220 推土机变速箱属于组合式变速箱，其传动部分由换向与变速两部分组成。

换向部分工作原理：当操纵机构的换向杆推到前进挡位置时，即拨动中间轴上的啮合套 A 左移与前进从动齿轮 Z_{11} 啮合，这时动力由前进主动齿轮 Z_1 经输出轴上齿轮 Z_5、Z_4 传至中间轴上齿轮 Z_{11}，实现前进。当换向杆推到倒挡位置时，拨动啮合套 A 右移与倒挡齿轮 Z_{12} 啮合。此时由倒挡主动齿轮 Z_2 与中间轴上倒挡齿轮 Z_{12} 啮合传动而实现倒退挡。

变速部分工作原理：通过变速杆拨动中间轴上的啮合套 C 右移（或左移）与齿轮 Z_{16}（或 Z_{15}）相啮合而实现一、二挡传动比。当拨动啮合套 B 右移（或左移）与齿轮 Z_{14}（或 Z_{13}）相啮合而实现三、四挡传动比；通过拨动输入轴上啮合套 D 左移与齿轮 Z_3 啮合即可实现前进五挡。因五挡不经过中间轴齿轮，动力直接由输入轴经齿轮 Z_3、Z_7 而传至输出轴，故五挡只有前进挡。

例如，前进一挡的传动路线为：将换向杆推到前进位置，拨动啮合套 A 与齿轮 Z_{11} 啮合，再将变速杆推到一挡位置，使啮合套 C 与一挡齿轮 Z_{16} 啮合，使齿轮 Z_{16} 与 Z_{10} 参与传动。这时，动力从输入轴通过齿轮 Z_1、Z_5、Z_4、Z_{11}、Z_{16}、Z_{10} 传至输出轴。

与之类似，若要换前进二挡，则只要拨动啮合套 C 左移与齿轮 Z_{15} 啮合，则二挡齿轮副 Z_{15} 与 Z_{14} 参与传动。齿轮 Z_{16} 因与啮合套分离而不参与传动。只要拨动啮合套 B 即可实现前进三、四挡。而拨动啮合套 A 右移，再拨动啮合套 B 或 C，即可实现相应的倒退各挡。总共可实现前进 5 挡、倒退 4 挡。各挡传动路线列于表 1-2-1 中。

T220 推土机变速箱的润滑和密封：该变速箱中各空转齿轮的双金属衬套滑动轴承和前盖上的 3 个轴承采用强制润滑。润滑油从油泵叠滤清器、冷却器进入变速箱前盖，经前盖上的孔道流到各轴承座，又经轴承座上的通路流至轴的端部轴承盖处，然后经各轴中心油路流至各齿轮的双金属滑动轴承处和双联齿轮的滚柱轴承处进行润滑。中间轴和输出轴前端有挡油盘和合金铸铁密封圈挡油，以防止大量润滑油经双列球面滚柱轴承而流失（回变速箱底部）。挡油盘上设有节流小孔，适量的润滑油可经此小孔去润滑双列球面滚柱轴承。3 根轴后端的滚柱轴承和所有齿轮，都是通过飞溅的润滑油来润滑。为了防止变速箱漏油，所有可能外泄的静止结合面都用 O 形橡胶密封圈来密封。前端伸出箱体外的输入轴用自紧橡胶油封来密封。花键与万向节接盘连接处用 O 形橡胶密封圈和橡胶垫来防止漏油。

表 1-2-1　T220 推土机变速箱传动路线

方　向	挡　位	传动齿轮的组合	
前进	一挡	$Z_1 - Z_5 - Z_4 - Z_{11}$	$Z_{16} - Z_{10}$
	二挡		$Z_{15} - Z_9$
	三挡		$Z_{14} - Z_8$
	四挡		$Z_{13} - Z_6$
	五挡	$Z_3 - Z_7$	
倒退	一挡	$Z_2 - Z_{12}$	$Z_{16} - Z_{10}$
	二挡		$Z_{15} - Z_9$
	三挡		$Z_{14} - Z_8$
	四挡		$Z_{13} - Z_6$

综上所述，T220 推土机变速箱换向部分的齿轮同时具有换向与变速的功能，它们在除五挡以外的前进（或倒退）一、二、三、四挡各挡传动路线中是公有的；在前进挡时齿轮 Z_1、Z_4、Z_5、Z_{11} 等公用；而倒退挡时齿轮 Z_2、Z_{12} 公用。由于空间三轴式变速箱用较少的齿轮得到较多的排挡，因此使变速箱的结构较简单紧凑。同时它采用啮合套换挡，常啮合斜齿轮，故换挡操作轻便、传动平稳、噪声较小。采用强制润滑，效果较好，可延长使用寿命。

三、机械换挡变速箱变速操纵机构

变速操纵机构包括换挡机构与锁止装置，其功能是保证按需要顺利可靠地进行换挡。

对操纵机构的要求一般是：保证工作齿轮正常啮合；不能同时换入两个挡；不能自动脱挡；在离合器接合时不能换挡；要有防止误换到最高挡或倒挡的保险装置。对于每一种机械的变速箱的操纵机构，应根据不同的作业和行驶条件来决定对它的要求，不一定都包括上述各点。

1. 换挡机构

换挡机构［图 1-2-6（a）］主要由变速杆 1、滑杆 6、拨叉 7 等组成。变速杆用球头支承在支座内，由弹簧将球头压紧在支座内；球头受销子限制不能随意旋转，以防止变速杆转动。拨叉用螺钉固定在滑杆上；滑杆上有 V 形槽可由锁定销 5 锁定在某一位置上；滑杆端有凹槽 4，变速杆下端可插入其中进行操纵。换挡时，操纵变速杆通过滑杆和拨叉拨动滑动齿轮 8 以实现换挡。每根滑杆可以控制两个不同挡位，根据挡位的数目确定滑杆数目。

2. 锁止装置

对变速箱操纵机构的要求，主要由锁止装置来实现。锁止装置一般包括锁定机构、互锁机构、联锁机构以及防止误换到最高挡或倒挡的保险装置。

（1）锁定机构

锁定机构用来保证变速箱内各齿轮处在正确的工作位置，在工作中不会自动脱挡。如图1-2-6（a）所示，在每根滑杆上有3个V形槽，具有V形端头的锁定销在弹簧压力下嵌在V形槽中，锁定了滑杆的位置，以防止自动脱挡。

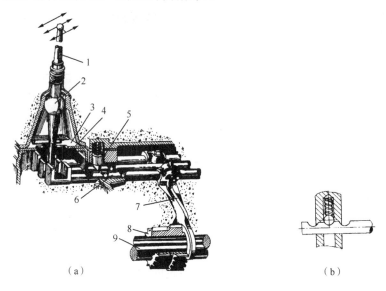

图1-2-6　变速箱操纵机构

1—变速杆；2—球头；3—框板式互锁机构；4—换向滑杆凹槽；5—锁定销；

6—换向滑杆；7—拨叉；8—滑动齿轮；9—变速箱轴

当拨动滑杆换挡时，V形槽的斜面顶起锁定销，然后滑杆移动直至锁定销再次嵌入相邻的V形槽中。V形槽之间的距离保证了滑杆在换挡移动时的距离，从而保证了工作挡齿轮的正常啮合位置。滑杆上的3个V形槽实现了两个挡和一个空挡位置。

锁定销也可采用钢球，但在滑杆上应制出半圆球形的凹坑，如图1-2-6（b）所示。

（2）互锁机构

用来防止同时拨动两根滑杆而同时换上两个挡位。常用的互锁机构有框板式和摆架式。

框板式互锁机构如图1-2-7所示，具有"王"字形导槽的铁板，每条导槽对准一条滑杆。由于变速杆下端只能在导槽中移动，从而保证了不会同时拨动两根滑杆，也就不会同时换上两个挡。

摆架式互锁机构（图1-2-8）是一个可以摆动的铁架，用轴销悬挂在操纵机构壳体内。变速杆下端置于摆架中间，可以做纵向运动。摆架两侧有卡铁A和B，当变速杆下端在摆架中间运动而拨动某一根滑杆时，卡铁A和B则卡在相邻两根滑杆的拨槽中，因而防止了相邻滑杆也被同时拨动，故而不会同时换上两个挡。

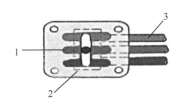

图 1-2-7　框板式互锁机构

1—变速杆；2—导向框板；3—滑杆；

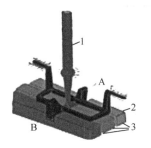

图 1-2-8　摆架式互锁机构

1—变速杆；2—摆架；3—滑杆；A、B—卡铁

（3）联锁机构

联锁机构（图 1-2-9）是用来防止离合器未彻底分离时换挡。在离合器踏板上用拉杆连接着摆动杠杆，摆动杠杆固定在可以转动的联锁轴上。联锁轴上沿轴向制有槽，当离合器踏板完全踩下，也就是离合器分离时，通过拉杆推动联锁轴，使其上的槽正好对准锁定销的上端。此时锁定销才可能被顶起，换挡滑杆才可能被拨动，实现换挡，如图 1-2-9（a）所示。

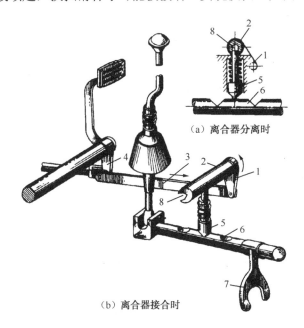

（a）离合器分离时

（b）离合器接合时

图 1-2-9　变速箱联锁机构

1—摆动杠杆；2—联锁轴；3—拉杆；4—离合器踏板；5—锁定销；6—换挡滑杆；7—拨叉；8—槽

当离合器接合时［图 1-2-9（b）］，联锁轴上的槽将转过去，而用其圆柱面顶住锁定销的上端，使插入滑杆上 V 形槽的锁定销不能向上移动，这时换挡滑杆也就不能被拨动，自然就不能换挡。

T220 推土机变速箱的操纵机构（图 1-2-10）是由变速杆、换向杆、一二挡滑杆、三四挡滑杆、换向滑杆、五挡滑杆及 4 个拨叉等零件组成的。通过变速杆或换向杆操纵拨叉拨动相应的啮合套进行换挡。3 个变速拨叉由变速杆拨动，而另一个换向拨叉则由换向杆拨动。

操纵机构中装有 4 个锁定销定位，以防止自动跳挡；采用保险卡（即摆架）作为互锁机构，以防止同时换上两个排挡。

联锁机构由联锁轴、杠杆及锁定销等组成，其工作原理同前。

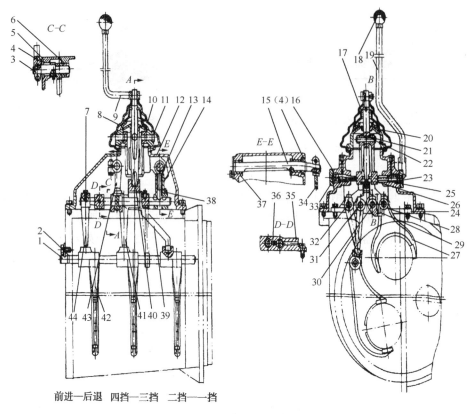

前进—后退　四挡—三挡　二挡——挡

图 1-2-10　T220 推土机变速箱操纵机构

1—拨叉轴；2、16—O 形密封圈；3—轴；4—油封；5、6—滚针轴承；7—定位螺钉；8—盖；9—变速杆；10—衬套；11—螺栓；
12—拨叉室；13—锁定销；14、17、23—弹簧；15—联锁轴；18—换向手柄；19—换向杆；20—拨叉室上盖；21、22、36—销；
24—拨叉轴后座；25—止动销；26—保险卡；27—五挡拨叉；28—五挡滑杆；29—换向叉头；30—换向滑杆；31—三四挡滑杆；
32——二挡滑杆；33—塞；34—联锁杠杆；35—滑杆前座；37—联锁衬套；38—限位板；39——二挡拨杆；40—拨杆；
41—三四挡拨杆；42—拨叉；43—换向拨叉头；44—拨叉头

　　另外，在滑杆前座中装有起互锁作用的定位销，以限制五挡滑杆与倒挡滑杆的相对移动位置，以避免同时换上五挡与倒挡，而出现中轴上的齿轮产生过高的相对空转转速，对传动不利。其作用原理如图 1-2-11 所示。

　　图 1-2-11（a）：换向滑杆与五挡滑杆都在空挡位置时，定位销在两根滑杆槽中的相对位置。

　　图 1-2-11（b）：换五挡时，五挡滑杆移动，将定位销顶入换向滑杆槽中，使之不能向倒挡位置移动。

　　图 1-2-11（c）：换倒挡时，换向阀杆移动，将定位销顶入五挡滑杆槽中，使之不能向五挡位置移动。

3．同步器

　　同步器换挡的作用有三方面：能够使结合套与待啮合齿圈迅速同步，缩短换挡时间；能够简化换挡操作；能够避免同步前啮合产生结合齿的冲击。同步器有常压式、惯性式和自行增力式等多种，目前广泛采用的惯性式同步器。

惯性式同步器是依靠摩擦作用实现同步的。它是通过专门的机构来保证接合套与待接合的花键齿圈在达到同步之前不可能接触，从而避免了齿间冲击。目前车用惯性式同步器主要为锁环式惯性同步器和锁销式同步器

轿车和轻、中型货车的变速箱广泛采用锁环式惯性同步器。虽然各个车型同步器的细微结构可能会有所不同，但其工作原理是一样的。图1-2-12为锁环式惯性同步器的结构。

图1-2-12中的花键毂与第二轴用花键连接，并用垫片和卡环作轴向定位。在花键毂两端与第一轴齿轮1和第二轴齿轮4之间，各有一个青铜制成的锁环。锁环上有短花键齿圈，花键齿的断面轮廓尺寸与第一轴齿轮1、第二轴齿轮4及花键毂上的外花键齿均相同。在两个锁环上，花键齿对着接合套的一端都有倒角（称锁止角），且与接合套齿端的倒角相同。锁环具有与第一轴齿轮1和第二轴齿轮4上的摩擦面锥度相同的内锥面，内锥面上制出细牙的螺旋槽，以便两锥面接触后破坏油膜，增加锥面间的摩擦。3个滑块分别嵌合在花键毂的3个轴向槽内，并可沿槽轴向滑动。在两个弹簧圈的作用下，滑块压向接合套，使滑块中部的凸起部分正好嵌在接合套中部的凹槽中，起到空挡定位作用。滑块的两端伸入锁环9和锁环5的3个缺口中。只有当滑块位于缺口的中央时，接合套与锁环的齿方能接合。

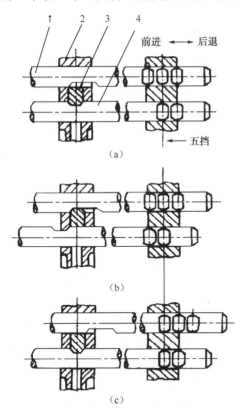

图 1-2-11　锁销式互锁机构原理图

1—换向滑杆；2—拨叉轴前座；3—销；

4—五挡滑杆

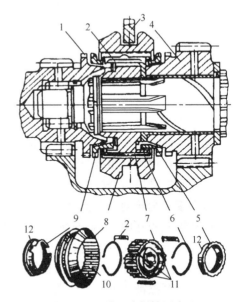

图 1-2-12　锁环式惯性同步器

1—第一轴齿轮；2—滑块；3—拨叉；4—第二轴齿轮；

5、9—锁环；6—弹簧圈；7—花键毂；8—接合套；

10—环槽；11—3个轴向槽；12—缺口

在中型及大型载货汽车变速箱的各挡中，目前较普遍地采用锁销式惯性同步器进行换挡。当变速箱的第二轴上的常啮齿轮及其接合齿圈直径较大时，装用锁销式同步器不仅使齿轮的结构形式合理，而且还可在摩擦锥面间产生较大的摩擦力矩，缩短了同步时间。下面以如图 1-2-13 所示的锁销式惯性同步器为例说明其结构及工作原理。

图 1-2-13 中两个有内锥面的摩擦锥盘 2 分别固定在带有外花键齿圈的第一轴齿轮和第二轴四挡齿轮上。与之对应的是两个有外锥面的摩擦锥环 3。在接合套凸缘的同一圆周上均匀开有 6 个轴向孔，与孔配合的 3 个锁销和 3 个定位销相互间隔地从孔中自由穿过。锁销的两端与摩擦锥环相铆接，定位销的两端贴于摩擦锥环的内侧面，与其略有间隙。锁销的中部与接合套凸缘相对处比较细，在其直接变化处和接合套上相应的销孔两端有角度相同的倒角——锁止角。只有在锁销与接合套孔对中时，接合套方能沿锁销轴向移动。在接合套上定位销孔中部钻有斜孔，内装弹簧，把钢球顶向定位销中部的环槽（见 $A—A$ 剖面图），以保证同步器处于正确的空挡位置。

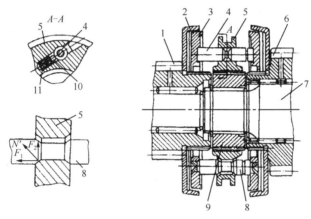

图 1-2-13 锁销式惯性同步器

1—第一轴齿轮；2—摩擦锥盘；3—摩擦锥环；4—定位销；5—接合套；6—第二轴四挡齿轮；

7—第一二轴；8—锁销；9—花键毂；10—钢球；11—弹簧

在空挡位置时，摩擦锥环与摩擦锥盘之间有一定的间隙。由四挡换入五挡时，接合套受到拨叉的轴向推力作用，通过钢球和定位销带动摩擦锥环向左移动。当接合套还没有和第一轴齿轮上的花键齿圈相接合时，摩擦锥环的外锥面与对应的摩擦锥盘 2 的内锥面相接触并压紧。由于摩擦锥环与摩擦锥盘具有转速差，所以一经接触就产生摩擦，使摩擦环连同锁销一起相对于接合套转动，直至锁销中部较细的圆柱面贴于接合套凸缘的锁销孔壁上，锁销轴线与锁销孔轴线相互偏移。此时锁销中部倒角与销孔端的倒角互相抵触，接合套不能继续前移。接合套凸缘上锁销孔倒角面对锁销倒角面作用有法向压紧力 N，N 的轴向分力 F_1 使摩擦锥环与摩擦锥盘压紧，因而接合套与待接合的花键齿圈迅速达到同步 N 的切向分力 F_2 对与锁销连为一体的摩擦锥环形成一个拨环力矩 T_2，这一力矩力图使锁销与锁销孔重新对正，但摩擦锥盘对摩擦锥环的摩擦力矩 T_1 使锁销紧压在接合套凸缘的锁销孔壁上。在摩擦锥环和摩擦锥盘达到同步时，相互转动趋势迅速降低：摩擦力矩 T_1 也迅速降低。当拨环力矩 T_2 大于摩擦力矩 T_1 时，摩擦锥环相对于接合套转动，锁销相对于锁销孔移动并对中。在摩擦锥环的摩擦带动下，摩擦锥盘和齿轮等也相对于接合套转过一个角度，于是接合套便能克服定位销凹槽对钢球的阻力，沿销移动，直至与齿轮的花键齿圈接合，实现挂挡。

咨询三　机械换挡变速箱的故障诊断排除

一、自动脱挡

自动脱挡也叫跳挡，是指机械在正常使用情况下，未经人力操纵，变速杆连同齿轮（或啮合套）自动跳回空挡位置，使动力传递中断。自动脱挡对机械安全使用危害很大，尤其在坡道上行驶时，产生自动脱挡后不易重新挂挡而造成溜车，引起严重事故。履带式机械多发生在一、二挡，轮胎式机械多发生在四、五挡（或三、四挡）。产生自动脱挡的根本原因是齿轮（或啮合套）分离的轴向力大于齿轮（或啮合套）定位的锁定力和移动时的摩擦力之和。

具体原因有以下几点：

（1）齿轮（或啮合套）轴向分力过大

① 齿面偏磨。变速器齿轮在频繁换挡与传力过程中会使齿面偏磨，尤其在换挡过程中，先接合的齿端齿面相对滑动距离及摩擦时间较长，故磨损较大；后接合的齿端齿面相对滑动距离及摩擦时间则较短，故磨损较小，从而使齿面形成斜度，使啮合齿之间的相互作用力产生较大的轴向分力。齿轮磨损越严重、外负荷越大，则轴向分力越大。当轴向分力超过锁定力及摩擦力时即自动脱挡。变速器使用时间过长、缺油、油质较差、强行换挡等都会加剧齿面的偏磨。

② 变速器壳形位误差过大。试验表明，当变速器壳体各轴线间的平行度误差过大时，会使齿轮产生很大的轴向分力，当此轴向分力的方向与齿轮自动脱挡力方向一致时，即会促成自动脱挡。变速器壳体时效处理不好、加工精度差、结构或材料刚度低、维修使用不当，都会使其轴线平行度误差超限。

③ 其他原因。变速器轴刚度差、齿轮与花键轴配合间隙过大、齿侧间隙过大等，也会使齿轮歪斜、传动中出现冲击等，从而产生较大的轴向推力。

（2）锁定机构失效

变速器自锁机构多为弹簧顶压钢球或锁定销结构。当弹簧变软或折断、钢球（或锁定销）与滑轨锁定槽边缘磨损较大时，其自锁力将大大降低，在较大齿轮轴向力作用下容易自动脱挡。推土机等工程机械变速器除自锁机构外，大多数设有与主离合器联动的刚性联锁机构，锁定力很大，因此一般不会产生自动脱挡。但当联锁机构损坏（如锁定销折断或锁定销与滑轨锁定槽边缘磨损过甚）以及联锁操纵失效（如联锁销相对于摆动杠杆产生自由转动）时，会使锁定力降低，在主离合器接合状态下仍有可能产生自动脱挡。

（3）齿轮啮合位置不对或变速叉轴未锁定

变速杆变形、拨叉变形、拨叉与拨叉槽轴向间隙过大、拨叉与滑轨连接松动等，均可使变速杆在相应挡位下齿轮或滑轨未进入正常啮合位置或锁定位置，或滑轨虽被锁定，而齿轮轴向旷动量较大，在较大动载荷作用下，轴向力易超过锁定力而跳回空挡。例如，EQ1090 型汽车变速器同步器锁销松动、CA1091 型汽车变速器第二轴前螺母松动等也会造成自动脱挡。

二、乱挡

挡位错乱也称乱挡。一般指空挡时，有大幅度的旷动，结合离合器机械就行驶；或挂上任一挡，结合离合器，发动机就熄火；或挂上挡，摘不下来。

变速器乱挡后，机械无法正常工作。当同时挂入两个挡位时，轻者使发动机熄火，重者损坏齿轮，使轴变形，造成严重机械事故。变速器乱挡的根本原因是变速齿轮或拨叉轴与变速杆间位置不正确，或两者间运动不协调，具体分析如下：

（1）变速杆变形或拨头过渡磨损

若变速杆侧向变形，当变速手柄位于某一挡位时，变速杆下端拨头可能位于另一挡位变速轨凹槽中，引起乱挡。当拨头磨损严重或沿变速方向变形时，变速手柄至极限位置后变速拨头可能脱出滑轨拨槽，形成挂不上挡，或挂上某一挡后摘不下挡。当变速杆中间球铰磨损使变速杆上移时，会加速这种故障的发生。

（2）拨叉轴互锁机构失效

为了防止同时挂入两个挡，一般变速器都设有互锁机构。长期使用后，互锁机构零件会产生磨损，如 CA1091 型汽车及 EQ1090 型汽车互锁钢球与滑轨间磨损、互锁销磨损、滑轨与导孔配合松旷等，即变速滑轨内边间的距离大于两钢球直径之和，造成互锁失灵。例如，JN151 型汽车变速器互锁钢球磨损过甚或装用不符合尺寸要求的钢球，也会造成这种故障。TY120 型、TY180 型等推土机变速器均采用摆架式互锁装置，所以不易产生同时移动两个齿轮的故障。

（3）变速拨叉与拨叉轴连接松脱

变速拨叉与拨叉轴连接松脱时，变速齿轮不受变速杆及拨叉轴的控制，容易产生窜位、脱挡或同时挂入两个挡位。

三、变速杆抖动

机械挂上挡后工作时，变速杆不断抖动，说明有不正常力作用于变速杆下端。变速杆发抖使驾驶员很不舒适，有时还会打手，加剧跳挡现象的发生。其原因如下：

① 拨叉脚侧面与拨叉槽侧面不平行或间隙过小，齿轮或接合套回转时不断触动拨叉脚，通过滑轨传至变速杆使变速杆抖动。

② 齿轮或接合套拨叉槽与其回转中心不垂直，或齿轮与轴配合松旷（啮合套与花键轴配合松旷），齿轮或啮合套回转时其拨叉槽轴向摆动，触动拨叉脚，使变速杆抖动。

③ 变速杆中间球铰松旷或撑持弹簧折断及定位销松旷，使变速杆失去回位能力而抖动。

④ 锁定机构失效，变速滑轨定位不稳，齿轮轴向摆动力较易反映在变速杆上。

四、变速器异响

变速器在正常情况下会有均匀和谐的响声，这是由于传动件的传动、齿轮间摩擦、轴承转动等引起的。变速器磨合后此响声会变小。当响声不均匀、响声较大、尖刺、断续、沉重时，即为变速器异响。异响往往也是其他故障的表征。变速器异响有以下几种：

（1）轴承异响

变速器滚动轴承长期使用后会因磨损而增大轴向间隙与径向间隙，滚动体与滚道表面易产生疲劳点蚀，缺油时尚易产生烧伤。故在高速下会因滚动体与滚道间的冲撞而产生细碎、连续的"哗哗"响声。变速器内缺油或润滑油过稀、过稠、品质不好等，也会造成轴承异响。空挡时响，而分离离合器后响声消失，一般为第一轴前、后轴承或常啮合齿轮响。如挂入任何挡都响，多为第二轴后轴承响。轴承异响是轴承间隙增大的表征，除会加速轴承、齿轮、变速轴的损坏外，高速回转时还易使齿轮轴产生摇摆和扭振。

（2）齿轮异响

齿轮加工精度低或牙齿磨损过甚，间隙过大，啮合不良，啮合位置不正确；维修时未成对更换齿轮或新旧齿轮搭配，使齿轮不能正确啮合；齿面硬度不足、刚性差、粗糙度大、有疲劳剥落或个别牙齿损坏折断；齿轮与轴配合松旷，齿轮轴向间隙过大；箱体形位误差超限，齿轮轴刚度不足，变形过大；轴承松旷等引起齿轮啮合间隙改变，增大了齿轮噪声。

（3）其他原因异响

变速器内缺油，润滑油过稀、过稠或品质不好，齿间及轴承金属间直接摩擦，响声增大；箱壁内无筋光面过大会引起共鸣，放大异响；变速器内掉入异物，某些紧固螺钉松动，齿牙打坏，轴上零件窜动；里程表软轴或里程表齿轮发响等。

五、换挡困难

换挡困难主要表现为挂不上挡或挂上挡后摘不下挡。变速器出现该故障后使机械无法正常工作。其原因除乱挡所述以外，还可能有以下原因：

① 拨叉轴弯曲、锈死或为杂物所阻，移动不灵。
② 联锁机构调整不当，离合器分离时变速滑轨处于锁定位置。
③ 离合器分离不彻底，小制动器失效，离合器轴不能停止转动，使挂挡困难。
④ 锁定销或钢球、互锁机构等被脏物所阻而移动不灵时，也会造成换挡困难。
⑤ 汽车变速器的同步器损坏，使换挡困难。
⑥ 润滑油过脏或黏度过大。

六、变速器发热和漏油

变速器发热是指其温度超过 60℃以上。变速器温度过高是其他故障的表征，且会缩短润滑油的使用寿命。变速器漏油是指其周围出现齿轮油，而其箱内油量减少。

当变速器轴承安装过紧、转动不灵或内外圈转动、保持架损坏等会使轴承发热增加；齿轮啮合间隙过小，啮合位置不正确，齿面滑移增多，挤压力增大，会使齿轮摩擦热增加；润滑油不足或品质不好时，运动件的润滑条件变坏，摩擦热增加，从而使变速器温度过高。

变速器漏油一般是由于润滑油选用不当、侧盖太松、密封垫损坏或遗失、油封损坏或遗失、箱体破裂等原因引起的。

七、故障实例

一台 W4—60 型挖掘机在道路上行驶时，因变速器跳挡而出现重大事故的苗头。变速器跳挡的危害性较大，因此必须及时采取有效的预防措施和处置方法，以防止事故的发生。

W4—60 型挖掘机上采用的是机械换挡变速的传动机构，这种传动机构是依靠滑动齿套在固定齿套上做轴向移动，并与各挡的从动齿轮相啮合来实现换挡的。在频繁换挡过程中，上述各啮合齿轮的轮齿端面易被磨成锥形，造成其啮合性能降低而导致跳挡。

为防止变速器跳挡，该型挖掘机在变速器的Ⅱ、Ⅲ挡和Ⅳ、Ⅴ挡拨叉轴上方的箱盖孔内和Ⅰ挡、倒挡拨叉内均安有起自锁作用的钢球及弹簧。当起定位自锁作用的弹簧其弹性减弱或折断时，自锁机构的自锁性能会下降直至消失，造成变速器跳挡。同时，定位钢球或拨叉轴上的凹槽若出现磨损，也可造成变速器跳挡。

该型挖掘机的变速器采用的是机械式人力换挡的方式，若变速杆、纵轴、横轴及紧固螺钉松动也可造成变速器跳挡。

由于挖掘机的工作性质及该机自身的设计原因，外界负载的突然变化也会导致其变速器跳挡。当路面凸凹不平、机器作下坡行驶或行驶路线不当而使外界负载突然发生变化时，这种负载的突然变化会通过车轮、传动轴作用在变速器的挡位啮合齿轮上，使挡位啮合齿轮因产生轴向推力而脱开，造成变速器跳挡。挖掘机在坡道上行驶（尤其是下坡行驶）时，如果操作不当，也会导致变速器跳挡。

在挖掘机的行驶过程中，若出现变速器跳挡时，应及时使机器停机（或继续行驶），然后查找原因，排除故障。具体跳挡应急处理方法如下。

① 在平路上行驶时出现跳挡，可按正常的停机要领停机，认真查找原因，排除故障。

② 上坡行驶时出现跳挡，可将挂挡位置于低速位置或Ⅰ挡位置，待机器行驶到坡顶时再停机，排除故障。

③ 若减挡不成功或又一次出现跳挡时，应按坡道停机的动作要领及要求停机，然后排除故障。

④ 在下坡行驶时出现跳挡，应按加挡的动作要领将挡位置于高速的位置或采取抢挡（紧急减挡）措施，待机器行驶到坡底后再停机检查。

⑤ 若加挡、抢挡不成功又一次出现跳挡（此时为空挡）时，驾驶员可将发动机转速控制在中速，以防发动机熄火，同时采用点刹使机器滑至坡底，再排除故障。若加挡、抢挡不成功又一次出现跳挡（此时为空挡），且机器又处于下大坡道（此时机器会以很快速度向坡底俯冲），应迅速按下坡停机的要求停车，排除故障。

实践训练3　机械换挡变速箱维修

一、机械换挡变速箱的维护调整

在机械使用过程中，变速箱通过齿轮减速增扭将运动和动力传至中央传动或万向传动装置。齿轮齿面间接触在理论上只是线接触，接触压力很大，使齿面磨损或产生疲劳剥落等现象。机械在使用中应根据负荷选择合适的挡位，在工作中因地面条件不同，会产生超负荷、冲击负荷现象，破坏零件的润滑条件，加之使用、维护、修理不当，也加剧变速箱零件的损伤，出现换挡困难、换挡异响、自动脱挡、噪声及渗漏等故障。因此必须对变速箱进行正确的维护，以保持变速箱良好技术状况，延长变速箱的使用寿命。

1．机械换挡变速箱变速机构的维护

（1）变速器内润滑油的检查和更换

公路工程机械和汽车的变速器内润滑油面高度，均以溢油口或油尺刻度为准。天气热时，油面可与溢油口齐平；天气冷时可低于溢油口 10～15mm。使用量油尺检查变速器的油量，油面应在量油尺两刻线之间。工作中因润滑油消耗使油面高度低于标准油面高度时，应及时添加。当季节变化和润滑油脏污时，应更换。换油应在机械工作结束后，润滑油尚未冷却时进行，以保证油放得快而彻底，同时可以使箱壁及底面上沉积的杂质放出，以减少清洗油的消耗。放油后，用相当于变速器容量的 1/3 的清洗油（混合 5%机油的煤油）加入变速器内进行清洗。为了清洗彻底，可使变速器在低挡下工作 3～5 分钟，然后放出清洗油液，清除磁

性螺塞上的铁屑和污垢，然后注入规定的齿轮油到标准油面高度。

（2）变速器漏油的检查和紧固

变速器常发生漏油的部位是轴与轴承的动配合处，多由于油封状态不良（老化、磨损、破裂）或箱体破裂而引起。而放油塞处漏油则是由于垫片（过厚、过薄、破裂）或螺纹损坏。检查时应擦净外壳予以检视。

变速器应检查其外壳与飞轮室的连接；轴承盖、变速器盖及输出轴凸缘等处螺栓、螺母、弹簧垫圈应该完整，连接不应松动。

2．机械换挡变速箱操纵机构的使用调整

以某推土机为例说明使用和调整。

（1）联锁装置的调整

变速器联锁装置能否正常工作，直接影响到推土机的使用操作，若工作中有自动脱挡或跳挡等不正常现象时，应按下述方法进行调整：

① 分离主离合器，取下驾驶室底板。

② 从主离合器操纵杆上拆下连接叉，使锁销轴的摇臂偏向后与推土机的横轴线约成 13°角，然后扳动变速杆使齿轮处于半啮合状态。

③ 将主离合器操纵杆向后拉到弹簧将要变形时为止，将连接杆推向最前位置，松开连接叉头的固定螺母，调整连接杆长度，使叉头销孔中心与操纵杆销孔中心相距 2～3mm（即两孔对齐后再向回转动连接叉 1.5～2 转）。

④ 稍向前推动主离合器操纵杆，用轴销将其与叉头连接在一起。

⑤ 使主离合器结合和分离，通过变速换挡来检查调整得是否合适。

⑥ 拧紧连接叉螺母，将轴销用开口销锁好，装复驾驶室底板。

（2）使用中注意事项

① 机械未停稳，禁止进行变速，变速时应将主离合器彻底分离，尽量避免齿轮产生撞击。

② 机械起步要平稳，以免齿轮突然受冲击而损坏。

③ 机械用五挡行驶时，必须将进退杆挂上任意挡，保证变速器各部正常润滑。

（3）检查和保养

① 经常检查各部连接、固定情况，查看是否有松动和漏油现象。

② 定期检查润滑油的数量和质量。

③ 每工作 1200h，或结合换季保养更换润滑油，更换时要清洗变速器。其方法如下：推土机工作结束后，停于平坦地面，趁热放尽变速器和中央传动箱内的旧油，并拧上放油塞。从加油口注入 43L 清洗油（煤油或汽油），分离转向离合器（在转向操纵杆前下方垫上方木，使之固定在分离位置），然后启动发动机。将变速杆置于一挡位置，进退杆挂任意挡，结合主离合器，使齿轮旋转溅起清洗油，以冲洗变速器和中央传动装置。待运转 5～8min 后，停止发动机工作，放尽清洗油，注入新齿轮油至规定油面。

（4）检查与调整排挡位置

① 变速杆在空挡位置时，检查各挡位指针（在拨叉轴上）是否与"0"刻线（在上壳体上）对正。如果未对正，应卸下横拉杆与拨叉轴拉臂的连接销，拧转横拉杆的叉形调整接头，改变横拉杆的长度，使指针与"0"对正。

② 依次挂上各挡，检查各挡位指针是否与相应的刻线对正（允许偏差不大于 0.5mm）。如果不符合要求，应找出原因，予以排除。如果同一拨叉轴的指针一边达不到刻线位置，另一边又超过刻线，说明纵拉杆与横拉杆的相互配合关系不正确，应在放长（或缩短）纵拉杆后，再缩短（或放长）横拉杆进行调整。如果拨叉轴指针两边都达不到刻线位置，说明操纵机构各连接处已严重磨损，应进行修理。

（5）检查与调整自锁装置

如果握住握把时能挂上挡，松开握把时不能摘下挡，说明自锁装置工作正常。否则应拧出或拧入空心调整螺栓（在传动杆盒上），放长或缩短钢丝绳的工作长度。如果空心螺栓已拧到最外位置，握下握把仍不能挂挡，说明钢丝绳太长。此时，应把钢丝绳从自锁轴上拆下，将钢丝绳缩短一段再装上，并调整好（钢丝绳应按逆时针方向绕在自锁轴上）。

二、机械换挡变速箱的拆装

以 EQ1090E 五挡变速箱为例进行拆装。

1．变速器的拆卸

（1）旋出放油塞，放净变速器内的润滑油，拆卸传动轴，拆去变速器与离合壳的四个紧固螺栓，变速器带离合器分离轴承座和驻车制动器总成即可平行退出。

（2）从变速器第一轴轴承盖上取下分离轴承。

（3）拆下驻车制动毂上两个固定螺栓，取下驻车制动毂，拧松螺母，取下碟形弹簧，拉出突缘，然后拆去驻车制动机构的各连接件。

（4）拆下变速器上盖总成。

（5）拆下变速器第二轴后轴承盖。

（6）从变速器前端拆下紧固轴承盖的螺栓上的钢丝锁线和螺栓，然后取下轴承盖。

（7）用铜棒从左右轻轻敲击第一轴，将第一轴连同轴承一起从前端拔出，然后从第一轴中取出第二轴前端轴承。

（8）用手托起第二轴前端上下晃动，并用铜棒左右敲击第二轴的后端，将第二轴向后退出稍许，用拉器从第二轴上取下后端轴承后，将第二轴总成从变速器壳体内拿出。

（9）从第二轴取下四、五挡同步器总成，拆下四、五挡固定齿座锁环，取下止推环，则第二轴上二、三挡同步器总成和它前面的所有零件可以依次从轴上取下。

（10）从壳体上拆卸中间轴前后轴承盖，撬开后轴承锁片，拧下锁紧螺母，拆卸倒挡齿轮检查孔盖，取下倒挡齿轮轴锁片，利用倒挡轴后端的螺纹，用专用工具将轴拔出，并从倒挡检查孔取出倒挡齿轮和轴承及隔套。将铜棒顶在中间轴前端，用锤敲击铜棒，于是中间轴总成带后轴承从壳体向后脱出。用拉器从轴上拉下后轴承后，中间轴总成便可从壳体内取出。再用铜棒在壳体内侧顶住中间轴前轴承外圈，用锤敲击铜棒，取出中间轴前轴承。

（11）从中间轴上取下弹性挡圈，用压床将常啮合齿轮压出。

（12）拆卸变速器顶盖（图 1-2-14）总成，拆除弹簧，顶盖总成即可解体。

（13）拆除变速器叉和导块上的铜丝锁线，拧松止动螺栓，用专用工具顶住变速器叉轴后端，用力冲击，使变速叉轴顶掉变速器盖上的三个塞片，这样，叉轴便从箱盖前端脱出，并取出变速叉。

注意：当变速叉轴从上盖内向前伸出一定距离时，可用手握住，边转动边向前拉，同时还要防止锁止弹簧和钢球从盖上弹出。

2. 变速器的装配

（1）装合中间轴总成，齿轮应依次压入。

注意： 齿轮的内凹槽必须对准轴上的半圆键，以免零件压坏。装合第二轴总成，并注意二、三挡同步器滑动齿套凸出的一面装时朝前。

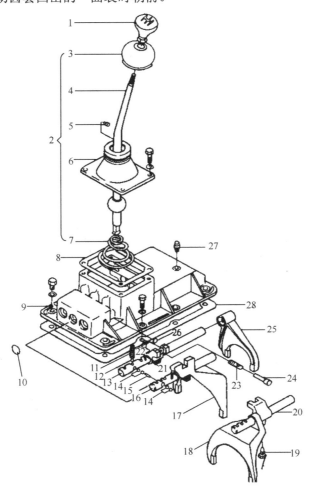

图 1-2-14　变速器盖及操纵机构

1—操纵手柄；2—顶盖总成；3—防尘罩；4—操纵杆；5—操纵杆限位销；6—顶盖带衬套总成；7—弹簧；8、28—衬垫；9—上盖；

10、26—塞片；11—变速叉轴锁止弹簧；12—自锁钢球；13——、倒挡变速叉轴；14—互锁钢球；15—互锁圆柱销；

16—二、三挡变速叉轴；17—二、三挡变速叉；18—四、五挡变速叉；19—变速叉止动螺栓；20—四、五挡变速叉轴；

21——、倒挡导块；22—挡圈；23—安全止柱弹簧；24—安全止柱；25——、倒挡变速叉；27—通气塞；

（2）将变速器壳体固定在工作台上，把装好的中间轴总成放入中间轴孔中，两端套上轴承。从倒挡齿轮窗口放入倒挡齿轮，齿轮内孔中放入轴承和隔套，从变速器后端插入倒挡齿轮轴。

（3）用铜棒把中间轴前后轴承敲入轴承座孔，把倒挡轴敲到安装位置。中间轴后端轴承贴紧轴颈台阶后，套上锁片，并将螺母拧紧，然后用锁片把螺母锁止。倒挡轴到位后，卡上锁片，并用螺栓固定锁片。在中间轴后轴承外圈外缘上套上挡圈。装上前后轴承盖和倒挡窗口盖板。

注意：装盖时要装衬垫，然后用螺栓对称紧固。

（4）将装好的第二轴总成放到壳体里。把四、五挡同步器总成套在第二轴上。

（5）从第二轴后端套上后轴承并用铜棒轻轻敲击，使轴承靠到花键部分的台肩上，套入里程表主动齿轮和隔套，然后在轴承外圈上装上挡圈。

（6）在变速器第一轴前端压入轴承，装上挡油圈，在后端主动齿轮内孔中装入第二轴支承轴承，然后把第一轴装到壳体前端轴承孔中，使第二轴前端轴颈对准第一轴轴承孔。用铜锤一边轻轻敲击，一边用手转动第一轴，使轴承平顺装入壳体座孔中。

（7）从第一轴前端先将密封纸垫安放在轴承盖贴合处，套上轴承盖，用螺栓对称紧固，并用钢丝锁线以"8"字形穿入螺柱头的孔中拧紧。

（8）在壳体上装上第二轴后轴承盖，并加上纸垫，用螺柱对称紧固。装上甩油环，把已装好的驻车制动器总成固定在轴承盖上。把驻车制动器突缘套在第二轴上，装上碟形垫圈用锁紧螺母紧固（拧紧力矩为 200～250N·m）。

（9）装复变速器盖：将变速器叉轴装在变速器盖上相应的孔位中，同时装上锁止弹簧及钢球、互锁圆柱销及钢球、变速叉和导块等；拧入变速叉止动螺栓，拧紧后用钢丝锁线分别将螺栓锁紧在叉轴上；打入变速器盖前端座孔塞片。

（10）在变速器处于空挡位置时，装上密封衬垫，盖上变速器盖总成。

按拆卸的相反程序，装上衬垫装复变速器顶盖总成。拧上放油螺塞，加注润滑油，再拧紧加油螺塞。

三、机械换挡变速箱的检修

1．变速箱技术状况的变化

机械在使用过程中，变速器经常在高转速、大负荷、变转速、变负荷下工作。同时由于使用条件复杂，变换挡位频繁，使得变速器内部齿轮与轴之间、齿轮与齿轮之间、轴承内部由于相对运动而磨损。加之若装配调整不当、使用操作不当，均会使变速器各机件磨损加剧，甚至损坏，影响变速器乃至整台机械的正常工作。为此，在维修时，应加强零部件的检测和修复，采取各种措施恢复零件尺寸形状及装配关系，以保证变速器的使用性能。

2．变速箱主要零部件的维修

（1）变速器箱体检修

① 箱体变形。箱体变形后将破坏孔与孔、孔与平面间的位置精度。其中最主要的是影响同一根轴前后轴承孔的同轴度及各轴之间的平行度；其次是破坏箱体端面与孔中心线的垂直度。箱体变形原因如前所述。变形后的最大影响是传递转矩的不均匀性增大，齿轮轴向分力增大；轴孔间中心距增大或变小，使齿轮的啮合状态恶化。圆柱齿轮传动的中心距允许误差为±0.05mm。

箱体变形大小可用如图 1-2-15 所示的辅助心轴及仪表进行测量。两心轴外侧间的距离减去两心轴半径之和即为中心距，两端中心距之差即为平行度误差。但这种测量只有当两个心轴轴线共面时才准确。测量端面垂直度时可用左侧百分表，将其轴向位置固定，转动一圈，表针摆动量即为所测圆周上的垂直度大小。测量上平面与轴线间平行度时可在上平面搭放一横梁，在横梁中部心轴上方安放一百分表及其接头，使接头触及心轴上表面，由横梁一端移至另一端时表针的摆动大小即反映了上平面相对于轴心线的平行度误差及上平面本身的平面度误差。

没有定位套与辅助心轴时，也可按如图1-2-16所示的方法进行间接测量。即将箱体上平面倒置于平台之上，用高度游标卡尺及百分表、内径分厘卡或量缸表测量各孔下缘高度及各孔孔径，各孔的高度差即反映了各轴线与上平面之间及各轴线之间在垂直方向上的平行度误差。再将箱体与上述方向垂直放置并进行同样的测量，其高度差即反映了各轴线是否共面。根据两次测量结果即可判断各孔轴心线是否平行，而各加工面的平面度误差可用平板与塞尺测量。

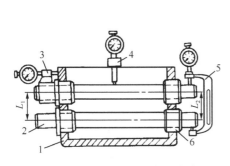

图1-2-15 箱体变形的检验

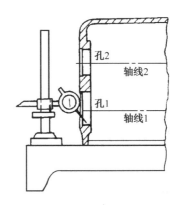

图1-2-16 箱体变形的间接测量

1—箱体；2—辅助心轴；3、4—百分表；5—百分表表架；6—衬套

② 轴承安装孔或轴承座安装孔磨损。轴承与轴承座安装孔一般不易产生磨损。但当轴承间进入脏物使滚动阻力增大时，轴承外圈可能相对于座孔产生转动，引起轴承安装孔磨损；轴承座固定螺栓松动而使轴承座产生轴向振动时，也会引起安装孔的磨损。一般轴承安装孔配合间隙超过0.05mm、轴承座安装孔配合间隙超过0.10mm会影响齿轮轴工作的稳定性。

③ 箱体裂纹及螺纹孔损坏。箱体裂纹多为制造缺陷，有时也为工作时受力过大或维修操作不当所致。螺纹孔损坏一般是由于装配不当造成的。检验裂纹可用探伤法。较简单的方法是箱体内盛以煤油，静置5min后观察有无外渗。也可用敲击法判断，但不易查找出裂纹的部位。螺纹孔损坏一般用感觉法检验。箱体裂纹发生在箱壁但不连通轴承座孔时，可用焊修法修复。当裂纹连通轴承或轴承座安装孔时，为可靠起见以更换新件为宜。

（2）变速器齿轮

变速器齿轮大多用18CrMnTi、40Cr、22CrMnMo、20Mn等合金钢制造，其损伤一般有以下几种。

① 齿面磨损、疲劳点蚀与拉伤。变速器齿轮的齿面既有滚动摩擦，又有滑动摩擦，而且经常处于高转速、大负荷及频繁换挡，齿面承受冲击力和交变载荷，所以不可避免地产生磨损与疲劳点蚀。当润滑油不足或油质较差、磨料进入齿间、润滑油中有腐蚀性物质时，都将加速齿面磨损，并易产生拉伤及疲劳。变速器有关零件加工质量差或变形、使用操作不当等都将造成齿轮的早期损伤。

齿轮的检验除用目测法外，还可用测齿卡尺、公法线千分尺或普通游标卡尺进行测量。当齿面有轻微麻点、其面积不超过15%、齿侧间隙小于0.10mm时，边缘略有破损时，可用油石或小砂轮修整后继续使用。形状对称或基本对称的齿轮单向齿面磨损后可换向安装使用。

此时虽可使齿面啮合正确，但因齿厚减薄、齿侧间隙增大而易产生冲击和响声。当齿厚磨损超过允许极限，麻点面积超过15%时应维修或更换。

② 轮齿的裂纹与断裂。轮齿断裂是由于工作应力大于轮齿的断裂应力，或有裂纹的轮齿其应力强度因子大于轮齿断裂韧性所致。工作应力增大的最常见原因是：机车长期超负荷工作，或因操作不当、齿面磨损、齿轮与花键轴配合松旷等产生冲击载荷，或因齿轮形位误差过大、箱体形位误差过大、齿轮轴变形等，使齿面啮合性能变坏，局部应力增高。轮齿承载能力低，一是锻造时有显微裂纹、夹层等，二是齿根存在着隐伤产生较大的应力集中。断齿多发生在根部。轮齿断裂或裂纹时应更换新件。

③ 齿轮花键孔的磨损。齿轮花键齿承受较大的挤压应力，滑动齿轮尚受到摩擦磨损，因而使花键齿侧间隙增大。由于一般齿轮比轴硬度高，所以花键孔磨损较少。只有当润滑油不足或混入磨料时磨损才加剧。又由于花键齿侧间隙增大后对齿轮啮合影响不大，所以花键齿侧间隙允许较大，例如 D80A—12 型推土机花键齿侧允许间隙为 0.20mm。

（3）齿轮轴检修

① 齿轮轴弯曲变形。齿轮轴变形是由于负荷及内应力过大造成的。对工作影响较大的是弯曲变形，一般弯曲后直线度误差不应大于 0.04mm。

② 与轴承配合的轴颈磨损。轴承与轴颈配合过盈量一般为 0.01～0.05mm。当过盈消失时，内圈与轴颈间将产生相对运动而使轴颈磨损增大。但是由于轴承内圈与轴颈间的滑动阻力大于滚动体滚动阻力，因此两者之间不会形成高速相对运动；又由于变速器内润滑油较充足，当内圈与轴颈间形成 0.02～0.04mm 间隙时，会形成润滑油膜，其磨损速度会大大减慢，所以大修时只有当内圈与轴颈间出现大于 0.04mm 的间隙时才予以维修。

③ 齿轮轴花键的磨损。齿轮轴花键磨损后使径向间隙与齿侧间隙增大。推土机齿侧间隙容许值约 1.40mm，汽车齿侧间隙容许值约为 0.30mm。齿轮轴断裂多发生在阶梯轴轴肩圆角处，因此处应力集中现象比较严重，特别是加工不当时应力集中更为严重。

（4）轴承的检修

变速器滚动轴承的主要损伤为滚动体与滚道表面磨损与疲劳点蚀、隔离圈损坏、轴承烧毁等。当滚动轴承径向间隙大于 0.20～0.30mm、轴向间隙大于 0.30～0.40mm，或产生严重疲劳点蚀时，应更换轴承。

（5）变速器盖的检修

变速器盖应无裂纹，其平面度误差要符合规定（如 CA1091 型汽车变速器盖平面的平面度规定为 0.15mm，使用限度为 0.30mm）。裂纹或变形后的维修方法与变速器壳体相似。

变速杆中部的球节座孔的孔径磨损不得大于公称尺寸 0.50mm。通常是把球节装进座内进行检验。当 CA1091 型汽车变速杆球节露出部分超过球高的 1/3。NJ1040 型汽车变速杆球节顶部低于座面 4.00mm 以上时，应予维修或更换。

变速器盖上的变速拨叉轴孔磨损过大，与拨叉轴的配合间隙超过 0.20mm 时应更换。

（6）操纵部分主要零部件检修

拨头与拨槽配合间隙为 1～2.5mm。变速杆下端拨头磨损轻微时可用油石修光修圆。

拨叉轴弯曲、拨叉变形、拨叉脚侧面与滑槽配合间隙、叉脚与齿轮滑槽配合间隙都应检查。

锁环式同步器的损伤表现在锁环、滑块、接合套、花键毂和花键齿的损伤。锁环内锥面和滑块凸台的磨损都会破坏换挡过程的同步作用；锁环、接合套锁止角的磨损，会使同步器失去锁止作用，这都会出现换挡困难，发出机械撞击噪声。

锁环的检验的方法是将同步器锁环压在换挡齿轮的端面上，检查摩擦效能，并用厚薄规测量锁环和换挡齿轮端面之间的间隙，超过间隙极限值应更换。

同步器滑块顶部凸台磨损出现沟槽，必须更换。否则，也会使同步作用减弱。

锁环上滑块槽的磨损、滑块支承弹簧断裂或弹力不足以及接合套和花键毂的磨损都会使换挡困难。

锁销式同步器零件的主要损伤有锥盘的变形、锥环锥面、锁销、传动销磨损等。

锥盘的变形是由于换挡操作不当、冲击过猛，使锥盘外张，摩擦角变大造成同步效能降低。

锥环锥面上的螺纹槽的磨损严重，使摩擦系数过低，甚至两者端面接触，使同步作用失效。

EQ1090E型汽车变速器同步器锥环锥面上的螺纹槽的深度是0.4mm。如锥环因磨损使锥环与锥盘的端面接触时，可用车削锥环端面修复，但车削总量不能大于1mm；如有锥环锥面上的螺纹槽的深度小于0.1mm，应更换同步器总成。换用新总成时，可保留原来的锥盘，但两者的端面间隙不得小于3mm。

同步器的锁销、传动销松动或有散架，锁止角异常磨损，都会使同步器失效，应换用新同步器。有些机械变速器后设有分动器，分动器的损伤和维修与变速器相同。

3．普通齿轮式变速箱的磨合与试验

当变速箱箱体经过焊修和加工，齿轮、轴、轴承经过修复或更换时，组装后应进行磨合，以提高运动件表面的几何精度，降低其粗糙度，改善零件间位置精度，检查装配修理质量，延长变速箱使用寿命。

（1）磨合方法

变速箱磨合应在试验台上进行，由电动机或内燃机驱动。无试验台时可装在机械上由发动机驱动，并与后桥一起磨合。其程序如下：

① 无负荷磨合。无负荷磨合时从低于第一轴额定转速300～400r/min开始，逐渐升高至额定转速，并逐次接合各个挡位，一般在各挡位的磨合时间为10～15min。为了加速磨合过程，缩短磨合时间，无负荷磨合常在不加润滑油的情况下进行所谓"干磨合"，干磨合后应加注适量柴油进行清洗磨合，各挡位的清洗磨合时间为3～4min。无负荷磨合后应清洗变速箱。

② 负荷磨合。加注润滑油，进行各挡位的负荷磨合。负荷磨合的加载方法，根据试验台的不同有机械式、液力式、电力式、封闭式等。负荷磨合应在额定转速下进行，所加负荷应为各挡额定负荷的25%、50%、75%等。各挡位的负荷磨合总时间约为60min。

（2）磨合试验设备

根据加载方式的不同，磨合试验设备常有以下几种。

① 液力式制动器。内燃机试验所用水力测功器，由于低速性能不好，一般不宜作变速箱加载设备。给变速箱试验加载的液力试验设备，如图1-2-17所示。电动机驱动第一轴，第二轴带动一齿轮泵或叶片泵泵油，由于节流阀的节流作用，压力油压力增加，压力油对油泵（也即对变速箱）产生制动加载作用。油液可用8号机械油，温升应小于50℃，油箱容量应大于油泵2min的泵油量。

② 电力制动器。电力制动器有多种，如电磁涡流式制动器、发电机制动器等。图1-2-18

为电磁涡流式制动器示意图。定子圆盘两侧有许多电磁铁磁极，圆盘与测扭机构相连；转子为两个具有散热片的圆盘，随被试变速箱第二轴一起转动，定子线圈通电后产生磁场，使旋转的涡流盘（即转子）受到制动力矩，形成变速箱的负载。定子受涡流盘反作用力矩产生一个与测扭机构相平衡的偏转角，由此偏转角大小即可标定出制动力矩的大小。由图1-2-19所示的曲线可知，电磁涡流式制动器的制动力矩随转速变化很小，所以低速性能好，改变磁场强度可得到变化范围较大的制动力矩。

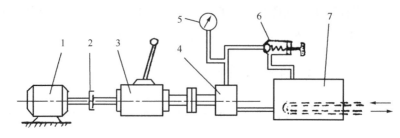

图1-2-17　变速器液力试验台

1—电动机；2—联轴节；3—被试变速器；4—油泵；5—压力表；6—节流阀；7—油箱

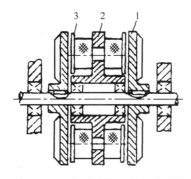

图1-2-18　电磁涡流式制动器简图

1—转子圆盘；2—定子圆盘；3—电磁

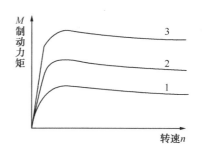

图1-2-19　电磁涡流式制动器特性

③ 封闭式加载装置。封闭式加载装置如图1-2-20所示。试验台主要由两个变速器（一个被测试验变速器和一个附加变速器）和4个锥齿轮传动箱组成。两个变速箱装在平衡架上，其输出轴互相以联轴节相连，而输入轴分别与传动轴相连而构成封闭回路，平衡架两端支承在两个滚柱轴承上，可以绕旋转轴摆动。平衡架上装有一根力臂，用来测量平衡架上所承受的反作用力矩。这种装置中的驱动电机，仅用来克服整个系统运转时各摩擦部分产生的摩擦力和变速箱、齿轮箱内的搅油损失，因此需要的功率很小。封闭式加载装置的特点，就是在系统中必须有一个与被测试变速箱型号完全相同的附加变速箱。两变速箱的输出轴连接在一起，而且工作时两变速箱必须换上同一挡位，因此应用受到一定限制。

除上述设备外，尚有摩擦制动式机械加载装置，但不耐用、准确性差。有的可直接利用变速器所带有的手制动器进行加载，但制动力矩大小不易控制。

（3）变速箱磨合试验中的检验

磨合试验时应注意以下几点。

① 各种挡位下换挡时均应灵活、可靠，不应有换挡困难、拨叉轴移动不灵的现象。

② 互锁与联锁装置应灵活可靠，不得有任何乱挡和自动脱挡现象。

③ 不应有不规则的剧烈噪声。磨合后变速箱的噪声应减少，且轻微均匀。

④ 变速箱温升应正常，不应有局部过热现象，局部温升不应高于周围环境温度50℃。

⑤ 变速箱温升至正常后，各处应无漏油现象。

试验合格后，进行清洗及换装齿轮油。

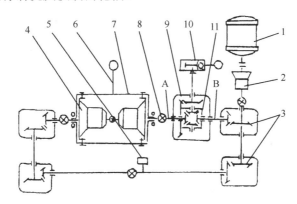

图 1-2-20　变速器封闭试验台

1—直流驱动电机；2、4—变速器；3、9—角传动；5—转速电机；6—力臂；

7—平衡架；8—万向节；10—加载装置；11—差速器

任务思考题 2

1. 简述变速箱功用、原理、类型以及换挡方式。

2. 写出 T220 履带式推土机结构特征及动力传递路线。

3. 分别说出变速箱操纵装置中各锁止装置的作用。

4. 叙述同步器的作用和常见类型。

5. 如何检测变速箱的同步器及齿轮？

6. 变速器的装配中应注意哪些问题？

7. 分析机械换挡变速器跳挡、乱挡的原因。

任务三　万向传动装置构造与维修

知识目标：

1. 学会描述万向传动装置的功用、组成。

2. 学会描述万向节类型、原理、典型结构。

3. 学会分析万向传动装置常见故障原因。

技能目标：

1. 能够正确维护、拆装、检修万向传动装置。

2. 能够正确诊断和排除万向传动装置典型故障。

任务咨询：

咨询一 万向传动装置概述

一、万向传动装置的组成与功用

由于工程车辆总体布置的需要和机械行驶的实际情况，在工程机械和汽车的传动系统中主离合器与变速器之间或变速器与驱动桥之间设置万向传动装置。万向传动装置一般由万向节和传动轴组成。对于距离较远的分段式传动轴为了提高传动轴的刚度，设有中间支撑。其功用主要是用于两根不同心或有一定夹角的轴间，以及工作中相对位置不断变化的两转轴间传递动力。

二、万向传动装置在工程机械中的应用

在发动机前置后轮驱动车辆上［图1-3-1（a）］，常将发动机、离合器和变速器连成一体安装在车架上，而驱动桥则通过具有弹性的悬架与车架连接。在车辆行驶过程中，由于不平路面引起悬架系统中弹性元件变形，使驱动桥的输入轴与变速器输出轴相对位置经常变化。所以在变速器与驱动桥之间必须采用万向传动装置。在两者距离较远的情况下，一般将传动轴分成两段，并加设中间支承。

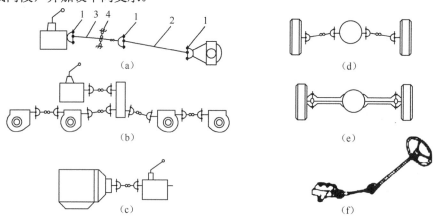

图 1-3-1 万向传动装置的应用

1—万向节；2—传动轴；3—前传动轴；4—中间支承

在多轴驱动的车辆上，在分动器与驱动桥之间或驱动桥与驱动桥之间也需要采用万向传动装置［图1-3-1（b）］。

由于车架的变形，也会造成两传动部件轴线间相互位置的变化，图1-3-1（c）为在发动机与变速器之间装用万向传动装置的情况。

在采用独立悬架的车辆上，车轮与差速器之间的位置经常变化，也必须采用万向传动装置［图1-3-1（d）］。

对于既驱动又转向的车桥，也需要解决对经常偏转的车轮的传动问题。因此转向驱动桥的半轴要分段，在转向节处用万向节连接，以适应车辆行驶时半轴各段的交角不断变化的需要［图1-3-1（e）］。

除了传动系外，在机械的转向操纵机构中也常采用万向传动装置［图1-3-1（f）］。

咨询二　万向传动装置构造原理

一、万向节构造

万向节是实现变角度动力传递的机件，用于需要改变传动轴线方向的部位。

按万向节在扭转方向上是否有明显的弹性可分刚性万向节和挠性万向节两类。刚性万向节可分为不等速万向节（常用的为普通十字轴式）、准等速万向节（如双联式万向节）和等速万向节（如球叉式和球笼式）三种。

1. 不等速万向节

在工程机械与车辆传动系统中用得较多的是普通十字轴万向节，常用的是不等速万向节。这种万向节结构简单，工作可靠，两轴间夹角允许大到 $15°\sim20°$。其缺点是在万向节两轴夹角不为零的情况下，不能传递等角速转动。

图 1-3-2 为目前应用最广泛的普通十字轴刚性万向节。为保证较高的传动效率，它允许相邻两轴的轴线交角（安装角度）为 $15°\sim20°$。当工程机械（主要指轮式运输车辆）重载行驶时，其两轴线几乎成一条直线。两个万向节叉（主动叉与从动叉）上的孔分别套装在十字轴的两对轴颈上。当主动叉转动时，从动叉既可随主动叉一起旋转，又可绕十字轴中心在任意方向上摆动。为减少摩擦损失、提高传动效率，在十字轴颈和万向节叉孔之间装有滚针与套筒组成的滚针轴承。为防止轴承在离心力作用下从万向节叉孔内脱出，套筒用轴承盖与螺钉固定在万向节叉上，并用锁片将螺钉锁紧。为了润滑轴承，十字轴做成中空以储存润滑油，并由油孔通向各轴颈，润滑油从油嘴注入十字轴内腔。为防止润滑油流出及尘土进入轴承，在十字轴的轴颈上套装着毛毡油封。在十字轴中部还装有安全阀，如果十字轴内腔润滑油压力大于允许值，安全阀即被顶开，润滑油外溢，使油封不致损坏。这种万向节结构简单，传动效率高，但单个万向节用于两个轴线不重合的轴之间时，不能等速传递运动。虽然主动轴转过一周从动轴也随之转过一周，但在主动轴等速旋转一周时，从动轴的角速度出现两次超前及滞后变化，故称其为不等角速万向节。"传动的不等速性"，是指对于单个十字轴万向节，主、从动轴在转动一周中瞬时角速度不等，而平均角速度相等的，即主动轴转过一周从动轴也转过一周。单个万向节传动的不等速性使从动轴及与其相连的传动部件产生扭转振动，进而产生附加交变载荷，影响部件寿命。两轴交角越大，万向节传动的不等速性越严重。

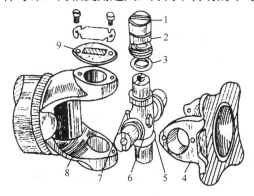

图 1-3-2　十字轴刚性万向节

1—套筒；2—滚针；3—油封；4.8—万向节叉；5—安全阀；6—十字轴；7—油嘴；9—轴承盖

为避免这一缺陷，可采用两个十字轴万向节，且中间以传动轴相连，利用第二个万向节的不等速效应来抵消第一个万向节的不等速效应，从而实现输入轴与输出轴等角速传动，要达到这一目的，必须满足两个条件：

（1）第一个万向节的从动叉和第二个万向节的主动叉应在同一平面内，即传动轴两端的万向节叉在同一平面内；

（2）输入轴、输出轴与传动轴的夹角相等，即$\alpha_1=\alpha_2$，如图 1-3-3 所示。

满足上述两条件的等速传动有两种排列方式：①平行排列［图 1-3-3（a）］；②等腰三角形排列［图 1-3-3（b）］。

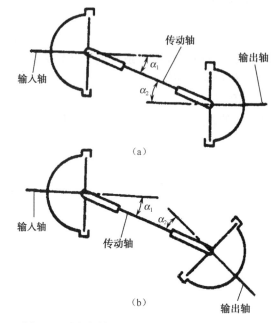

图 1-3-3　十字轴刚性万向节等速传动排列方式

2．准等速万向节

常见的准等速万向节有双联式和三销轴式两种，它们的工作原理与上述双十字轴万向节实现等速传动的原理是一样的。

双联式万向节其实是传动轴长度缩到最小的双万向节等速传动机构。结构简单、制作方便、工作可靠，在转向驱动桥中应用较多。

图 1-3-4 为双联式万向节的实际结构。在万向节叉 6 的内端有球头，在万向节叉 1 内端则压配有导向套，球碗放于导向套内，被弹簧压向球头。在两轴交角为 0°时，球头与球碗的中心与两十字轴中心 O_1、O_2 的连线中点重合。当万向节叉 6 相对于万向节叉 1 在一定角度范围内摆动时，如果球头与球碗的中心（实际上也是两轴轴线交点）能沿两十字轴中心连线的中垂线移动，就能够满足 $\alpha_1=\alpha_2$ 的条件。但是球头与球碗的中心（实际上就是球头的中心）只能绕万向节叉 6 上的十字轴中心 O_2 做圆弧运动。如图 1-3-5 所示，在两轴交角较小时，处在圆弧上的两轴轴线交点离上述中垂线很近，能够使得 α_1 与 α_2 的差值很小，从而保证两轴角速度接近相等，其差值在允许范围内，故双联式万向节是一种准等速万向节。

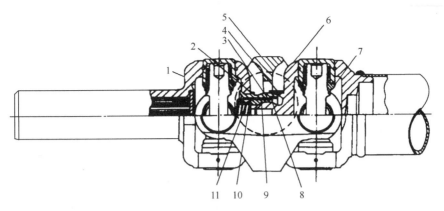

图 1-3-4 双联式万向节

1、6—万向节叉；2—导向套；3—衬套；4—防护圈；5—双联叉；7—油封；8.10—垫圈；9—球碗；11—弹簧

3. 等速万向节

（1）球叉式等角速万向节

图 1-3-6 为球叉式等角速万向节的工作原理图。万向节的工作情况与一对大小相同的锥齿轮传动相似，其传力点永远位于两轴夹角平分面上。图 1-3-6（a）表示一对大小相同的锥齿轮传动情况，两齿轮接触点 P 位于两齿轮轴线夹角的平分面上；由 P 点到两轴的垂直距离都等于 r。由于两齿轮在 P 点处的线速度是相等的，因而两齿轮的角速度也相等。与此相似，若万向节的传力点 P 在其夹角变化时，始终位于角平分面内 ［图 1-3-6（b）］，则可使两万向节叉保持等角速关系。

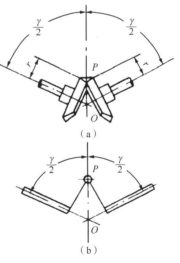

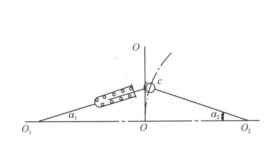

图 1-3-5 双联式万向节分度机构工作原理

图 1-3-6 球叉式等角速万向节

O_1—万向节叉 1 上的十字轴中心；

O_2—万向节叉 6 上的十字轴中心；

O—球头中心；OO—O_1O_2 的中垂线

球叉式等角速万向节就是根据这种工作原理做成的，它的构造如图 1-3-7 所示。主动叉与从动叉分别与内、外半轴制成一体。在主、从动叉上，各有四个曲面凹槽，装合后形成两个相交的环形槽，作为钢球滚道。四个传动钢球放在槽中，中心钢球放在两叉中心的凹槽内，以定中心。

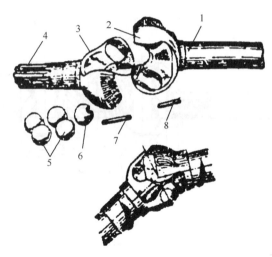

图 1-3-7 球叉式等角速万向节

1—内半轴；2—主动叉；3—从动叉；4—外半轴；5—传动钢球；6—中心钢球；7—锁止销；8—定位销

为了能顺利地将钢球装入槽内，在中心钢球上铣出一个凹面，凹面中央有一深孔。当装合时，先将定位销装入从动叉内，放入中心钢球，然后在两球叉槽中放入三个传动钢球，再将中心钢球的凹面对准未放钢球的凹槽。以便放入第四个传动钢球，之后，再将中心钢球的孔对准从动叉孔，提起从动叉使定位销插入球孔内，最后将锁止销插入从动叉上与定位销垂直的孔中，以限制定位销轴向移动，保证中心钢球的正确位置。

球叉式等角速万向节工作时，只有两个钢球参加传力，当反转时，则是另外两个钢球参加传力。因此，钢球与曲面凹槽之间的压力较大，易磨损。此外，使用过程中钢球易脱落；曲面凹槽加工较复杂。其优点是结构紧凑、简单。球叉式等角速万向节的主动轴、从动轴间夹角可达 32°～33°，较好地满足了转向驱动桥的要求，使用较广泛。

（2）球笼式等速万向节

球笼式等速万向节的结构如图 1-3-8 所示。星形套以内花键与主动轴相连，其外表面有 6 条弧形凹槽，形成内滚道。球形壳的内表面有相应的 6 条弧形凹槽，形成外滚道。6 个钢球分别装在由 6 组内外滚道所围成的空间里，并被保持架限定在同一个平面内。动力由主动轴及星形套经钢球传至球形壳输出。

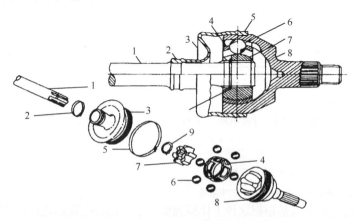

图 1-3-8 球笼式等速万向节

1—主动轴；2.5—钢带箍；3—外罩；4—保持架（球笼）；5—钢球；6—钢球；7—星形套（内滚道）；8—球形壳（外滚道）；9—卡环

球笼式万向节的等速传动原理如图 1-3-9 所示。外滚道的中心 A 与内滚道的中心 B 分别位于万向节中心 O 的两边，与 O 等距离。钢球在内滚道中滚动和钢球在外滚道中滚动时，钢球中心所经过的圆弧半径是一样的。图中钢球中心所处的 C 点正是这样两个圆弧的交点，当主动轴与从动轴成任一夹角 α（当然要一定范围内）时，C 点处在主动轴与从动轴轴线的夹角平分线上。处在 C 点的钢球中心到主动轴的距离 a 和到从动轴的距离 b 必然是一样的（用类似的方法可以证明其他钢球到两轴的距离也是一样的），从而保证了万向节的等速传动特性。

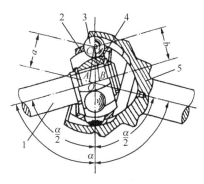

图 1-3-9　球笼式万向节的等速性

1—主动轴；2—保持架；3—钢球；

4—星形套；5—球形壳；

O—万向节中心；A—外滚道中心口；

B—内滚道中心

在图中上下两钢球处，内外滚道所夹的空间都是左宽右窄，钢球很容易向左跑出。为了将钢球定位，设置了保持架。保持架的内外球面、星形套的外球面和球形壳的内球面均以万向节中心 O 为球心，并保证 6 个钢球球心所在的平面（主动轴和从动轴是以此平面为对称面的）经过 O 点。当两轴交角变化时，保持架可沿内外球面滑动，这就限定了上、下两球及其他钢球不能向左跑出。球笼式等速万向节内的 6 个钢球全部传力，承载能力强，可在两轴最大交角为 42° 的情况下传递转矩，同时其结构紧凑、拆装方便，因而得到广泛应用。

图 1-3-10 所示的伸缩型球笼式万向节的内外滚道是直槽的，在传递转矩过程中，星形套可在筒形壳内沿轴向移动，能起到滑动花键的作用，使万向传动装置结构简化。又由于星形套与筒形壳之间轴向相对移动是通过钢球沿内外滚道滚动实现的，滑动阻力比滑动花键的小，所以很适用于断开式驱动桥。

如图 1-3-11 所示，这种万向节的内外滚道各有 6 条直槽，钢球在星形套或筒形壳的 6 条直槽中移动的球心轨迹都可以看做是圆柱面上的 6 条均布的母线，并且两圆柱面的直径是相同的。当从动轴和主动轴不在一条直线上时，两圆柱面相贯交出一个椭圆（就像取暖炉烟筒的弯头那样）。在钢球的作用下，两圆柱面上的母线两两相交于此椭圆上，钢球球心处在椭圆上的这些交点上。从动轴轴线和主动轴轴线的交点也在椭圆所在的平面内，实际上就是这一椭圆的中心。钢球（图 1-3-10 中上面的钢球）中心 C 处在从动轴轴线与主动轴轴线交汇点，从而保证万向节作等角速传动。

与一般球笼式等速万向节相类似，在图 1-3-10 中上面的钢球处，内、外滚道所夹的空间是左窄右宽；在图 1-3-10 中下面的钢球处，内、外滚道所夹的空间是左宽右窄，钢球很容易跑出（其他钢球也有这种问题）。为了将钢球定位，设置了保持架。

这种万向节的输入轴轴线通过保持架的外球面中心 A，输出轴轴线通过保持架的内球面中心 B。A、B 两点处在保持架的轴线上，钢球中心 C 处于线段 AB 的中垂面内，由此决定了钢球中心 C 到 A、B 距离相等。这样的机构保证了：当从动轴轴线从主动轴轴线方向开始转过 α 角时，保持架轴线对主动轴的转角和从动轴线对保持架轴线的转角均为 $\alpha/2$，于是保持架将钢球定位在适当的位置。

（3）自由三枢轴等速万向节

自由三枢轴等速万向节（图 1-3-12）包括：三个位于同一平面内互成 120° 的枢轴（图 1-3-13），它们的轴线交于输入轴上一点，并且垂直于传动轴；三个外表面为球面的滚子轴承，分别活套在各枢轴上；一个漏斗形轴，在其筒形部分加工出三个槽形轨道。三个槽形轨道在筒形圆周上是均匀分布的，轨道配合面为部分圆柱面，三个滚子轴承分别装入各槽形轨道，可沿轨道滑动。

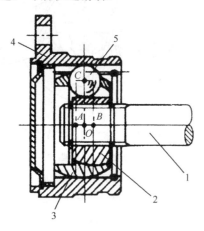

图 1-3-10　伸缩型球笼式等速万向节

1—内半轴；2—星形套；3—球笼；

4—筒形壳；5—钢球

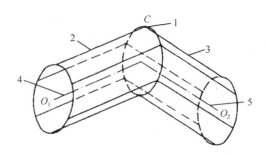

图 1-3-11　伸缩型球笼式等角速万向节工作原理图

1—钢球中心；2、3—内、外滚道中移动的钢球中心轨迹；

4、5—主、从动轴轴线

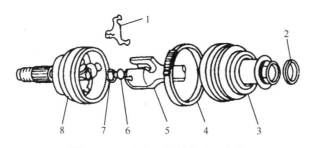

图 1-3-12　自由三枢轴等速万向节

1—锁定三脚架；2—橡胶紧固件；3—保护罩；4—保护罩卡箍；5—漏斗形轴；6—止推块；7—垫圈；8—外座圈

从以上装配关系可以看出，每个外表面为球面的滚子轴承能使其所在枢轴的轴线与相应槽形轨道的轴线相交。当输出轴与输入轴交角为 0°时，由于三枢轴的自动定心作用，能自动使两轴轴线重合；当输出轴与输入轴交角不为 0°时，因为外表面为球面的滚子轴承可沿枢轴轴线移动，所以它还可以沿各槽形轨道滑动，这样就保证了输入轴与输出轴之间始终可以传递动力，并且是等速传动。

4．柔性万向节

如图 1-3-14 所示，挠性万向节由橡胶件将主被动轴交叉连接而成，依靠橡胶件的弹性变形来实现小角度夹角（3°～5°）和微小轴向位移的万向传动。它具有结构简单、无须润滑、能吸收传动系中的冲击载荷和衰减扭转振动等优点。

二、传动轴构造

传动轴（图 1-3-15）是万向传动装置的组成部分之一。这种轴一般长度较长，转速高并且由于所连接的两部件（如变速箱与驱动桥）间的相对位置经常变化，因而要求传动轴长度也要相应地有所变化，以保证正常运转。为此，传动轴结构一般具有以下特点：

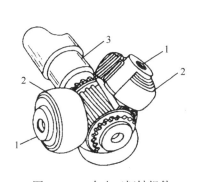

图 1-3-13　自由三枢轴组件

1—枢轴；2—滚子轴承；3—传动轴

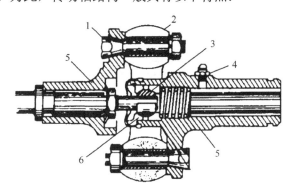

图 1-3-14　挠性万向节

1—接螺栓；2—橡胶件；3—中心钢球；4—黄油嘴；

5—传动凸缘；6—球座

（1）目前广泛采用空心传动轴。在传递相同转矩时，空心轴质量较轻，可节省钢材。

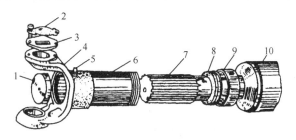

图 1-3-15　传动轴

1—盖子；2—盖板；3—盖垫；4—万向节叉；5—加油嘴；6—伸缩套；7—滑动花键槽；8—油封；9—油封盖；10—传动轴管

（2）传动轴的转速较高。为了避免离心力引起剧烈振动，故要求传动轴的质量沿圆周均匀分布。为此，通常不用无缝钢管，而是用钢板卷制对焊成圆管轴（因为无缝钢管壁厚不易保证均匀，而钢板厚度均匀）。此外，在传动轴与万向节装配以后，要经过动平衡，用加焊小块钢片的办法平衡。平衡后应在叉和轴上刻上记号，以便拆装时保持原来两者的相对位置。

（3）传动轴上通常有花键连接部分，传动轴的一端焊有花键接头轴，使之与万向节套管叉的花键套管连接。这样传动轴总长度允许有伸缩变化。花键长度应保证传动轴在各种工况下，既不脱开，又不顶死。为了润滑花键，通过油嘴注入润滑脂，用油封和油封盖防止润滑脂外流。有时还加防尘套，以防止尘土进入。传动轴另一端则与万向节叉焊成一体。

为了减少花键轴与套管叉之间的摩擦损失，提高传动效率，有些机械上已采用滚动花键来代替滑动花键，其构造如图 1-3-16 所示。由于花键轴与套管之间用钢球传递动力，当传动轴长度变化时，因钢球的滚动摩擦代替花键齿的滑动摩擦，从而大大减小了摩擦损失。

（4）有的工程机械由于变速箱（或分动箱）到驱动桥主传动器之间距离很长，若用一根传动轴，因其过长在运转中容易引起剧烈振动。为此将其分段，安装中间支承（图 1-3-17）。

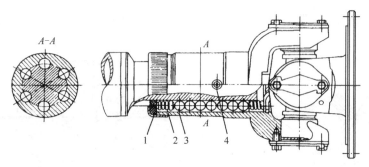

图 1-3-16　滚动花键传动轴

1—油封；2—弹簧；3—钢球；4—油嘴

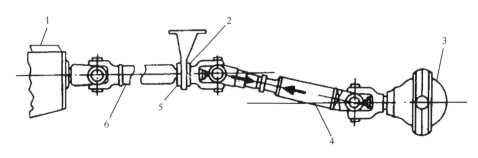

图 1-3-17　两段传动轴

1—变速器；2—中间支承；3—后驱动桥；4—后传动轴；5—球轴承；6—前传动轴

咨询三　万向传动装置典型故障诊断排除

万向传动装置常见的故障有传动轴振动、噪声，启动撞击及滑行异响等。产生这些故障的原因是零件的磨损、动平衡被破坏、材料质量不佳和加工缺陷等。

一、传动轴噪声

（1）现象

车辆在行驶过程中，传动轴产生振动并传递给车架和车身，引起振动和噪声，握转向盘的手感觉麻木，其振动一般和车速成正比。

（2）原因及故障诊断

① 传动轴动不平衡。

a. 原因：传动轴上的平衡块脱落；传动轴弯曲或传动轴管凹陷；传动轴管与万向节叉焊接不正或传动轴未进行过动平衡试验和校准；伸缩叉安装错位，造成传动轴两端的万向节叉不在同一平面内，使传动轴失去平衡。

b. 故障诊断与排除方法：

检查传动轴管是否凹陷。若有凹陷，则故障由此引起；若无凹陷，则继续检查。

检查传动轴管上的平衡片是否脱落。若脱落，则故障由此引起；否则继续检查。

检查伸缩叉安装是否正确。若不正确，则故障由此引起；否则继续检查。

拆下传动轴进行动平衡试验：动不平衡，则应校准以消除故障；弯曲应校直。

② 传动轴弯曲、扭转变形。传动轴弯曲、扭转变形也会引起振动和噪声，高速行驶时

还有使花键脱落的危险。应检查传动轴直线度误差，若超过极限，应更换或进行校正。

③ 万向节松旷。

a．原因：凸缘盘连接螺栓松动；万向节主、从动部分游动角度太大；万向节十字轴磨损严重。

b．故障诊断与排除办法：用榔头轻轻敲击各万向节凸缘盘连接处，检查其松紧度。若太松则故障是由于连接螺栓松动而引起，否则继续检查。用双手分别握住万向节主、从动部分转动，检查游动角度。若游动角度太大，则故障由此引起。

④ 变速器输出轴花键齿磨损严重。若磨损严重超过规定极限值，应更换相关部件。

⑤ 中间支承松旷、磨损。

a．原因：滚动轴承缺油烧蚀或磨损严重；中间支承轴承安装方法不当，造成附加载荷而产生异常磨损；橡胶圆环损坏；车架变形，造成前后连接部分的轴线在水平面内的投影不同线而产生异常磨损。

b．故障诊断与排除方法：给中间支承轴承加注润滑脂，若响声消失，则故障由缺油引起；否则继续检查。松开夹紧橡胶圆环的所有螺钉，待传动轴转动数圈后再拧紧，若响声消失，则故障由中间支承安装方法不当引起。否则，故障可能是由于橡胶圆环损坏，或滚动轴承技术状况不佳，或车架变形等引起。

二、启动撞击和滑行异响

原因及排除方法如下。

① 万向节产生磨损或损伤，应更换零件。

② 变速器输出轴花键磨损，修理或更换相关零件。

③ 滑动叉花键磨损、损伤，应更换零件。

④ 传动轴连接部位松动，拧紧螺栓即可消除故障。

三、故障实例

叉车行驶中，传动轴要承受很大的扭矩和冲击载荷，同时做高速转动，润滑条件又差，容易磨损、变形和损坏。从而工作失常，出现异常和抖震。

叉车起步时，车身发抖，伴有"格啦格啦"撞击声，在行驶中听到底盘有周期性响声，且速度越快，声音越大，甚至驾驶室振动，手握转向盘有麻木感。

遇到上述故障时，到车底查看各连接螺丝有无松动，用手晃动传动轴查找磨损部位；把后轮架起挂挡转动，观察传动轴振动及异响情况；也可采用千分表测传动轴变形量，查明原因后分别予以修复。

实践训练 4　万向传动装置维修

在使用过程中，工程机械轴距长，传动轴制成多节，润滑条件差，行驶在不良的道路上，冲击载荷的峰值往往会超过正常值的一倍以上，万向传动装置不仅要承受较大的转矩和冲击负荷，还要适应车辆在行驶中随着悬架的变形、传动轴与变速器输入轴及主传动器输出轴之间的夹角的不断变化；传动轴的长度也会随着悬架的变形而变化，使伸缩节不断滑磨；万向传动装置在车辆的底部，泥土、灰尘极易侵入各个机件。在这些情况下，万向传动装置会出现各种耗损，造成传动轴弯曲、扭转和磨损逾限，产生振动、异响等故障，破坏万向传动装置的动平衡特性、速度特性，传动效率降低，使万向传动装置技术状况变坏，从而影响机械的动力性和经济性。

一、万向传动装置的维护

在一级维护中，应对万向节轴承、传动轴花键连接等部位加注润滑油和进行紧固作业。大部分国产机械的传动花键及万向节轴承加注润滑脂，但也有部分机械的万向节轴承应加注齿轮油（如克拉斯 540 型、克拉斯 256 型汽车），直至从安全阀出现新油为止。由于齿轮油的流动性好，在滚针轴承处容易形成油膜，其润滑性能优于润滑脂。但采用齿轮油润滑万向节轴承时，必须注意油封的密封性。若油封漏油，传动轴高速转动时，油会被甩出而造成轴承的干摩擦或半干摩擦，加速轴承磨损。如发现油封损坏，有漏油的迹象时应立即更换。润滑剂使用类型可查阅所属机型的使用维护说明书。此外，还应检查凸缘连接螺栓及挠性万向节和十字轴轴承盖板固定螺钉的紧固情况，锁紧装置应牢固可靠，锁片应齐全有效。

二级维护时，应检查传动轴花键连接及传动轴十字轴轴颈和端面对滚针轴承之间的间隙。该间隙超过标准规定时应修复或更换。

在拆卸传动轴时，应从传动轴前端与驱动桥连接处开始，先把与后桥凸缘连接的螺栓拧松取下，然后将与中间传动轴凸缘连接的螺栓拧下，拆下传动轴总成。接着，松开中间支承支架与车架的连接螺栓，最后松下前端凸缘盘，拆下中间传动轴。同时应做好标记，以确保原位装配，避免破坏传动轴的动平衡性。

二、万向传动装置拆装

1．拆卸

拆卸步骤如下：
（1）检查总成上装配标记，必要时重做。
（2）先取下传动轴与变速箱、驱动桥的连接螺钉，取下传动轴。
（3）分解花键轴和套管差。
（4）分解万向节。

2．装配

传动轴总成的维修质量和技术性能的好坏，除与各零件的维修质量有关外，与装配质量也有密切关系。装配上的疏忽和错误会破坏传动轴的位置精度和平衡，使其不能正常工作，造成各运动副的早期磨损和损坏。因此在装配时必须按技术要求进行操作，并注意下列事项：

（1）为了避免因不等速传动而引起传动轴振动和驱动桥内齿轮冲击，装配时应保证两点：

① 传动轴两端的万向节叉位于同一平面内。这就要求在安装传动轴伸缩节时，必须使两端万向节叉位于同一平面，允许误差为±1°，为此装配时应使箭头记号对齐；若无记号，拆前应作好记号，按记号装复；如果因键齿磨损达不到这一要求，应使后端万向节顺传动轴旋转方向偏转一个键齿。

② 与传动轴两端通过万向节相连的两轴和传动轴夹角相等。

（2）花键轴的油封，除了能防止花键内的润滑脂外流外，还能防止湿气和灰尘的侵入，因此必须保持完好。在装橡胶防尘护套时，为了平衡起见，两只卡子的锁扣应相错 180°。

（3）传动轴经过维修后，其长度不得小于公称尺寸 10mm。传动轴花键与套管叉及凸缘键槽的侧隙，均应不大于 0.3mm，并能滑动自如。传动轴的防尘罩必须完好，并用卡子紧固。两只卡子的锁扣应装在传动轴径向相对位置上。

（4）万向传动装置的装配过程中还应注意：

① 清洗所有零件，并用压缩空气吹净油道孔；

② 各轴承及花键在安装时应涂抹钙基润滑脂；

③ 不能用铁锤在零件表面直接敲打，以免损坏零件；

④ 装配时先组装万向节，再组装传动轴；

⑤ 传动花键轴与套管叉应对准记号装配，使传动轴两端的万向节叉处于同一平面内；

⑥ 传动轴管上的平衡片，不得随意变动或去掉；

⑦ 各万向节油嘴应在一条直线上，且均朝向传动轴，各油嘴按规定加注润滑脂；

⑧ 万向传动装置的连接螺钉一般都由合金钢制成，不得与其他螺钉混用，更不得用任意螺钉代替，且各螺钉的拧紧力矩必须符合规定；

⑨ 装配后，应对传动轴总成进行动平衡试验，动不平衡量一般不大于 100g·cm。超过规定时，应加焊平衡片进行调整。

三、万向传动装置的检修

1．传动轴

传动轴轴管的损伤形式有裂纹、严重的凹瘪等。

传动轴轴管全长上的径向圆跳动公差应符合表 1-3-1 的规定。

表 1-3-1　传动轴轴管的径向圆跳动公差（mm）

轴　长	≤600	600～1000	＞1000
径向圆跳动公差	0.6	0.8	1.0

传动轴花键与滑动叉花键、凸缘叉与所配合花键的侧隙一般不大于 0.30mm，装配后应能滑动自如。

2．万向节叉、十字轴及轴承

万向节叉和十字轴的损伤形式有裂纹、磨损等。

当十字轴轴颈表面有疲劳剥落、磨损沟槽或滚针压痕深度在 0.1mm 以上时，应更换。

当滚针轴承的油封失效、滚针断裂、轴承内圈有疲劳剥落时，应更换。

十字轴与轴承的最小配合间隙应符合原厂规定，最大配合间隙应符合表 1-3-2 的规定。十字轴及轴承装入万向节叉后的轴向间隙：剖分式轴承孔为 0.10～0.50mm，整体式轴承孔为 0.02～0.25mm。

表 1-3-2　十字轴轴承的配合间隙（mm）

十字轴轴颈直径	≤18	18～23	＞23
最大配合间隙	符合原厂规定	0.10	0.14

3．中间支承

中间支承的常见损伤形式是橡胶老化、轴承磨损所引起的振动和异响等。

中间支承的橡胶垫环开裂、油封磨损过甚而失效、轴承松旷或内孔磨损严重时，均应更换新的中间支承。

中间支承轴承经使用磨损后，需及时检查和调整，以恢复其良好的技术状况。以解放CA1091 型汽车为例，其传动系中间支承为双列圆锥滚子轴承，有两个内圈和一个外圈，两内圈中间有一个隔套，供调整轴向间隙用。

磨损使中间支承轴向间隙超过 0.30mm 时，将会引起中间支承发响和传动轴严重振动，导致各传力部件早期损坏。

调整方法：拆下凸缘和中间轴承，将调整隔板适当磨薄，传动轴承在不受轴向力的自由状态下，轴向间隙为 0.15～0.25mm，装配好后用 195～245N·m 的转矩拧紧凸缘螺母，保证轴承轴向间隙在 0.05mm 左右，即转动轴承外圈面无明显的轴向间隙为宜，最后从润滑嘴注入足够的润滑脂，以减小磨损。

4．传动轴管焊接组合件

传动轴管焊接组合件经修理后，原有的动平衡已不复存在。因此，传动轴管焊接组合件（包括滑动套）应重新进行动平衡试验。传动轴两端任一端的动不平衡量，可参考资料进行确定。传动轴管焊接组合件的平衡，可在轴管的两端加焊平衡片，每端最多不得多于 3 片。

5．等速万向节

等速万向节常见的损伤形式是球形壳、球笼、星形套及钢球的凹陷、磨损、裂纹、麻点等，如有则更换。

检查防护罩是否有刺破、撕裂等损坏现象，如有则更换。

任务思考题 3

1．识图说明万向传动装置作用、组成及类型。
2．简要说明不等速万向节不等速特性，以及等速万向节等速原理。
3．如何维护万向传动装置。
4．拆装万向传动装置应注意什么，如何检修万向传动装置？

任务四　轮式驱动桥构造与维修

知识目标：

1．学会描述轮式驱动桥功用、类型、组成。
2．学会描述轮式装载机驱动桥结构、原理。
3．学会描述轮式装载机驱动桥调整项目及方法。
4．学会分析轮式驱动桥常见故障原因。

技能目标：

1. 能够正确拆装、检修、调整轮式驱动桥。
2. 能够对轮式装载机简单故障进行正确诊断和排除。
3. 能够正确诊断排除轮式驱动桥常见故障。

任务咨询：

咨询一　轮式驱动桥构造原理

驱动桥是传动系统中的最后一个大总成，它是指变速箱或传动轴之后，驱动轮或驱动链轮之前所有传力机件与壳体的总称。根据行驶系的不同，驱动桥可分为轮式驱动桥和履带式驱动桥两种。

一、轮式驱动桥概述

1．驱动桥的组成及动力传递

轮式驱动桥如图 1-4-1 所示，它由主传动器、差速器、半轴、最终传动（轮边减速器）和桥壳等零部件组成。变速箱传来的动力经主传动器锥齿轮传到差速器上，再经差速器的十字轴、行星齿轮、半轴齿轮和半轴传到最终传动，又经最终传动的太阳轮、行星齿轮和行星架最后传动到驱动轮上，驱动机械行驶。

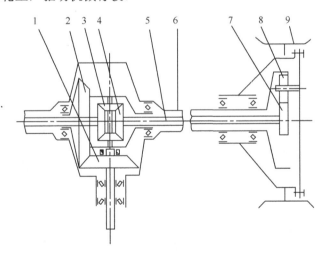

图 1-4-1　轮式驱动桥示意图

1、2—主传动器锥齿轮；3—行星齿轮；4—半轴齿轮；5—半轴；6—驱动桥壳；7、8—最终传动齿轮；9—驱动轮

2．轮式驱动桥的功用

驱动桥的功用是通过主传动器改变转矩旋转轴线的方向，把轴线纵置的发动机的转矩传到轴线横置的驱动桥两边的驱动轮。通过主传动器和终传动将变速箱输出轴的转速降低、转矩增大。通过差速器解决两侧车轮的差速问题，减小轮胎磨损和转向阻力，从而协助转向。另外驱动桥壳还起支承和传力作用。

3. 轮式机械驱动桥的特点

（1）轮式工程机械通常采用全桥驱动。轮式工程机械经常在荒野土路甚至无路的场地行驶或作业，为了能把全部重量都用做附着重量从而获得更大的牵引力，常采用全桥驱动（或叫"前后桥驱动"）。

（2）采用低压大轮胎。为了提高轮式工程机械的越野性能和通过能力，常采用低压大轮胎。

（3）驱动桥的传动比大。轮式机械驱动桥的传动比一般在 12～38（汽车一般仅为 6～15），所以多采用轮边减速。因为即使主传动器采用两级减速也不能达到这样大的传动比，而且如果增大主传动器的传动比，必然造成驱动桥桥壳尺寸或半轴直径的加大，使机械的离地间隙减小，通过性降低。设置轮边减速，就可以减小主传动装置、差速器齿轮和半轴上传递的扭矩。

二、主传动器构造

主传动器主要用于将变速器传来的动力进一步降低转速、增大扭矩，并将动力的传递方向改变 90°后经差速器传给轮边减速器。

主传动器位于驱动桥之内，通常为一对锥齿轮传动。在保证驱动桥有足够的传动比条件下，其径向尺寸应尽可能小，以增大机械的离地间隙（即驱动桥壳最低点离地面的距离），使其有较好的通过性能。

1. 主传动器的分类

（1）按齿轮类型分类

按主传动器齿轮的类型可分为直齿锥齿轮、零度圆弧锥齿轮、螺旋锥齿轮等（图 1-4-2）。

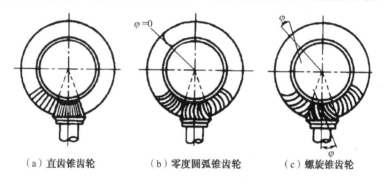

（a）直齿锥齿轮　　　　（b）零度圆弧锥齿轮　　　　（c）螺旋锥齿轮

图 1-4-2　主传动器的齿轮类型

① 直齿锥齿轮制造容易，加工方便，成本低。但其传动比较小，同时参与啮合的齿数较少，齿轮的强度不如零度圆弧锥齿轮，而且传动不够均匀，噪声大。

② 零度圆弧锥齿轮由于螺旋角等于零，因而可以消除工作时的轴向力。它与直齿锥齿轮相比，啮合较平稳，强度较高，上海 T—120 推土机采用这种齿轮。但这种齿轮同时参与啮合的齿数和齿轮的强度都不如螺旋锥齿轮。

③ 螺旋锥齿轮由于齿轮副中主动齿轮的齿数可以减少到 6 个齿，因此在同样传动比下可以减小大齿轮的直径，从而可减小驱动桥的重量和尺寸。另外，由于它属斜齿传动，因而同时啮合工作的齿数可较多，齿轮的强度较大，工作均匀且噪声小。但是它工作时有附加的轴向力，加重了轴承的载荷，装配时需要进行准确的调整。由于螺旋锥齿轮的优点显著，所

以在轮式工程机械上应用较多。如 74 式Ⅲ挖掘机、CL—7 铲运机、ZL—40（50）装载机等均采用这种齿轮。

（2）按级分类

主传动器还可分为单级主传动器和双级主传动器（图1-4-3）。

只有一级减速的主传动器称为单级主传动器。单级主传动器结构简单、紧凑、重量轻、传动效率高，最大传动比可达到 7.2 左右。

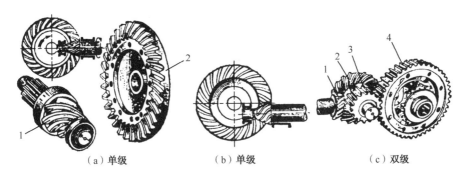

（a）单级　　　　　　　（b）单级　　　　　　　（c）双级

图 1-4-3　主传动器分类

1—主动锥齿轮；2—从动锥齿轮；3—主动圆柱齿轮；4—从动圆柱齿轮

进行两级减速的主传动器称为双级主传动器 [图 1-4-3（c）]，双级主传动器传动比可达 11 左右，但其结构复杂、重量大。为了总体布置的需要，早期生产的 PY160 平地机后转向驱动桥的主传动器就是采用双级主传动器。

2．主传动器的构造原理

以 ZL—50 装载机主传动器为例，其结构如图 1-4-4 所示。

主传动器主要由主、从动螺旋锥齿轮和其支承装置组成。

主动锥齿轮与轴制为一体，通过 3 个轴承以跨置式支承在主传动的壳体上。轴的小端压装有圆柱滚子轴承，装在壳体的支承孔内。其大端用两个直径大小不同的锥形滚柱轴承支承在主传动轴承壳内，在两轴承间装有隔套和用以调整两轴承紧度的调整垫片。轴的花键部分装着与传动轴相连接的接盘，并用挡板和螺母固定。

轴承壳和端盖用螺钉固定在壳体上。轴承壳和壳体之间装有调整垫片，用于调整主、从动齿轮的啮合间隙和啮合印痕。为防止润滑油泄漏，在轴承壳外端的垫圈和接盘轴颈处装有油封，并用端盖固定。接盘上焊有防尘圈，以防止泥水浸入。轮保持纯滚动，另一侧车轮就必须一边滚动一边滑磨，这将引起轮胎的加速磨损、转向困难、增加功率消耗。为了避免这种滑磨，在驱动桥两半轴之间装有差速器。

从动锥齿轮用螺栓固定在差速器壳体上，差速器壳体通过轴承支承在桥壳的轴承座上，两侧拧有调整圈，用以调整轴承的紧度。由于主、从动锥齿轮常啮合，故由传动轴传来的动力经主动锥齿轮、从动锥齿轮传给差速器壳体。

74 式Ⅲ推土机、ZL—50 装载机的主传动器，为加强从动锥齿轮的强度，在两齿轮啮合的背面壳体上装有一个止推螺栓，其端面到齿轮背面的间隙应调整为 0.2～0.4mm，以防止重载工作时，从动锥齿轮产生过大的变形而破坏齿轮的正常啮合。

三、差速器构造原理

差速器主要用于保证内外侧车轮能以不同的转速旋转，从而避免车轮产生滑磨现象。如果两车轮用一根轴连接，则两车轮的转速相同。但在使用中，两车轮所遇情况不一致。当机械转向时，外侧车轮的转弯半径大于内侧车轮的转弯半径，故外侧车轮的行程大于内侧车轮的行程，如图 1-4-5 所示。因此，内、外侧车轮应以不同的转速旋转。当机械直线行驶时，由于轮胎气压不等而导致车轮直径不等，又因为行驶在高低不平的路面上时，将使内、外侧车轮转速不等。在上述情况下，若将两侧车轮用一根整轴连接，就会产生一侧车轮保持纯滚动，另一侧车轮就必须一边滚动一边滑磨，这将引起轮胎的加速磨损、转向困难、增加功率消耗。为了避免这种滑磨，在驱动桥两半轴之间装有差速器。

1．普通差速器的结构原理

（1）普通差速器结构

差速器主要由壳体、十字轴、行星齿轮和半轴齿轮等组成（图 1-4-6）。

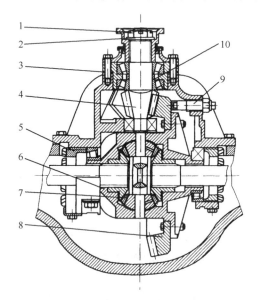

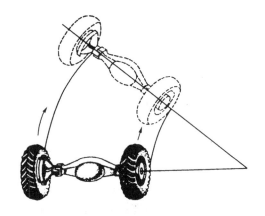

图 1-4-4　ZL—50 装载机的主传动器　　　　图 1-4-5　轮式机械转向时车轮运动示意图

1—螺母；2—挡板；3—调整垫片；4—主动锥齿轮；

5—调整圈；6—差速器壳；7—差速器；

8—从动锥齿轮；9—止推螺栓；10—调整垫片

① 差速器壳体。由左右两半组成，用螺栓固定在一起。整个壳体的两端以锥形滚柱轴承支承在主传动壳体的支座内，上面用螺钉固定着轴承盖。两轴承的外端装有调整圈，用以调整轴承的紧度，并能配合主传动齿轮轴轴承壳与壳体之间的调整垫片，调整主、从动锥形齿轮的啮合间隙和啮合印痕。为防止松动，在调整圈外缘齿间装有锁片，锁片用螺钉固定在轴承盖上。

② 十字轴。十字轴的 4 个轴颈分别装在差速器壳的轴孔内，其中心线与差速器的分界面重合。从动齿轮固定在差速器壳体上，这样当从动齿轮转动时，便带动差速器壳体和十字轴一起转动。

③ 行星齿轮。4 个行星齿轮分别活动地装在十字轴轴颈上，两个半轴齿轮分别装在十字轴的左右两侧，与 4 个行星齿轮常啮合，半轴齿轮的延长套内表面制有花键，与半轴内端部用花键连接，这样就把十字轴传来的动力经 4 个行星齿轮和两个半轴齿轮分别传给两个半轴。行星齿轮背面做成球面，以保证更好地定中心以及和半轴齿轮正确地啮合。

行星齿轮和半轴齿轮在转动时，其背面和差速器壳体会造成相互磨损，为减少磨损，在它们之间装有止推垫片，当垫片磨损后，只需更换垫片即可，这样既延长了主要零件的使用寿命，也便于维修。另外，差速器工作时，齿轮又和各轴颈及支座之间有相对的转动，为保证它们之间的润滑，在十字轴上铣有平面，并在齿轮的齿间钻有小孔，供润滑油循环进行润滑。在差速器壳上还制有窗孔，以确保桥壳中的润滑油能出入差速器。

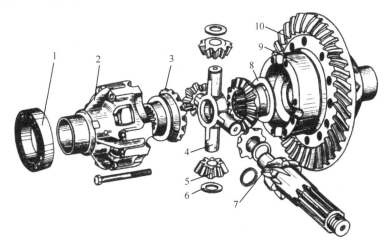

图 1-4-6 差速器的结构组成

1—轴承；2、9—差速器壳体；3—半轴齿轮；4—十字轴；5—行星齿轮；6—承推垫片；

7—主动锥齿轮；8—半轴齿轮承推垫片；10—从动锥齿轮

（2）工作原理

① 普通差速器的速度特性原理如图 1-4-7 所示。

机械沿平路直线行驶时，两侧车轮在同一时间内驶过的路程相同。此时，差速器壳与两半轴齿轮转速相等，行星齿轮不自转，而是随差速器壳一起转动（公转）。这时差速器不起差速作用，两侧车轮以相同的转速旋转。

机械转弯时，内侧车轮阻力增大，行驶路程较短，转速慢。外侧车轮行驶的路程较长，转速快。这时，与两半轴齿轮相啮合的行星齿轮，由于遇到的阻力不等，便开始自转，使两半轴齿轮产生一定的转速差，从而实现了内外侧车轮以不同的转速旋转。

差速器无论差速与否，都具有两半轴齿轮转速之和始终等于差速器壳转速的 2 倍，即 $n_1 + n_2 = 2n_0$。而与行星齿轮自转速度无关的特性。当机械向右转弯时，内侧车轮反映在行星齿轮上的阻力是内轮大于外轮。即行星齿轮不但带动两半轴齿轮转动，而且还绕十字轴颈自转，使两边半轴转速不等，而两车轮也就以不同的转速沿路面纯滚动而无滑磨。在其他行驶情况下，都可以借行星齿轮以相应转速自转，使两侧车轮以不同的转速在地面上滚动，从而避免车轮的滑磨。

② 差速器扭矩特性。

上述差速器中，由主传动器传来的扭矩，经差速器壳、十字轴和行星齿轮传给两侧半轴齿轮。如图1-4-8所示,行星齿轮相当于一个等臂杠杆,而两个半轴齿轮的半径也是相等的。因此当行星齿轮没有自转时,总是将扭矩平均分配给左、右半轴齿轮。

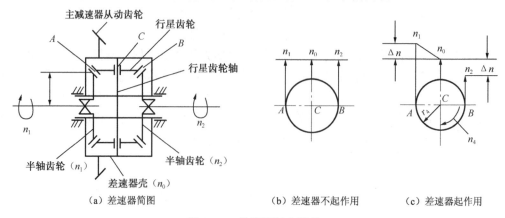

图 1-4-7　差速器运动原理

当转弯或其他情况下,使行星齿轮发生自转时,两半轴齿轮将以不同转速转动。假设当车辆右转弯时,则左半轴转速 n_1 大于右半轴转速 n_2,行星齿轮将按图 1-4-8 上实线圆弧箭头的方向绕十字轴轴颈自转,行星齿轮孔与十字轴轴颈间以及齿轮背部与差速器壳之间都产生摩擦。行星齿轮所受摩擦力矩与其转速方向相反,如图 1-4-8 上虚线圆弧箭头所示。此摩擦力矩使行星齿轮分别对左、右半轴齿轮附加作用了大小相等、方向相反的两个圆周力 F_1 和 F_2,使传到转得快的左半轴上的扭矩 M_1 减小,而 F_2 却使传到转得慢的右半轴上的扭矩 M_2 增加。因此,当左、右两驱动车轮存在转速差时,差速器分配给转得慢的车轮以较大的扭矩。左、右车轮上的扭矩之差等于差速器内的摩擦力矩。

目前广泛使用的普通行星齿轮式差速器,其内摩擦力矩很小,故实际上可以认为无论左、右驱动车轮转速是否相等,而扭矩总是平均分配的,此即差速器"差速不差力"的特点。例如,当轮式工程机械一个驱动轮接触到滑溜路面(泥泞或冰雪路面)时,虽然另一车轮是在好的路面上,往往车辆仍不能前进。此时在滑溜路面上的车轮在原地滑转,而在好路面上的车轮静止不动,这是因为在滑溜路面上的车轮与路面之间附着力很小,路面只能对半轴作用很小的反作用扭矩。虽然另一车轮与好路面间的附着力较大,但因普通行星齿轮式差速器平均分配扭矩的特点,使这一车轮分配到的扭矩只能与传到滑转的驱动车轮上的扭矩相等,以至于总的牵引力不足以克服行驶阻力,机械不能前进。

为了克服普通差速器的上述缺陷,可改用各种形式的防滑差速器。当一侧驱动车轮打滑时,让普通差速器不起作用,而把扭矩传给不滑转的驱动车轮,以充分利用这一车轮的附着力来驱动车辆行驶。由于采用防滑差速器,不仅机械可以提高作业效率,而且能够避免或减少轮胎打滑情况,延长轮胎使用寿命最高可延长轮胎使用寿命 1/3 左右。

2. 防滑差速器构造原理

强制锁止式差速器是在普通差速器的结构中增加了一个在必要时可将差速器锁住而使两半轴连成一体的装置——差速锁。强制锁止式差速器由带牙嵌的滑动套、牙嵌、半轴等组成(图1-4-9)。滑动套与半轴以滑动花键连接,差速锁的滑动套在图示位置牙嵌是不啮合的,差速锁不起作用,仍按普通差速器的工况工作。当使滑动套左移与固定牙嵌啮合时,差速器的行星齿轮、半轴齿轮相对于差速器壳都不能转动,差速器即被"锁住"。这时左、右两根半轴被刚性地连成一根整轴,未打滑的一侧驱动轮便可得到从主传动传来的几乎全部扭矩。差速锁由驾驶员通过杠杆机构或电磁操纵机构来操纵。当机械驶出难行路段后,应及时松开差速锁,使其恢复正常功能,否则将使机械转向操纵困难,机件过载。为此,通常把差速锁设计成依靠外力接合差速锁,当外力去除后,差速锁即在回位弹簧作用下自动脱开。摩擦片式自锁差速器如图1-4-10所示。它在两半轴齿轮背面与差速器壳之间各装有一套摩擦式离合器,以增加差速器内摩擦力矩。摩擦式离合器由推力压盘、主、从动摩擦片组成。推力压盘上的内花键与半轴相连,而其上的外花键与从动摩擦片的内花键连接。主动摩擦片的外花键与差速器壳的内花键连接。推力压盘及主、从动摩擦片均可做微小的轴向移动。十字轴由两根互相垂直的行星齿轮轴组成,其端部均切有凸V形斜面,差速器壳上与之相配合的孔稍大于轴,且也有凹V形斜面。两根行星齿轮轴的V形面是反向安装的。

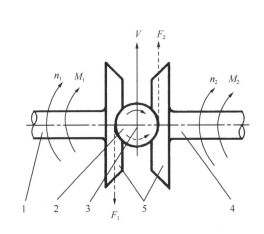

图 1-4-8　差速器中的扭矩分配

1—左半轴;2—行星齿轮;3—十字轴;

4—右半轴;5—半轴齿轮

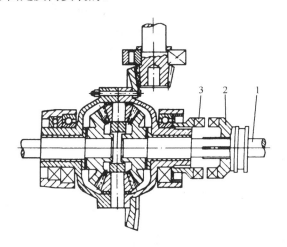

图 1-4-9　强制锁止式差速器结构

1—半轴;2—带牙嵌的滑动套;3—固定在差速器上的牙

当机械直线行驶、两半轴无转速差时,转矩平均分配给两半轴。由于差速器壳通过斜面对行星齿轮轴两端压紧,斜面上产生的轴向力迫使两行星齿轮轴分别向左、右方向(向外)略微移动,通过行星齿轮使推力压盘压紧摩擦片。此时,转矩经两条路线传给半轴:一路经行星齿轮轴、行星齿轮和半轴齿轮,将大部分转矩传给半轴;另一路则由差速器经主、从动摩擦片、推力压盘传给半轴。

当机械转弯或一侧车轮在路面上滑转时,行星齿轮自转起差速作用,左、右半轴齿的转速不等。由于转速差的存在和轴向力的作用,主、从动摩擦片间在滑转的同时产生摩擦力矩,其数值大小与差速器传递的转矩和摩擦片数量成正比,而其方向与快转半轴的旋向相反,与慢转半轴的旋向相同。较大数值的内摩擦力矩作用的结果,使慢转半轴传递转矩明显增加。摩擦作用越强,两半轴的转矩差越大,可达5~7倍。

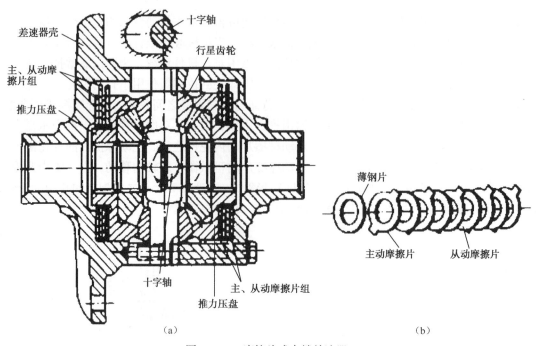

差速器壳
十字轴
行星齿轮
主、从动摩擦片组
推力压盘
薄钢片
主动摩擦片
从动摩擦片
十字轴
主、从动摩擦片组
推力压盘

（a）　　　　　　　　　　　　　　　（b）

图 1-4-10　摩擦片式自锁差速器

四、半轴构造原理

半轴装在差速器与轮边减速器之间，主要用于将差速器传来的动力，经轮边半轴传递给车轮。半轴是在差速器与驱动轮之间传递动力的实心轴，其内端与差速器的半轴齿轮连接，而外端则与驱动轮的轮毂相连。半轴与驱动轮的轮毂在桥壳上的支承形式，决定了半轴的受力状况。现代汽车和工程机械基本上都用全浮式半轴和半浮式半轴这两种半轴支承形式。全浮式半轴是一根两端制有花键的实心轴，其内端花键与半轴齿轮的花键套接，外端与轮边减速器太阳轮的花键套接，并用挡板和弹簧卡圈固定，轮毂通过两个锥形滚柱轴承支承在桥壳上，半轴与桥壳没有直接接触。若没有轮边减速器，半轴的全浮式支承形式如图 1-4-11 所示，机械的重量及作用在车轮上的反作用力和弯矩，均由轮毂通过轴承直接传给桥壳。

全浮式半轴支承的受力如图 1-4-11 所示，图上标出了路面对驱动轮的作用力：垂直反力 Z、切向反力 X 和侧向反力 Y。垂直反力 Z 和侧向反力 Y，将造成使驱动桥在横向面（垂直于机械纵轴线的平面）内弯曲的力矩（弯矩）；切向反力 X，一方面造成对半轴的反扭矩，另一方面也造成使驱动桥在水平面内弯曲的弯矩，反扭矩直接由半轴承受。而 X、Y、Z 三个反力以及由它们形成的弯矩，便由轮毂通过两个轴承传给桥壳，完全不经半轴传递。在内端，作用在主传动器从动齿轮上的力及弯矩全部由差速器壳直接承受，与半轴无关。因此这样的半轴支承形式，使半轴只承受扭矩，而两端均不承受任何反力和弯矩，故称为全浮式支承形式。所谓"浮"即指卸除半轴的弯矩而言。

为防止轮毂连同半轴在侧向力作用下发生轴向窜动，轮毂内的两个圆锥滚子轴承的安装方向必须使它们能分别承受向内和向外的轴向力。轴承的预紧度通过调整螺母调整。

半浮式半轴支承形式如图 1-4-12 所示，半轴除传递扭矩外，其外端还承受垂直反力 Z 所形成的弯矩，只有内端是浮动的，故称为半浮式。

半浮式半轴支承结构简单，广泛应用于承受弯矩较小的各种小轿车上。

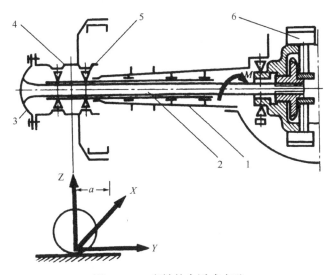

图 1-4-11　半轴的全浮式支承

1—桥壳；2—半轴；3—半轴凸缘；4—轮毂；5—轴承；6—主传动器从动齿轮

　　半轴本身的结构除上述两种最常见的形式外，还受到驱动桥结构形式的影响。在转向驱动桥中，半轴应断开并用等速万向节连接。在断开式驱动桥中，半轴也应分段并用万向节和滑动花键或伸缩型等速万向节连接。

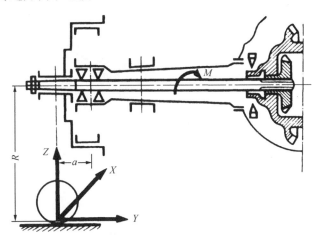

图 1-4-12　半浮式半轴支承受力示意图

五、桥壳构造

　　驱动桥壳的功用是支承并保护主传动器、差速器和半轴等，使左右驱动车轮的轴向相对位置固定；支承车架及其上的各总成重量；工程机械行驶时，承受由车轮传来的路面反作用力和力矩，并经悬架传给车架。

　　驱动桥壳应有足够的强度和刚度，重量轻，并便于主传动器的拆装和调整。由于桥壳的尺寸比较大，制造较困难，故其结构形式在满足使用要求的前提下，要尽可能简单，以便于制造。

　　驱动桥壳可分为整体式桥壳和分段式桥壳两类。整体式桥壳具有较大的强度和刚度，且便于主传动器的装配、调整和维修，因此普遍应用于各类工程机械上。

74式Ⅲ挖掘机的桥壳即为整体式桥壳（图1-4-13）。桥壳的两边各用螺栓与车架支承座固定。桥壳上的凸缘盘用于固定制动器底板；两端花键用来安装轮边减速器齿圈支架。主传动装置和差速器装在桥壳内，并用螺钉将主传动壳体固定在桥壳上。桥壳上设有加检油孔，平时用螺塞封闭。上面有通气孔，底部装有放油螺塞。

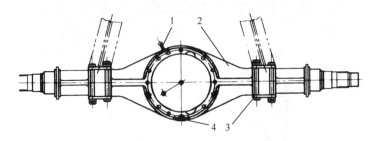

图1-4-13　74式Ⅲ挖掘机后桥壳

1—通气塞；2—后桥壳；3—压板；4—螺塞

有些工程机械及重型车辆，常使用刚度更大的全封闭式整体铸造桥壳。ZL50装载机的桥壳是分左、中、右3段制造的，3段装配在一起后再焊接成一个整体。分段式桥壳便于制造，检修时不需将整个驱动桥拆下，故维修方便。

有的机械如图1-4-14所示，副车架与后车架用销轴联结，后驱动桥装在副车架上，副车架能绕两端的销轴中心向上下摆动12°，使机械如装载机在崎岖路面行驶时能四轮着地，具有良好的稳定性。

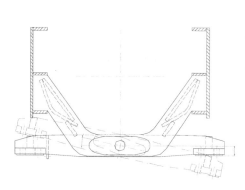

图1-4-14　摆动式驱动桥

六、终传动装置的功用及组成

终传动的功用是将主传动器传来的动力在传给驱动轮（链轮）之前进一步减速增矩，以满足工程机械行驶和各种作业的需要。终传动装置有平行轴式圆柱齿轮传动和行星齿轮传动两种形式。

图1-4-15为国产TY120型推土机采用的双级平行轴式圆柱齿轮终传动装置。动力经接盘27输入，经两级齿轮传递后由驱动链轮输出，驱动履带转动，从而使推土机行驶。

半轴的右端支承在驱动桥壳上的座孔内，并用半轴锁母和锁母箍锁定，其左端通过半轴轴外轴承及外轴承座支承在台车架上。因此半轴在此仅起支承作用，不传递动力。从动齿轮用螺栓安装于滑套在半轴上的轮毂上，而驱动轮则压装在轮毂的锥形长花键上，并用螺母紧固，因而保证了从动齿轮与驱动轮同心。轮毂是用圆锥轴承17和34支承在驱动桥壳的侧壁与半轴外轴承壳上，这就保证了轮毂在固定的半轴上旋转。

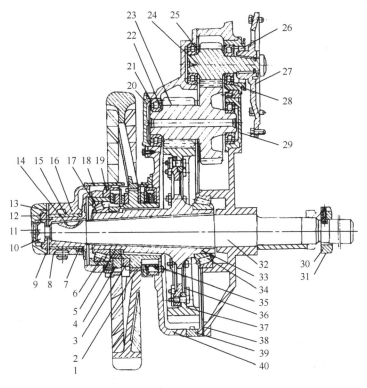

图 1-4-15　TY120 型推土机终传动装置

1—驱动轮；2—定位销；3—油封垫圈；4—自紧式端面油封；5—轮毂螺母；6—轴承外壳；7—油封；8—半轴轴外轴承；

9、13—调整垫片；10—固定螺母；11—锁圈；12—止推片；14—半圆键；15—外轴承衬套；16—外轴承座；

17、34—圆锥轴承；18—挡泥板；19—调整螺母；20—双联齿轮外盖；21—衬垫；22、25—圆柱轴承；23—双联中间齿轮；

24—主动齿轮；26—油封；27—接盘；28、29—圆柱轴承座；30—半轴锁母；31—锁环箍；32—半轴；33—轮毂；

35—油封垫；36—螺栓；37—从动齿轮；38—外壳盖垫；39—放油塞；40—外壳盖

圆锥轴承 17 和 34 应保证轮毂有 0.125mm 的轴向间隙，以防止齿轮、轴承及油封产生磨损。它的调整是通过拧在轴承壳上的调整螺母来完成的。

为使驱动轮和支承在同一台车上的导向轮在同一个纵向平面内，在半轴外轴承及外轴承座的外端面处，分别装有调整垫片 9 和 13。为保证密封，在驱动轮的左右侧均装有自紧式端面油封 4 和油封垫圈 3。自紧式端面油封在安装时应保持其 4～8mm 的压缩量。这种油封的缺点是使用中易损坏，使用寿命短。图 1-4-16 是一种结构简单、密封效果好的浮动式油封。它是由两个金属密封环（动环与定环）及两个 O 形橡胶圈所组成的。动环与定环的接触面经过精加工组成密封面。在动环与轮毂之间、定环与油封盖之间的锥面处，都装有 O 形橡胶圈。密封面处靠拧紧轴端螺母预紧，两个橡胶圈即被夹紧而产生弹性变形起密封作用。

当密封环磨损时，橡胶圈的弹性起一定的补偿作用。为防止润滑油从旋转轴的表面外流，设有小密封圈。这种油封

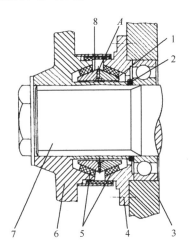

图 1-4-16　浮动式油封

1—定环；2—密封圈；3—箱体；

4—油封；5—O 形橡胶圈；

6—轮毂；7—旋转轴；8—动环

因其密封效果好，目前得到广泛的应用。图 1-4-17 为某车辆的行星齿轮式终传动装置结构图和传动示意图。

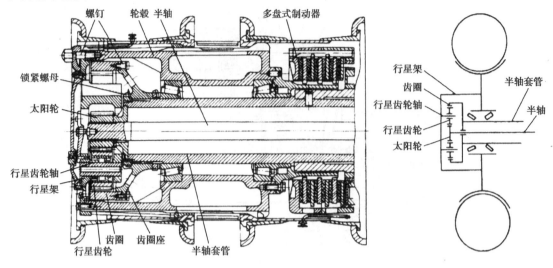

图 1-4-17　终传动装置结构及传动示意图

图 1-4-18 为行星齿轮式终传动，行星轮架和驱动轮连为一体，太阳轮则与第一级从动齿轮连为一体，齿圈固定。动力由太阳轮输入，经减速后由行星轮架输出，带动驱动轮旋转。

在动力传至太阳轮之前，经一对圆柱齿轮减速。所以这种终传动装置实际上是平行轴式齿轮传动和行星轮式齿轮传动的综合。

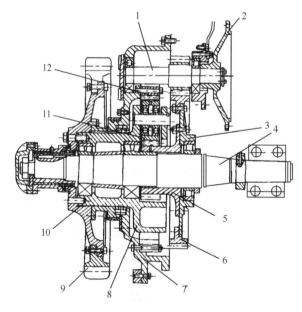

图 1-4-18　红旗 100 型推土机终传动

1—第一级减速器轴；2—接盘；3—第一级从动轮轮壳；4—半轴；5—太阳轮；6—第一级从动轮齿圈；

7—箱盖；8—行星轮架；9—驱动轮；10—驱动轮轮毂；11—行星轮；12—固定齿圈

咨询二 其他驱动桥构造原理

一、转向驱动桥构造原理

在全轮驱动的现代工程机械上，若机架为整体（非铰转向），必然有一车桥为转向驱动桥。转向驱动桥兼有转向和驱动两种功能。

1．转向桥结构原理

整体车架的轮胎式工程机械的转向桥与汽车转向桥的结构基本相同，它们主要由前轴、转向节、主销和轮毂等部分组成。其功用是利用铰链装置使车轮可以偏转一定角度，以实现汽车的转向。下面以汽车的转向桥（图1-4-19）说明转向桥结构原理。

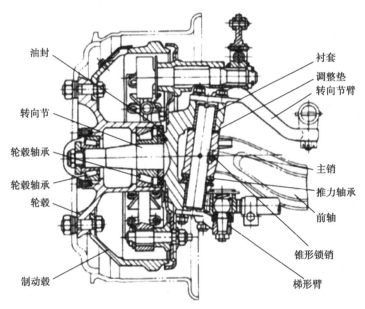

图 1-4-19 EQ1092型汽车转向桥结构图

（1）前轴：前轴是转向桥的主体，其断面形状一般采用工字形或管状，用以提高前轴的抗弯强度，同时减轻自重。为提高抗扭强度，前轴两端加粗并呈拳形，主销插入拳形通孔内，将前轴与转向节连接。在主销孔内侧装有楔形锁销，用以固定主销。前轮可随转向节绕主销偏转，从而实现汽车转向。

（2）转向节：转向节是用中碳合金钢锻造而成的叉形部件。

（3）主销：主销的作用是铰接前轴与转向节，使转向节绕着主销摆动，以实现车轮转向。

（4）轮毂：轮毂用以安装车轮，轮毂通过两个轮毂轴承安装在转向节外端的轴颈上，轴承的预紧度可用调整螺母进行调整。

2．转向驱动桥结构原理

图1-4-20为转向驱动桥示意图。这种桥有着和一般驱动桥同样的主传动器和差速器。但由于它的车轮在转向时需要绕主销偏转一个角度，故半轴必须分成内、外两段，并用万向节（一般多用等角速万向节）连接，同时主销也因而分制成上、下两段，转向节轴颈部分做成中空的，以便外半轴（驱动轴）穿过其中。

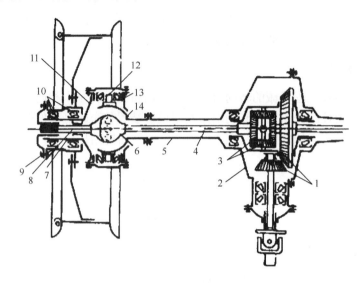

图 1-4-20　转向驱动桥示意图

1—主传动器；2—主传动器壳；3—差速器；4—内半轴；5—半轴套管；

6—万向节；7—转向节轴颈；8—外半轴；9—轮毂；10—轮毂轴承；

11—转向节壳体；12—主销；13—主销轴承；14—球形支座

图1-4-21表示出了转向驱动桥的结构。在该种桥上，半轴套管（前轴）两端用螺栓固定着转向节球形支座。转向节由转向节外壳和转向节轴颈组成，两者用螺钉连成一体。球形支座上带有主销，转向节通过两个圆锥滚子轴承活装在主销上，主销上、下两段在同一轴线上，且通过万向节的中心，以保证车轮转动和转向互不干涉。两个轴用轴承盖压紧，其间装有调整垫片，以调整轴承间隙；为使万向节中心在球形支座的轴线上，上、下调整垫片的厚度应相同。转向节轴颈外装有轮毂，轮毂轴承用调整螺母、锁止垫圈和锁紧螺母固紧。转向节轴颈与外半轴之间压装有青铜衬套，以支承外半轴。外半轴通过凸缘盘和轮毂连接，从差速器传来的转矩即可通过万向节、外半轴传给轮毂。为了防止半轴的轴向窜动，在球形支座与转向节轴颈内孔的端面装有止推垫圈。在转向节外壳上还装有调整螺钉，以限制车轮的最大偏转角度。为了保持球形支座内部的润滑脂和防止主销轴承、万向节被磨损，在转向节外壳的内端面上装有油封。当通过转向节（左转向节的上轴承盖的转向节臂制成一体）推动转向节时，转向节便可绕主销偏转而使前轮转向。

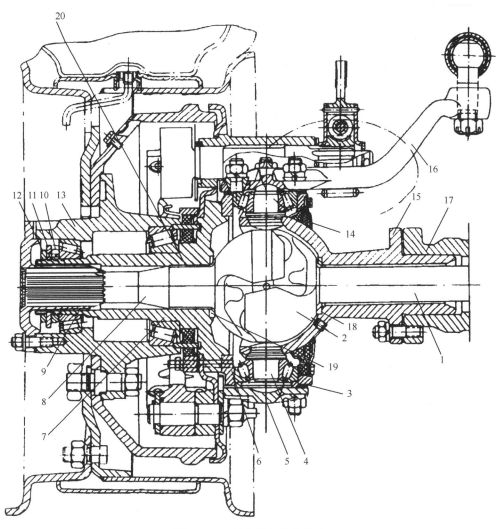

图 1-4-21 转向驱动桥的结构

1—内半轴；2—等角速万向节；3—调整垫片；4—主销；5—轴承盖；6—转向节外壳；7—转向节轴颈；

8—外半轴（驱动轴）；9—凸缘盘；10—调整螺母；11—锁止垫圈；12—紧螺母；13—轮毂；14—油封；

15—转向节球形支座；16—转向节臂；17—轴套管；18、19—推垫圈；20—青铜衬套

二、稳定土拌和机的驱动桥

现代稳定土拌和机通常采用全液压传动，除了拌和转子用液压驱动之外，其行驶也是液压驱动。这样，传动系的结构就大大简化，省去了主离合器和由变速箱到驱动桥间的万向传动装置，而将变速箱和驱动桥制为一体，成为变速箱—后桥总成。

稳定土拌和机的变速箱—后桥总成结构原理如图 1-4-22 所示。变速箱与后桥装成一体，变速箱输出轴圆锥齿轮即为后桥主传动器的主动齿轮。国内外的拌和机变速箱一般都设计成这种定轴式的两挡结构，采用啮合套换挡，变速箱内的输入轴、中间轴和输出轴呈平面布置，其中输入轴与输出轴同心。输入轴前端与柱塞式液压马达连接；输出轴的后端为一小圆锥齿轮。中间轴由轴端的两个滚动轴承支承于变速箱的壳体，中间轴上固装着大、小两个圆柱齿轮（有的为整体式宝塔形齿轮）。前部的大圆柱齿轮与输入轴的圆柱小齿轮常啮合；后部安装

的小齿轮与空套在输出轴上的大齿轮常啮合。输出轴上安装着换挡啮合套。啮合套用气动操纵。汽缸的活塞杆操纵啮合套做前后轴向位移。啮合套处在中位时，为变速箱的空挡。此时输出轴上的大齿轮不能带动输出轴转动，啮合套处在后部位置时，将输出轴上的大齿轮（通过该齿轮前毂部的直齿）与输出轴固定为一体，此为变速箱的一挡（低速），输入轴的动力经两次降速增扭传到输出轴，其传动比为 7∶23。啮合套处在前部位置时，将输入轴的小齿轮与输出轴连为一体，为变速箱的二挡（高速），此为直接挡，输出轴与输入轴同步旋转，传动比为 1。变速箱的高速挡用于行驶，低速挡用于作业或爬坡。

后桥由主传动和差速器组成，其功用、结构原理与普通轮式车辆的驱动桥无异，轮边减速器的功用是进一步增大驱动轮的转矩。考虑到结构的紧凑性，稳定土拌和机通常采用行星齿轮式轮边减速器。

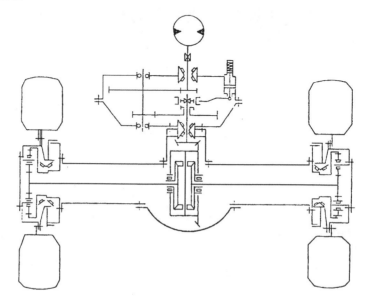

图 1-4-22   稳定土拌和机变速箱—后桥总成结构原理图

三、平地机的后桥平衡串联传动

为了提高行驶、牵引性能和作业性能，一般六轮平地机都采用在后桥的每一侧由两个车轮前后布置的结构形式，但只用一个后桥。平衡箱串联传动就是将后桥半轴传出的动力，经串联传动分别传给中、后车轮。由于平衡箱结构有较好的摆动性，因而保证了每侧的中、后轮同时着地，有效地保证了平地机的附着牵引性能。此外，平衡箱可大大提高平地机刮刀作业的平整性。

如图 1-4-23（a）所示，当左、右两中轮同时踏上高度为 H 的障碍物时，后桥的中心升起高度为 $H/2$，而位于机身中部的刮刀的高度变化为升高 $H/4$。如果只有一只车轮［如图 1-4-23（b）所示的左中轮］踏上高度为 H 的障碍物，此时后桥的左端升高 $H/2$，后桥中部升高值为 $H/2$，刮刀的左端升高值 $3H/8$，右端升高值仅为 $H/8$。

平衡箱串联传动有链条传动和齿传输线传动两种形式。链条传动结构简单，并且有减缓冲击的作用，缺点是链条寿命低，需要经常调整链条长度。齿轮传动寿命较长，不需调整，但是这种结构造价较高。齿轮传动可以在平衡箱内实现较大的减速比，所以采用这种形式的平衡箱时，后桥主传动通常只使用一级螺旋齿轮减速。目前大多数平地机上采用链条传动式平衡箱。

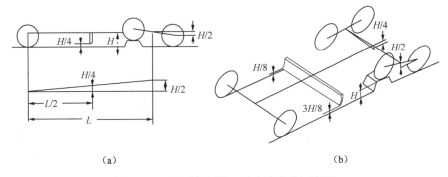

（a）　　　　　　　　　　　　　　（b）

图 1-4-23　平地机越障工作高度变化示意图

后桥平衡箱串联传动的结构如图 1-4-24 所示。

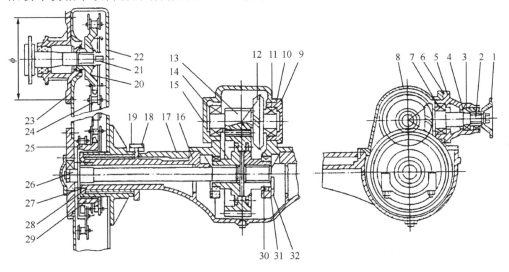

图 1-4-24　后桥平衡箱串联传动的结构

1—连接盘；2—主动伞齿轮轴；3、7、11—轴承；4、6、10、31—垫片；5—主动伞齿轮座；8—齿轮箱体；9—轴承盖；
12—从动伞齿轮；13—直齿传输线；14—从动直齿轮；15—轮毂；16—壳体；17—托架；18—导板；19、28—垫片；20—链轮；
21—车轮轴；22—平衡箱体；23—轴承座；24—链条；25—主动链轮；26—半轴；27—端盖；29—钢套；30—轴承；32—压板

咨询三　轮式驱动桥典型故障诊断排除

驱动桥中的主传动器、差速器、半轴轴承和油封等长期承受冲击载荷，使各配合副磨损，导致驱动桥产生异响、漏油、发热等故障。

一、异响

（1）轴承响。轴承响是一种杂乱的连续噪声。主要是由于轴承磨损、疲劳点蚀及安装不正确（松旷）而产生。轴承发响时应更换或重新调整轴承紧度。

（2）螺旋锥齿轮发响。螺旋锥齿轮发响通常是由于调整不当（啮合间隙及接触印痕不符合要求）而引起的。配合间隙过大，机械急剧改变车速或起步时会产生较严重的金属撞击声。啮合间隙过小时由于发生运动干涉而产生一种连续挤压摩擦的噪声。接触印痕不正确也会引起齿轮噪声。螺旋锥齿轮因配对错误而破坏其正确的啮合关系，同样会产生不正常响声。当螺旋锥齿轮出现异响时应及时检查并重新进行调整。

（3）差速器响。行星齿轮与十字轴发咬、差速器齿轮调整不当或齿轮止推垫圈磨损过大，差速器会产生不正常的响声。但这种响声一般只在机械转弯、差速器起作用时发生。

（4）轮边减速器响。轮边减速器齿轮磨损时，机械变速或换向时会产生清脆的敲击声。轮边减速器传递转矩较大，一旦产生异响，会加速减速器零件的磨损。因此，当轮边减速器有异响时应及时维修。

二、漏油

主传动器壳内油位降低，外部有漏油痕迹，说明驱动桥漏油。连接螺栓或放油螺栓松动、油封损坏等都会造成漏油。后桥壳通气孔应保持畅通，否则会造成后桥壳内压力增高而使润滑油外漏。

三、发热及其他故障

后桥壳缺油或油的黏度太小，主、从动齿轮或轴承的配合间隙过小等均会导致驱动桥发热。后桥发热时，先检查润滑油，再检查各部位间隙，必要时更换符合要求的润滑油，并将轴承齿轮间隙调到规定要求。

半轴承受过大的扭力或经长期使用，材料超过疲劳强度而引起的扭转、弯曲、折断或者键槽开裂，均会出现传动轴虽然转动但动力无法传至车轮的故障。另外，经长期使用，半轴承受交变扭力作用也容易造成花键齿磨损。

有时，后轮偏摆情况也会发生。后轮偏摆或转动困难的故障原因是：轮辋翘曲变形，轮毂轴承松动或过紧，以及轮毂轴头螺栓滑扣或脱落。

四、故障排除实例

柳工装载机整机异响的排除如表 1-4-1 所示。

表 1-4-1　装载机异响故障排除

整机异响（前桥大小螺旋损坏）					
机型	整机编号	工作小时	工作环境	客户性质	案例类别
CLG856		1890	个体√	单位□　　保修维修√	有偿维修□
整机配置	故障系统		故障代码	维修时间	作业地点
WD615G220,柳工桥箱	传动系统			4h	
客户描述			故障现象描述：车在加速行驶时有异响		
近期保养及维修情况：更换机油，传动油，齿轮油和相对应的滤芯					
维修人员现场检查			故障描述：维修人员现场试机检查后，发现车在加速行驶时有间断性异响且异响发生在前桥部位		
驾驶室仪表板读数：发动机水温和变矩器油温正常。机油压力和变速压力都正常					
故障排查（包含数据测量）： 1．停车检查齿轮油油位正常，轮边油位也正常； 2．用铲斗将前桥支起，用人力转前轮时运转正常无异响说明轮边无故障 3．放前包油检查发现油内有铁渣和少许小铁块说明前包损坏； 4．拆下前包发现大小螺旋锥齿轮打齿； 5．用半轴转差速器总成时转动灵活无发卡现象说明差速器无故障					

故障原因与判断：停机检查将前包油位螺栓拧开有油流出油位正常。将轮边油位螺栓转到合适位置将螺栓拧开有油流出，油位正常。放前包油检查发现油内有铁渣和少许小铁块。拆下前包发现大小螺旋锥齿轮打齿。造成打齿可能的原因是车工作时用力不均，油不干净或是配件质量不好
现场维修：（维修完成的数据测量结果数据） 1．将前包拆下更换大小螺旋锥齿轮和轴承 2．调整轴承预紧度 3．调整大小螺旋锥齿轮的啮合间歇和啮合印痕 4．将前包总成装到桥壳上 5．试车异响消失故障排除
案例心得：排除故障时应遵循由外到内，由简到繁的原则。不要盲目拆卸

实践训练5　轮式机械驱动桥维修

一、驱动桥的维护

1．润滑油的添加与更换

添加或更换润滑油时根据季节和主传动器的齿轮形式正确选用齿轮油。更换新油时，趁机械走热时放净旧油，然后加入黏度较小的机油或柴油，顶起后桥，挂挡运转数分钟，以冲洗内部，再放出清洗油，加入新润滑油。整体式驱动桥也可拆下桥壳盖清洗。车轮轴承应定期更换润滑脂。目前车轮轴承多用锂基或钙基润滑脂。

后桥的维护除进行润滑作业外，还应检查油封、轴承盖、螺塞及各总成密封垫是否漏油，并按规定进行必要的清洗、调整和紧固等。

2．主传动器调整

主传动器的调整包括主、从动圆锥齿轮轴承预紧度的调整（含差速器轴承预紧度的调整）；主、从动圆锥齿轮啮合印痕和啮合间隙等调整等项目。由于主减速器的调整质量是决定主减速器圆锥齿轮副使用寿命的关键。因此，在进行调整作业时，必须遵守主减速器的调整规则：先调整轴承的预紧度，再调整啮合印痕和啮合间隙；主、从动圆锥齿轮轴承的预紧度必须按原厂规定的数值和方法进行调整与检查，在主减速器调整过程中，轴承的预紧度不得变更，始终都应符合原厂规定值；在保证啮合印痕合格的前提下，调整啮合间隙，且啮合印痕、啮合间隙和啮合间隙的变化量都必须符合技术条件，否则成对更换齿轮副。

驱动桥轴承预紧度调整工作的目的在于保证轴承的正常间隙，轴承过紧，则其表面压力过大，不易形成油膜，加剧轴承磨损；轴承过松，间隙过大，齿轮轴向旷量增大，影响齿轮啮合。

（1）主传动器主动锥齿轮轴承预紧度检查调整

两个轴承的间隙可用百分表检查。检查时将百分表固定在后桥壳上，百分表触头顶在主动锥齿轮外端，然后撬动传动轴凸缘，百分表的读数差即为轴承间隙。间隙不符合技术要求时，改变两轴承间垫片或垫圈的厚度进行调整。在维护检查主动锥齿轮轴承预紧度也可以如图 1-4-25 所示的办法进行，在拆洗装配时，主动锥齿轮轴承预紧度用拉力弹簧或用手转动检查

（此时不装配油封）。当轴承间隙正常时，转动力矩为 1～3.5N·m。间隙小则加垫或增厚垫圈，间隙大则相反。

（2）从动锥齿轮轴承预紧度的检查调整

从动锥齿轮轴承预紧度的调整因驱动桥的结构分为两种：用调整螺母进行调整；用调整垫片进行调整。

双级减速主传动器中间轴的轴承间隙为 0.20～0.25mm，不合适时用轴承盖下的垫片进行调整。在左右任意一侧增加垫片时，轴承间隙增大，相反则减小。

差速器壳轴承预紧度采用旋转螺母进行调整。差速器轴承预紧度的调整是在未装入主动锥齿轮之前，在差速器轴承盖紧固螺栓拧紧后进行。调整时利用拧紧或拧松左右两端的调整螺母来进行，边调整边用手转动从动锥齿轮，使轴承滚子处于正确位置。调好后用规定的力矩应能转动差速器总成，或用弹簧秤测量时拉力应在规定范围内（图1-4-26）。

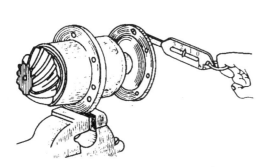 

图 1-4-25　检查主动锥齿轮轴承预紧度　　图 1-4-26　弹簧秤检查从动锥齿轮轴承预紧度

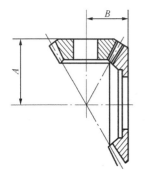

图 1-4-27　锥齿轮装配中心距示意图

A—主动锥齿轮装配中心距；

B—从动锥齿轮装配中心距

（3）锥齿轮啮合印痕与齿侧间隙的调整

主、从动锥齿轮啮合印痕和啮合间隙都是利用改变两齿轮装配中心距 A 和 B 来实现的，即通过两齿轮做轴向移动来调整，如图 1-4-27 所示。啮合印痕与啮合间隙既互相联系，又互相矛盾。当改变啮合印痕，啮合间隙也随之变化，而改变啮合间隙，啮合印痕又随之变化。由此可见，它们在调整中，往往难以使二者同时达到理想状态。应尽量保证啮合印痕，啮合间隙可适当大一点。但最大不能超过啮合间隙的极限值，否则重新选配齿轮。

① 啮合印痕的检查：在从动锥齿轮相隔120°的三处，每处取2～3 个轮齿，用在轮齿的正反面薄而均匀地涂上红丹油或氧化铅与机油的混合液，然后对从动锥齿轮略施压力转动数圈，观察齿面上所压的红色印痕是否正确。

② 啮合间隙的检查：把百分表放在从动锥齿轮轮齿大端的凸面，对圆周均匀分布的不少于 4 个齿进行测量。或将一细保险丝（铅丝）放在从动锥齿轮齿面上，转动齿轮挤压保险丝，保险丝的厚度值即为啮合间隙值。

（4）主、从动锥齿轮啮合印痕和啮合间隙的调整

装配时，如检查发现主、从动圆锥齿轮的啮合印痕和齿侧间隙不符合要求时，可用如下的口诀：大进从、小出从；顶进主、根出主。这种方法调整时，要注意保证齿侧间隙不得小

于最小值。

实现主动齿轮位移的具体方法与车辆的结构有关，如 ZL—50 装载机通过增减主动锥齿轮轴承座与主减速器壳之间的调整垫片厚度来调整。当增减此垫片厚度时，就可实现主动锥齿轮轴向移动。

从动圆锥齿轮轴向位置的调整装置与轴承预紧度的调整装置是共享的。因此，在轴承预紧度调整好后，只需将左、右两侧的调整垫片从一侧调到另一侧，或左、右侧的调整螺母一侧松出多少另一侧就等量旋进多少，就可以在不改变轴承预紧度的前提下，改变从动圆锥齿轮的轴向位置。

ZL—50 型装载机在从动锥齿轮背面有止推螺栓，防止负荷大或轴承松动时从动齿轮产生过大偏差或变形。这时当调整主动锥齿轮和从动锥齿轮后，应重新调整止推螺栓，使其与从动锥齿轮背面保持 0.25～0.40mm 的间隙。

（5）轮毂轴承的润滑调整

① 润滑。将轴承清洗干净，除去轮毂内腔脏的和变质的润滑脂。其后加注润滑脂，润滑脂应充满轴承内圈和保持架之间的空隙，仅在轴承表面涂一层润滑脂或只填满轮毂内腔，是不能起到良好的润滑作用的。但也不可注满，应留有 1/4 的空隙。

② 轴承预紧度调整。轮毂轴承预紧度过紧，转动阻力及摩擦阻力增大，滑行性能变差，轴承容易过热而造成润滑脂外溢，加速轴承非正常磨损，燃料消耗增加。严重时轴承外圈与轮毂间会发生相对转动，使轮毂损坏，轮毂轴承预紧度过松，车轮发生歪斜，前轮定位失准，受到侧向力作用时，车辆将产生横向摇摆，车轮制动效能变差，车轮制动蹄摩擦片和制动毂产生非正常磨损，燃料消耗增加。调整方法为顶起后轮，取下半轴。拧下锁紧螺母 5（图 1-4-28），取下锁紧垫圈 4，然后取出轮毂外油封 3 和油封外壳 2。

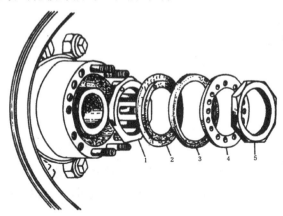

图 1-4-28　后轮轮毂轴承的检查与调整

1—调整螺母；2—油封外壳；3—轮毂外油封；4—锁紧垫圈；5—锁紧螺母

按规定力矩拧紧轮毂轴承调整螺母，在拧紧调整螺母的同时，就向前、向后转动轮毂，使轮毂轴承滚子处于正确位置。松开调整螺母，再用手拧紧，此时轴承的轴向间隙接近为零，再将调整螺母松退 2 个锁紧垫圈孔位（如东风 EQ1092 汽车）。按顺序装上油封外壳 2、轮毂外油封 3，锁紧垫圈 4，旋上锁紧螺母 5，按规定力矩拧紧锁紧螺母。此时，轮毂应能自由转动而感觉不出有轴向间隙。最后装回半轴。

二、驱动桥（后桥）主要零件检修

后桥零件解体并清洗后应认真进行检查，对不能再继续使用的零件，应进行修复或更换。

（1）后桥壳的检修

后桥壳的变形是由于负荷较大以及时效不充分和焊接维修应力等原因造成的，机械在超载、超速或剧烈颠簸的情况下工作尤为严重。其前后弯曲是由于变速过猛或紧急制动所致。由于从钢板弹簧座到轮毂轴承一段的弯曲力矩较大，因此在钢板弹簧座外侧弯曲较为严重。桥壳断裂常发生在主传动器壳与半轴套管交接处或钢板弹簧座附近及制动底板凸缘外侧，因这些部位应力集中现象较严重。

检查半轴套管座孔同轴度误差的方法如图 1-4-29 所示，可以反映桥壳的变形。测量仪由定位和测量两部分组成。定位部分包括定位头（1 和 6）、花瓣套（11 及 12）、外管、内管、推母及锁母。检验时，将量具放入差速器孔内，把内管拉出，使定位头支承在第四及第五道座孔上，然后锁紧锁母。此时，锁母内装的 5 只橡皮圈被压缩变形并将内管抱死，使锁母与内管连成一体。逆时针旋转锁母，让内管和外管向两端移动，而将定位头上的花瓣套（11 及12）在第四和第五道座孔上胀紧，花瓣套的轴线便与第四和第五道座孔轴线重合，形成检查的定位基准。测量时，在检验杆上接装内孔量头后，推到两定位头的内孔中，将百分表置于座孔内的 2/3 处。转动检验杆，百分表摆差的一半即为该部位的弯曲量。桥壳弯曲变形在2.00mm 范围内，可用冷压法校正。当弯曲超过 2.00mm 时，应采用热压法校正，即将桥壳弯曲部分加热至 300～400℃，再加压校正。加热温度最高不得超过 600～700℃，以防止金属组织发生变化，影响桥壳的刚度和强度。

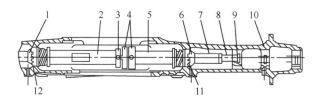

图 1-4-29　检测后桥壳弯曲变形测量仪

1、6—定位头；2—外管；3—推母；4—锁母；5—内管；7—检验杆；8—内孔量头；

9—百分表；10—后桥壳；11、12—花瓣套

后桥壳的裂纹可通过目测或对可疑部位用物理检查法检验。桥壳的任何部位均不得有裂纹，严重者应换新件。配件供应困难或局部有微小裂纹时，可焊接修补。焊后进行桥壳变形的检查与校正。

半轴套管与后桥壳座孔的配合部位磨损或桥壳微量变形，也根据情况可采用维修尺寸法或镶套维修法修复。桥壳螺纹孔或定位孔磨损或损坏，采用维修尺寸法维修。定位销孔磨损也可补焊后重新钻孔。油封轴颈磨损可用振动堆焊法或镶套法及刷镀法修复。半轴套管轴承轴颈磨损及端部螺纹损坏，可用振动堆焊法维修。轴承轴颈磨损也可用刷镀法修复。

驱动桥壳维修后，其各精加工面间的形位误差要符合所属机型的要求。

（2）减速器壳和差速器壳的检修

减速器壳的主要损伤是轴承座孔磨损、螺纹孔损坏以及与后桥壳结合面处出现裂纹等。减速器壳出现上述损伤时，一般应更换新件。

减速器壳轴承盖座孔磨损，也可用镶套法或刷镀法维修。

减速器壳的裂纹和螺纹孔损坏的维修方法与驱动桥壳相似。减速器壳应无裂纹，螺纹孔螺纹损坏一般不得多于两牙。

差速器壳的主要损伤有行星齿轮球面座磨损、半轴齿轮支承端面磨损、半轴齿轮轴颈座孔磨损、滚动轴承内圈支承轴颈磨损、差速器十字轴座孔磨损及螺栓孔磨损等。

滚动轴承内圈支承轴颈磨损，用振动堆焊、镀铬及刷镀法修复。当以差速器壳与圆柱（锥）被动齿圈结合的圆柱面及端面为基准测量时，半轴齿轮轴承孔及差速器轴承轴颈表面的径向圆跳动一般应不大于 0.08mm，表面粗糙度为 $Ra1.6$。

半轴齿轮轴颈座孔磨损超过允许极限时，可刷镀或镶套修复。镶套时衬套壁厚为 2～2.5mm。

固定螺栓孔及螺纹磨损，用维修尺寸法修复，采用加大的螺栓。

差速器壳十字轴颈座孔磨损，可酌情采用刷镀法、换位法及镶套法修复。

差速器壳应无裂纹，各加工面的尺寸公差及形位误差应符合所属机型的规定。

（3）半轴的检修

后桥半轴的主要损伤有花键磨损，花键齿扭折，半轴弯曲、断裂，半轴凸缘螺栓孔磨损等。

半轴的弯曲检查一般以两端中心孔定位，测中间径向跳动量，其跳动量不大于 1.00mm，否则应校正。凸缘盘平面的跳动超过 0.15mm 时，应加工修整。半轴花键齿宽磨损不应超过 0.20mm。半轴技术状况不符合上述要求时应维修或更换。当半轴花键扭转或断裂时，可采用局部更换法修复。

（4）主传动齿轮的检修

后桥主传动齿轮工作负荷相当繁重，其常见损伤形式是齿面磨损、齿面点蚀与剥落、齿面黏着磨损与轮齿折断等。齿轮检验一般多采用目测法。齿轮如有不严重的点蚀、剥落或擦伤，个别牙齿损伤（不包括裂纹）且不大于齿长的 1/6 和齿高的 1/3，齿面磨损但接触印痕正常，啮合间隙不超过 0.80～0.9mm 时，可修整后继续使用。损伤超过规定时，应予以更换且须成对更换。

（5）十字轴、行星齿轮、半轴齿轮的检修

十字轴与行星齿轮配合表面及与差速器壳配合表面不允许有擦伤。十字轴颈磨损，与有关零件配合间隙超过使用极限时应进行修复。十字轴颈磨损可采用刷镀法或镀铬法修复。齿轮孔磨损，有的机型可更换衬套，然后镗孔至标准尺寸。

半轴齿轮及行星齿轮轮齿工作表面不应有严重的疲劳剥落及不均匀磨损。齿轮轴颈不允许有擦伤或划痕。轴颈磨损可用镀铬或刷镀修复至标准尺寸。半轴齿轮花键槽磨损，可将齿轮与半轴花键配合检验，其侧隙超过所属机型的规定时应换新齿轮。

（6）行星齿轮轮边减速器的检修

轮边减速器零件有下述损伤时，应予以更换或维修：

① 行星齿轮、齿圈和太阳轮轮齿工作表面过度磨损或折断。

② 行星齿轮轴与轴承内座圈配合表面有擦伤或过度磨损痕迹。

③ 行星齿轮轴承孔磨损超过使用极限。

④ 太阳轮与半轴花键磨损，侧隙超过 0.60mm。

⑤ 齿圈或齿圈座与半轴套管花键磨损，侧隙超过 0.80mm。

⑥ 行星齿轮轴承调整垫片划伤或有过度磨损痕迹。

⑦ 半轴止推垫圈工作表面卡伤或有过度磨损痕迹。

（7）轴承的检验与更换

后桥中所用的轴承一般为圆锥滚子轴承，当其出现下列情况时应更换：

① 在滚柱、滚道上因过热而有烧蚀的痕迹。

② 在滚柱、滚道上有金属脱皮及大量麻点。

③ 内外座圈及保持架有破损。

④ 滚柱及滚道过度磨损，其径向间隙与轴向间隙超过使用极限。

（8）后桥的装配注意事项

驱动桥的装配与调整有很多项目，但应特别注意轴承紧度、齿轮啮合间隙和啮合印痕的检查与调整。

① 装配前，应将轴承壳、轴承及齿轮轴等零件彻底清洗干净，在压力机上将轴承外座圈压入轴承座内。将内轴承内座圈放入油中加热至 75～80℃，装到主动锥齿轮轴颈上，然后将主动齿轮装入轴承座中，并依次将隔套、调整垫片、外轴承内座圈及凸缘装到主动锥齿轮轴上。按规定转矩拧紧凸缘固定螺母。在拧紧凸缘固定螺母时，应转动轴承座，使轴承内、外座圈能正确到位，以免轴承滚子卡阻。组装后，必须检查轴承的预紧度，过紧或过松时应进行调整。

② 装配差速器时，将轴承内座圈在油中加热至 75～80℃后装入差速器壳左、右轴颈上，待轴承冷却后再进行装配。

组装时，应将零件的摩擦表面涂以润滑油，然后将半轴齿轮止推垫圈、半轴齿轮、行星齿轮、行星齿轮止推垫圈及十字轴装入差速器壳内。 检查行星齿轮与半轴齿轮的啮合间隙。

任务思考题 4

1．简述轮式驱动桥的作用、组成。

2．主传动器的作用和类型有哪些？

3．试用对称式锥齿轮差速器的运动特性方程来分析采用此种差速器的车辆行驶中出现的下列现象：

（1）当用中央制动器制动时，出现的车辆跑偏现象。

（2）一侧驱动轮附着于好路面上不动时，另一侧驱动轮悬空或陷到泥坑而飞速旋转的现象。

4．说明 ZL—50 装载机轮式驱动桥的调整内容及过程。

5．简述半轴类型及特点。

6．说明终传动装置作用和类型。

7．为什么要调整轮毂轴承预紧度？如何调整？

8．简述差速器总成的检修。

9．简述转向桥、转向驱动桥原理。

10．分析轮式驱动桥异响原因。

任务五　履带式驱动桥构造与维修

知识目标：

1. 学会描述履带式驱动桥的作用、组成、转向制动原理。
2. 学会描述转向离合器功用、类型、结构原理及调整方法。
3. 学会描述带式制动器功用、类型、结构原理及调整方法。
4. 学会描述终传动装置功用、类型、结构。
5. 学会分析履带式驱动桥的常见故障原因。

技能目标：

1. 能够正确拆装检修中央传动装置，能正确调整轴承间隙、啮合印痕和啮合间隙。
2. 能够正确拆装、检修转向离合器，能正确调整操纵装置的自由行程。
3. 能够正确拆装检修转向制动器，能正确调整带式制动器的制动间隙。
4. 能够正确拆装检修终传动装置。
5. 能够正确诊断和排除履带式驱动桥典型故障。

任务咨询：

咨询一　履带式驱动桥概述

一、履带式驱动桥的组成

履带式驱动桥如图 1-5-1 所示，它由主传动器、转向机构（多采用转向离合器）、最终传动和桥壳等零部件组成。变速箱传来的动力经主传动器锥齿轮传到转向离合器，再经半轴传到最终传动，由最终传动齿轮最后传到驱动链轮上，卷绕履带，驱动机械行驶。履带式机械驱动桥主要由中央传动装置、转向制动装置（含转向离合器、转向制动器）、侧传动装置及桥壳等组成。

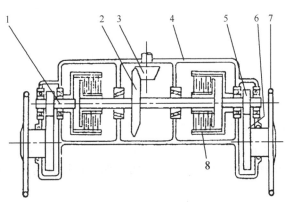

图 1-5-1　履带式驱动桥示意图

1—半轴；2、3—主传动器锥齿轮；4—驱动桥壳；5、6—最终传动齿轮；7—驱动链轮；8—转向离合器

中央传动装置、转向制动装置、侧传动装置都装在一个整体的桥壳内。桥壳分隔成三个室。中室内安装中央传动装置，室的前壁有孔与变速器相通，形成共用油池，油面的高度由变速器的油尺检查。在连通孔中有一专用油管，保证机械在倾斜位置时中央传动齿轮室内有一定的油量。左、右两室分别装有转向制动装置，在采用干式转向离合器时室内不应有油污。在采用湿式离合器时，室内应加注适量的机油。为防止窜油，在室的侧壁装有油封。三个室底部各有一个放油螺塞。侧传动装置分别装在后桥壳左右室的外侧，由侧盖与后桥壳组成侧传动齿轮室，室的后部有加油口，底部有放油螺塞。

在桥壳的底部装有左、右后半轴，作为整个驱动桥的支承轴。此轴的左、右两端装在行驶装置的轮架上，此轴同时也作为侧传动装置最后一级从动齿轮和驱动轮的安装支承。

二、履带式机械的转向原理

履带式底盘由于其行驶装置是两条与机器纵轴线平行的履带，所以它的转向原理也不同于轮式底盘。它借助于改变两侧履带的牵引力，使两侧履带能以不同的速度前进实现转向。履带式底盘的转向机构形式有转向离合器、双差速器和行星轮式转向机构等几种。转向离合器由于构造简单和制造容易，因而在履带式工程机械上使用很广泛。

转向离合器与制动器的配合使用，可使履带式底盘能以不同的半径转向，当用较大半径转向时，就要部分或完全分离内侧的转向离合器。使这一侧履带牵引力减小，而外侧履带牵引力相应增大。这时，两侧履带的线速度如图 1-5-2（a）箭头所示，底盘就绕某回转中心 O 转向。当用较小半径甚至原地转向时，在完全分离外侧转向离合器的同时，还利用制动器将这一侧的履带驱动轮制动，使这一侧履带线速度为零，底盘就能绕内侧履带中心 O 转向，其转向半径 R 等于履带中心距 B，如图 1-5-2（b）所示。

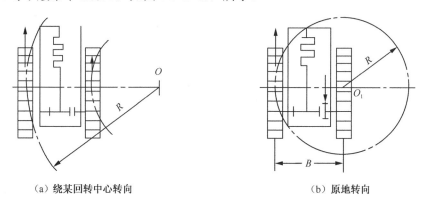

（a）绕某回转中心转向 　　　　　　　　　　　　（b）原地转向

图 1-5-2　履带式车辆的转向

三、履带式机械制动装置

转向制动器用来配合转向离合器使推土机急转向和坡地停车。履带式机械广泛应用带式制动器，这是因为它便于布置在转向离合器的从动毂上。制动器左、右各一个，可独立工作。制动器可以用脚踏板单独操纵，如停车时；也可以用转向离合器的操纵杆联动操纵，如转向时。

咨询二 中央传动装置结构原理

一、中央传动装置功用

中央传动装置的功用是将变速器传来的动力降低转速、增大扭矩，并将动力的传递方向改变90°，传给转向离合器。履带式机械一般都装有侧传动装置作为最后一次减速，所以中央传动装置大多是由一对锥形齿轮组成的单级减速器。目前大、中型履带式机械上（如 T$_2$—120A、TY—180 等推土机）大多采用螺旋锥齿轮传动装置，它们的结构、调整基本相同。以山推 SD22 推土机（图1-5-3）为例，分析中央传动装置的结构和调整。

二、中央传动机构结构调整

中央传动由大锥齿轮 8（与变速箱输出齿轮 Q 啮合）、横轴 9、轴承座 7、轴承等组成。一对锥齿轮的正确啮合，可以通过调节调整垫 10 及变速箱小锥齿轮总成与壳体间的调整垫来达到。可以通过检查齿侧间隙及啮合印痕加以判断。

一对螺旋锥齿轮标准齿侧间隙为 0.25～0.33mm。沿齿长方向的啮合印痕应不小于齿长的一半。且在齿长方向靠近小端（偏小端30%）。高度上位于齿高的一半。

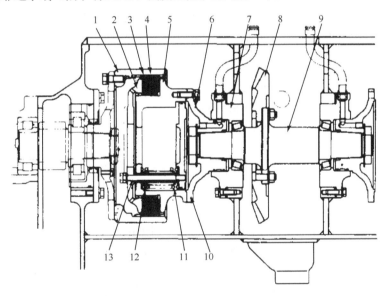

图 1-5-3 推土机中央传动装置

1—外毂；2—压盘；3—外摩擦片；4—内齿片；5—内毂；6—轮毂；7—轴承座；

8—大锥齿轮；9—横轴；10—调整垫；11—大弹簧；12—小弹簧；13—螺栓

以下为中央传动的调整：

（1）调整横轴圆锥轴承的安装预紧力。圆锥轴承的安装要求有一定的预紧力才能正确运转，否则易于损坏。左右轴承座下面垫有调整垫片，利用左右调整垫片的总厚度来调整锥轴承的安装预紧力。当垫片总厚度减少时，预紧力就大，垫片总厚度增加时，预紧力就小。调整要求是在大螺旋锥齿轮大端齿顶部挂上弹簧拉力计，切向拉动弹簧拉力计，当齿轮开始转动时，其读数应为 2.3～2.7kgf。调整垫片标准总厚度每侧为 2.5mm，垫片种类分为三种，其厚度分别为 0.5mm、0.25mm、0.1mm。

（2）调大小锥齿轮的啮合印痕。在小锥齿轮上涂一薄层红丹油，在大小齿轮啮合状态下左右转几转，观察大锥齿轮齿面。一般情况下移动小螺旋锥齿轮即可调好，只在个别情况下才需要大螺旋锥齿轮靠近小螺纹锥齿轮。小螺旋锥齿轮的前进、后退，是依靠其轴承座下面的垫子增减厚度的方法来实现的，垫子是可以插入和拉出的，不用全部拆卸小螺旋锥齿轮总成，只是把安装螺栓退出几圈后，用顶丝将小螺旋锥齿轮顶出缝隙即可。

（3）大小螺旋锥齿轮啮合间隙的调整。利用左右轴承座下面的调整垫片来调整大小螺旋锥齿轮的啮合间隙，但因锥轴承的安装预紧力在第一步已调整好，故左右调整垫的厚度总和不可再变化，否则预紧力就变化了。一般情况下，是利用大螺旋锥齿轮的左左右移动调整啮合间隙，抽出一边的垫子塞入另一边，这样即左右移动了大锥齿轮，调整了啮合间隙，又不会破坏锥轴承的预紧力。调整垫的抽出和塞入，和变速箱小锥齿轮总成的移动一样，不用全部拆下轴承座。把螺栓松动几圈后，用顶丝顶轴承座，使之出现一定的间隙即可操作。

大小螺旋锥齿轮的正确啮合间隙为 0.25～0.33mm，若因累积公差过大而不能保证上述要求，则需首先保证其下限值，即 0.25mm。啮合间隙的检查，有千分表法和熔丝法两种，用熔丝法检查时，可用 $\phi 1.5mm$ 粗的熔丝，放入离小端约 1/3B 的部位，旋转锥齿轮，取出被压扁的熔丝，测量最薄位置的厚度，即代表大小锥齿轮的啮合间隙，测量要在周围三个地方测量 2～3 次，以求准确。

（4）检验。调整完大小锥齿轮啮合间隙之后，应再检验一下啮合印痕是否正确。根据我国目前螺旋锥齿轮的生产水平，大小锥齿轮仍旧是成对（偶件）供货的，更换时一般要大小锥齿轮同时更换。否则，有可能调整啮合印痕时很困难，从而影响噪声和寿命。若变速箱内部损坏而大小锥齿轮均未坏，则更换变速箱时应把小锥齿轮继续使用。

大螺旋锥齿轮和左右轮毂的装配和拆卸都是在后桥箱内进行的，左右轮毂和横轴锥花键的压装力为 30～40T，一般要使用专用工具拆装。

咨询三　　转向制动装置的结构原理

转向离合器、转向制动器及其操纵机构共同构成转向制动装置。转向制动装置是根据履带式机械行驶和作业的需要，切断或减小一侧驱动轮上的驱动扭矩，使两边履带获得不同的驱动力和转速，使机械以任意的转弯半径进行转向，并可与制动器配合作 360° 的原地调头。制动器可保证机械在坡道上可靠地停车。

转向制动装置目前在工程机械上大体有两种形式，一种为行星齿轮式，一种为摩擦离合器式。行星齿轮式转向制动装置具有结构紧凑、体积小、使用寿命长的优点，但制造工艺复杂，要求精度高，目前尚未被广泛采用。摩擦离合器式转向制动装置具有使机械直线行驶性能好、零件制造加工容易、成本低等特点，虽体积较大，易损件较多，但能保证达到机械转向的要求。目前履带式工程机械上大多采用多片常结合式摩擦离合器，这是因为它装在中央传动装置之后，所传递的扭矩较大，并且这种离合器接合和分离的动作柔和，使机械转向动作圆滑平顺。

一、转向离合器构造原理

转向离合器一般采用多片常接合式摩擦离合器，其工作原理与多片式主离合器相类似。

1. 转向离合器分类

（1）根据工作条件转向离合器可分为干式和湿式。前者的主要缺点是摩擦系数不稳定和磨损快；后者由于摩擦片浸于油中工作，采用油泵循环冷却，所以摩擦系数较稳定，摩擦片的磨损较小，且散热好不易烧坏摩擦片，这就大大提高了转向离合器的使用寿命，减少调整次数，其缺点是摩擦系数小、需要大的压紧力。干式转向离合器多用在轻型及中型履带式机械上，湿式转向离合器在重型履带式机械上被广泛采用。

（2）根据操纵形式可分为人力式、助力式和液压式。

人力式操纵的转向离合器，其操纵机构简单，但操纵费力。所以，只用于轻型履带机械上。

助力式操纵的转向离合器操纵轻便，因此多用于中、重型履带式机械上。助力式有液压助力和弹簧助力两种。T_2—120A 推土机采用的即为液压助力式，它可在转向时把拉动转向操纵杆所需的 343N 力减小到 49N。

液压式操纵的转向离合器是通过控制换向阀来改变液流的方向，在液压作用下，使转向离合器分离或结合，可使操纵轻便灵活、维护简便，目前在大型机械上采用较多。

根据液压作用的方式可分为单作用式和双作用式两种。若转向离合器的结合靠弹簧的力量，而分离则是靠液压的作用，这就是单作用式，如 TY—180 推土机就是采用这种形式。若转向离合器的分离和结合均是靠液压作用的，就是双作用式，如小松 D85A、T_2—120A 推土机的转向离合器。

2. 弹簧压紧湿式单作用式转向离合器

如图 1-5-4 所示，接盘液压缸借锥形花键装在横轴的端部，用螺母和垫片将它紧固。液压缸的接盘与主动毂用螺钉紧固，主动毂的外圆柱面上有齿形键，带有内齿的主动片松套在上面，并可以轴向移动，相邻主动片之间又穿插着一片带有粉末冶金摩擦衬面的从动片。主动片共 9 片，从动片共 10 片。从动毂为一圆筒形，其内周也有齿槽，带有外齿的从动片松套在它上面，也可以轴向移动。在最后一片从动片的外面装有压盘。在接盘液压缸内装有带密封环的活塞，在弹簧压盘的杆端颈部以半圆键与外压盘连接，当离合器结合时，外压盘可以带着弹簧压盘一起旋转。

在外压盘与主动毂的凸缘之间夹着主动片与从动片，它们借主动毂内的 16 副大、小螺旋弹簧的张力使之常结合。此时由横轴传来的动力经接盘液压缸、主动毂、主动片与从动片和从动毂、从动毂接盘一直传至最终传动的主动轴。当液压缸内进入压力油时，活塞被向外推，通过弹簧压盘克服弹簧张力，使外压盘外移，离合器即可分离。

压力油是从轴承座的油道进来，经过接盘液压缸的内油道而进入液压缸内，在轴承座与接盘液压缸之间装有油封环。

这种转向离合器是湿式的，故从动毂和外压盘上都有油孔。在 16 副弹簧螺杆中有 4 副是中空的，以便进入油液润滑压盘与主、从动毂之间的配合面以及主、从动片。

由于采用了湿式粉末冶金摩擦片，转向离合器的耐磨性强，散热性好，可以防止摩擦片过热和烧蚀现象，提高了使用寿命。

单作用式靠弹簧压紧传递扭矩，靠油压分离，所以油路系统较简单。工作时系统建立常压，液压泵消耗的功率少，而且不必加设工作油的冷却系统，因而结构简单、工作可靠，并可保证在低温条件下的拖启动。

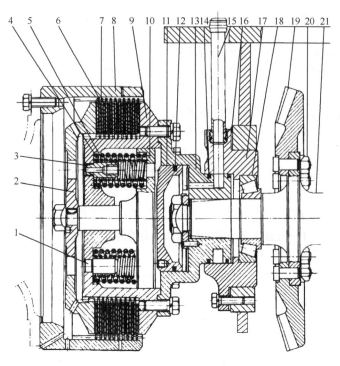

图 1-5-4　采用单作用式转向离合器的驱动桥

1—弹簧螺杆；2—外压盘；3—弹簧杆；4—大螺旋弹簧；5—小螺旋弹簧；6—从动片；7—主动片；8—从动毂；

9—主动毂；10—弹簧压盘；11—活塞；12、14—油封环；13—接盘液压缸；15—油管；16—调整垫片；

17—轴承座；18—滚锥轴承；19—大锥齿轮；20—螺栓；21—横轴

山推 SD22 推土机（图 1-5-3）后桥壳体内充装油液（左、右转向离合器室与中央传动齿轮室都是连通的，变速箱内的油也能通过单向阀经中央传动齿轮室流入后桥壳内的油池中），离合器即在油中工作。

工作原理为：在正常情况下，由于大小弹簧的作用，使内、外摩擦片结合，从横轴来的动力通过轮毂 6→内毂 5→内齿片 4→外摩擦片 3→外毂 1 而传递给最终传动驱动盘。

当转向操纵阀来的压力油进入轮毂 6 的内腔时，推动活塞 10、螺栓及压盘 2，使其朝箭头方向运动，（克服大、小弹簧压力），从而使内齿片 4 与外摩擦片 3 之间脱离摩擦，使外毂 1 停止传动，从而切断动力传递。

当切断油压，则由于大、小弹簧的压力迫使上述零件按图示方向运动，使内齿片 4 与外摩擦片接合，实现动力传递。

3. 液压压紧湿式双作用转向离合器

双作用式转向离合器如图 1-5-5 所示。与前述单作用式液压操纵离合器的区别是该离合器的接合主要也是依靠液压，小弹簧是考虑到发动机拖启动或液压系统出故障时辅助之用。在结构上把图 1-5-5 中的弹簧压盘作为活塞，把液压缸接盘改为锥形接盘，主动毂的内圆孔就是离合器的工作液压缸，为限制分离离合器时的活塞行程，此内圆孔做成阶梯形。

在主动毂中有油道与锥形毂斜壁上的油道相通。在压力油经这些油道进入活塞外侧的油腔时（靠最终传动的一侧），将活塞向内腔推。通过活塞杆头部的螺母使外压盘将离合器主、从动片压紧，这时离合器处于接合状态。活塞内侧的锥形接盘内腔为分离离合器时的压力油腔。自横轴中心油道来的压力油进入此腔时，将活塞向外推，于是外压盘卸压，转向离合器分离。活塞向外移动的距离只能到达主动毂内孔的台阶上为止（此时也已把回油道堵住）。

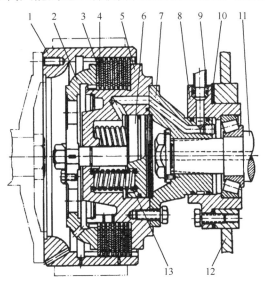

图 1-5-5 双作用式转向离合器

1—从动毂；2—外压盘；3—从动片；4—主动片；5—主动毂；6—活塞；7—锥形接盘；8—轴承座；

9—油管；10—调整垫片；11—横轴；12—驱动桥壳隔板；13—小弹簧

活塞内、外侧油腔一边进油，另一边则回油。活塞与活塞杆同主动毂的配合面上都有密封环。活塞杆头部与外压盘是用键和螺母固装的。

当液压系统无压力时，主动毂内的 10 副小弹簧仍使离合器以较小的压力常接合，小弹簧压紧力较小，只占总压力的 25% 左右，该压紧力所产生的摩擦力矩只够用于拖启动时传力带动发动机转动。而液压系统出故障时，推土机仍可以空载驶回修理地点，转向制动器制动可使转向离合器打滑，以实现转向。

这种双作用转向离合器省去大弹簧，可大大减少转向离合器的结构尺寸，对于重型推土机较为适用。但是依靠液压使离合器常接合工作时液压系统中要保持常压，这样液压泵消耗的功率增加，同时压力油经常处于负荷下，易使油温升高，所以，必须增设良好的油冷却系统，这就增加了推土机结构的复杂性。

D85A—12 型推土机采用的液压压紧湿式双作用转向离合器，压力弹簧只作为液压操纵系统出故障时辅助用。

4．转向离合器的操纵机构

TY—180 型推土机的转向离合器采用单作用式液压操纵机构，它由转向操纵杆和杠杆系及液压系统两部分组成。

操纵机构的液压系统（图 1-5-6）与变速箱润滑系共用一个。油泵由发动机与离合器之间的取力箱驱动，它从后桥壳中吸油，油加压后流经细滤器进到二位四通左滑阀和右滑阀。当细滤器堵塞，油阻力增加到一定值（达 0.12MPa）时，安全阀开启，压力油经安全阀到左、右滑阀。当左、右滑阀处于图示的中间位置，左、右转向离合器的油缸与回油路通，这时压力油绕过限压阀流向变速器润滑系。利用背压阀调整润滑系油压（背压阀调整压力为 0.15MPa）。

滑阀结构。当其阀杆处于中间位置时，阀组的总进油口直接与变速箱润滑系的油口相通，而通左、右转向离合器油缸的出油口都与阀组的回油口相通。拉动左或右转向操纵杆，例如拉动右转向操纵杆，通过杠杆系使右滑阀的阀杆向下运动，这时阀杆将润滑系油口关闭，而让压力油进入右转向离合器油缸，使其分离。当油缸中油压超过限压阀调定的压力 1MPa 时，限压阀打开，继续进入滑阀的压力油流入变速器润滑系。

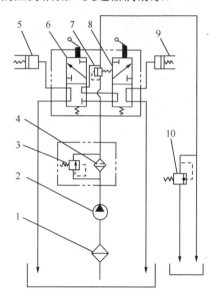

图 1-5-6　TY—180 推土机转向离合器操纵机构液压系统

1—粗滤器；2—油泵；3—安全阀；4—细滤器；5—左转向离合器油缸；

6—左滑阀；7—限压阀；8—右滑阀；9—右转向离合器油缸；10—背压阀

二、转向制动器构造原理

转向制动器一般都采用踏板、拉杆操纵的带式制动器。其特点是结构简单、紧凑。根据制动带的作用方式常见的有单作用式和浮动式两种。单作用式只在机械前进时能自行增力，倒车制动时，制动效果较差，它多用在轻型履带推土机上。浮动式在机械前进或倒车时同样起"自行增力"作用，制动效果较好，它多用在重型机械上。

根据操纵的不同目前履带式机械常采用液压助力多片干式转向制动装置和液压操纵多片湿式转向制动装置。

1．带式制动器类型和原理

带式制动器的制动元件是一条外束于制动毂的带状结构物，称为制动带。为了保证制动强度和解除制动时带与毂的分离间隙，制动带一般都是由薄钢片制成，并在其上铆有摩擦衬片，以增加其摩擦力和耐磨性。由于带式制动器结构简单、布置容易，所以它常用于驻车制动器、履带式机械的转向制动器以及挖掘机和起重机上。带式制动器根据给制动带加力的形式不同，可分为单端拉紧式、双端拉紧式和浮动式。

（1）单端拉紧式

单端拉紧式制动器如图 1-5-7（a）所示，铆有摩擦衬片的制动带包在制动毂上，一端为固定端，而另一端为操纵端，后者连接在操纵杆的 O_1 点；操纵杆以中间为支点 O，通过上端的扳动，从而使旋转的制动毂得以制动。当制动毂顺时针旋转而制动时，显然右端的固定端为紧边，左端的操纵端为松边；当制动毂反时针旋转而制动时，情况恰好相反，固定端成为松边，而操纵端反成为紧边。由此可见，在操纵力相同的条件下，前者较后产生的制动力矩大。东方红75推土机就是这种制动器。

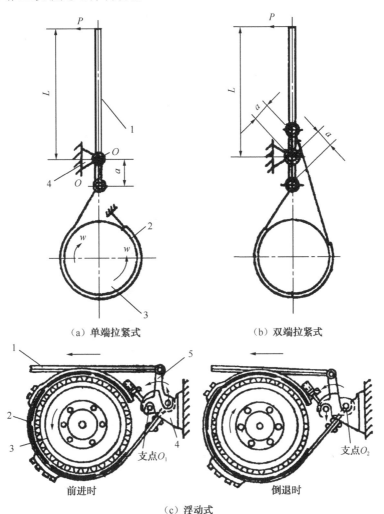

图 1-5-7　带式制动器工作原理图

1—操纵杆；2—制动带；3—制动毂；4—支架；5—双臂杠杆

（2）双端拉紧式

双端拉紧式如图 1-5-7（b）所示，两边都是操纵边，这样，无论制动毂正转或反转，其制动力矩相等。若假设图中操纵力 P、力臂（La）以及其他有关参数与图 1-5-7（a）中完全相同时，则其制动力矩总是小于单边拉紧式的任何一种工况。

（3）浮动式

如图 1-5-7（c）所示，操纵杆连接双臂杠杆，而后者的下端通过两个销子与制动带的两端相连，两个销子又支靠在支架的两个反向凹槽中。当机械前进行驶而制动时，双臂杠杆在操纵杆的作用下以 O_1 为支点反时针旋转，右边的销子如图中箭头所示离开凹槽，拉紧制动带而制动。显然，固定端 O_1 既为双臂杠杆旋转的支点，又为制动带紧边的支承端；如果当机械倒退行驶而制动时，情况恰相反，O_2点为旋转的支点和紧边的支承端，而操纵端的销子如图中箭头所示，拉紧制动带离开凹槽向下运动。这种结构，无论制动毂正转或反转，固定端总是制动带的紧边，而操纵端也总是制动带的松边。因此，制动力矩大而且相等，所以在履带式机械上得到广泛应用。

2．SD22 推土机带式制动器构造原理

图 1-5-8 为 SD22 推土机带式制动器结构图。该带式制动器工作过程如图 1-5-9 所示，推土机前进时如图 1-5-9（a）所示，转向离合器外毂逆时针方向旋转，若操纵制动机构，则连杆 10 按箭头方向移动，杆 11 也向左摆动，拉动连杆 14，制动带开始收缩。由于摩擦力的作用，制动带会被外毂向上带动，从而形成制动带以点 A 为支点，以 C 点带动 B 点向上运动而抱紧外毂（制动毂）的状态，实现制动。由于制动带是顺着制动毂的旋转方向而抱紧它的，故制动平稳，无制动冲击。

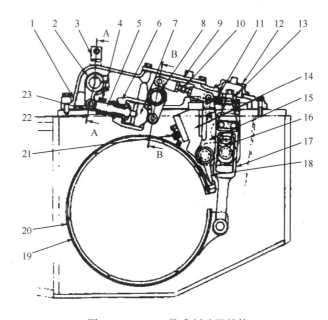

图 1-5-8　SD22 带式制动器结构

1—制动器盖；2—摇臂；3—摇臂；4—弹簧；5—滑阀；6—阀体；7—活塞；8—摇臂；9—盖；10—双头螺栓；

11—调整弹簧；12—盖；13—调整螺栓；14—支架；15—杠杆；16—块；17—杆；18—尾端；19—制动衬带；

20—制动带；21—弹簧；22—衬套；23—弹簧座

图 1-5-9（b）表示当推土机后退时，即转向离合器外毂（制动毂）顺时针方向旋转，若操纵制动机构，则连杆 10 按箭头方向移动，杆 11 也向左摆动，拉动连杆 14，制动带开始收缩，由于摩擦力的作用，制动带会被制动毂向下带动，从而形成制动带以 B 点为支点，A 点向下运动而抱紧制动毂的状态，实现制动。此时，由于制动带也是顺着制动毂的旋转方向而抱紧它的，故也同样制动平稳，无制动冲击。由于浮动收缩带式转向制动器的作用，也就实现了制动正、反转都能制动平稳的性能。

转向制动器制动带和制动毂之间的标准间隙为 0.3mm，由于使用过程中制动带和制动毂的磨损，间隙会逐渐加大，当制动毂踏板的行程，从初期的 120mm 增加到 195mm 时，则应当调整转向制动器，使其制动带和制动毂之间的间隙重新调整到 0.3mm，调整方法如下：

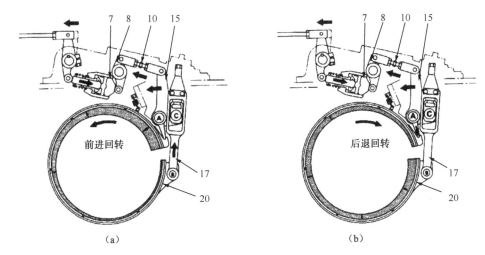

图 1-5-9　SD22 推土机带式制动器制动过程

旋开调节螺栓上面的圆形护帽，旋紧调节螺栓至 9kg·m 扭矩，使制动带抱紧轮毂，即制动带和轮毂之间的间隙为零，然后旋松调节螺栓 1/6～1 圈。此时制动带和轮毂之间的间隙为 0.3mm，即是应调整的标准间隙。若制动带失圆，应使间隙更大些。调整后，将圆帽安装旋紧。左右制动带要同时调整一致。

三、履带式机械传动的最终传动（侧传动装置）

1．履带式机械传动的最终传动（侧传动装置）的功用及分类

侧传动装置位于转向离合器的外侧。因它是传动系中最后一个动力传力装置，所以也称最终传动装置。其功用是再次降低转速、增大扭矩，并将动力经驱动轮传给履带使机械行驶。侧传动装置传动比较大，可以减轻中央传动装置和转向离合器的载荷。

侧传动一般分单级齿轮传动和双级齿轮传动。在重型推土机上多采用双级齿轮传动。双级齿轮传动通常有两种形式：

（1）双级外啮合齿轮传动。其优点是结构简单、使用可靠，目前大多数推土机都采用这种形式。

（2）双级行星齿轮传动。它一般是第一级为圆柱齿轮减速，第二级为行星齿轮减速。其优点是结构尺寸小、传递动力较大，但结构复杂，制造和调整的要求都比较高。因此，目前只在某些重型履带式推土机上采用这种形式，如快速履带式推土机上采用的即是这种形式。

2．双级外啮合齿轮传动式侧传动装置

T—100、T₂—120A、TY—180 等推土机上的侧传动装置都是采用这种形式。它主要由侧减速器和驱动轮组成（图 1-5-10）。

（1）侧减速器。侧减速器包括壳体、齿轮、轴承和轮毂等机件。壳体固定在转向离合器室外侧壁上，其上有加油口和放油口，壳体内通过轴承装有主动齿轮、双联齿轮和从动齿轮。主动齿轮与轴制为一体，轴内端花键部分伸入转向离合器室内，其上固定着接盘。主动齿轮与双联大齿轮常啮合，双联小齿轮与从动大齿轮常啮合，从动大齿轮用螺栓固定在轮毂上。为了保证主动齿轮和双联齿轮正常的轴向游隙，在主动齿轮轴承座与壳体之间和双联齿轮外侧盖与壳体之间装有调整垫片。齿轮和轴承靠飞溅润滑，为防润滑油漏入转向离合器室，在

主动齿轮轴轴承座内装有油封。

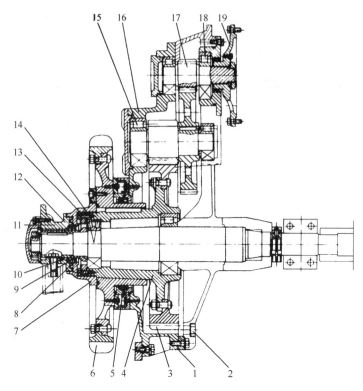

图 1-5-10　T₂—120A 推土机的侧传动装置

1—齿罩；2—放油塞；3—齿圈；4—轮毂；5—自紧油封；6—驱动轮；7—调整螺母；8—半轴外瓦；9—圆柱销；

10—轴油壳；11—半轴；12—轴承壳；13、15、17—轴承；14—轮毂螺母；16—双联齿轮；18—主动轮；19—驱动盘

（2）驱动轮。驱动轮主要包括轮体（驱动轮）、半轴、轴承、轴承座、调整圈和油封等（图 1-5-10）。轮体压装在轮毂的花键上，并用螺母固定。轮毂两端通过锥形滚柱轴承支承。内端轴承装在后桥壳上，外端轴承通过轴承外壳装在半轴轴承座大端孔中。轴承壳与半轴轴承座间装有导向销，其上还装有调整圈。轴承的间隙可通过拧动调整圈来调整，调整圈用卡铁固定。半轴轴承座为半剖式，用夹紧螺杆将轴承壳固定。半轴轴承座小端以半圆键固定在半轴外端，小端外圆套装着端轴承。端轴承座装在端轴承上，并用螺钉固定于轮架后端部，它与轮架间有定位销。半轴装在后桥壳体上，并用螺母锁紧。为防止两轴承座等机件外移，在半轴外端装有挡板和螺母，外侧用带有油嘴的端盖密封。这样，当推土机在不平地面上行驶时，可使轮架绕端轴承摆动一个角度，以减小振动，保证推土机行驶平稳。

T₂—120A、TY—180 等推土机的驱动轮采用的就是端面浮动油封。此密封由两个金属密封环（定环、动环）和两个 O 形橡胶密封圈组成（图 1-5-11）。两个密封环的接触端面（密封面）经过精密加工形成封油面，安装在内侧的动环，随轮毂一起转动，而外侧的定环则固定不动，靠两密封环密封面封油。安装好的油封，其 O 形橡胶圈处于弹性变形状态，从而使两环密封面保持一定的轴向压紧力（0.6MPa），同时也避免润滑油从 O 形橡胶圈的上下接触面漏出。这种油封结构简单，密封效果好，使用寿命长，维护保养方便。

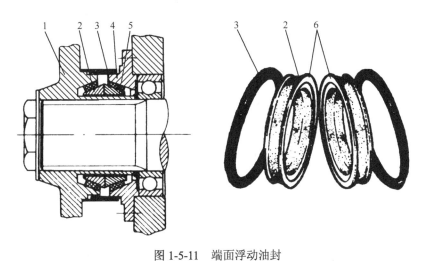

图 1-5-11　端面浮动油封

1—箱体；2—定环；3—O 形密封圈；4—驱动轮轮毂；5—动环；6—密封面

3. 双级行星齿轮传动式侧传动装置

T—160 推土机侧传动装置如图 1-5-12 所示。该型推土机的侧传动装置采用的是行星齿轮传动式，它为二级综合减速，第一级仍为外啮合齿轮减速。与双级外啮合齿轮传动的第一级相同，第二级为行星齿轮减速，行星齿轮机构主要由太阳轮、行星轮、行星架、齿圈等组成。

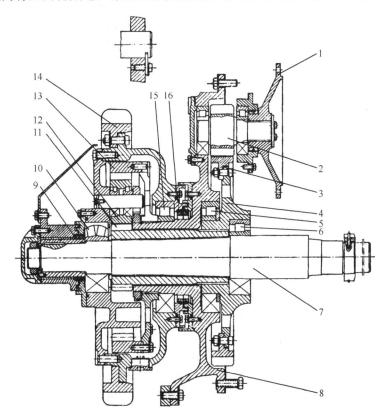

图 1-5-12　行星齿轮式侧传动装置

1—接盘；2—主动轴；3、13—齿圈；4—从动轮毂；5、6、10、15—轴承；7—半轴；8—壳体；

9、16—浮动油封；11—太阳轮；12—行星齿轮；14—驱动轮

太阳轮固定在第一级减速齿轮的从动轴上。3 个行星齿轮通过轴承、行星齿轮轴装在行星架上，行星架固定在驱动轮的轮毂上。齿圈与壳体固定在一起。

动力经一级减速齿轮传给太阳轮时，经行星齿轮带动行星架和驱动轮转动。

咨询四　典型转向制动装置构造

以 T_2—120A 推土机的转向制动装置（图 1-5-13）为例，它由转向离合器及其操纵机构和转向制动器组成，转向离合器属于弹簧压紧多片干式液压助力式转向离合器，其制动器为浮动式带式制动器。

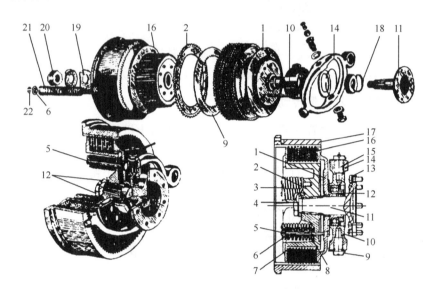

图 1-5-13　T_2—120A 推土机的转向离合器结构

1—压盘；2—主动毂；3、8、21—弹簧；4—固定螺母；5—弹簧杆；6—弹簧座；7—主动片；9—下螺柱；

10—松放圈；11—转向离合器轴；12—分离轴承；13—接盘；14—松放环；15—上螺柱；16—从动片；

17—从动毂；18—卡环；19—挡板；20—固定螺母；22—锁片

一、转向离合器结构原理

1. 转向离合器构造

（1）主动部分。主动部分包括转向离合器轴、主动毂和主动片等。离合器轴以接盘与中央传动轴接盘连接。主动毂内孔以花键装在离合器轴上，端部用挡板、螺母固定。主动毂外圆面制有齿槽，9 片带内齿的主动片套装在上边，随主动毂一起旋转。

（2）从动部分。从动部分由从动毂和从动片组成。从动毂装在主动部分外面，其内表面制有齿槽，外端面以螺钉与侧传动装置从动齿轮轴接盘连接，外圆面作为制动器的制动毂。从动片制有外齿，两侧铆有摩擦片，同样数量的主、从动片间隔地安装于主、从动毂之间。

（3）加压松放部分。加压松放部分主要由压盘、松放圈、分离轴承、复式弹簧、弹簧杆等组成。压盘内孔滑装于转向离合器轴上，其延长套外缘通过轴承与松放圈连接。松放圈外边通过两个螺柱活动地装着松放环，松放环下短轴插入壳体球窝内，上短轴与拉杆连接。松放环与松放圈连接的上螺柱为中空的，注油软管的内端与其连接，软管外端用空心螺栓与驱动桥壳上的注油嘴连接。8 根弹簧杆的一端穿过压盘、主动毂的孔后，用弹簧座和锁片将复式弹簧压紧在主动毂上。这样，利用 8 组复式弹簧（13000N 左右）的压力，将主、从动片紧紧地压在主动毂与压盘之间。

2. 转向离合器工作原理

转向离合器的工作原理如图 1-5-14 所示。

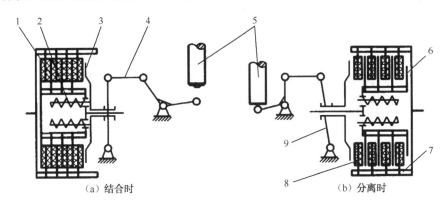

图 1-5-14 转向离合器工作原理

1— 主动片；2—弹簧；3—压盘；4—拉杆；5—顶套；6—接盘；7—从动毂；8—从动片；9—松放环

（1）接合。当推土机直线行驶时，主、从动片在弹簧作用下，紧紧地压在一起，从中央传动轴传来的动力，经转向离合器轴、主动毂，借助于主、从动片间的摩擦力传给从动毂，经接盘传出。

（2）分离。当需要改变或修正行进方向时，向后拉动一侧的转向操纵杆，经过推杆、液压助力器等，使松放环带动松放圈和压盘内移，复式弹簧被压缩，压盘与主动毂之间的距离增大，使主、从动片失去压紧力而处于分离状态，推土机即可向相应的方向慢转向。由于转向离合器为多片式，因此分离不彻底，主、从动片之间的滑动摩擦还可传出较小的动力，使推土机两边履带转速不一致。急转向时，必须同时踏下相应一侧的制动踏板，使从动毂制动。拉动另一侧的转向操纵杆时，以同样的原理，使推土机向另一侧转向。当推土机转到所要求的方向后，放开制动踏板和转向操纵杆，在复式弹簧的作用下，转向离合器恢复接合状态。

3. 转向操纵机构

转向操纵机构用来操纵转向离合器的分离和接合，以使推土机转向或直线行驶。它由转向操纵杆和液压助力器两部分组成。

（1）转向操纵杆

两根转向操纵杆位于驾驶室内前部，下端以轴套装在横轴上，并通过连接叉与推杆连接。推杆后端部插入液压助力器顶盖前端孔内。转动推杆可改变其长度，从而使推杆与顶杆之间的间隙得到调整。为了在操纵杆放回时不致猛烈振动，在操纵杆前下方缓冲座孔内装有橡胶缓冲垫。

（2）液压助力器

① 结构。液压助力器固定在驱动桥壳上面，其主要作用是：当拉动转向操纵杆时，借助压力油的作用，推顶套后移，经摇臂等连接件使转向离合器分离。它由壳体、油泵、操纵阀和摇臂等组成（图1-5-15）。

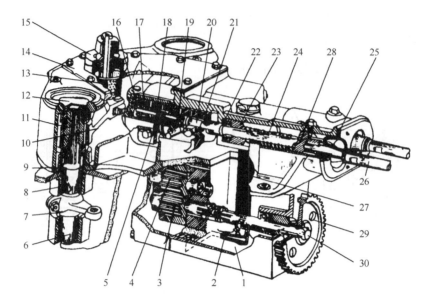

图1-5-15　液压助力器

1—储油室；2—油泵进油道；3—油泵主动齿轮；4—油泵从动齿轮；5—单向阀弹簧；6—摇臂轴；7—下摇臂；8—衬套；
9—密封填料；10—上摇臂；11—上摇臂衬套；12—摇臂轴孔顶盖；13—加油口滤网；14—上检视口盖；15—加油口盖；
16—节流阀弹簧；17—节流阀；18—顶套；19—单向阀；20—滑阀；21—滑阀套；22—定距环；23—导向套；24—顶杆弹簧；
25—橡胶防尘罩；26—推杆；27—长筒形滤网；28—顶杆；29—油泵传动齿轮；30—传动轴

壳体分上、下两部分，用螺钉固定在一起。上部设有检视口，并用带加油口的上检视口盖封闭，其后部也设有检视口，由后盖板密封，下部为储油室。

油泵装在壳体内，主、从动齿轮与其轴制为一体，通过轴套装于油泵体内。主动齿轮轴以花键套与油泵传动轴连接，传动轴以轴承支承于油泵壳体上。为防止机油漏出，轴与轴孔之间装有油封。传动轴外端以半圆键固定着油泵传动齿轮，传动齿轮由装在变速器主动轴末端的驱动齿轮驱动，只要接合上主离合器，油泵即工作。储油室底部有一进油道，机油通过长筒形滤网被吸入油泵。由油泵排出约3.0MPa的压力油顺竖直油道进入助力器上部壳体内。储油室底部有放油塞，拧下后可放尽整个液压助力器内的机油。

操纵阀有两个，其结构相同，并各受其操纵杆控制而独立工作。它主要由滑阀套、滑阀、顶杆、节流阀、单向阀、弹簧及顶套等组成。带有3条环形槽的滑阀套压装在助力器壳体内。其后端滑装着顶套，内孔装着滑阀。顶杆装在助力器壳体前部孔内，被弹簧压向前面的限位螺钉上。滑阀为中空的，其中部有一环形凹槽和一排径向孔。节流阀装于滑阀的末端，外面装有弹簧，在弹簧作用下，顶套与上摇臂滚轮接触，并将滑阀向前压至定距环上。节流阀后端制有锥形面和节流孔。单向阀和单向阀弹簧装在滑阀内，平时在其弹簧作用下，单向阀被压向前方，利用其端部的锥形面，密闭通滑阀中心油道的径向孔，使油只能作单向流动，滑阀套外圆面上制有3道环形槽，每道槽内有6个径向孔，第一道环槽与压力油道相通。

摇臂轴以衬套装在壳体后部两侧孔内，上端通过花键固定着上摇臂，下端以同样的方法固定着下摇臂，上摇臂端部装有滚轮，下摇臂通过拉杆与转向离合器松放环连接。

② 工作原理。当转向操纵杆在前方松放位置时，滑阀、单向阀和节流阀都在其弹簧的作用下保持在"中立"位置，如图 1-5-16（a）所示，油泵来的油只能经左阀套的第一道环槽到第二道环槽，经滑阀上的环形凹槽到第三条环槽，然后由壳体油道经右阀套第二、三道环槽流入储油室。

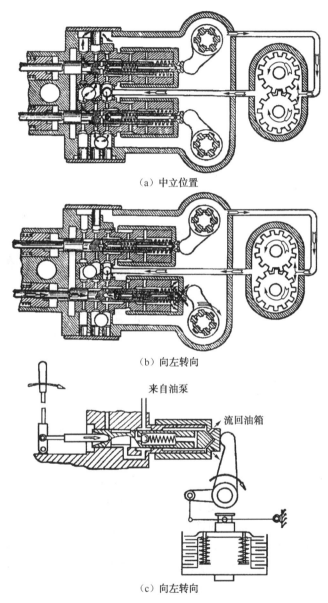

（a）中立位置

（b）向左转向

（c）向左转向

图 1-5-16　液压助力器的工作原理

当向后拉动左转向操纵杆时，推杆推动顶杆使左滑阀后移如图 1-5-16（b）、图 1-5-16（c）所示，节流阀堵塞顶套底部的锥形孔，阀套上的第三道环槽的径向孔被滑阀封闭，而滑阀的径向孔与压力油道连通。此时压力油进入滑阀的径向孔，压开单向阀，经滑阀中心油道和节流阀进入顶套内，关闭节流阀推顶套后移，上摇臂向后摆动，经摇臂轴和下摇臂使转向离合器分离，推土机即向左转向。当滑阀停止后移时，顶套在油压作用下继续后移一段距离，其底部的锥形孔及节流孔被开启。机油经节流孔溢流入油室，以使顶套后移的推力和转向离合器复式弹簧的作用力相平衡。若继续后拉转向操纵杆，滑阀再次后移，节流阀又把锥形孔封闭，顶套后移到新的位置。从而顶套后推力与复式弹簧作用力达到新的平衡，转向离合器被分离到相应的程度。

当放松转向操纵杆时，助力器各移动部件在弹簧作用下，向前移回原来的"中立"位置，压力油又开始空循环。当拉动右边的转向操纵杆时，右边滑阀的动作情形与左边相同，可使右转向离合器分离。

（3）转向制动器

① 结构。履带式推土机一般采用带式制动器，T_2—120A 推土机采用浮动式带式制动器。它主要由制动带、支架、双臂杠杆、支承销、内外拉杆、内外摇臂、调整螺母和踏板等组成（图 1-5-17）。

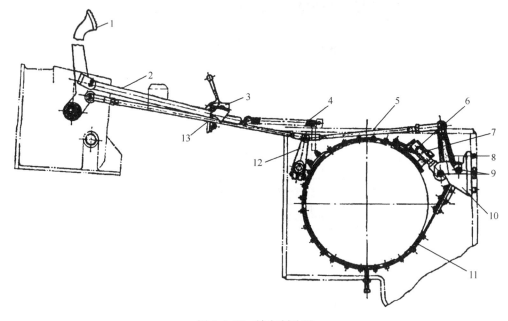

图 1-5-17　转向制动器

1—制动踏板；2—制动齿条；3—制动卡爪；4—弹簧；5—内拉杆；6—调整螺母；7—调整螺杆；

8—双臂杠杆；9—支承销；10—支架；11—制动带；12—外摇臂；13—外拉杆

制动钢带内圆面铆有摩擦片，为便于拆卸或修理起见，它由两部分搭接，用螺栓连接成一个整体。制动带一端焊有带球面孔的连接块，另一端铆有安装支承销的耳环。

支架以螺钉固定在转向离合器室后壁上，双臂杠杆下端两个孔内的支承销，分别支承在支架的上、下钩形槽内，后支承销连接制动带下端，前支承销经调整螺杆连接制动带的上端，调整螺母球形凸面支承在制动带上端的连接块球形座上，靠铆在钢带上的弹簧钢片防松。双臂杠杆上端通过轴销、拉杆、摇臂等与制动踏板连接。为使踏板自动回位，在外拉杆后部与后桥箱间装有回位弹簧。在右制动踏板上装有齿条，与固定在变速机构壳体上的卡爪配合使用，可实现坡地停车制动。转向离合器室底部装有支承调整螺钉，以防制动带自由状态时过度下垂，使制动带磨损。

② 工作原理。当需要急转向时，先向后拉动转向操纵杆，再踏下制动踏板，作用力通过外拉杆等连接件使双臂杠杆上端向前摆动。此时，若推土机是前进行驶，则制动毂为逆时针旋转，作用在制动带上的摩擦力将制动带后端拉起，双臂杠杆则绕前支承销转动，后支承销离开支架，将制动带拉紧，使从动毂制动，推土机即可向相应的方向急转向。

当放松踏板时，在回位弹簧的作用下，制动器各机件恢复到原来位置，停止急转向。当推土机需要在坡地停车时，可将右踏板踏下，使制动卡爪卡住齿条，不使踏板回位，即可使推土机可靠制动。

咨询五　履带式驱动桥典型故障诊断排除

一、中央传动及终传动装置故障诊断

中央传动由大小锥齿轮、横轴、轴承等组成。其作用是进一步增大传动比并改变传动方向，以利于对驱动轮的驱动。履带式机械后桥中央传动多为单级锥齿轮减速，因长期使用会出现异响、发热等故障现象。

1．中央传动异响

中央传动的异响主要发生在齿间与轴承处。齿轮异响主要由于齿面加工精度低、啮合间隙与啮合印痕调整不当、壳体形位误差超限等引起。啮合间隙过小会引起"嗡嗡"声，间隙过大会引起撞击声。啮合间隙不均是齿轮本身有缺陷。啮合印痕不正确，除调整不当外，还因使用中壳体、齿轮轴、齿轮变形以及轴承磨损所致。

轴承异响是由于轴承磨损、安装过紧、轴承歪斜、壳体与轴变形等引起。横轴锥轴承间隙小，也可能因调整不当造成。

2．中央传动齿轮室发热

中央传动齿轮室发热是由于齿轮啮合间隙过小，轴承安装过紧、歪斜，滚动体内有杂物，润滑油不足或油质较差等引起。有时也会因转向离合器与制动器工作不正常，其摩擦热引起整个后桥箱发热，可由中央传动室与转向离合器室的温差加以判断。

3．最终传动的故障及原因

最终传动的主要故障是漏油和异响。最终传动漏油主要发生在油封处，有时也会发生在最终传动壳体与后桥壳体结合面处。油封处漏油多为油封损坏所致，有时也为油封安装不当引起。壳体结合面处漏油是由于壳体变形、垫片损坏、连接螺钉松动等造成。漏油易引起缺油，如果齿轮与轴承磨损，进一步引起响声和过热。最终传动异响大多是因为缺油或轴承齿轮磨损过度引起的。

二、转向制动装置故障诊断

1．转向不灵

（1）现象

所谓转向不灵，是指驾驶员向后拉动转向操纵杆时失去原始的转向速度，即机械转向反应迟钝。推土机转向不灵可分单侧转向不灵和左右转向均不灵。转向时扳动操纵杆感到费力。

（2）原因分析

履带式推土机转向不灵的主要原因如下。

① 转向机构工作油液黏度不符合要求。当压力油过稠时，造成液压系统内油液流动速度缓慢，作用在活塞上的油液压力增长速度较缓慢；当油液过稀时，又会造成工作时系统泄漏量过大，同样会使作用在活塞上的压力增长速度缓慢，使推土机左右转向不灵。

② 液压油数量不足，造成液压系统内油压增长缓慢，即作用在活塞上的压力增加缓慢，使转向离合器分离缓慢，导致推土机转向不灵。

③ 工作油液内杂质过多，易将油路堵塞，使推土机的两侧转向均不灵；若某侧控制阀油路堵塞时，会使被堵塞一侧转向不灵。

④ 齿轮泵磨损过甚，使之转换效率下降、工作压力不足，不能满足转向的要求，导致推土机转向不灵。

⑤ 转向离合器操纵机构调整不当，如操纵杆自由行程过小，使转向离合器压盘在分离时的工作行程过小，造成转向离合器分离不彻底而使转向不灵。

⑥ 操纵机构的顶杆与推杆的调整间隙过大时，使控制阀的滑阀移动行程减小，使进入滑阀内腔的油路截面减小而使流油不畅，导致作用在活塞上的油压增长速度缓慢，使推土机转向不灵。

⑦ 如果转向离合器一侧的制动不良或另一侧的转向离合器打滑，也会使推土机转向不灵。

（3）诊断与排除

履带式推土机转向不灵故障的诊断步骤如下。

① 如果推土机左右转向均不灵，故障多在液压操纵系统内，应检查系统内的工作油液的储油量、油液黏度和油污染情况。如果储油量不足或油液不符合要求，应加油或换油。

② 若转向操纵系统内工作油液符合要求，而齿轮泵使用过久，则可能是齿轮泵过甚，泵油能力衰退而影响了推土机的转向灵敏性，应查明原因并予以修理或更换。

③ 如果履带式推土机单侧转向不灵，可能是该侧的操纵杆的自由行程过大，应进行调整。

2．不转向

（1）现象

所谓履带式推土机不转向，是指驾驶员向后扳动转向操纵杆，并同时踩下制动踏板，但履带式推土机仍保持直线行驶。

（2）原因分析

履带式推土机出现不转向的故障，必然是转向一侧的转向离合器没有分离，使动力传递不能切断，使两侧履带运转速度仍相等的结果。其主要原因大致有以下几种。

① 转向操纵杆自由行程过大。履带式推土机转向操纵杆在驾驶室内摆动所占空间是一定的，如果转向操纵杆的自由行程过大，则其有效工作行程就会过小，当不足以使转向离合器分离时，履带式推土机即不能转向。

② 转向离合器操纵机构传动中断，如转向操纵杆的顶杆与增力器推杆间的间隙过大时，即使将操纵杆向后拉到极限位置，也难以顶动推杆将油路接通，造成操纵时传动中断，不能将驾驶员扳动操纵杆的力传至转向离合器，即转向离合器不分离，履带式推土机不能转向。

③ 转向离合器锈蚀。当履带式推土机在潮湿环境中停放过久时，会使转向离合器锈蚀，锈蚀的产物填充在主、从动片之间并膨胀，使主、从动片之间的距离增大，将压紧弹簧压缩至极限状态，转向离合器锈蚀成为一个不可分离的整体，使履带式推土机不能转向。

④ 转向液压系统内无油或油泵吸油管滤网严重堵塞，使油泵至活塞间无传动介质，转向离合器得不到分离时所需的动力而不能分离，履带式推土机不能转向。

（3）诊断与排除

① 如果履带式推土机原来一切正常，但在潮湿的地方停放过久后，再使用时履带式推土机不转向，说明是转向离合器锈蚀引起不能转向，可打开检视孔进而查明，进行除锈排除故障。

② 如果履带式推土机只能直线行驶不能转向，可能是转向操纵机构传动中断、液压系统无油或油管严重堵塞等，应查明原因予以排除。

③ 如果推土机某一侧不能转向，可能是这一侧的转向离合器操纵机构动力传递中断，应查明原因并予以排除。

3. 行驶跑偏

（1）现象

所谓行驶跑偏，是指履带式推土机在行驶时，其行驶方向自动发生偏斜。

（2）原因分析

履带式推土机行驶跑偏，多数是由于两侧履带运转速度不一致所引起的，主要原因如下：

① 转向离合器操纵杆没有自由行程，会使转向离合器打滑，导致推土机两侧履带运转速度不等。

② 转向离合器主、从动摩擦片沾有油污、摩擦片磨损严重或摩擦片工作面烧蚀硬化等均会引起摩擦系数减小；压紧弹簧长期处于压缩状态而疲劳，导致弹簧的弹力减小，即作用于摩擦片上的压紧力减小，使转向离合器打滑，履带式推土机后桥的左、右传动效率不一致，导致行驶跑偏。

③ 履带式推土机某侧的制动被锁止，使两侧的行驶阻力相差过大而导致履带式推土机行驶跑偏。

（3）诊断与排除

履带式推土机行驶跑偏故障的诊断步骤如下：

① 拉动转向操纵杆，若感到没有自由行程，应按规定进行调整。

② 如果履带式推土机行驶向一侧跑偏，同时感觉发动机负荷也比正常时大，可能是这一侧的制动锁没有解除，应扳开制动锁。

③ 如果以上检查均正常，则履带式推土机跑偏的原因可能是离合器打滑引起的。如果使用时间过久，便是离合器摩擦片磨损过甚，或是压紧弹簧弹力下降所致，应解体检查，并进行排除。若不属以上情况，离合器打滑可能是摩擦片的工作面有油污，应用汽油或煤油进行冲洗。

4. 制动不灵或失灵

（1）现象

踩下制动踏板进行制动时，制动效能不理想，或无制动反应。

（2）原因分析

制动不灵或失灵故障的主要原因有以下几点。

① 制动带与转向离合器从动毂之间的间隙调整过大,或由于制动带使用过久而磨损引起两者间隙过大,在驾驶员踩动制动踏板力大小一定时,使制动带与离合器毂之间的压紧力减小。

② 踏板自由行程过大,使有效的制动行程减小。

③ 制动系各机件的连接处锈蚀,造成传动阻力过大,使制动带抱紧制动鼓的力减小。

④ 制动带摩擦系数减小,如摩擦衬片上有油污、摩擦片硬化、铆钉外露、过薄或水湿等。

⑤ 转向离合器未分离。

（3）诊断与排除

制动不灵或失灵故障的诊断步骤如下:

① 检查踏板的自由行程,踩动制动踏板,若踏板自由行程过大,应予以调整。

② 如果踩动制动踏板很费力,且无自由行程感,制动效能也不良,说明是因制动系传动机件锈蚀所致,应予以清除。这种情况的出现,多数是在恶劣环境中停放过久所造成的。

③ 如果踏板自由行程符合要求但制动不良,说明是带式制动器摩擦系数减小所致,应检查摩擦片上有无油污,铆钉有无外露,摩擦片是否烧蚀或破裂等,视检查情况予以排除。

5．制动拖滞

（1）现象

解除制动时制动带与转向离合器从动毂仍保持有摩擦,推土机行驶时感到有阻力,手摸制动带感到发热。

（2）原因分析

制动拖滞故障的主要原因有以下几点。

① 制动带与转向离合器从动毂之间的间隙过小。

② 制动系的有关回位弹簧因疲劳而弹力减小或折断,造成制动带不能回位。

③ 制动带与转向离合器从动毂锈蚀。

（3）诊断与排除。

① 检查踏板自由行程,如果自由行程过小,而且手摸制动带表面发热,说明制动间隙过小,应予以调整。

② 解除制动后制动踏板的自由高度不在最高位置,且用手将制动踏板扶至最高的位置,放手后又自动落下,说明制动踏板回位弹簧弹力减小或折断,应予以更换。

③ 如果制动带与转向离合器毂锈蚀,应予以清除。

三、故障实例

有一台 T220 推土机,经过大修后,在车间内试机时,性能良好,运到工地使用 100h 后,空车出现跑偏现象,推土作业时跑偏现象更为严重。

（1）故障诊断

① 外观检查:四轮一带工作良好,不啃轨;履带松紧度合适;后桥箱及终传动箱没有异常声响,放油检查没有发现磨屑和杂质;重新调整操纵杆和踏板行程,故障没有被排除。

② 测量油压:转向离合器是弹簧压紧湿式离合器,制动器是液控带式制动器（图 1-5-18）。如单侧转向阀内漏,阀以后油道漏油或堵塞会造成跑偏。

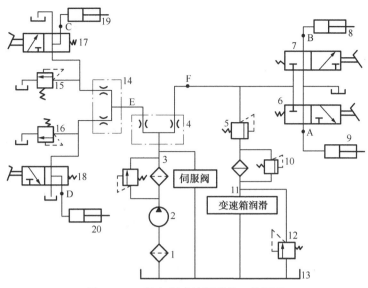

图 1-5-18　转向制动液压系统工作原理

1—粗滤器；2—转向泵；3—细滤器；4—分流阀；5—溢流阀；6、7—转向阀；8、9—转向离合器液压缸；

10—安全阀；11—油冷却器；12—背压阀；13—后桥箱；14—同步伐；15、16—安全阀；17、18—制动阀；

19、20—制动器液压缸；A、B、C、D、E、F—油压测试点

　　转向离合器回路的测压口 A、B 在转向阀体的两侧，转向制动回路的测压口 C、D 在两个安全阀的螺母上。测量 A、B、C、D 口油压，结果满足设定值要求，表明跑偏现象不是油压不足造成的。

　　根据检查和测量结果，推测故障可能是转向离合器或测压点以后的油道堵塞。

　　③ 解体检查：打开离合器室罩盖，解体检查转向离合器和制动器，没有发现油道堵塞现象，各部分的连接螺栓无松动，易损件都是大修时换用的新件，没有发现损坏或严重磨损。内外弹簧的自由长度符合设定值的要求。再仔细检查，发现导向套 4 的外圆柱面上有轻微的卡痕（图 1-5-19）。

　　④ 分析：沿圆周 8 个连接螺栓 7 的拧紧力矩不均匀，造成内外弹簧 3 安装力不平衡，

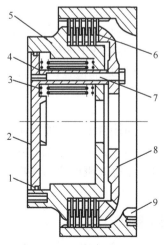

图 1-5-19　转向离合器

1—油封；2—活塞；3—内外弹簧；4—导向套；5—内毂；6—摩擦片；7—连接螺栓；8—压盘；9—外毂

在弹簧压缩回弹过程中，个别导向套 4 倾斜，与内毂 5 发生干涉。前 100h 内，由于导向套外圆柱面是光滑的，不至于卡死在内毂上，离合器尚能良好接合与分离，可靠地传递转矩。当导向套外圆柱面上磨出印痕时卡死在内毂上，从而干涉弹簧 3 不能正确回位，并导致摩擦片 6 的压紧力不足，造成摩擦副不能可靠传递设定转矩而出现滑转，最终引起跑偏。

（2）故障排除

按技术要求调整离合器内各零件到正确的装配位置，并用扭力扳手按一定转矩均匀地拧紧连接螺栓 7。说明书上要求外弹簧安装力 2.37kN，小弹簧安装力 1.35kN。也可按 150kN 的转矩拧紧连接螺栓 7 来保证内、外弹簧的安装力。这样处理后装机试验，故障现象消除，运转 3000h 没有出现不良情况。

注意：

① 组装转向离合器时，要找准压盘 8 与内毂 5 的正确装配位置，选用合格的配件，并在压盘与内毂的端面打上装配记号。如果需要换件，最好成对更换，以免引起装配失误。弹簧的安装力必须均匀一致，满足设计要求，靠连接螺栓 7 的预紧力保证。

② 由于装配不当引起的故障，往往被忽视而不被怀疑。所以，在装配关键部位或总成件时，要仔细，不能仅凭手感或经验。每一个部位的连接螺栓都有一定的预紧力要求，应用可靠的手段进行检验。同一工作面上的螺栓预紧力必须均匀一致，并达到设定值要求。

实践训练 6　履带式驱动桥维修

一、驱动桥的维护

1．中央传动齿轮室润滑油的检查与更换

中央传动齿轮室中润滑油油面高度以油面高度检查口或油尺刻度为准。天气热时，油面可与油面高度检查口齐平；天气冷时可低于油面高度检查口 10～15mm。工作中因润滑油消耗使油面高度低于标准时，应及时添加。当季节变化和润滑油脏污时，应更换新油。换油应在机械工作结束后、润滑油尚未冷却时进行，以保证废油放得最快最彻底，同时可以使箱壁及底面上沉积的杂质放出，以减少清洁用油的消耗。放油后，用相当于后桥容积 1/3 的清洗油（混合 5%机油的煤油）加入中央传动室进行清洗。为了清洗彻底，让中央传动齿轮以不同转速运转 1～2min 后放出清洗油，并清除磁性螺塞上的铁屑和污垢，然后注入规定品种的齿轮油至标准油面高度。此外对后桥的油量应在每班前检查，对温度升高及渗漏情况应在班后检查。

2．后桥漏油的检查与紧固

后桥常发生漏油的部位是轴孔处和接合处。后桥漏油是由于油封状态不良（老化、磨损、破裂）或密封垫损坏、壳体破裂所引起。放油螺塞处漏油是由于垫片不良（过厚、过薄、破裂）或螺纹损坏所引起。后桥漏油应在每天班前班后擦净外壳仔细检查，必要时紧固、维修或更换零件。

3．主传动器各机件的检查与调整

锥齿轮啮合的调整工作十分重要。中央传动锥齿轮的啮合位置不正确往往是造成噪声大、磨损快、齿面易剥落、轮齿易折断等现象的原因。所谓正确啮合，就是要求两个锥齿轮

的节锥母线重合，节锥顶点交于一点。常用齿侧间隙和啮合印痕不小于齿长之半，且在高度方向位于齿高的中部，在齿长方向的中间稍靠近小端。齿轮在传递动力承受载荷时，小端齿的变形量较大，故实际工作时的啮合印痕破坏了正确的啮合位置。当磨损到齿侧间隙超过极限值时，应成对地更换齿轮。

中央传动有轴向力的作用，通常都采用能承受较大轴向力的滚锥轴承支承。滚锥轴承具有这样的特点：轴承有少量磨损，即会对齿轮轴向位置产生较大的影响，使大小锥齿轮离开原来的啮合位置。因此，在使用过程中调整中央传动，就是为了消除因轴承磨损而增大的轴承间隙，使锥齿轮恢复正确的啮合位置。为了恢复主传动齿轮的正确啮合位置，需调整主从动齿轮的轴向位置，但主动齿轮的轴向位置只有在拆散后重新安装（大修或成对更换）时才进行调整，平时技术维护中只检查和调整从动锥齿轮的轴向间隙，而且在调整时应保证原来的啮合位置和啮合间隙不变。因为从动锥齿轮的轴向间隙过小时在工作中会发热，严重时还会烧损轴承，反之则工作中产生冲击噪声，有时还会破坏锥齿轮副的正常啮合位置，从而使齿轮过早磨损。此轴向间隙的调整方法随机械结构的不同而有所不同。中央传动的调整是其安装中的一道重要工序。

下面以 T_2—120 型推土机为例介绍中央传动的调整方法。

（1）横轴轴向间隙的检查与调整。调整横轴轴向间隙靠改变轴承座的位置来实现。

（2）卸下燃油箱、助力器和转向离合器，清除后桥箱上的污垢，并用煤油清洗传动室。

（3）装上检查轴向间隙的夹具和百分表，并将表的触头顶在从动锥齿轮的背面。

（4）用手扳动从动锥齿轮，使横轴转动几圈，以消除锥形滚子轴承外圈和滚子间的间隙。

（5）先用撬杆使从动锥齿轮带动横轴向左移动至极端位置，将百分表大指针调 0。再将横轴推至极右位置，百分表摆差即为横轴轴向间隙。其上正常值应为 0.10～0.20mm，不符合要求时应进行调整。

（6）如果轴向间隙因轴承磨损而过大，可在左、右两轴承座下各抽出相同数量的垫片，其厚度等于要求减小间隙数值的 1/2。这样就可保持从动锥齿轮原来的啮合位置基本不变。

中央传动啮合印痕和啮合间隙调整方法同轮式驱动桥的调整方法。

4．最终传动装置的维护

最终传动的技术维护，主要是紧紧固定驱动轮的螺母及调整轴承间隙、检查后轮毂油封及润滑油油面等。下面以 T_2—120 型推土机最终传动装置的检查与调整为例予以介绍。

最终传动装置的润滑油应按技术维护规程定期进行更换。更换最终传动装置齿轮室的齿轮油时，应在推土机熄火后趁齿轮油尚热时立即进行。放油时先将齿轮室外壳下部的放油塞拧下，使旧齿轮油放完为止，然后再将放油塞拧上。

清洗时，先将齿轮室后部的注油口螺塞拧下，并由此注入煤油，然后开动推土机，在无负荷下用低速前进及后退运转 5min，再按放旧油的方法放出清洗油，同时仔细清除放油塞上杂质，再将放油塞拧上。注入新齿轮油，使油面高度达到量尺上刻度线，最后将注油口盖拧紧。维护时，对左右两侧的最终传动装置应同时进行。加油完毕后应仔细检查齿轮室外壳螺栓螺母的紧固情况和有无油液渗漏。

5．最终传动装置驱动轮轮毂轴向间隙的检查与调整

最终传动装置驱动轮轮毂轴向间隙标准值为 0.125mm。间隙过大或过小都会加速轴承和齿轮的损坏，引起驱动轮在行驶中轴向摆动量增大，加速啮合处的磨损和端面油封的损坏，使最终传动产生漏油现象。因此，须定期检查调整。具体调整方法与步骤如下：拆开履带，并松开半轴外轴套的夹紧螺栓，取下驱动轮轴承调整螺母的锁止片。用约 1500N·m 的转矩将调整螺母拧到极点，即将轴承间隙完全消除，然后退回一个齿（即 1/4 圈）。用撬杠把驱动轮向外撬，以消除半轴外瓦和调整螺母之间的间隙。调整后，装上调整螺母的锁止片，并拧紧半轴外轴套的夹紧螺栓，装复其他附件。

6. 最终传动装置驱动链轮油封漏油的检查和调整

推土机在使用初期，链轮油封有轻微的漏油现象是无妨的，若长时间漏油，则必须进行检查，找出原因并加以排除。其方法如下：检查链轮在轮毂花键上的配合情况，如发现自紧油封对于本身的垫圈压得不紧，必须拧紧轮毂螺母（拧紧调整螺母的扳手长 1.5m，加力约为 1000N）。T140 型、T180 型、T220 型等推土机最终传动装置的维护和润滑与 T120 型完全相同，最终传动装置驱动轮轮毂轴向间隙是靠驱动轮外端轴头螺母下的调整垫片进行调整的，油封一般均采用浮动油封，工作寿命长。如果产生漏油现象时，可拆开更换 O 形圈，研磨动环与定环端面后重新装复。TL—160 型推土机的最终传动第一级为圆柱齿轮减速，第二级为行星齿轮减速，其维护项目及方法与 T180 型基本相同。

7. TY220 推土机驱动桥调整

TY220 驱动桥中央传动有轴承间隙、啮合印痕及啮合间隙调整。转向离合器有手柄自由行程调整。转向制动装置一般有制动间隙、制动踏板行程及制动踏板高度调整。

（1）转向离合器手柄自由行程由于磨损过大时，会延迟分离时间，调整时首先把操纵手柄拉到感到有负荷位置时停住，松开锁紧螺母，旋转调整螺钉，当停止器触及连杆后，在旋转螺钉一圈，这时自由行程即为规定的 125～130mm。最后锁紧锁紧螺母，再检查调整是否合适。

（2）制动踏板制动行程的调整，其规定的踏板行程 140～150mm，踏板行程过大制动不完全，过小制动拖滞。调整时通过调整制动间隙来改变制动行程，顺时针旋转调整螺钉使踏板行程变小，逆时针则使踏板行程变大。制动踏板高度调整可改变驾驶员座位到制动踏板的距离，调整时顺时针拧双头螺栓可使踏板距离驾驶员座位近一些，反之则要远一些。调好后拧紧双头螺栓的锁紧螺母。

二、驱动桥的拆卸分解

以 T120A 型推土机驱动桥为例

1. 拆卸驱动桥

① 拆去铲刀推杆连接螺栓和液压缸连接销，将铲刀卸下。使履带可拆卸销处于驱动轮后侧。卸掉可拆卸销附近两块履带板，用气焊在销与链轨节的连接处加温，而后用大锤将销打出，展开履带。

② 将驱动桥用起重设备或千斤顶升起，并用支垫物支撑稳固。拆下台车架斜撑臂与半轴连接瓦盖及半轴外端与台车架的连接螺栓，将台车架向前推一段距离后吊出台车架。

③ 卸掉驾驶室连接螺栓，吊下驾驶室。

④ 放出柴油，卸下柴油箱固定螺栓及柴油管，吊下柴油箱。放出液压油，卸下液压油箱固定螺栓及油管，吊下液压油箱。

2．拆卸分解液压助力器

① 拆去转向操纵杆与左、右推杆叉的连接销。

② 拆除液压助力器与驱动桥的所有连接螺栓。

③ 用撬杠撬动液压助力器卸下，放出液压油。

④ 拧下液压助力器与液压泵的连接螺钉，取下齿轮式液压泵。

⑤ 拧下液压助力器加油口盖，取出滤网；同时拧下螺帽取出长笛形滤网。

⑥ 拧下液压助力器盖板螺钉，取下盖板。取出顶套及节流阀弹簧。

⑦ 拧下橡胶防尘套压板固定螺钉，取下压板及防尘套。

⑧ 拧下限位螺钉，取出顶杆及顶杆弹簧。

⑨ 用专用工具取出定距环及导向套，从后向前推出滑阀，从前端向后冲出滑阀套（必要时）。

3．拆卸转向及制动装置

（1）拆卸

① 拆除上面及后面检视口盖。

② 拆除松放圈润滑软管。

③ 拆下制动带调整螺母固定装置，拧下调整螺母。

④ 拆下双臂杠杆两端的连接销，取下双臂杠杆。

⑤ 拆下支架固定螺栓，取下支架。

⑥ 拆下松放环与调整螺杆的球面调整螺母及固定螺母，取出调整螺杆。

⑦ 拆下转向离合器从动毂与大接盘的连接螺钉，将从动毂向内侧推进一段距离，并转动离合器主动毂，使宽槽对正大接盘轴端大螺母。用起重设备吊住制动毂，然后拆下半轴与横轴接盘的连接螺栓，吊出转向离合器及制动器，拆下制动带。

（2）分解

① 取下从动毂。

② 撬开半轴轴端锁紧螺母防动片，拧下锁紧螺母。

③ 用铜棒铳出半轴。

④ 拆下松放环。

⑤ 拧松紧固螺母，拆下松放圈及轴承。

⑥ 用专用拆卸工具压缩转向离合器弹簧，取出锁片，卸下专用工具，分别取下弹簧杆、弹簧、压盘、主动毂、主、从动摩擦片等零件。

4．中央传动装置的拆卸

① 拆下变速器连接螺栓，吊下变速器。

② 拆下横轴两端接盘固定大螺母（T120A 型推土机应先拧下大螺母定位螺栓），取出垫板，用专用拉器拉出两端接盘（为保证拆卸后能与横轴按原位装复，应在接盘花键毂与横轴花键端做出安装记号）。

③ 拆下横轴滚动轴承座固定螺钉，用螺栓顶出轴承座，取下调整垫片。

④ 拆下从动锥齿轮与中央传动轴的连接螺栓，T120A 型推土机可将横轴向右移位，取出从动锥齿轮，然后从中央传动器室抬出横轴（TY220 型推土机可将横轴从右侧转向离合器室取出）。

5．最终传动装置的拆卸

（1）驱动轮的拆卸

① 拆下防尘罩固定螺栓，取下防尘罩。

② 拆下外端盖固定螺栓，取下外端盖。

③ 取出内六角防动环。

④ 拧下半轴外端大固定螺母，取下圆垫板和轴向调整垫。

⑤ 取下外轴承座，同时用专用工具拉出外侧锥型滚柱轴承。

⑥ 撬开花型大螺母防动片，用专用工具拧下大花型螺母，再用专用拉器将驱动轮拉出（或与壳体、轮毂一并拆下，再行分解），并取下内、外油封（浮动油封或折叠式自紧油封）。

（2）侧减速器的拆卸

① 拆下侧减速器壳固定螺钉，抬下壳体。

② 卸下大从动齿轮及轮毂。

③ 卸下双联齿轮。

④ 从转向离合器室内拆下主动齿轮轴承座固定螺栓，用软金属棒将主动齿轮、轴承座、轴承和大接盘一起由外向内打出。

（3）半轴的拆卸

半轴在大修中一般不拆卸，只有经检查发现弯曲变形超限，需要换新件时才拆卸。拆卸方法如下：

① 撬下半轴大锁紧螺母的弹性防动卡圈，拧下大锁紧螺母。

② 用专用工具拉出半轴。

三、驱动桥检修、装配及调整

以 T120A 型推土机驱动桥为例。

1．主传动器

（1）检修

壳体横轴支承孔同轴度公差应小于 0.05mm，横轴孔与最终传动装置主动轴轴孔同轴度公差应小于 0.10mm。

壳体裂纹常发生在壳壁、横轴支承隔板、后轴支座以及焊接件焊缝等处。用焊接法修复，铸钢壳体可用加热减应法气焊或加固处理后电焊，焊前应将裂纹夹紧，以减少壳体变形。

锥齿轮主要损伤为齿面磨损、疲劳点蚀、轮齿断裂。当锥齿轮轮齿的大端齿厚磨损约 1mm、齿面疲劳点蚀超过齿长的 1/4 时，应用堆焊法修复或更换。断齿较多或齿面磨损严重时应成对更换。

接盘主要损伤：与油封配合处磨损，花键孔磨损与变形。与油封配合处磨损可镀铬或镀铁；花键孔磨损可镶套修复，即将花键孔搪大并压装一新钢套，将套孔内加工成锥形花键，焊接后，在圆周上分别压装 3～4 个销钉。

（2）装配要求

① 大小锥齿轮按配对记号安装，不能错乱。

② 滚锥轴承向横轴上安装时，先将轴承内圈在油中加热至 100℃，套在横轴上紧靠轴肩。

③ 调整垫片的总厚度不小于 1.5mm，每个钢衬垫均需置于铜衬垫之间。

④ 大齿圈装配前注意定位面清洁无碰伤，连接螺栓拧紧并用防动片固定，装配后齿面径向跳动量不大于 0.20～0.25mm。

⑤ 左右接盘不要换位，按配对记号安装，轴端螺母应边敲击，边紧固，并按规定扭矩拧紧，螺母紧固后，轴端花键须低于接盘花键毂（6±1.5）mm。

⑥ 接盘平面轴向跳动量不大于 0.2mm，径向跳动量不大于 0.25mm。

（3）调整标准

① 从动锥齿轮轴承轴向间隙标准为 0.08～0.15mm。

② 印痕的检查应以前进挡啮合面为主，适当照顾后退挡啮合面。印痕长 2/3L，距小端 5～15mm；印痕高度在节锥附近，位移不超过齿高 1/4，印痕允许间断成两部分，但每段不小于 12mm，断开间距不大于 12mm，前进时啮合面积不小于 50%，后退不小于 25%。

③ 啮合标准间隙为 0.35～0.5mm。

2. 转向离合器

（1）检修

① 主动毂常见损伤：外齿磨损、摩擦端面及花键孔磨损。

如摩擦端面产生磨痕变形和烧伤时，可加工修整，使其与花键孔轴线垂直。如花键孔磨损可换向使用，或镶套重新加工修复。

如外齿齿顶磨损出现凹凸不平时，可车光，允许车削量为 2mm（直径）。如齿侧磨损达 0.8mm 时，可将主动毂连同其上的摩擦片、半轴一起换到另一边转向离合器室，使未磨损面继续工作。如两边皆磨损达 1.5mm 时，应换新。

② 从动毂常见损伤：内齿和制动毂表面磨损。

内齿磨损凹凸不平时，可车光，允许车削量为 1.5mm（直径），齿侧单边磨损或两面都磨损，其要求和处理方法与主动毂相同。制动毂表面磨损出现 0.50mm 以上擦伤和不平时，应车光，最大车削量为 5mm。

③ 摩擦片当摩擦片齿顶磨尖时，应更换新品。摩擦片牙齿上有毛刺、锋边，应用细锉修磨，牙齿损坏超过三个或有裂纹应换新。摩擦片翘曲超过 0.2mm，沟槽深超过 0.3mm 时，应换新。从动摩擦片可铆接或粘接修复。

（2）装配要求

① 摩擦片先从后主，交错装复。

② 弹簧按长度、弹力对称交错安装。

③ 装复后，检查摩擦片的总厚度，如上海 120—A 型为（88.8±0.43）mm，不足时允许加主动片。

④ 安装松放环应注意方向，其油管接头应向上。

⑤ 转向离合器轴与主动毂花键孔端面沉入量为（6±1.5）mm。

⑥ 转向离合器总成向驱动桥安装时，应使主动毂外端面的宽切槽（85mm）对正最终传动主动轴端大螺母装入。

3. 转向制动器

（1）检修

制动带常见损伤：摩擦带磨损、断裂、铆钉松动等，其次是钢带断裂、钢带端部耳孔磨损等。

当制动摩擦带厚度磨损至 5mm 以下、断裂或铆钉松动以及钢带断裂应换新，并重新铆接或粘接。

更换新带后应满足下列要求：①铆钉头沉入量应为摩擦带的 1/2，铆钉应从摩擦带一边插入，在钢带一边铆合。②摩擦带应与钢带紧密贴合。③摩擦带应与制动毂表面贴合，不贴合处应小于 60°包角，间隙应小于 0.6mm。

（2）制动器调整

拉杆长度的调整：应先调内拉杆长度，使外摇臂上端距驱动桥壳体前壁的距离为 4～7mm；然后调整外拉杆长度，使踏板上端前缘在踏板轴中心垂线后方 40～50mm。

（3）制动带的调整

转动螺母使踏板自由行程达到 150～190mm，然后将踏板踩到底，松开支撑螺钉固定螺母，拧入螺钉至接触制动带，再退回 1～1.5 圈（保证制动带与制动毂有均匀间隙 0.50～2mm），将支撑螺钉锁紧。

4．液压助力器装配调整

（1）装配要求

① 所有零件应清洗干净。安装纸垫时，后盖垫两面均应涂密封胶，左右两侧盖垫、顶盖垫和液压泵座垫与助力器相贴的一面涂密封胶，另一面涂黄油。

② 摇臂轴处的填料应填实，每圈填料接口应错开 120°。

③ 液压泵驱动齿轮副的啮合间隙为 0.3～0.5mm，不符合要求时可增减助力器壳与驱动桥壳上平面间的垫片进行调整。

④ 试验后的助力器应将机油放净，并用柴油清洗，然后按季节添加新油。

⑤ 杠杆应能灵活转动，其轴向窜动量不得超过 0.5mm。

（2）调整

液压助力器装到机械上后，必须进行操纵杆自由行程的调整。其步骤如下：

① 打开离合器室后面及上面的检视孔盖。拧进球面调整螺母，使助力器顶套处于最前位置。

② 松开顶杆叉锁紧螺母，调整顶杆长度，使操纵杆空行程为 20～40mm。

③ 拧松球面螺母，使操纵杆总自由行程为 135～165mm。锁紧球面螺母，装好检视孔盖。

5．终传动装置装配调整

终传动检修类同轮式驱动桥。装配要求如下：

① 半轴表面涂二硫化钼润滑脂，用 3500～4500MPa 的压力压装，也可用大锤敲击装复，内端大螺母锁紧力矩为 1029.6～1176.7N·m。安装后检查半轴伸出侧减速器壳体轴承座端面的长度为 $474^{+2.50}_{-4.00}$ mm。

② 主动齿轮要求轴向间隙为 0.3～1.5mm，否则改变内轴承座处的垫片厚度来调整。

接盘安装时，在主动轴花键上涂二硫化钼润滑脂，使接盘与花键记号对正，压装接盘压力 $1.96×10^5$～$2.45×10^5$N，大螺母扭矩为 353～441.8N·m。装配后检查接盘定位径向跳动应小于 0.2mm，端面摆差应小于 0.6mm。

③ 双联齿轮要求轴向间隙为 0.4～1.8mm，否则改变外轴承盖处的垫片厚度来调整。

④ 驱动轮在花键上涂二硫化钼润滑脂，对正驱动轮与花键上的记号，用 $2.94×10^5$～

5.88×10⁵N 压力压装（伴随敲击），轮毂外端锁紧螺母力矩为 1470N·m。装复后，检查轮缘摆差应小于 1.5～3mm。

任务思考题 5

1. 简述履带式驱动桥的作用、组成以及转向制动原理。
2. 简述 SD22 推土机中央传动装置的结构及调整方法。
3. 单作用式和双作用式转向离合器的主要区别是什么？
4. 举例说明浮动式带式制动器的原理。
5. 举例说明驱动轮的结构及调整。
6. 举例说明终传动结构原理。
7. 查资料说明 TY220 推土机转向离合器手柄自由行程如何调整。
8. 简述转向离合器、转向制动器的检修调整。
9. 分析履带式车辆不转向的原因及排除方法。

项目二　液力机械式传动系构造与维修

任务一　液力变矩器构造维修

知识目标：

1. 学会描述液力传动原理、特点。
2. 学会描述液力变矩器原理、功用、类型。
3. 学会描述液力变矩器典型结构。
4. 学会分析液力变矩器常见故障原因。

技能目标：

1. 能够正确拆装、检修液力变矩器。
2. 能够正确诊断和排除液力变矩器典型故障。

任务咨询：

咨询一　液力变矩器结构原理

一、液力耦合器构造与工作原理

1. 液力耦合器的工作原理

液力耦合器和液力变矩器是利用液体作为工作介质传递动力，两者均属于动液传动，即通过液体在循环流动过程中液体动能的变化来传递动力，这种传动称为液力传动。

图 2-1-1 为液力耦合器的原理简图。离心泵叶轮在内燃机驱动下旋转，使工作液体的速度和压力都得到提高。高速流动的液体经管道冲向水轮机叶轮，使叶轮带动螺旋桨旋转做功，这时工作液体的动能便转变为机械能。工作液体将动能传给叶轮后，沿管道流回水槽中，再由离心泵吸入继续传递动力，工作液体就这样作为一种传递能量的介质，周而复始，循环不断。

上述工作过程，是能量转换与传递过程。为完成这一工作过程，液力传动装置中必须具有如下机构：① 盛装与输送循环工作液体的密闭工作腔；② 一定数量的带叶片的工作轮及输入输出轴，以实现能量转换与传递；③ 满足一定性能要求的工作液体及其辅助装置，以实现能量的传递并保证正常工作。

图 2-1-1 所示的传动装置中的离心泵叶轮与水轮机叶轮相距较远。因此，在传动中的损失很大，效率不高（一般不大于 70%），后来在其原理结构上改制了新型结构的液力耦合器和液力变矩器。在这种新的结构中没有离心泵和水轮机，而由工作轮代替。

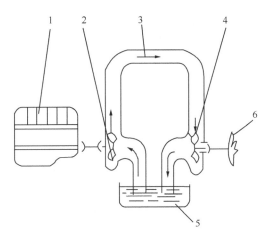

图 2-1-1　液力传动原理简图

1—内燃机；2—离心泵叶轮；3—管道；4—水轮机叶轮；5—水槽；6—螺旋桨

2．液力耦合器的结构及工作过程

图 2-1-2 为液力耦合器的结构示意图，耦合器的主要零件是两个直径相同的叶轮，称为工作轮，主要由泵轮、涡轮组成。其轴截面如图 2-1-3 所示。由发动机曲轴通过输入轴驱动的叶轮为泵轮（用 B 表示），与输出轴装在一起的为涡轮（用 T 表示）。叶轮内部制有许多沿圆周方向均匀分布的半圆形的径向叶片，各叶片之间充满工作液体，两轮装合后的相对端面之间有 2～5mm 间隙。它们的内腔共同构成圆形或椭圆形的环状空间（称为循环圆），其内充满着工作液体，液体在此空间内循环流动，称其为循环空间（工作腔）。

泵轮在发动机曲轴的带动下旋转，充满于泵轮叶片间的工作液在离心力的作用下以很高的速度和压力从泵轮的外缘流出，进入涡轮；涡轮在高速液流的冲击作用下旋转，进入涡轮的液流速度降低，并沿着涡轮叶片通道流动，同时又与涡轮一起旋转运动；从涡轮流出的液体重新返回泵轮，完成在工作轮之间的不断循环（即液体从泵轮→涡轮→泵轮循环不息）。

液体工作液在液力耦合器内的运动有两种流动，圆周流动和循环流动，圆周运动和泵轮的运动方向一致也称为环流，由泵轮叶片圆周运动推动工作液体引起。循环流动是指工作油液在泵轮、涡轮的叶片槽循环不息的循环运动，也称涡流。这两种运动同时发生，互相复合，合成后的工作液体的路线是一个螺旋环，如图 2-1-4（b）所示。

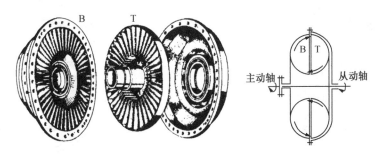

图 2-1-2　液力耦合器结构简图

B—泵轮；T—涡轮

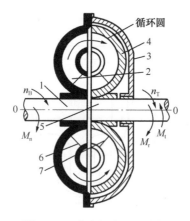

图 2-1-3　液力耦合器工作轮

1—输入轴；2—泵轮；3—罩轮；4—涡轮；5—输出轴；6、7—叶轮的叶片

　　在循环过程中发动机给泵轮以旋转扭矩，泵轮转动后使工作液体获得动能，在冲击涡轮时，将工作液体的一部分动能传给涡轮，使涡轮带动输出轴旋转，这样耦合器便完成了将工作液体的部分动能转换成机械能的任务（如图 2-1-5 及图 2-1-6），工作液体的另一部分动能则在工作液体高速流动时，由于冲击、摩擦，消耗能量使油发热而消耗掉。

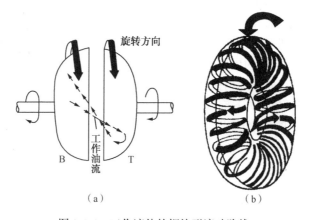

（a）　　　　　　　　　　（b）

图 2-1-4　工作液体的螺旋形流动路线

图 2-1-5　涡轮转动时工作液螺旋形流动路线

图 2-1-6　工作轮转速相同时工作液体流动路线

为了使工作液体流动传递动能，必须使工作液体在泵轮和涡轮之间形成环流运动，因此两工作轮之间转速差越大，工作液体传递的动能也越大。工作液体所能传给涡轮的最大扭矩等于发动机曲轴传给泵轮的扭矩，这种情况发生在涡轮开始旋转的瞬间。

图 2-1-7 为涡轮在不同转速下工作液体的绝对运动流动路线。流动路线 1 为涡轮处于静止状态（即 $n_T=0$），工作液体流出泵轮而进入涡轮时，被静止涡轮叶片所阻挡而降速。从图中也可以看到，当工作液体自压力较高的涡轮中心返回到速度较快的泵轮中心进行再循环运动时，液流是对着泵轮的背面冲击的，因此会阻碍泵轮的旋转。从 3 种不同涡轮转速而得到的 3 条工作液体流动路线 1、2、3 中可以看到，涡轮转速越小（即传递的动力越大时），工作液体经涡轮叶片返回泵轮时，对泵轮产生的运动阻力越大，如路线 1；反之，则越小，如路线 3。

为避免这一现象，改善工作液体的流动路线，在涡轮与泵轮之间安装一个可以改变液流方向的导轮。导轮固定不动，其上也有均匀分布的弯曲叶片，它将从涡轮流出的液流方向改变成有利于进入泵轮的方向，这不仅消除工作液流对泵轮的阻力，而且液体的残余能量冲击导轮叶片时，产生一种反作用扭矩，附加到下一循环工作液体所传递的扭矩中，因而就增大了涡轮所传出的扭矩（可以大于泵轮扭矩）。这种有 3 个工作轮的装置，具有改变涡轮扭矩的功能，故称为变矩器。

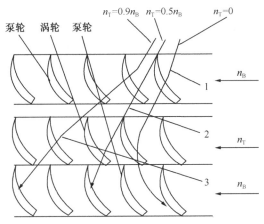

图 2-1-7　不同涡轮转速时工作液体的流动路线

二、液力变矩器的基本结构与工作原理

1. 液力变矩器的结构

由于液力传动具有自动适应、自动增矩变速、减振隔振、无机械磨损、无级变速、简化机械操纵性能等优点，使得它在液压工程机械中得到广泛应用。液力变矩器也称为变矩器，主要由泵轮 B、涡轮 T 和导轮 D 组成（图 2-1-8）。

泵轮 B 与发动机飞轮固定在一起，由发动机带动旋转；涡轮 T 通过轮毂与涡轮轴相连，用以带动负载工作；导轮 D 与机座连接，故固定不动。

泵轮、涡轮、导轮统称为工作轮。各工作轮在内、外环中间都有均匀分布的弯曲叶片（图 2-1-9），叶片间的空间为液体流动的通道，3 个工作轮的轴截面图形构成循环圆（图 2-1-10），其液流通道共同组成工作腔。变矩器正常工作时，泵轮叶片间的液体在叶片带动下与泵轮一起旋转，产生离心力，液体在离心力的作用下流向泵轮外缘并进入涡轮冲击涡轮叶片，对涡轮产生扭矩；然后又进入导轮并冲击导轮叶片，使导轮承受扭矩；此后液体又进入泵轮进入下一个循环。由此可见，液体在变矩器内的流动情况与在耦合器内的流动基本相似，只是多经过一个固定不动的导轮，因而变矩器传递扭矩的过程与耦合器类似。

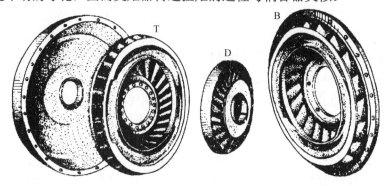

图 2-1-8　变矩器工作轮

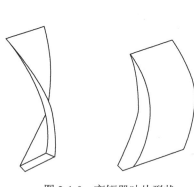

图 2-1-9　变矩器叶片形状

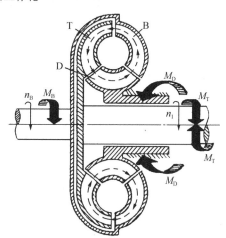

图 2-1-10　变矩器各工作轮扭矩作用关系

2. 液力变矩器的工作原理

与耦合器相比，变矩器在结构上多了一个固定不动的导轮。导轮不仅能改变液流方向传递转矩，而且使液力变矩器具有不同于液力耦合器的变矩作用，即在泵轮转矩不变的情况下，随着涡轮转速的不同（反映工作机械运行时的阻力），而改变涡轮的输出力矩，这也是变矩器与耦合器的最大不同点。

为便于说明原理，设发动机稳定运转即转速及负荷不变。取工作腔中的工作液体为隔离体，通过其受力来说明变矩原理。液体受到的外力有：从泵轮输入的扭矩 M_B，涡轮作用于液体的扭矩 M_T 和导轮的作用扭矩 M_D，循环工作液体上作用的外扭矩平衡，可列出下列的平衡方程式：

$$M_B + M_T + M_D = 0，\text{或}\ M_T = -(M_B + M_D)$$

M_T 为负，即输出力矩 M_T 是阻力矩，上式表明，涡轮的输出力矩不等于泵轮力矩，而等于泵轮和导轮作用于液体的力矩之和。导轮的作用是改变输出力矩，使得液力变矩器的输出力矩可以大于输入力矩，实现了变矩功能。当然在力矩传递过程中，转矩的增加是通过涡轮转速的降低获得的。

如果导轮自由旋转，即 $M_D=0$，则 $M_T=M_B$，此时变矩器变成了耦合器，因而可以把耦合器看成是变矩器的一个特例。

3．液力变矩器的补偿系统

要使液力变矩器正常工作，需要解决下述 3 个问题。

① 液力变矩器在工作时，由于能量的损失，会产生很大的热量，这种热量和液力变矩器传递的功率及效率有关。一般变矩器工作时，平均效率为 0.7 左右，平均有 30% 的能量消耗掉。损耗的能量使油及有关零件的温度升高。据测量，变矩器内部油液的温度往往高达 100℃ 以上。如果热量不能及时散出，致使油温太高时，会产生气泡，加速油的氧化，使油很快劣化。而且油温高时，黏度下降，起不到润滑作用，甚至破坏密封，增大漏损。因而变矩器工作时需要考虑散热和冷却问题。根据运行和试验，一般变矩器出口油温不允许超过 120℃，油温受密封材料和润滑要求等的限制。

② 变矩器中，特别是泵轮进口处，存在着"气蚀"问题。当叶轮流道中最低压力处的油压低于其蒸发压力时，则工作液体将汽化而形成气泡，当气泡伴随液流流至较高压力处时，气泡又将破灭而恢复液态，这种现象称为汽蚀。由于汽蚀现象，液力变矩器的效率降低，而且由于气泡破灭所引起的压力波将产生振动和噪声，严重时导致叶轮表面的金属剥落。显然，为了不发生汽蚀，需使该处压力高于油在该工作温度时的"气体分离压"。根据实验，泵轮进口压力一般应在 0.4MPa 以上。

③ 变矩器工作时，油是有漏损的，需要考虑及时补充。

为解决上述问题，工程机械变矩器都设置有油的补偿系统，工作时一部分油在一定的油压下不停地通过变矩器外循环进行强制冷却，以使变矩器中保持一定的油量、油压和油温。

为了避免汽蚀，保证液力变矩器正常工作，需采用补偿油泵将工作液体以一定压力输送到液力变矩器内，以防止循环圆内压力过低。此外，由于液力变矩器的液力损失，工作液体不断被加热而使油温升高。因此，补偿油泵的另一作用是不断将工作液体从液力变矩器中引出进行冷却。

在液力变矩器中，因为泵轮进口处的压力最低，所以产生汽蚀现象可能性最大的地方是泵轮进口处的叶片前段上。因此，经补偿油泵的压力油通常由泵轮进口处引入循环圆内，而从涡轮出口处引出进行冷却。泵轮进口处的最小补偿压力由试验确定。其方法是：先将补偿压力逐渐降低，直至液力变矩器输出特性参数有明显降低时（表明已处于汽蚀的临界状态），再逐渐提高补偿压力，直到液力变矩器输出特性恢复正常，即得最小补偿压力。一般液力变矩器的补偿压力范围是 0.4～0.7MPa。其液力元件加工精度要求高、价格贵，工作油容易泄漏，这使其结构复杂化，同时增加了成本。

4．液力变矩器油路系统

变矩器和变速箱共用一个油路，共同组成变速系统和液力供油系统（图 2-1-11）。

液力供油系统组成：油泵将工作油经油管 8 从油箱（即变速箱底）吸入，经油管 3、精滤器和油管 4 进入进油阀。从进油阀的出油分二路，一路经油管 6 进变速箱分配阀；另一路经液力变矩器箱体进入泵轮，在变矩器 3 个工作轮内循环工作后的部分油液经回油阀，通过管路 1 至散热器，冷却后的工作油通过油管 7 进入变速箱各挡位离合器冷却摩擦片，变矩器壳体内的油液经回油管 2 回油箱。

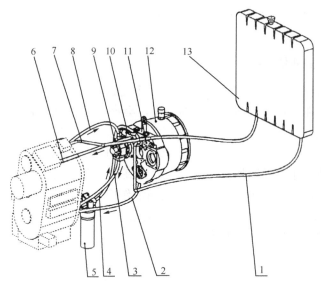

图 2-1-11　变矩器油路系统

1—回油阀至散热器油管；2—变矩器加油管；3—油泵至细滤器油管；4—细滤器至进油阀油管；5—细滤器；6—进油阀至变速箱
油管；7—散热器至变速箱油管；8—粗滤器至油泵油管；9—油泵；10—进油阀；11—回油阀；12—液力变矩器；13—散热器

5. 液力变矩器的类型

按液力变矩器在工作时可组成的工况数可分为单相、二相、三相和四相等。

单级指变矩器只有一个涡轮，单相则指只有一个变矩器的工况，单级单相变矩器结构简单，效率高，最高效率 $\eta_M = 0.8$。为了使发动机容易有载启动和有较大的克服外负载能力，希望启动工况（$i=0$）变矩系数 K_0 较大。故该型号变矩器的 $K_0 = 3$，只适用于小吨位的装卸机械。

单级两相变矩器也称为综合液力变矩器。它把变矩器和耦合器的特点综合到一台变矩器上，两相变矩器在整个传动比范围内得到更合理的效率。从变矩器工况过渡到耦合器工况或相反，是液流对导轮叶片的作用方向不同而自动实现的。

单级三相液力变矩器由一个泵轮、一个涡轮和两个可单向转动的导轮构成如图 2-1-12 所示，它可组成两个液力变矩器工况和一个液力耦合器工况，所以称为三相。泵轮由输入轴带动旋转，工作油液就在循环圆内做环流运动推动涡轮旋转并输出转矩。液流从泵轮进入涡轮，再进入第一级导轮，经第二级导轮，再回到泵轮。

当外负荷较大时，涡轮转速 n_2 较小 $i>i_1$，此时，涡轮出口绝对速度与涡轮旋转方向相反，以此方向作用在导轮叶片的正面，使导轮有相对涡轮逆向旋转的趋势，但由于单向离合器的外圈被滚柱楔在棘轮上，导轮被固定，得到第一种变矩器工况。

随着外负荷减小（$i_1<i<i_2$），涡轮转速 n_2 增大，而使涡轮出口绝对速度向涡轮旋转方向偏转，此时液流对导轮叶片的作用改变为作用在叶片的背面，使导轮有相对涡轮同样旋转的趋势。于是单向离合器中滚柱松开，外圈与棘轮松脱，这样第一级导轮就和涡轮一起转动，而第二级导轮仍不动，这是第二种变矩器工况。

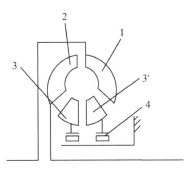

图 2-1-12 双导轮液力变矩器简图

1—泵轮；2—涡轮；3、3′—导轮；4—自由轮机构

若外负荷继续减小、涡轮转速 n_2 继续增大（$i>i_2$）时，液流从已随涡轮转动的第一级导轮流出，冲击第二级导轮叶片的背面，致使第二级导轮和涡轮同向转动。于是没有固定的导轮，该传动装置就成为一个液力耦合器的工况，在高传动比下，液力耦合器的效率很高。这种类型的变矩器综合了液力变矩器和液力耦合器的特点，它的高效区很宽，启动时变矩系数也较大，但其制造工艺比较复杂。

咨询二　液力变矩器的典型结构

1. 简单三元件液力变矩器

日本小松厂生产的 D85A—18 型推土机、D85A—12 型推土机、WA380 型装载机，美国 CAT 生产的 966F 型装载机及国产的 TY220 型推土机等所用的液力变矩器结构相差不大，都采用三元件单级单相液力变矩器。下面以 966F 型装载机的变矩器（图 2-1-13）为例介绍此类变矩器的结构。

变矩器泵轮的外缘用螺钉固定在旋转壳体上，泵轮内缘用螺钉与油泵齿轮相连，并通过轴承安装在支承轴上，支承轴用螺钉固定在变矩器壳体上。旋转壳体则用螺钉固定在接盘上，接盘通过花键与飞轮相固连，发动机通过飞轮驱动泵轮旋转。这部分是变矩器的主动部分。

涡轮用螺钉与涡轮轮毂相连，涡轮毂通过花键与涡轮轴（即输出轴）左端相连，并通过涡轮毂轴颈用轴承支承在接盘的座孔内，涡轮轴的右端则通过滚珠轴承安装在支承轴上，并通过花键与输出齿轮相连，变矩器的动力即由此输出。这部分是变矩器的从动部分。

变矩器的导轮通过花键固定在支承轴的端部，在三元件之间用止推轴承起轴向定位作用，支承轴上有油液进口与油液出口。

这种变矩器的最高效率和涡轮转速为零时的变矩比较高；但当传动比较高或较低时，效率很低，容易发热，故不宜直接用于一般车辆上，通常是采用挡数较多的变速箱与之配合使用。

966F 型装载机变矩器的液压控制系统如图 2-1-14 所示，该变矩器的液压控制系统由油箱、滤网、滤清器、限压阀、冷却器及连接管路等组成。

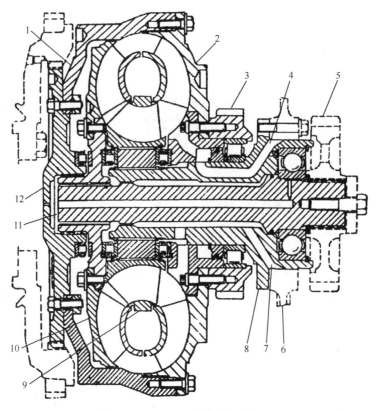

图 2-1-13 966F 型装载机变矩器

1—旋转壳体；2—泵轮；3—齿轮；4—油液进口；5—输出齿轮；6—变矩器壳体；7—油液出口；

8—支承轴；9—导轮；10—涡轮；11—涡轮轴；12—接盘

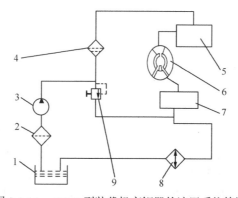

图 2-1-14 966F 型装载机变矩器的液压系统简图

1—油箱；2—滤网；3—油泵；4—滤清器；5—变速箱控制阀；6—变矩器；7—限压阀；8—冷却器；9—安全阀

油液经油泵送入滤清器滤清，经变速箱控制阀送入变矩器内循环工作，由于油液与流道相摩擦生热温度升高，一般要求不超过 120℃。当温度过高时，部分油液经出口流入冷却器进行冷却降温后流回油箱，再经油泵送入变矩器。变矩器油液出口处的限压阀控制变矩器内的油压接近 415kPa。当高压油路内因某种原因堵塞时，安全阀自动打开，以保护液压系统。

2. 双涡轮变矩器

双涡轮变矩器是工程机械中使用较多的一种变矩器，它具有零速变矩比大、高效率区范围宽的特点，因而可减少变速器的挡数，简化变速器的结构。通过两个涡轮的单独工作或共同工作，可使装载机低速重载作业时的效率有所提高，且提高低速时的变矩比，比较适合装载机的工况特点，因此，被应用在 ZL—40、ZL—50 及 ZL—30 等装载机上。现以 ZL—50 装载机的变矩器为例对双涡轮变矩器进行介绍。

双涡轮变矩器主要由泵轮、导轮、第一涡轮和第二涡轮等组成（图 2-1-15）。属于"单级二相变矩器"。变矩器采用内功率分流，这种形式本身就相当于两挡无级自动控制的变速器（根据负载的变化可自动进行调节），因而可减少变速器的排挡数，大大简化变速器的结构。

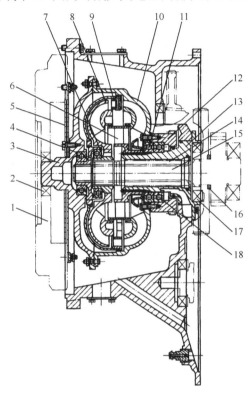

图 2-1-15　ZL—50 装载机的液力变矩器

1—飞轮；2、4、7、11、17、18—轴承；3—罩轮；5—弹性盘；6—导轮；8—第二涡轮；

9—第一涡轮；10—泵轮；12—齿轮；13—导轮座；14—第二涡轮套管轴；15—第一涡轮轴；16—隔离环

（1）主动部分

弹性盘的外缘用螺钉与发动机飞轮相连，内缘用螺钉与罩轮连接。与齿轮连接在一起的泵轮用螺钉与罩轮连在一起。主动部分的左端用轴承支承在飞轮中心孔内，右端用两排轴承支承在与壳体固定在一起的导轮座上。

（2）从动部分

从动部分由第一涡轮及第一涡轮轴、第二涡轮及第二涡轮套管轴组成。第一涡轮（轴流式）以花键套装在第一涡轮轴上。第二涡轮轴右端制有齿轮，第一涡轮输出的动力就是通过该齿轮输入变速器。第一涡轮轴左端以轴承支承在罩轮内，右端以轴承支承在变速器中。第二涡轮（向心式）也以花键套装在第二涡轮套管轴上，第二涡轮套管轴右端也制有齿轮。第二涡轮套管轴的左端用轴承 7 支承在第一涡轮轮毂内，右端用轴承 17 支承在导轮座 13 内，第二涡轮的动力即由第二涡轮套管轴上的齿轮输入变速器。

（3）固定部分

导轮 6 用花键套装在与壳体固定在一起的导轮座上，导轮右侧用花键固定有导流盘，两滚珠轴承、导流盘、导轮三者用卡环定位在导轮座上。

（4）单向离合器

导轮通过单向离合器（又称自由轮机构或超越离合器）和壳体刚性连接，单向离合器的结构有多种形式，但其工作原理和机构的作用都是相同的，单向离合器的作用是使其所连接的两个元件间只能相对的向一个方向转动，而无法朝相反方向转动，即它按受力关系不同，自动地实现锁定不动或分离自由旋转两种状态。其常见的结构形式有楔块式和滚柱式两种。通常液力变矩器采用滚柱式，而行星齿轮变速器采用楔块式。当传动比在 $0 \sim i_m$ 内，从动轴力矩大于主动轴，从涡轮流出的液流冲向导轮叶片的工作面。此时，液流力图使导轮朝导轮反旋转方向转动，由于单向离合器的楔紧，而导轮不转。在导轮不转的工况下，变矩器工作，增大转矩，克服变化的负荷。

当从动轴负荷减小而涡轮转速大大提高时（$i > i_m$ 范围），从涡轮流出的液流方向改变，冲向导轮叶片的背面，力图使它朝泵轮旋转方向转动，由于单向离合器的松脱，导轮开始朝泵轮旋转方向自由旋转。此时由于在循环圆中没有不动的导轮存在，不变换转矩，在耦合器工况工作时导轮自由旋转，减小导轮入口的冲击损失，因此效率提高。

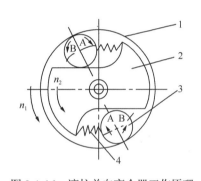

图 2-1-16　滚柱单向离合器工作原理

1—单向离合器外环；2—单向离合器内环；

3—滚柱；4—弹簧

图 2-1-16 为单向离合器的工作原理示意图。内环上铣有斜面齿槽，故称为内环凸轮。齿槽中装有滚柱，它在弹簧的作用下与内环斜面齿槽、外环的滚道面相接触。若带齿内环和输出轴齿轮一起沿箭头方向转动，并且内环转速 n2 大于外环的转速 n1，单向离合器中的滚柱与外环的接触点处作用有摩擦力，该力企图使滚柱沿图 2-1-16 中箭头 A 的方向转动，同时在滚柱与内环斜面的接触点处也有摩擦力，该力企图阻止滚柱的转动，这样滚柱就朝着压缩弹簧的方向滚动而离开楔紧面，内、外环之间不能传递扭矩，单向离合器分离。若外环转速 n_1 大于内环转速 n_2，外环作用在滚柱上的摩擦力企图使滚柱沿图 2-1-16 中箭头 B 的方向转动，而滚柱与内环斜面的接触点处仍有阻止滚柱转动的摩擦力。这样滚柱就朝弹簧伸长、张开的方向滚动，并楔入外环与内环的斜面之间，单向离合器楔紧。

3. 双导轮变矩器

国产 CL—7 自行式铲运机和 PY—160A 型平地机变矩器是单级三相四元件（图 2-1-17），它在结构上具有两个特点：① 具有两个导轮，这两个导轮通过单向离合器与固定的壳体相连。根据不同的工况可实现两个导轮固定，一个导轮固定、另一个导轮空转，以及两个导轮都空转三种工作状态，故称为三相。② 带有自动锁紧离合器，可以将泵轮和涡轮刚性地连起来变成机械传动。

柴油机的动力由连接盘 1 输入，连接盘用花键套在驱动盘 4 的轴颈上，泵轮 15 外缘用螺钉与驱动盘外缘相连接；泵轮内缘与油泵的驱动套 17 相连，支承圈 11 与驱动盘用键 30 相连；在驱动盘上有 12 个均布的驱动销 7 插入活塞 8 的相应孔中，使活塞既能随驱动盘、泵轮等一起转动，又能沿驱动销做轴向移动。以上各件组成了变矩器的主动部分，主动部分左端以滚动轴承 3 支承在变矩器外壳上，右端以滚动轴承 16 支承在导轮轴 18 上。

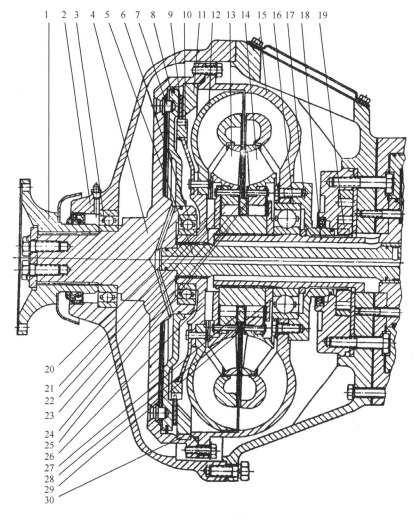

图 2-1-17　CL—7 自行式铲运机变矩器

1—连接盘；2—变矩器外壳；3—滚动轴承；4—驱动盘；5—涡轮轴；6—滚动轴承；7—驱动销；8—活塞；

9—锁紧摩擦盘；10—齿圈；11—支承圈；12—涡轮；13—第一导轮；14—第二导轮；15—泵轮；16—滚动轴承；

17—驱动套；18—导轮轴；19—油泵主动齿轮；20、28—限位块；21—单向离合器外圈；22、29—滚柱；

23—挡圈；24—单向离合器外圈；25—单向离合器内圈；26—花键套；27—隔离环；30—键

　　涡轮 12 的内缘与齿圈 10、花键套 26 铆在一起，套在涡轮轴 5 上，在齿圈上套有锁紧摩擦盘 9，其两边烧结有铜基粉末冶金衬片。以上各件构成为变矩器的从动部分。从动部分左端用滚动轴承 6 支承在驱动盘的内孔中，右端以滑动轴承支承在变速箱轴孔内。

　　第一导轮 13 与单向离合器外圈 21、挡圈 23、限位块 20 铆在一起；同样，第二导轮 14 与单向离合器外圈 24、挡圈铆在一起；两个单向离合器外圈通过两排滚柱 22、29 装于单向离合器内圈 25，以花键套在与壳体固定在一起的导轮轴 18 上；二个限位块 20、28 用来控制导轮与泵轴和涡轮之间的位置。隔离环 27 用铜基粉末冶金制成，一方面保证两导轮之间有一定间隙，另一方面当两导轮有相对转动时起减磨作用。

单向离合器（图 2-1-18）利用各元件工作面之间由于滚子的楔紧作用而产生的摩擦力来传递动力或单向锁定的。这里的单向离合器只起单向锁定作用。图中滚子在弹簧和销的作用下，卡在内圈和外圈之间，内圈与滚子的接触面为带有锥度的外圆柱面，弹簧的弹力很小，不足以产生楔紧力。在变矩器正常工况下，导轮受到油液的冲击，与导轮在一起的外圈沿顺时针方向旋转时，滚子就卡在内外圈组成的楔形槽的狭窄部位处，使内外圈被楔紧，从而将导轮单向锁定。

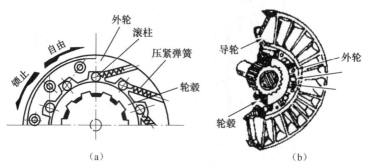

图 2-1-18　滚柱式单向离合器

当涡轮的转速升高到某一数值时，油液就冲到导轮叶片背面，使导轮逆时针旋转，滚子便移向楔形槽的宽阔部位，从而失去楔紧作用，使导轮与外圈等在内圈的外圆柱面上空转。

在 CL—7 自行式铲运机变矩器中装有锁紧离合器，锁紧离合器的作用是将变矩器的泵轮和涡轮刚性地连一起，就像一个刚性联轴节一样。这就可以满足铲运机的需要，在高速行驶时提高传动效率，下坡时利用发动机进行排气制动以及拖启动。

锁紧离合器由液压操纵（图 2-1-19），当液压油通过涡轮轴的中心孔进入活塞的左边时，可推动活塞右移，把套在涡轮齿圈上的摩擦盘压紧在活塞和支承圈之间，这样便将泵轮和涡轮刚性地连在一起了。动力直接由发动机、驱动盘、前盖、锁止离合器、涡轮到变速器输入轴。由于泵轮与涡轮锁为一体，动力传递无须通过液体，从而提高了高速下液力变矩器的传动效率。

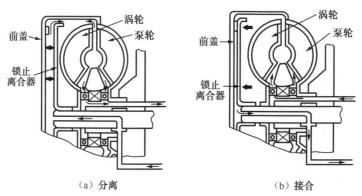

（a）分离　　　　　　　　　（b）接合

图 2-1-19　锁紧离合器

CL—7 自行式铲运机变矩器特性曲线，如图 2-1-20 所示。当传动比 i 较低时，从涡轮出来的油液冲击导轮叶片的正面，使两个导轮都被固定，这时效率曲线具有图 2-1-20 中曲线 1 的形状，而变矩比 K 变化较快，效率较低，这是铲运机起步和低速时的工况。

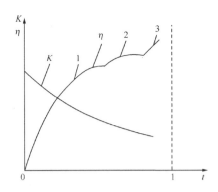

图 2-1-20 CL—7 自行式铲运机双导轮液力变矩器特性曲线

当传动比 i 增加到某值范围内时，从涡轮流出的油液方向变为冲向第一导轮背面，使第一导轮空转，不起作用，由于第二导轮叶片入口角小于第一导轮叶片入口角，在较大的传动比下导轮入口油流损失较小，效率提高，这时变矩器效率按图 2-1-20 中的曲线 2 变化。

当传动比 i 继续增大时，油液冲向第二导轮叶片背面，使第二导轮也空转，于是变矩器成为一个耦合器，故效率按耦合器效率变化，如图 2-1-20 中的曲线 3（直线）所示，效率进一步提高，这种变矩器的特性相当于两个变矩器和一个耦合器的特性的综合。

4．双泵轮液力变矩器

美国 CAT988B 装载机变矩器，如图 2-1-21 所示。它有内外两个泵轮，在驾驶室内操纵手柄和脚开关的控制下，通过液压离合器的调节作用，可以实现内泵轮单独工作、内外泵轮同时工作或相对工作。由于变矩器有效直径和特性变化，因而使变矩器所吸收和输出的功率可以在相当大的范围内进行无级调节，从而使装载机的牵引力、铲掘力和柴油机功率三者之间均能随工况变化而获得较理想的匹配。

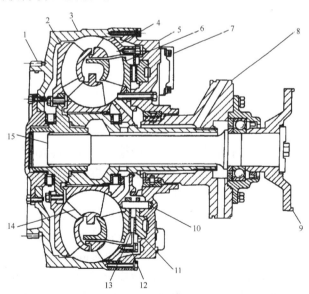

图 2-1-21 CAT988B 装载机液力变矩器

1—齿轮；2—涡轮；3—变矩器壳；4—外泵轮；5—离合器壳；6—内泵轮；7—盖；8—支座；9—连接盘；
10—销钉；11—活塞；12—从动盘；13—圆盘；14—导轮；15—输出轴

该变矩器有内、外两个泵轮。液压离合器由圆盘、从动盘和活塞等组成。齿轮和变矩器壳制成一体，并与柴油机飞轮啮合；变矩器壳和内泵轮用螺栓与离合器壳连接，圆盘和活塞通过销钉与离合器壳相连；变矩器壳、离合器壳、内泵轮和发动机一起旋转。

咨询三　液力变矩器典型故障诊断排除

一、油温过高

1. 现象

机械工作时油温表显示超过120℃，或用手触摸耦合器（或变矩器）时感觉烫手。

2. 原因分析

引起耦合器或变矩器油温过高的主要原因有以下几点。
① 变速箱油位过低。
② 油冷却器冷却效果不良。
③ 油管及冷却器堵塞或太脏。
④ 变矩器在低效率范围内工作时间太长。
⑤ 工作轮的紧固螺钉松动。
⑥ 轴承配合松旷或损坏。
⑦ 综合式液力变矩器因自由轮卡死而闭锁。
⑧ 导轮装配时自由轮机构缺少零件。
⑨ 操作不当。

3. 诊断与排除

（1）机械工作时如果油温表显示油温过高，应立即停车。发动机怠速运转，查看冷却系有无泄漏，水箱水位是否加满。若冷却系正常，则应检查变速箱油位是否位于油尺两标记之间。若油位太低，应使用同一牌号的油液进行补充；若油位太高，则必须排油至适当油位。

（2）如果变速箱油位符合要求，应调整机械，使变矩器在高效区范围内工作，尽量避免在低效率区长时间工作。

（3）如果调整机械工作状况后油温仍很高，应检查油管和冷却器的温度。若用手触摸时温度低，说明泄油管或冷却器堵塞或太脏，应将泄油管拆下，检查是否有沉积物堵塞，若有沉积物应予以清除，再装上接头和密封泄油管。

（4）如果触摸冷却器时感觉温度很高，应从耦合器或变矩器壳体内取出少量油液检查。若油液内有金属时，说明轴承松旷或损坏，导致工作轮磨损，应对其进行分解，更换轴承，并检查泵轮与泵轮毂紧固螺栓是否松动，若松动应予以紧固。

（5）如果以上检查项目均正常但油温仍高，应检查导轮工作是否正常。将发动机油门全开，使液力变矩器处于零速工况，液力变矩器出口油温上升到一定值后，再将液力变矩器换入液力耦合器工况，观察油温下降程度。若油温下降速度很慢，则可能是由于自由轮卡死而使导轮闭锁，应拆解液力变矩器检查。

二、供油压力过低

1．现象

在发动机油门全开时，液力耦合器或液力变矩器进口油压小于标准值。

2．原因分析

液力耦合器或液力变矩器供油压力过低的原因有以下几点。

① 供油量少，油位低于吸油口平面。

② 油管泄漏或堵塞。

③ 流到变速箱的油过多。

④ 进油管或滤网堵塞。

⑤ 液压泵磨损严重或损坏。

⑥ 吸油滤网安装不当。

⑦ 油液起泡沫。

⑧ 进出口压力阀不能关闭或弹簧刚度减小。

3．诊断与排除

（1）检查油位是否位于油尺两标记之间。若油位低于最低刻线，应补充油液；若油位正常，应检查进出油管有无漏油处，若有漏油处，应予以排除。

（2）如果进出油管密封良好，应检查进出口压力阀的工作情况。若进出口压力阀不能关闭，应将压力阀拆下，检查各零件有无裂纹或伤痕、油路和油孔是否畅通，以及弹簧刚度是否变小，发现问题及时解决。

（3）如果进出口压力阀正常，应拆下油管和滤网进行检查。若有堵塞，应进行清洗并清除沉积物；若油管畅通，则需检修液压泵，必要时更换液压泵。

（4）观察液压油是否起泡沫。如果油起泡沫，应检查回油管的安装情况。若回油管的油低于油池的油位，应重新安装回油管。

三、机械行驶速度过低或行驶无力

1．现象

机械挂挡起步后提高发动机转速，行驶速度不能相应提高或行驶无力。

2．原因分析

机械行驶速度过低或行驶无力主要原因有以下几点。

① 液力耦合器或液力变矩器内部密封件损坏，使工作腔液流冲击力下降。

② 自由轮机构卡死，造成导轮闭锁。

③ 自由轮磨损失效。

④ 工作轮叶片损坏。

⑤ 进、出口压力阀损坏。

⑥ 液压泵磨损，造成供油不足。

⑦ 液压油油位太低。

⑧ 变速箱摩擦离合器有故障。

3．诊断与排除

① 机械挂挡起步后，如果行驶无力或行驶速度缓慢，应首先检查挂挡压力表指示压力是否在正常范围内，如果压力过低，应予以排除。

② 如果压力正常而机械行驶无力，则可能是液力耦合器或液力变矩器内部密封件损坏，导致进口压力油大量泄漏，使输出扭矩下降；也可能是自由轮磨损失效或工作轮叶片损坏；还可能是变速箱摩擦离合器存在故障，应具体分析并予以排除。

四、漏油

1．现象

液力耦合器与变矩器后盖与泵轮结合面、泵轮与轮毂连接处有明显漏油痕迹。

2．原因分析

漏油故障大体上由以下几个原因引起：

① 液力耦合器与变矩器后盖与泵轮连接螺栓松动。

② 后盖与泵轮结合面密封圈损坏。

③ 泵轮与泵轮毂连接螺栓松动。

④ 油封及密封件损坏或老化。

3．诊断与排除

① 启动发动机，如果从液力耦合器或液力变矩器与发动机连接处漏油，说明泵轮与泵轮罩连接螺栓松动或密封圈老化，应紧固连接螺栓或更换 O 形密封圈。

② 启动发动机，如果从与变速箱连接处甩油，说明泵轮与泵轮毂连接螺栓松动或密封件损坏，或垫圈损坏，应紧固螺栓查看是否还漏油，如果仍漏油，应更换密封圈。

③ 如果漏油部位在加油口或放油口螺塞处，应先检查螺塞的松紧度，如果螺塞太松，应重新紧固。若仍漏油，应检查螺塞螺纹孔是否有裂纹。

五、异响

1．现象

液力耦合器与液力变矩器工作时，内部发出金属摩擦声或撞击声。

2．原因分析

以下几个原因会引起液力耦合器及液力变矩器的异常响声：

① 轴承磨损或损坏。

② 工作轮连接松动。

③ 与发动机连接的螺栓松动。

3. 诊断与排除

液力耦合器或液力变矩器工作出现异响时，应首先检查它们与发动机的连接螺栓是否松动。如果连接螺栓松动，应紧固并达到规定扭矩；如果连接螺栓紧固，应检查各轴承，若有松旷应进行调整。当调整无效时，应更换新轴承。此外，应检查液压油的数量和质量，必要时添加或更换新油。

经过上述检查，若没有发现异常现象，应检查各工作轮的连接是否松动。如有松动应按规定扭矩拧紧；如连接可靠，则可能是由于异常磨损导致的异响，应分解液力耦合器或液力变矩器，查明具体原因并予以排除。

六、故障实例

液力变矩器的油温高。

一台 TY165B 液力机械传动推土机工作时，出现了液力变矩器油温高的故障。

分析诊断：

首先对其液力传动的液压管路进行分析，液力传动泵通过粗滤器从变速器内吸油，再通过细滤器供给变速器控制阀（包括调节安全阀组和液力变矩器阀组）；经调节安全阀调压后的液压油输给设在液力变矩器进口的安全阀，其开启压力为 0.75～0.85MPa，用来控制进入变矩器的油压；通过该阀的油液导入润滑回路，然后被引到变矩器调节阀，调节阀调定压力为 0.20～0.30MPa；由调节阀提供的液压油，经冷却器冷却后送入变速器的润滑安全阀（调定压力 0.12MPa）。

因液力传动泵从变速器内吸油，因此先查看了变速器的油位和油温，均为正常。

对变速器调节安全阀、液力变矩器进口安全阀、液力变矩器出口调节阀进行压力检测，变速器调节安全阀和变矩器出口调节阀压力均正常，而变矩器进口安全阀压力低于规定值。

据此，可排除油箱至油泵间管路、油泵以及液力变矩器内部漏油、密封不良等原因，而将故障原因锁定为液力变矩器安全阀动作不正常。

排除：

卸下变矩器安全阀，经拆检安全阀阀芯卡死，清洗后将安全阀复原装机，测试液力变矩器油温恢复正常。由此可见，造成上述故障的原因是系统油液被污染，使阀芯卡死不能回位所致。

实践训练 7　液力变矩器维修

一、检查维护液力变矩器

1. 日常维护

液力变矩器工作原理较复杂但结构简单，其日常维护、保养与传统的机械传动差别较大。

液力变矩器的维护与液力变速箱的维护密不可分。油液作为液力变矩器、变速箱的工作介质，还对整个传动装置进行润滑、冷却和操纵。在实际工作中，液力变速箱的故障有 70% 以上是由油液引起的，因此在日常保养中主要以油液为主线贯穿其中。

油是液力变矩器的工作液和润滑剂，必须保持清洁，各油路系统和油箱不应有沉淀、油泥、水分或其他有害物质。维护间隔期根据使用和作业工况确定，最好每天或每工作班检查一次油路系统的油位，查看是否有漏油现象。在作业过程中应注意检查变矩器的作业温度。

检查油位时，液力传动变速箱处于工作状态，发动机怠速运转 5min 以上，通常应保持满刻度油位。

一般每工作 1000h 应更换一次油，如油中有污物或者因经常超温作业使油变质都应及时更换，可根据油的颜色或气味进行初步判断。每次换油时必须对所有油滤清器进行清洗或更换，在恶劣工况下更应经常检查并及时清洗或更换油滤清器。

如果发现油里出现金属颗粒（通常说明某个部件出现了故障），必须对油路系统所有部件——变速箱、变矩器、油管、油滤清器、冷却器、阀及液压泵等彻底进行清洗检查。

变矩器放油时，油应处于温热状态。按下述步骤进行：①管路系统放油，放尽变矩器外围所有管道内油液；②变速箱放油，首先取下变速箱壳底的油塞，排出系统内的油后再将其装上，然后拆下油滤清器，在煤油、柴油或汽油中用软刷清洗；③变矩器放油，启动发动机使变矩器以低于 1000r/min 的转速空转 20～30s（注意变矩器运转不要超过 30s），使变矩器里的油液排到变速箱内，再放尽变速箱内的油液。

液力变矩器注油按下述步骤进行：①检查放油塞、油滤清器、油管等是否已更换或安装好；②通过变速箱加油孔注入适量规定牌号的传动油，注意加油口盖通常用作通气帽，应保持干净；③启动发动机，使其怠速运转，变速箱挂空挡，继续注入适量油；④发动机怠速运转 2min 之后，检查油位，加油至规定油位。

2. 试车检查

在日常使用过程中，既可通过感觉液力变矩器有无异响、车辆行走是否有劲来判断液力变矩器工作是否正常，也可通过下面一些简单的测试检测液力变矩器的性能。

（1）检查导轮工作是否正常

将发动机油门全部打开，制动液力变速箱输出轴，让变矩器油温升至 110℃，然后松开液力变速箱输出轴，换至空挡，立即检查油温下降速度，温度应在 15s 之后开始下降。如温度下降速度慢，则表示导轮可能闭锁；如果温度迅速下降，表明导轮工作正常。

（2）变矩器零速工况检查

变矩器零速工况是指变矩器输出转速为零时的工作状况。将液力变速箱换至高挡，发动机油门全开，制动变速箱输出轴（注意零速工况不要超过 30s，变矩器油温不要超过 120℃），检测此时发动机转速并与推荐值进行比较，以帮助判断发动机输出转矩是否正常。

（3）变矩器油压检查

在发动机油门全开的情况下，分别测量变矩器在零速工况及空载工况下主油路（供油泵）压力、变矩器进油压力及变矩器回油压力，所测压力值应在规定的范围内。

（4）变矩器油温检查

在日常作业时，应经常观察变矩器油温指示表。一般变矩器正常工作油温为 70～95℃，当油温超过 100℃时，通常应停机冷却并检查。如遇特殊工况，油温最高不超过 120℃且时间不超过 5min。油温过低不能发挥液力变矩器的正常工作效率，油温过高油液易积炭、氧化，从而易引起系统故障。

（5）变矩器与变速箱传动系统转矩传递能力的检查

目的是检查传动系统中离合器的工况。变速箱换至低速挡，在前进方向使车辆抵住固定物，发动机油门全开，在空载状况下，驱动轮一般应旋转打滑。否则应再检查离合器进油压力，以确定是油路系统故障还是离合器故障。

二、拆装检修液力变矩器

1．拆卸

（1）将变矩器－变速器总成从装载机上吊出。

① 准备接油器具，拧下变速箱下面的放油螺塞，把变矩器－变速器总成（以后简称双变总成）内的润滑油放干净；

② 拆去变速器前、后输出轴与前、后传动轴的连接螺栓；

③ 拆去与双变总成连接的各种管路；

④ 打开变矩器壳上盖窗口，从窗口中伸入扳手，拆下弹性板外缘与飞轮连接的一圈螺栓；

⑤ 拆去飞轮壳与变矩器壳连接螺栓；

⑥ 将双变总成从装载机上吊出，用支架支撑，变矩器朝下，变速器端盖朝上。

（2）变矩器与变速器分离

① 将工作油泵、变速泵、转向泵逐个拆下；

② 拆去变速操纵阀；

③ 将变速器端盖等零件逐个拆去，直至取出倒挡活塞总成；

④ 将变矩器－变速器翻身，变矩器朝上，用支架支撑；

⑤ 松去变速器箱体与变矩器壳体的连接螺栓，用起吊螺栓、钢丝绳挂钩起吊，将变矩器与变速器分箱。起吊时必须平正，以免损坏轴承。

（3）变矩器解体

① 拆去弹性板内缘与罩轮内缘的连接螺栓，取下弹性板；

② 拆去罩轮外缘的连接螺栓，取下罩轮后，依次取下一级涡轮、二级涡轮、导轮等零件；

③ 拆去泵轮与驱动齿轮的连接螺栓，拆下泵轮，并依次取下驱动齿轮、导轮座、输入一级齿轮、输入二级齿轮。

2．检测

① 清洗全部金属零件，疏通冲洗油孔并冲走其中的脏物。用压缩空气吹干所有零件和油孔（除轴承外），干燥后涂薄油（液力传动油）。

② 严格清洗轴承，清除结块污垢，然后将轴承自然干燥。

用手旋转轴承，检查磨损情况，查看是否有刻痕、凹坑、裂缝、烧伤、脱皮、点蚀、剥落、转动不灵、隔离架损坏、响声不正常、屑片或滚子，滚道的过量磨损，必要时更换。检查完毕涂以薄油（液力传动油）。

③ 检查变矩器支承壳和其他零件的安装平面是否有污物、刮伤，起槽是否有过度磨损。用砂纸轻轻清除其毛口和外来沾物。必须更换过度刮伤、起槽、过度磨损的零件、碎裂零件。相互配合的面若有刮伤、起槽、过度磨损会引起泄漏，应更换。

④ 检查所有油道是否堵塞、叶轮流道是否粘有污物。

⑤ 检查所有螺栓零件的螺纹是否有损坏，液力变矩器是高速旋转的元件，对螺纹连接件及其锁紧装置的要求非常严格，要求螺纹连接件的锁紧装置必须可靠、有效。在拆检中，发现螺纹有损伤，必须采取可靠的维修措施。通常，在结构允许时，采用修理尺寸法修复螺

纹效果最佳。但是，更换加大螺纹连接件后，必须对液力变矩器进行动平衡试验，以免使变矩器的动平衡受到破坏而承受附加载荷。

⑥ 检查所有零件相互配合的内孔和轴是否有失圆、刻痕、毛口、锐边、烧伤等现象，用砂纸除去刻痕和毛口，刮去飞边。失圆或严重损坏者应更换。

⑦ 检查垫圈、卡环、挡圈是否变形、崩裂、刮伤、毛口或磨损，必要时更换。

⑧ 仔细、严格检查所有密封环、O形圈、垫密片是否有变形、磨损、老化、溶胀、划伤等，一般缺陷者均不宜重新使用。

⑨ 检查所有的花键和齿轮零件是否有刻痕、毛口、裂纹、崩牙、变形、剥落、点蚀及过量磨损，必要时更换。

⑩ 检查弹簧是否擦伤、断裂或产生永久变形，失去原有弹性。

⑪ 各工作轮的叶片损坏时，必须更换。不得用焊修等手段修复叶片，以免破坏液力变矩器的动平衡；更不能将叶片损坏的工作轮直接装机使用。

⑫ 检查涡轮轴的轴颈、花键和齿轮的齿面。正常情况下，涡轮轴安装轴承的轴颈，其径向尺寸磨损超过 0.03mm，圆度、圆柱度误差超过 0.02mm，或齿轮和花键磨损出现台阶时，应予更换。无配件供应时也可采用磨削、刷镀、油石打磨等措施修复。

⑬ 大超越离合器弹簧损坏、滚柱磨损者应更换零件；滚道磨损出现台阶者应更换大超越离合器总成，或采取刷镀等办法恢复尺寸。

3. 装配

（1）装配步骤

① 首先安装导轮座，固紧后使壳体左端朝上装配密封环。齿轮、泵轮和轴承组装后再一体装上导轮座，注意不得损伤密封环。然后用弹簧挡圈将导油环和导轮固定。轴间间隙由制造保证，不需调整。

② 大超越离合器组装后，外环齿轮相对于中间输入轴只能顺时针旋转并且轻快自如无串跳。

③ 变矩器与变速器合箱前，大超越离合器一级输入一级齿轮、输入二级齿轮连同轴承应先装上变速器。

④ 变矩器与变速器合箱后，在固紧周边螺栓和安装变速泵之前，必须使轴齿轮伸出端与变速泵安装平面的不垂直度在 80mm 范围内不大于 0.03mm。当校对正确后才能固紧螺栓。

⑤ 两个涡轮组装后再一体安装。一级涡轮与涡轮罩在出厂前是经过动平衡校验的，装配时应注意使两者上的箭头标记必须对齐。

⑥ 安装罩轮和弹性板。后者四片，两圈螺栓孔应校对整齐以避免某一两片单独受力。

⑦ 变矩器—变速器与发动机合套应采用吊装法。两者对中准确，即可推入合套。切忌在尚未对中前强行打击合套，以免损坏机件。

⑧ 合套后，由壳体的窗口将弹性板与飞轮固紧。每两个螺孔有一垫片，不得省略。注意应绝对避免任何零件或杂物掉进壳体，一旦发生，应坚决拆套取出。

（2）装配注意事项

① 导轮不能装反。

液力变矩器泵轮和涡轮的结构决定了它们不可能装反，但导轮却有可能被装反。如果导轮被装反了，液压油从涡轮出来就到了导轮的出口处，产生"液压顶牛"现象，使液体的动能消耗在液力变矩器内部而降低了液力变矩器的输出转矩，导致装载机动力不足，高速挡不能起步，油温过高等现象。

辨别导轮进出口的方法是：根据叶片的厚薄识别（叶片的进口处厚而出口处薄）；根据叶片的角度识别。

② 保证泵轮与涡轮之间的装配间隙。

安装好的泵轮与涡轮间的间隙应为 2～3mm；用手转动泵轮时，泵轮应转动灵活，并且无摩擦声。如装配间隙不足 2mm，则应找出原因并进行修复，否则会影响机械的动力性。

③ 不得漏装卡簧。

在液力变矩器中，第一、二导轮，涡轮及轴承等的轴向定位是靠卡簧来实现的。因此，装配时不能漏装其中任何一个卡簧，否则会引起零件的轴向窜动，发生机械摩擦或碰撞，甚至发生严重的机械事故。

④ 保证密封环的厚度和弹性。

安装导轮座、涡轮轴上的密封环前，应将密封环放到环槽内，检查其厚度（在环槽内密封环应能灵活转动）和弹性。如果密封环在环槽内转动比较困难，应将其放在铺平的砂布上进行研磨，直到它能在环槽内灵活转动。如转动不灵活，则在液力变矩器装复后密封环会卡死在环槽内，失去其密封性能，从而影响液力变矩器传递扭矩。

⑤ 检查液压油的品质和清洁度。

液压油的品质和清洁度应符合规定要求。

任务思考题 6

1. 简述液力变矩器变矩原理。
2. 简述双涡轮液力变矩器构造及工作过程。
3. 简述液力变矩器补偿系统的必要性。
4. 液力变矩器在装配过程中需要注意什么？
5. 简要分析液力变矩器油温过高的危害和原因。

任务二　动力换挡变速箱构造与维修

知识目标：

1. 学会描述动力换挡变速箱功用、类型及原理。
2. 学会描述动力换挡变速箱典型结构。
3. 学会分析动力换挡变速箱各挡动力传递路线。
4. 学会分析动力换挡变速箱控制原理。
5. 学会分析动力换挡变速箱常见故障原因。

技能目标：

1. 能够正确拆装动力换挡变速箱。
2. 能够对动力换挡变速箱主要零部件进行检修。
3. 能够正确诊断和排除典型动力换挡变速箱简单故障。

任务咨询：

咨询一　行星齿轮式动力换挡变速箱构造原理

液力变矩器虽然能在一定范围内自动地、无级地改变输出扭矩，但由于变矩系数不够大，难以满足进一步的要求，尤其对工况复杂多变的推土机来说，外阻力变化范围很大，这就需要有一个与液力变矩器相配合的变速箱。液力变矩器不能彻底切断动力，因此与它配合使用的变速箱应具有不切断动力就能换挡的性能，这种变速箱就是所谓的动力换挡变速箱。它由液压离合器或液压制动器来操纵，实现挡位变换。采用这种形式变速箱的推土机无须再装主离合器。动力换挡变速箱结构紧凑、传动比大、传递扭矩能力大等特点，在工程机械上得到了广泛的应用，如 ZL—40（50）装载机、CL—7 铲运机等均采用了此种形式的变速器，动力变速箱主要有两种基本形式：行星齿轮式和定轴式。本节将以 ZL—50 装载机的变速器为例进行介绍。

一、行星排工作原理

ZL—50 装载机的变速器主要由两个单排行星齿轮机构组成。

单排行星齿轮机构由太阳轮、行星齿轮、齿圈、行星架等组成（图 2-2-1）。太阳轮、齿圈、行星架称为行星排的 3 个基本构件。行星齿轮同时与太阳轮和齿圈啮合，在两者之间起着中间轮的作用。行星齿轮的轴线不是固定的，它一方面绕本身的轴线自转，同时还可随行星架绕太阳轮公转。行星齿轮机构动力的传递是通过 3 个基本构件来实现的。因此，它的传动比也是指基本构件之间的传动比。

行星齿轮机构在结构方面具有下列特点：

① 太阳轮、行星架和齿圈都是同心的，即围绕公共轴线旋转。这能够取消诸如手动变速器所使用的中间轴和中间齿轮。

② 所有齿轮始终相互啮合，换挡时无须滑移齿轮，因此磨损小、寿命较长。

③ 结构简单、紧凑，其载荷被分配到数量众多的齿上，强度大。

④ 可获得多个传动比。

行星齿轮机构传动比的计算可根据相对运动原理，把属于周转轮系的行星齿轮机构转化为定轴轮系来进行计算。设太阳轮、齿圈和行星架的转速分别是 n_1、n_2 和 n_3，如果给整个机构加上一个与行星架的转速大小相等、方向相反的转速 n_3，则各构件间相对运动的关系不变。

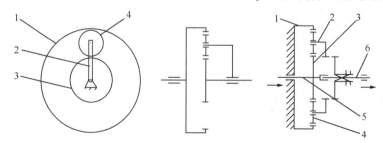

图 2-2-1　单排行星齿轮机构

1—齿圈；2—行星架；3—太阳轮；4—行星齿轮；5—主动轴；6—从动轴

此时太阳轮的转速为 n_1-n_3，齿圈的转速为 n_2-n_3，行星架的转速为 $n_3-n_3=0$，即此时行星架停转，整个行星齿轮机构就转化为定轴轮系。

行星架停转时的太阳轮转速（n_1-n_3）与齿圈转速（n_2-n_3）之比，等于它们的齿数之反比（此时行星齿轮为中间惰轮）。用公式来表示可写成：

$$(n_1-n_3)/(n_2-n_3)=-Z_2/Z_1=-K$$

式中，K 是齿圈齿数 Z_2 与太阳轮齿数 Z_1 的比值，称为行星排特性参数，为保证构件间安装的可能，K 的取值范围是 $\frac{4}{3}\leqslant K\leqslant 4$；"-"表示当行星架停转时太阳轮与齿圈的旋转方向相反。

整理后得到单排行星齿轮机构的运动方程为：

$$n_1+Kn_2-(1+K)n_3=0$$

行星齿轮机构 3 个基本构件均可以根据传动要求，将其中任意一个构件固定，使另外两构件分别与传动系中的主动部件和从动部件连接。根据不同的选择可得到 6 个不同传动比的传动方案。

若任何两个构件连成一体转动，则第三个构件转速必然与前两个构件转速相等，即行星齿轮机构中所有构件之间都没有相对运动，从而形成直接传动，传动比 $i=1$。

如果所有构件都自由转动，则行星齿轮机构完全失去传动的作用。

简单行星排 8 种方案传动比，如表 2-2-1 所示。

工程机械所使用的行星齿轮变速器，为了增加转速比范围，常将两组或多组单排行星齿轮机构组合为复合行星齿轮机构，其传动比可根据单排行星齿轮机构传动比的计算方法推导出来。

表 2-2-1　简单行星排 8 种方案传动比

方案	主动件	被动件	固定件	传动比	备注
1	太阳轮	行星架	齿圈	$1+a$	减速增扭
2	齿圈	行星架	太阳轮	$(1+a)/a$	
3	太阳轮	齿圈	行星架	$-a$	
4	行星架	齿圈	太阳轮	$a/(1+a)$	增速减扭
5	行星架	太阳轮	齿圈	$1/(1+a)$	
6	齿圈	太阳轮	行星架	$-1/a$	
7	任两个连成一体			1	直接传动
8	既无任一元件制动又无任二元件连成一体			三元件自由转动	不传递动力

二、典型行星式动力换挡变速箱构造原理

1．ZL50D 型装载机变速箱结构原理

（1）变速箱结构

ZL50D 型装载机是我国装载机系列中的主要机种，系列中其他机种的结构与之相似。如图 2-2-2 所示，与该变速箱配用的液力变矩器具有一级、二级两个涡轮（称为双涡轮液力变矩器），分别用两根相互套装在一起的并与齿轮做成一体的一级、二级输出齿轮（轴），将动力通过常啮齿轮副传给变速箱。由于常啮齿轮副的转速比不同，故相当于变矩器加上一个两挡自动变速箱，它随外载荷变化而自动换挡。再由于双涡轮变矩器高效率区较宽，故可相

应减少变速箱挡数，以简化变速箱结构。

ZL50D 型装载机的行星变速箱由两个行星排组成，只有两个前进挡和一个倒挡。输入轴和输入齿轮做成一体，与二级涡轮输出齿轮常啮合；二挡输入轴与二挡离合器摩擦片连成一体。前、后行星排的太阳轮、行星轮、齿圈的齿数相同。两行星排的太阳轮制成一体，通过花键与输入轴二挡输入轴相连。前行星排齿圈与后行星排行星架、二挡离合器受压盘三者通过花键连成一体。前行星排行星架和后行星排齿圈分别设有倒挡摩擦片、一挡摩擦片。

变速箱后部是一个分动箱，输出齿轮用螺栓和二挡油缸、二挡离合器受压盘连成一体，同变速箱输出齿轮组成常啮齿轮副，后者用花键和前桥输出轴连接。前、后桥输出轴通过花键相连。

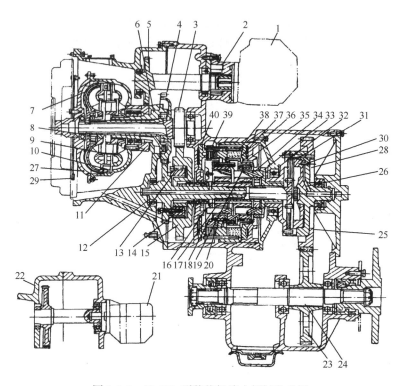

图 2-2-2　ZL50D 型装载机液力机械传动图

1—工作油泵；2—变速油泵；3—一级涡轮输出齿轮；4—二级涡轮输出齿轮；5—变速油泵输入齿轮；6—导轮座；7—二级涡轮；
8—一级涡轮；9—导轮；10—泵轮；11—分动齿轮；12—变速箱输入齿轮及轴；13—大超越离合器；14—大超越离合器凸轮；
15—大超越离合器外环齿轮；16—太阳轮；17—倒挡行星轮；18—倒挡行星架；19—一挡行星轮；20—倒挡内齿圈；
21—转向油泵；22—转向油泵输入齿轮；23—变速箱输出齿轮；24—输出轴；25—输出齿轮；26—二挡输入轴；27—罩轮；
28—二挡油缸；29—弹性板；30—二挡活塞；31—二挡摩擦片；32—二挡受压盘；33—倒挡、一挡连接盘；34—一挡行星架；
35—一挡油缸；36—一挡活塞；37—一挡内齿圈；38—一挡摩擦片；39—倒挡摩擦片；40—倒挡活塞

（2）变速箱动力传递

ZL50D 型装载机行星变速箱的传动路线，如图 2-2-3 所示。该变速箱两个行星排间有两个连接件，故属于二自由度变速箱。因此，只要接合 1 个操纵件即可实现 1 个排挡，现有 2 个制动器和 1 个闭锁离合器可实现 3 个挡。

① 前进一挡。当接合制动器 9 时，实现前进一挡传动。这时，制动器 9 将后行星排齿圈固定，而前行星排则处于自由状态，不传递动力，仅后行星排传动。动力由输入轴 5 经太阳轮从行星架、二挡受压盘 11 传出，并经分动箱常啮齿轮副 C、D 传给前、后驱动桥。

由于只有一个行星排参与传动，故转速比计算很简单。这里是齿圈固定，太阳轮主动，行星架从动，属于简单行星排的方案 1，由表 2-2-1 即得前进一挡行星排的传动比为 $i'_1 = 1 + K$。

因为该变速箱的输入端有两对常啮齿轮副 3、4，由两个涡轮随外载荷的变化，通过不同的常啮齿轮副 3、4 将动力传给变速箱输入轴 5。变速箱的输出端还有分动箱内的一对常啮齿轮 C、D，故变速箱前进一挡总传动比为 $i_1 = 2.69$。

② 前进二挡。当闭锁离合器接合时，实现前进二挡。这时闭锁离合器将输入轴、输出轴和二挡受压盘直接相连，构成直接挡，此时行星排传动比 $i'_2 = 1$，故变速箱前进二挡总传动比为 $i_2 = 0.72$。

③ 倒退挡。当制动器 6 接合时，实现倒退挡。这时，制动器将前行星排行星架固定，后行星排空转不起作用，仅前行星排传动。因为行星架固定，太阳轮主动，齿圈从动，属于简单行星排方案 5，由表 2-2-1 得行星排传动比 $i'_{倒} = -K$，故得变速箱倒退挡总传动比为 $i_{倒} = -1.98$。

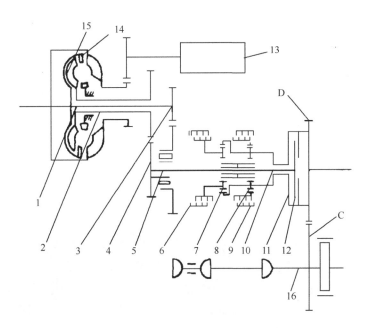

图 2-2-3 ZL50D 型装载机液力机械传动简图

1——级涡轮输出轴；2——二级涡轮输出轴；3——一级涡轮输出减速齿轮副；4——二级涡轮输出减速齿轮副；

5——变速箱输入轴；6、9——换挡制动器；7、8——齿轮副；10——二挡输入轴；11——二挡受压盘；

12——换挡离合器；13——转向油泵；14——一级涡轮；15——二级涡轮；16——输出轴

（3）换挡机构主要总成结构原理

行星齿轮变速器中的所有齿轮都是处于常啮合状态，它的挡位变换不是通过移动齿轮使之进入啮合或脱离啮合进行的，而是通过以不同的方式对行星齿轮机构的基本元件进行约束来实现的。通过适当的选择被约束的基本元件和约束方式，就可以使该机构具有不同的传动比，从而组成不同的挡位。

行星齿轮变速器的换挡执行元件主要有离合器、制动器和单向离合器三种，基本作用是连接、固定和锁止。所谓连接，是指将行星齿轮变速器的输入轴与行星排中的某个基本元件连接，以传递动力，或将前一行星排的某一个基本元件与后一个行星排的某一个基本元件连接，以约束这两个基本元件的运动；所谓固定，是指将行星排的某一个基本元件与自动变速器的壳体连接，使之被固定而不能旋转；所谓锁止，是指把某个行星排的三个基本元件中的两个连接在一起，从而将该行星排锁止，使其三个基本元件以相同的转速一同旋转，产生直接传动。换挡执行元件通过一定的规律对行星齿轮机构的某些元件进行连接、固定或锁止，让行星齿轮机构获得不同的传动比，从而实现各挡位的变换。

① 超越离合器。

单向离合器依靠其单向锁止原理来发挥固定或连接作用，其接连和固定只能是单方向的。当与之相连接的元件受力方向与锁止方向相同时，该元件即被固定或连接；当受力方向与锁止方向相反时，该元件即释放或脱离连接。单向离合器无须控制机构，其工作完全由与之相连接的元件的受力方向来控制。它能随着机械的工况变换，在与之相连接的元件速度、受力发生变化的瞬时产生接合或脱离。单向离合器常见的类型有滚柱斜槽式和楔块式两种。

单向离合器的锁止方向取决于外环上楔形槽的方向，楔块式单向离合器的锁止方向取决于楔块的安装方向，在装配时切记不能装反，否则会改变其锁止方向，使行星齿轮变速器不能正常工作。

超越离合器属于单向离合器，它的结构原理在双涡轮液力变矩器任务中已阐述。图 2-2-4 为装载机超越离合器零件图。其工作过程为：当高速轻载时因两涡轮转速较接近，外环齿轮转速 n_4 小于内环凸轮的转速 n_2，外环齿轮相对于内环凸轮空转，超越离合器分离，仅第一涡轮输出动力。当低速重载时因第二涡轮的转速远大于第一涡轮的转速，外环齿轮的转速 n_4 将大于内环凸轮的转速 n_2，超越离合器接合，两个涡轮输出同时动力。

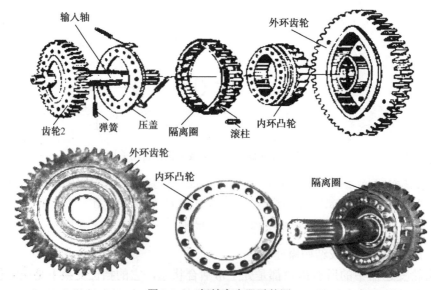

图 2-2-4　超越离合器零件图

② 换挡离合器结构原理。

对换挡离合器而言，它的作用主要体现在两方面：连接和连锁。连接作用即将行星齿轮变速器的输入轴和行星排的某个基本元件连接，使该元件成为主动元件。连锁作用即将行星排的某两个基本元件连接在一起，使之成为一个整体，实现同速直接传动。图 2-2-5 为装载机变速箱换挡离合器结构简图。

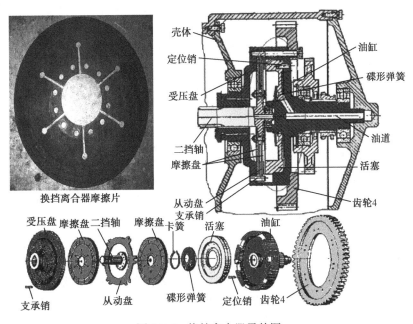

图 2-2-5　换挡离合器零件图

多片湿式离合器通常由离合器毂、离合器活塞、回位弹簧、弹簧座、钢片、摩擦片、调整垫片、离合器毂及几个密封圈组成。离合器活塞安装在离合器毂内，它是一种环状活塞，由活塞内外圈的密封圈保证密封，从而和离合器毂一起形成一个密封的环状液压缸，并通过离合器毂内圆轴颈上的进油孔和控制油道相通。

从动钢片和摩擦片交错排列，统称为离合器片。钢片的外花键齿安装在离合器毂的内花键齿圈上，可沿齿圈键槽做轴向移动；摩擦片由其内花键齿与离合器毂的外花键齿连接，也可沿键槽做轴向移动。摩擦片两面均为摩擦系数较大的铜基粉末冶金层或合成纤维层，受压力和温度变化影响很小。并且在摩擦衬面表面上都带有油槽，它既能破坏油膜，提高滑动摩擦时的摩擦系数；又能保证液流通过，以冷却摩擦表面。有些离合器在活塞和钢片之间有一个碟形环，它具有一定的弹性，可以减缓离合器接合时的冲击力。

当液压油流入活塞缸内，活塞在缸体内移动，使主动片和从动片互相压紧，因为有较高的摩擦力，便以相同速度旋转，离合器处于接合状态；当撤除油压时，回位弹簧使活塞复位至原始位置，使离合器片相互脱开，离合器处于分离状态。

③ 活塞止回阀原理。

在离合器的活塞缸内仅有一条油路，通常油路设在缸体旋转的中心部位，当阀处于顶端位置时，液压油通过油路流入缸体内，离合器接合；当阀处于下端位置时，液压油从同一油路排出，离合器脱开。

在车辆被驱动时，离合器高速旋转，带动液压油将产生较大的离心力，在离合器分离时，部分液压油按油路相反方向移动，残留在液压缸内，并产生一定的油压，这会引起离合器脱开不良或阻滞。为防止此类问题，在活塞的外圆处设有止回阀，如图2-2-6所示，当液压油流入缸体时，球阀在油压的推动作用下压紧在阀座上，止回阀处于关闭状态，保证了液压缸的密封，因此液压油不能从缸体排出，缸体内的工作液压力上升。当缸体内的油压解除时，缸体内的工作液压力下降，球阀在离心力的作用下，离开阀座，使止回阀处于开启状态，残留在液压缸内的液压油在离心力的作用下从止回阀的阀孔流出，因此，工作液不是滞留在缸体内，而是通过止回阀排出，使离合器快速、完全脱开。

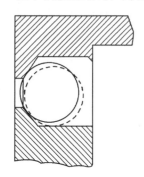

图2-2-6 活塞止回阀原理

④ 换挡制动器。

制动器用来制动行星齿轮系统三元件中的任一元件，改变齿轮的组合。图2-7为装载机变速箱换挡制动器结构示意图。湿式多片式制动器基本功能与结构与片式离合器相似，其区别就在于离合器的壳体是一个主动部件，而制动器的壳体和油缸是固定不动的。当多片制动器的钢片和摩擦片处于接合状态时，即对与摩擦片连接的构件起制动约束的作用。

湿式多片制动器的工作原理和片式离合器也基本相同，当液压油进入活塞缸时，活塞在缸体内移动，促使制动器的摩擦片与钢片接触，在两片之间产生高摩擦力，与行星排的某一基本元件连接的制动器毂就被固定，即不能旋转；当液压油从活塞缸内排出时，回位弹簧将活塞复位至原始位置，导致制动器脱开，制动器毂可以自由旋转。

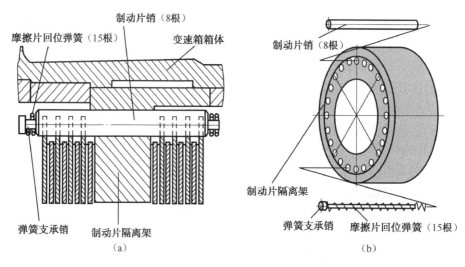

图2-2-7 装载机变速箱换挡制动器结构示意图

2. TY220履带推土机变速箱结构原理

（1）TY220行星变速箱的组成和构造

国产TY220履带推土机采用行星式动力换挡变速箱与简单三元件液力变矩器相配合组成液力机械传动。如图2-2-8（a）所示，该变速箱由4个行星排组成，前面第一、二行星排构成换向部分（或称前变速箱），这里行星排Ⅱ是双行星轮行星排，当其齿圈固定时，则行星架与太阳轮转向相反而实现倒退挡；后面第三、四行星排构成变速部分（或称后变速箱），整个变速箱实际上是由前变速箱与后变速箱串联组合而成的。应用4个制动器与1个闭锁离合器实现3个前进挡与3个倒退挡，通过液压系统操纵进行换挡。

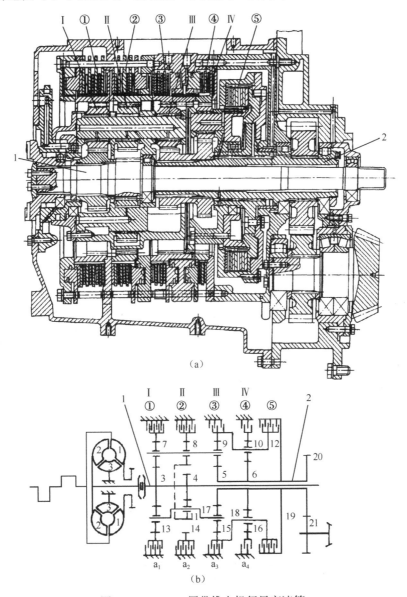

图 2-2-8　TY220 履带推土机行星变速箱

1—输入轴；2—输出轴；Ⅰ、Ⅱ、Ⅲ、Ⅳ—各行星排；①、②、③、④—各行星排制动器；

3、4、5、6—太阳轮；7、8、9、10、11—行星轮；12—⑤闭锁离合器；13、14、15、16—齿圈；

17、18—行星架；19—轮毂；20—输出轴主动齿轮；21—输出被动齿轮

变速箱各行星排结构与连接特点是：输入轴Ⅰ与行星排Ⅱ的太阳轮制成一体，通过滚动轴承支承在箱体前后箱壁的支座上，在其上经花键装有行星排Ⅰ的太阳轮；输出轴以其轴孔套装在输入轴上，在其上通过花键装有行星排Ⅲ、Ⅳ的太阳轮及减速机构的主动齿轮；

整个输出轴总成用两个滚动轴承支承定位在后箱壁上；输出轴还通过连接盘以螺栓固连着闭锁离合器的从动毂；行星排Ⅰ、Ⅱ、Ⅲ的行星架为一体，经一对滚动轴承支承在输入轴和箱壁支座上，行星排Ⅳ的行星架前端通过齿盘外齿与行星排Ⅲ的齿圈固连，而后端则经销钉、螺栓与闭锁离合器主动毂相连，并通过滚动轴承支承在输出轴上；闭锁离合器的主动毂与从动毂的齿形花键上交错布置着内外摩擦片，在施压活塞与主动毂间还装有分离离合器的蝶形弹簧。

在各行星排齿圈的外花键齿毂上，分别装着4组多片摩擦制动器的从动片，制动器主动片、施压油缸和活塞压盘等均以销钉与箱体定位。此外在制动器压盘与止推盘间以及主动摩擦片间，均装有分离回位螺旋弹簧。以上制动器及闭锁离合器均以油压控制，用制动齿圈或两元件闭锁连接来实现换挡。

制动器与闭锁离合器均属于一种多片式离合器，通过油压推动活塞压紧主、从动片而接合工作。但由于这里的制动器是连接箱体（固定件）与某一运动件，当制动器接合时，则使某运动件被固定而失去自由度。

而闭锁离合器是连接两个运动件，当闭锁离合器接合时，则使两个运动件连成一体运动而失去一个自由度。

另外，制动器的油缸是固定油缸，而闭锁离合器的油缸是旋转油缸，对密封要求更严格。可见两者在功能上有所不同，为区别起见，故有制动器与闭锁离合器之称。

（2）TY220行星变速箱的传动路线

① 变速箱传动简图。

在理解变速箱构造的基础上，进一步分析各行星排间有关元件的相互连接关系，然后突出其运动学特征而画出变速箱的传动简图，如图2-2-8（b）所示。

② 变速箱的挡位分析。

由图2-2-8（b）可见，变速箱中将第一行星排制动器①接合，使齿圈13被固定而实现前进挡；当第二行星排制动器②接合，使齿圈14被固定，则实现倒退挡（由于该星排是双行星轮结构，齿圈固定，太阳轮主动，行星架从动，太阳轮和行星架旋转方向相反），即前变速箱是换向部分。

后变速箱中只要接合一个制动器或闭锁离合器即可实现一个挡位，两个制动器与一个闭锁离合器，共可实现三个挡位。可见只要前、后变速箱各接合一个操纵件即可使变速箱成为一自由度而实现某一挡位，故总共可实现前进3个挡与倒退3个挡。

③ 变速箱的传动路线，如表2-2-2所示。

表2-2-2 变速箱的传动路线

挡 位		换挡离合器的接合	传力路线	速 比
前进挡	1	$K_进$，K_1 A_2制动，C、D两元件闭锁	$I \rightarrow A_1 \rightarrow A_3 \rightarrow D \xrightarrow[\quad C \quad]{} Ⅲ \rightarrow 4 \rightarrow 5 \rightarrow Ⅱ$ $ K_1$	$(1+\alpha_A) \times (Z_5/Z_4)$
	2	$K_进$，K_2 A_2、D_2制动，C参与传力	$I \rightarrow A_1 \rightarrow A_3 \rightarrow C_3 \rightarrow Ⅲ \rightarrow 4 \rightarrow 5 \rightarrow Ⅱ$ $C_2 \rightarrow D_3 \rightarrow D_1$	$(1+\alpha_A)/(1+\alpha_C) \times (1+\alpha_C+\alpha_D)/(1+\alpha_D) \times (Z_S+Z_4)$
	3	$K_进$，K_3 A_2、C_2制动	$I \rightarrow A_1 \rightarrow C_3 \rightarrow C_1 \rightarrow Ⅲ \rightarrow 4 \rightarrow 5 \rightarrow Ⅱ$	$(1+\alpha_A)/(1+\alpha_C) \times (Z_5/Z_4)$

挡位		换挡离合器的接合	传 力 路 线	速 比
倒退挡	1	$K_倒$，K_1 B_2制动，C、D 两元件闭锁	I→B_1→B_3→D→III→4→5→II （上 C，下 K_1）	$(1-\alpha_B)\times(Z_5/Z_4)$
	2	$K_倒$，K_2 B_2、D_2制动，C 参与传力	I→B_1→B_3→C_3→III→4→5→II （C_2→D_3→D_1）	$(1-\alpha_B)/(1+\alpha_C)\times(1+\alpha_C+\alpha_D)/(1+\alpha_D)\times(Z_5/Z_4)$
	3	$K_倒$，K_3 B_2、C_2制动	I→B_1→C_3→C_1→III→4→5→II	$(1-\alpha_B)/(1+\alpha_C)\times(Z_5/Z_4)$

咨询二　定轴齿轮式动力换挡变速箱构造原理

这种形式的变速器结构简单、维护方便，价格低，工程机械中应用较为普遍。如 TL—180 推土机、高速推土机和高速装载机等。本节以 TL—180 推土机变速器为例进行介绍。

一、变速箱结构

TL—180 推土机变速器主要由壳体、变速传动机构、换挡离合器和变速操纵阀等组成。

1．壳体

变速器壳体通过钩形板固定在车架上，其一侧有透明油面检视窗。变速器壳体的上盖背面固定着变速操纵阀及其杠杆，其上通气孔和加油孔装有滤网。壳体的下部为储油室，其内有滤清器，下部装有放油塞。

2．变速传动机构

变速传动机构主要由轴、齿轮及啮合套等组成，如图 2-2-9 所示。

（1）正挡轴的花键上固装有正挡齿轮和滑装有正挡联齿轮，轴的右端通过接盘和变矩器连接，左端装有正挡离合器。

（2）倒挡轴的花键上固装有倒挡齿轮和滑装有倒挡联齿轮，轴的右端装有倒挡离合器。

（3）一、三挡轴的花键上固装有一、三挡齿轮和滑装有一、二挡联齿轮，轴的右端装有一、三挡离合器，左端通过铜套支承着绞盘输出轴。两轴用啮合套使其结合或分离（不带绞盘时不装绞盘轴）。

（4）二、四挡齿轮轴的花键上固定有低挡主动齿轮和高挡主动齿轮，通过铜套滑装有四挡联齿轮，轴的右端内孔通过单向离合器连接着转向辅助油泵，左端装有二、四挡离合器。

（5）前、后桥输出轴上通过铜套装着低挡从动齿轮和高挡从动齿轮，并和二、四挡齿轮轴上的高低挡主动齿轮啮合。轴的中部花键上装有啮合套，通过操纵杆及拨叉可拨动啮合套与高挡或低挡齿轮毂上的内齿啮合。轴的左端通过花键螺母固定着接盘与前桥输出轴连接，轴的右端装有里程表驱动齿轮。后桥输出轴插入前桥输出轴右端中心孔的铜套内，并以轴承支承在壳体上，用接盘与后桥驱动轴连接，输出轴通过啮合套由操纵杆和拨叉来实现结合或分离。

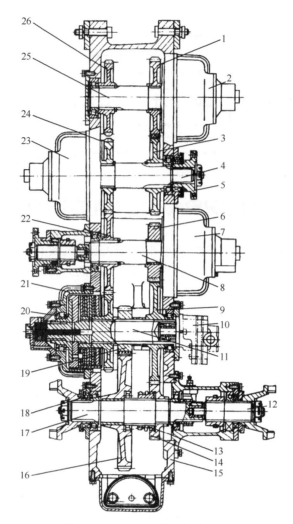

图 2-2-9　TL—180 推土机变速器

1—倒挡联齿轮；2—倒挡离合器；3—正挡齿轮；4—正挡齿轮轴；5—接盘；6—一、二挡联齿轮；7—一、二挡离合器壳；

8—一、三挡齿轮轴；9—高挡主动齿轮；10—转向辅助泵；11—二、四挡齿轮轴；12—后桥输出轴；13—啮合套；

14—高挡主动齿轮；15—壳体；16—低挡从动齿轮；17—前桥输出轴；18—油封；19—低挡主动齿轮；20—三、四挡离合器；

21—一、四挡联齿轮；22—一、三挡齿轮；23—正挡离合器；24—一、三挡齿轮；25—倒挡齿轮轴；26—倒挡齿轮

（6）短轴上固定着短轴齿轮，由低挡传动齿轮驱动。在轴的中空位置装有单向离合器以驱动变速辅助油泵（图 2-2-10）。变速辅助油泵和转向辅助油泵只有当机械前进时油泵才能供油，因此单向离合器的方向一定要安装正确（图 2-2-11）。

各轴均以轴承支承在壳体上。轴承的轴向间隙靠轴承端盖与壳体之间的垫片来调整。凡是安装换挡离合器的传动轴，都有轴向中心孔，并装有油管，油管的外缘和轴中心孔组成油道，以便高压油进入活塞室。油管中心油道与联齿轮径向孔相通，用于变速离合器的散热、润滑和分离。

3. 换挡离合器

齿轮包相当于外毂，输入齿轮相当于内毂，外毂有内齿，内毂有外齿。靠摩擦片彼此啮合。油道孔开在传动轴中，压力油迫使活塞运动，克服弹簧力压紧摩擦片，内外毂连为一个

整体。在压力油消失的情况下，弹簧弹力推活塞，摩擦片彼此分开。齿轮包和齿轮互不干涉，分别运动或保持静止。

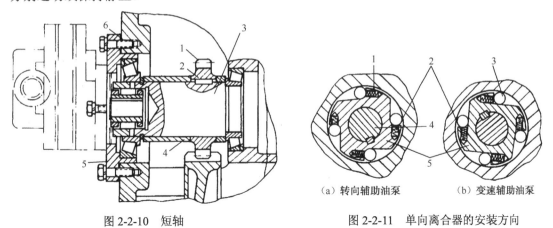

图 2-2-10　短轴

图 2-2-11　单向离合器的安装方向

（a）转向辅助油泵　　　　（b）变速辅助油泵

1—齿轮；2—平键；3—短轴；4—长隔套；5—接盘；6—调整垫片　　　　1—弹簧；2—顶套；3—滚柱；4—轴；5—单向离合器

4．变速操纵阀

（1）结构

变速操纵阀由进退阀、变速阀和制动脱挡阀（制动联动阀）等组成（图 2-2-12）。

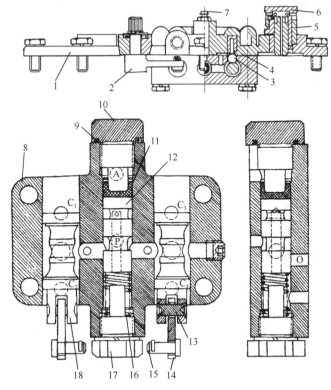

图 2-2-12　变速操纵阀

1—变速器盖；2—连杆；3—钢球；4、16—弹簧；5—填料；6—透气螺盖；7—放气螺栓；8—阀体；9—O 形密封圈；10、17—螺塞；11—橡胶皮碗；12—制动联动阀杆；13—销轴；14—销轴叉；15—销；18—阀杆

3 个阀装在一个阀体内，阀体固定在变速器上盖内，用螺钉固定在一起。变速阀和进退阀的两个阀杆结构完全相同，分别装在左、右两个空腔内，阀杆中部有钢球定位环槽，阀杆的 3 个位置靠定位钢球和弹簧限位。阀杆下端通过轴销、连杆等与操纵杆连接，并在操纵杆的控制下，可在空腔内滑动。制动脱挡阀杆装在阀体的中间空腔内，其上装有橡胶皮碗，皮碗由螺塞限位，阀杆的另一端装有弹簧，弹簧一端顶在阀杆上，另一端顶在导向螺塞上。

（2）工作原理

阀杆有 3 个位置，分别受进、退杆和变速杆控制。P 为高压油进油口，A 为制动油进油孔，C_1 为一、三挡离合器高压油孔，C_2 为四挡离合器高压油孔，C_3 为倒挡离合器高压油孔，C_4 为正挡离合器高压油孔。

阀杆在中间位置时为空挡，此时，制动脱挡阀杆堵住 O 孔，变速阀杆堵住通向换挡离合器的油道，此时从 P 孔进的高压油无路可通，多余的压力油经三联阀进入变矩器；从阀杆和中腔之间渗入环槽 H 的油可经阀杆径向孔和中心油道、平衡孔排入油底壳。

当进退杆放在倒退挡位置时，则进退阀杆向上，使孔 C_4 和油箱相通，孔 C_3 和油泵相通，从 P 孔来的压力油经油槽进入孔 C_3，再经箱盖油道和油管进入倒挡离合器活塞室，使倒挡离合器结合。

当变速杆放在一、三挡位置时，则变速阀杆向上使孔 C_2 和油箱相通，孔 C_1 和油泵相通，从 P 孔来的压力油经油道进入孔 C_1，再经箱盖油道和油管进入一、三挡离合器活塞室，使一、三挡离合器结合。此时推土机将以倒退一挡或三挡（视高、低挡啮合套位置）行驶。

若将上述操纵阀再置于中间位置时，切断供油，则两个离合器活塞室内的油分别从孔 C_3 和孔 C_1 返回操纵阀，并从阀杆两端排入油底壳。

变速器共有 4 个前进挡和 4 个倒退挡，每个挡位都是由进、退离合器和一个变速离合器同时工作，并在高低挡啮合套的配合下而得到的，三者缺一不可。各挡的操纵原理相同。制动脱挡阀的作用是：当机械制动时，让变速器自动脱挡，使制动迅速。当用脚踏下制动踏板时，从气液总泵来的制动油从孔 A 进入橡胶皮碗的顶部，推动阀杆下行，并压缩弹簧，阀杆的凸出部分堵死 P 孔，切断来油，同时打开 O 孔，使进入换挡离合器的压力油从 O 孔排入油底壳，离合器分离。

5. 各挡动力传递情况

前进一、三挡时动力传递情况如图 2-2-13 所示。其他各挡的动力传递情况与之类似。

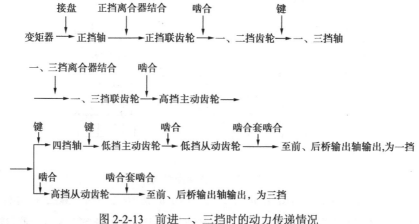

图 2-2-13　前进一、三挡时的动力传递情况

咨询三　动力换挡变速箱控制系统

液力机械传动系的控制有纯液压控制系统和电液控制系统两种形式。无论哪种形式，最终都归结为对变速箱的换挡操纵、液力变矩器循环油液的控制与冷却、变速箱与变矩器中需要润滑的零件的润滑等任务。

一、电液控制系统

1. 液油路控制

图 2-2-14 为 WA380—3 装载机液力机械传动液压控制系统，该系统主要由油箱、变速泵、滤油器、主溢流阀、变速操纵阀、电磁阀、蓄能器、驻车制动阀等组成。

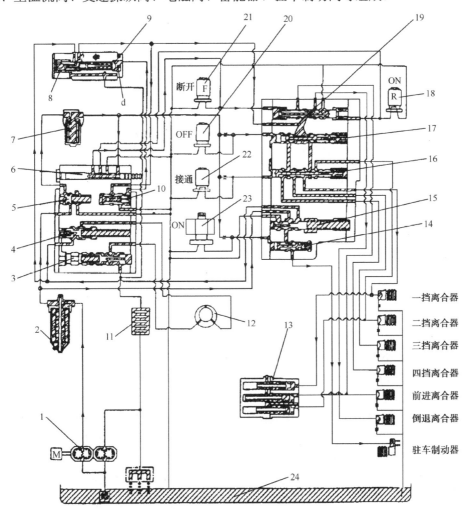

图 2-2-14　WA380－3 装载机液力机械传动电液控制系统图

1—变速泵；2—滤油器；3—液力变矩器出口压力阀；4—主溢流阀；5—先导减压阀；6—紧急手动阀；7—先导油过滤器；

8—调制图；9、13—蓄能器；10—快速复位阀；11—油冷却器；12—液力变矩器；14—驻车制动阀；15—顺序阀；

16—范围选择阀；17—H－L 选择阀；18—电磁阀倒退挡；19—方向选择阀；20、21、22—电磁阀；23—驻车制动器电磁阀；24—油箱

来自泵的油通过滤油器进入变速箱控制阀。油通过顺序阀进行分配，然后流入先导回路、驻车制动器回路以及离合器操纵回路。顺序阀控制油流，以使油按顺序流入控制回路和驻车制动器回路，保持油压不变。流入先导回路的油的压力由先导压力减压阀进行调节。流入驻车制动器回路的油，通过驻车制动器阀控制驻车制动器的释放油的压力。通过主溢流阀流入离合器操作回路的油，其压力用调制阀调节，这种油用来制动离合器。由主溢流阀释放的油，供应给液力变矩器。当通过快速回流阀和蓄能器阀的动作换挡齿轮时，调制阀平稳地增高离合器的油压，因此就减小了齿轮换挡时的冲击。安装蓄能器阀的目的是为了在齿轮换挡时减小延时和冲击。变速操纵阀分为上阀和下阀，其结构如图 2-2-15所示。

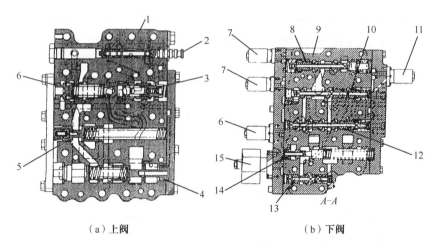

（a）上阀 （b）下阀

图 2-2-15 变速操纵阀

1—上阀体；2—紧急手动滑阀；3—快速恢复阀；4—液力变矩器出口阀；5—先导减压阀；6—减压阀；

7—电磁阀（前进挡）；8—方向选择阀；9—下阀体；10—H—L选择阀；11—电磁阀（倒退挡）；

12—范围选择阀；13—驻车制动阀；14—顺序阀；15—电磁阀（驻车制动器）

2．主要液压元件介绍

（1）电磁阀

如图 2-2-16 所示，当操作齿轮换挡操纵杆作前进或倒退运动时，电气信号便发送到安装在变速箱挡位阀上的 4 个电磁阀，根据打开的和关闭的电磁阀的组合，启动前进/倒退、H—L或范围选择阀。

① 电磁阀断开。来自先导减压阀的油流至 H—L 选择器滑阀和范围选择器滑阀的端口 a 和 b。在 a 和 b 处，油被电磁阀（4 和 5）堵住，致使选择器滑阀（2 和 3）按箭头方向移动到右边。结果，来自泵的油便流至二挡离合器。

② 电磁阀接通。当操作速度操纵杆时，电磁阀（4 和 5）的排放端口打开。在选择器滑阀（2 和 3）的端口 a 和 b 处的油便从端口 c 和 d 流到排放回路。因此，在端口 a 和 b 处的回路中的压力便下降，滑阀便利用回动弹簧（6 和 7）按箭头方向移动到左边。结果，在端口 e 处的油便流到四挡离合器，并从二挡转换到四挡。

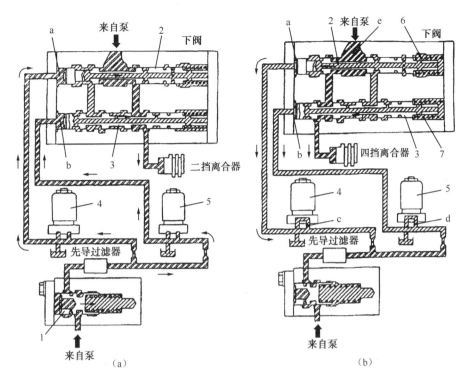

图 2-2-16 变速箱电磁阀功能图

1—先导减压阀；2—H—L选择器；3—范围选择器滑阀；4、5—电磁阀；6、7—回动弹簧

电磁阀和离合器的制动如表 2-2-3 所示。

表 2-2-3 电磁阀和离合器的制动表

电磁阀 离合器	前进电磁阀	倒退电磁阀	H—L 电磁阀	范围电磁阀
F-1	○			○
F-2	○			
F-3	○		○	
F-4	○		○	○
N				
R-1		○		○
R-2		○		
R-3		○	○	
R-4		○	○	○

注：○——现行流动。

（2）方向选择阀

① 当处于中间状态时 ［（图 2-2-17（a）］。

电磁阀（4 和 5）断开，排放端口关闭。油从先导回路通过紧急手动滑阀中的油孔注入方向滑阀的端口 a 和 b。

在这种状态中，P_1+弹簧力=P_2+弹簧力，所以保持平衡。因此，在端口 c 处的油决不流至前进或倒退离合器。

② 当处于"前进"状态时［（图 2-2-17（b）］。

当方向操纵杆处在"前进"位置时，电磁阀 4 便接通，排放端口 d 打开。注入端口的油被排掉，所以 P_1+弹簧力<P_2+弹簧力。当发生这种情况时，方向滑阀移到左边，端口 c 处的油流至端口 e，然后供给"前进"离合器。

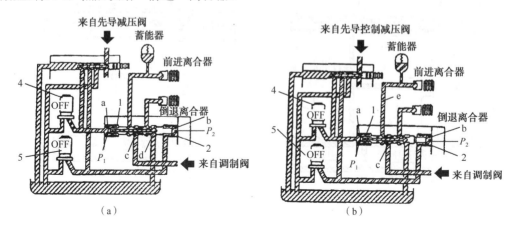

图 2-2-17　方向选择阀工作图

1—减压阀；2、3—滑阀；4、5—电磁阀

（3）H－L 选择阀和范围选择阀

如图 2-2-18 所示，当操作齿轮换挡操纵杆时，电信号便发送到与 H—L 选择阀及范围选择阀配对的电磁阀。H—L 和范围选择阀根据电磁阀的组合而操作，使其可以选择速度（一挡到四挡）。

① 二挡速度。当电磁阀（1 和 2）断开、排放口关闭时，来自先导回路的油压 P_1 克服 H—L 选择滑阀（4）及范围选择滑阀（5）的弹簧（3）的力，使滑阀（4 和 5）向左移动。离合器回路中的油从 H—L 选择滑阀（4）的端口 a 通过范围选择滑阀（5）的端口 b，供应给二挡离合器。

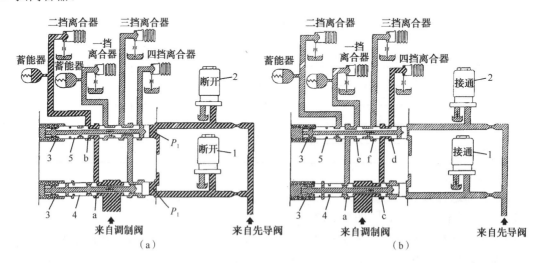

图 2-2-18　H—L 选择阀和范围选择阀

1、2—电磁阀；3—弹簧；4、5—滑阀

② 四挡速度。当电磁阀（1和2）接通、排放口打开时，来自先导回路的油通过电磁阀（1和2）排放，致使H—L选择滑阀（4）和范围选择滑阀（5）借助弹簧（3）的力向右移动，离合器回路中的油从H—L选择滑阀4的端口c通过范围选择滑阀（5）的端口d。

③ 一挡、三挡速度。对于一挡速度，电磁阀（1）断开，电磁阀（2）接通，离合器回路中的油从H—L选择滑阀（4）的端口c，通过范围选择滑阀（5）的端口e，供应给一挡离合器。对于三挡速度，电磁阀（1）接通，电磁阀（2）断开，离合器回路中的油从H—L选择滑阀（4）的端口a通过范围选择滑阀（5）的端口f，供应给三挡离合器。

（4）调制阀

调制阀由加注阀和蓄能阀组成。它控制流到离合器的油的压力和流量，并提高离合器的压力。

① 离合器回路的压力降低，如图2-2-19（a）所示。

当方向操纵杆从前进转换到倒退时，离合器回路的压力降低，油注入倒退离合器，使快速复位阀2向左移动。这就导致蓄能器中的油，从快速复位阀的端口a排出。此时，b室和c室中的压力降低，弹簧的力使加注阀向左移动，端口d打开。

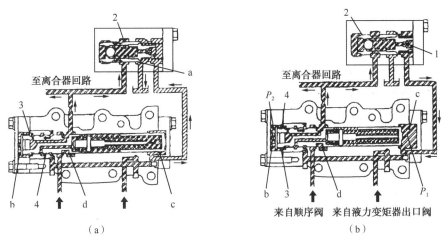

（a）　　　　　　　　　　　　　　　　（b）

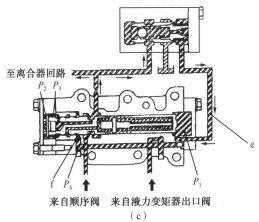

（c）

图2-2-19　调制阀功能图

1—调制阀；2—复位阀；3—弹簧；4—加注阀

② 离合器的压力开始升高，如图 2-2-19（b）、图 2-2-19（c）所示。

当来自顺序阀的油加至离合器活塞时，离合器回路中的压力开始升高。快速复位阀 2 向右移动，关闭蓄压器中的排放回路。此时，已经通过端口 d 的油便通过加注阀 4，然后进入端口 b，使 b 室的压力 P_2 开始升高。此时，蓄压器部分的压力 P_1 和 P_2 之间的关系为 $P > P_1 + P_3$（相当于弹簧张力的油压力）。加注阀向右移动，关闭端口 d，以防止离合器压力突然升高。端口 d 处的油流入离合器回路，由于 $P_2 > P_1 + P_3$，于是油便同时通过快速复位阀的节流孔 e 流入蓄压器的 c 室。压力 P_1 和 P_2 升高。在保持 $P_2 = P_1 + P_3$（相当于弹簧张力的油压力）的关系时，重复这一动作，离合器的压力逐步升高。

液力变矩器出口处的压力释放到加注阀的端口 f。液力变矩器出口处的压力根据发动机的速度而改变。

（5）其他液压元件

先导减压阀用来控制方向选择阀滑阀、范围选择阀滑阀及停车制动阀动作的油压。

主溢流阀用来调节流至离合器回路的油的压力，并分配离合器回路的油流量。

液力变矩器出口阀安装在液力变矩器的出口管路中，用来调节液力变矩器的最高压力。

顺序阀用来调节泵的压力，并提供先导油压和停车制动器释放油的压力。如果回路中的压力高于测量的油压水平，压力控制阀便起溢流阀的作用，降低压力以保护液压回路。

快速复位阀为了能使调制阀平衡地升高离合器压力，传送蓄能器中的压力，作用在调制阀滑阀上。当变速箱换挡时，可使回路瞬间进行排放。

如果电气系统出故障以及前进/倒退电磁阀不能制动时，就要用应急手动滑阀，使"前进"和"倒退"离合器工作。

3. 电控系统

图 2-2-20 为 WA380—3 装载机变速箱的电气控制原理图。该电控系统可实现速度选择、方向选择、自动降速、变速箱切断等功能。

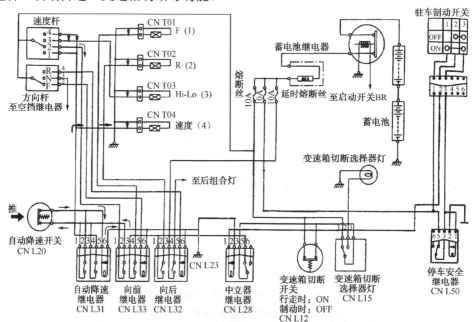

图 2-2-20　WA380—3 装载机变速箱电气控制原理图

二、ZL50 装载机液力机械传动的液压控制系统

图 2-2-21 为 ZL50 装载机液力变矩器—变速箱液压控制系统，该系统主要由油底壳、变速泵、滤油器、调压阀、切断阀、变速操纵分配阀、变矩器入口压力阀、背压阀、散热器及管路等组成。

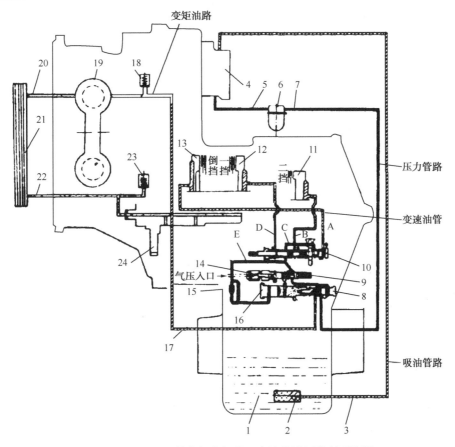

图 2-2-21　ZL50 装载机变矩器—变速箱液压控制系统图

1—油底壳；2—滤网；3、5、7、20、22—软管；4—变速泵；6—滤油器；8—调压阀；9—离合器切断阀；

10—变速操纵分配阀；11—二挡油缸；12—一挡油缸；13—倒挡油缸；14—气阀；15—单向节流阀；16—滑阀；

17—箱壁埋管；18—压力阀；19—变矩器；21—散热器；23—背压阀；24—大超越离合器

变速泵通过软管和滤网从变速箱油底壳吸油。泵出的压力油从箱体壁孔流出经软管到滤油器过滤（当滤芯堵塞使阻力大于滤芯正常阻力时，里面的旁通阀开启通油），再经软管进入变速操纵阀。自此，压力油分为两路：一路经调压阀（1.1～1.5MPa）、离合器切断阀进入变速操纵分配阀，根据变速阀杆的不同位置分别经油路进入一、二挡和倒挡油缸，完成不同挡位的工作。另一路经箱壁埋管进入变矩器传递动力后流出，通过软管输送入散热器。经过散热冷却后的低压油回到变矩器壳体的油道，润滑大超越离合器和变速箱各行星排后流回油底壳。压力阀保证变矩器进口油压最大为 0.56MPa，出口油压最大为 0.45MPa，背压阀保证润滑油压最大为 0.2MPa，超过此值即打开泄压。

变速操纵阀主要由调压阀、切断阀、分配阀、弹簧蓄能器及阀体组成，如图 2-2-22 所示。

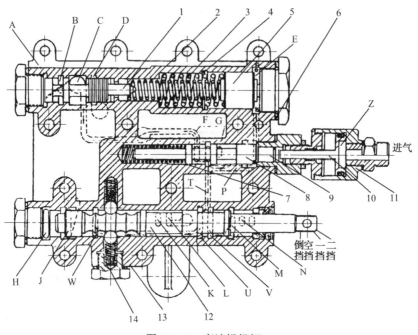

图 2-2-22　变速操纵阀

1—减压阀杆；2—小弹簧；3—大弹簧；4—调压圈；5—滑块；6—垫圈；7、14—弹簧；

8—制动阀杆；9—圆柱塞；10—气阀杆；11—气阀体；12—分配阀杆；13—钢球

（1）调压阀

减压阀杆和小弹簧相平衡，小弹簧顶住弹簧蓄能器的滑块。滑块除压缩小弹簧外，还压缩大弹簧。C 腔为变速操纵阀的进油口。A 腔和 C 腔，通过减压阀杆中的小节流孔相通，B 腔与油箱相通，D 腔通变矩器。当启动发动机时，变速泵来油，从 C 腔进入调压阀，油从油道 F，通过切断阀进入油道 T，通向分配阀。与此同时，压力油通过减压阀杆中的小节流孔到 A 腔，从 A 腔向减压阀杆施压，使减压阀杆右移，打开油道 D，变速泵来油一部分通向变矩器。油道 T 内的油，还经油道 P 进入弹簧蓄能器 E 腔，推动滑块左移，控制调压阀的压力。调压圈防止油压过高。假如系统油压继续升高，超过规定范围时，弹簧蓄能器的滑块已被调压圈所限制，而 A 腔的压力随着油压的升高而升高，推动减压阀杆右移，打开油道 B、C 腔，部分油流回油箱，压力随之降低，使系统压力保持在规定范围内，减压阀杆又左移，关闭油道 B，调压阀既起调压的作用，又起着安全阀的作用。

（2）分配阀

分配阀杆，由弹簧（14）及钢球定位，扳动分配阀杆，可分别接合一挡，二挡或倒挡。M、L、K 腔分别与一、二挡及倒挡油缸相通，N、K、H 分别与油箱相通。U、V、W 腔，始终与油道 T 相通。各挡位进油口及回油口如表 2-2-4 所示。

表 2-2-4　各挡位进油口及回油口

挡　　位	进　油　口	回　油　口
一挡	M	N
二挡	L	K
三挡	J	H

（3）弹簧蓄能器

弹簧蓄能器的作用是保证摩擦片离合器迅速而平稳地接合。

弹簧蓄能器 E 腔，通过单向节流阀的节流孔 Y 及单向阀，与压力油道 P 相通。换挡时，油道 T 与新接合的油缸相通，显然刚接合时，油道 T 的压力很低，因而不仅调压阀来的油通向油道 T 进入油缸，而且弹簧蓄能器 E 腔的压力油，打开单向阀钢球，由油道 P，经油道 T 也进入油缸，由于两条油路的压力油同时进入油缸，使油缸迅速充油，油压骤增，油道 T 的压力也随之增加。

弹簧蓄能器起着加速摩擦片离合器接合的作用。假如这时仍按上述情况继续对油缸充油，就有使离合器骤然接合而造成冲击的趋势。由于弹簧蓄能器 E 腔油流入油缸，压力已降低，滑块右移，减压阀杆也右移。当油液充满油缸之后，T 油道的油压回升，经 P 油道，使单向阀关闭，油从节流孔 Y 流进弹簧蓄能器 E 腔，使压力回升缓慢，从而使挂挡平稳，减少冲击。当摩擦片离合器接合后，油道 T 与 E 腔的压力也随之达到平衡，为下一次换挡准备能量。

（4）切断阀

由弹簧 7、制动阀杆、圆柱塞、气阀杆、气阀体等组成。

一般情况下（非制动），气阀杆在图示位置，油道 F 与 T 相通。阀体内的 G 腔与油箱相通。

当制动时，从制动系统来的压缩空气，进入 Z 腔，推动气阀杆左移，圆柱塞、制动阀杆也被推向左移，压缩弹簧 7，使油道 F 切断，同时使油道 T 与 G 腔打通，工作油缸的油经 T、G 迅速流回油箱，因而摩擦片离合器分离，自动进入空挡，有助于制动器的制动。

当制动结束时，Z 腔与大气相通，在弹簧力的作用下，气阀杆右移，圆柱塞、制动阀杆在弹簧 7 的作用下，恢复到原来的位置，油道 T 与 G 腔隔断，同时接通 T 与 F，调压阀来的压力油经 F、T 进入工作油缸，使摩擦片离合器自动接合。装载机恢复正常运转，制动过程全部结束。

2．TY—220 履带推土机液力机械传动的液压控制系统

图 2-2-23 为 TY—220 履带推土机的液力机械传动的液压控制系统，该系统主要由后桥箱（油箱）、粗滤器、细滤器、变速泵、变速操纵阀、溢流阀、调节阀、冷却器、润滑阀、回油泵等组成了一个相互关联的液压系统。

变速泵由齿轮箱驱动，从后桥箱内经粗滤器吸出油液，通过精滤器将压力油送至变速箱控制系统。压力油进入调压阀后分三路通往液力变矩器、变速换向操纵速度阀和方向阀及转向离合器。从调压阀分出的压力油经溢流阀到调节阀和安全阀去的油路为主油路。

由于调压阀具有限压作用，它可将进入变速箱控制系统的油压限制在一定的数值内。超过限定压力的油液经溢流阀的限制后进入变矩器（所超出油压流回变矩器壳体及后桥箱）。由变矩器内排出的压力油经调节阀减压后进入冷却器冷却后，经安全阀进入变速箱和齿轮箱做润滑用。

图 2-2-24 为变速操纵阀。该变速操纵阀主要由调压阀、急回阀、减压阀、变速阀、换向阀、保险阀等组成。

调压阀和急回阀的作用是保证换挡离合器油缸中油液的工作压力和进行离合器的转矩容量调节，使换挡离合器油缸的油压缓慢上升，离合器平稳地接合，保证推土机不产生变速冲击，能平稳地变速和起步。

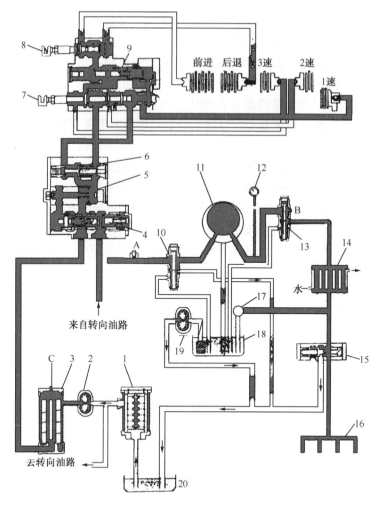

图 2-2-23　TY—220 履带推土机液力机械传动的液压控制系统

1—粗滤器；2—变速泵；3—细滤器；4、13—调压阀；5—急回阀；6—减压阀；7—速度阀；8—方向阀；9—安全阀；
10—溢流阀；11—变矩器；12—油温计；14—油冷器；15—润滑阀；16—变速箱润滑；17—分动箱润滑；18—变矩器壳体；
19—回油泵；20—后桥箱；A—变矩器进油压力测量口；B—变矩器出油压力测量口；C—操纵阀进油压力测量口

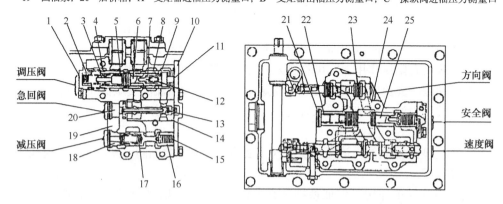

图 2-2-24　TY—220 履带推土机变速操纵阀

1—盖；2—调杆弹簧；3—座；4—阀套弹簧；5、12—阀杆弹簧；6、25—阀杆；7、9、13—阀芯；
8—滑阀；10—阀端盖；11、20、21—挡块；14—安全阀；15—柱塞；16—减压阀芯；17—减压弹簧；
18—弹簧座；19—上阀体；22—弹簧；23—进退阀杆；24—下阀体

在升压过程中，压力油推动急回阀右移，使压力油沿急回阀节流孔进入调压阀而产生节流效应。此节流效应使调压阀产生背压，背压的作用使调压阀阀套压缩弹簧和阀杆一起左移，关闭溢流口，使压力上升。压力升高，使阀杆继续左移，重新开启溢流口。同时阀套背压也相应增大，继续推动阀套随阀杆左移，再关闭溢流口使压力又一次上升。如此下去，油压不断上升，直至阀套移到左边锁止位置，不再移动，油压保持工作压力的定值。

方向阀有前进与倒退两个工作位置，当在前进挡位置时，它配合着速度阀的第五离合器做低压的供油。在倒挡位置时，它不但可以满足自己所需的压力油，同时还可以保持第一挡离合器的稳压油液。总之，方向阀不论在任何位置上，它总要保持给一个换向离合器的充足供油。而不会阻断油路，也就是说，它不会使变速箱成为空挡。空挡只有当速度阀仅向第五挡离合器供油时或同时阻断了去安全阀的油路时才会发生。

速度阀通过连杆的杠杆系统和方向滑阀装在同一根变速杆上，因此两阀是联动的。变速杆的前后拨动是选择高低挡位置，而变速杆的左右拨动便可改变推土机的行驶方向。

安全阀位于方向滑阀和速度阀之间，在变速箱换挡时，它对油压的改变反应很灵敏。作用是在某种情况下（如推土机在工作或行驶中，当发动机熄火后要再启动，但此时的变速滑阀和方向滑阀都仍停留在某挡的工作位置上），自动阻断压力油进入第二变速挡及方向滑阀的通道，从而使推土机仍不能起步，以免发生发动机的启动与推土机的起步同时进行的不安全现象。

减压阀位于调压阀至急回阀的回路中，作用是因液压控制系统整个管路的设定压力为2.5MPa，当内部压力到达 1.25MPa 时，第一挡离合器管路将通过减压阀而被关闭。在空挡时，随着发动机的启动，从油泵输出的压力油，由减压阀流入一挡离合器填满油缸。是要在推土机进行运动时，缩短液压油填满油缸（Ⅰ和Ⅱ离合器）所需的时间。当变速及换向杆由空挡转为前进一挡时，压力油不但能填满Ⅰ离合器的油缸，而且当前进一挡转变为二挡时，因Ⅰ离合器油缸已填满，故只需把液压油充满Ⅱ离合器油缸。所以在空挡时，一挡离合器油缸的液压油始终保持在设计要求范围内的压力。当在需要变速换向时能顺利进行工作。

咨询四　动力换挡变速箱典型故障诊断排除

一、故障分析

1．挂不上挡

（1）现象

变速箱挂挡时不能顺利进入某一挡位。

（2）原因分析

导致动力换挡变速箱挂不上挡的主要原因有以下几种。

① 挂挡压力过低，使换挡离合器不能良好接合，因而挂不上挡。

② 液压泵工作不良、密封不好，导致液压系统油液工作压力太低，使换挡离合器打滑，导致挂不上挡。

③ 液压管路堵塞。随着使用时间的延长，滤油器的滤网或滤芯上附着的机械杂质增多，使过滤截面逐渐减小，液压油流量减小，难以保证换挡离合器的压力，使之打滑。

④ 换挡离合器故障。换挡离合器密封圈损坏而泄漏，活塞环磨损、摩擦片烧毁、钢片变形均可导致变速箱挂不上挡。

（3）诊断与排除

动力变速箱挂不上挡故障的诊断与排除的方法、步骤如下：

① 挂挡时如果不能顺利挂入挡位，应首先查看挂挡压力表的指示压力。如果空挡时压力低，可能是液压泵供油压力不足。拔出油尺，检查变速箱内的油面高度。若油位符合标准，则检查液压泵传动零件的磨损程度及密封装置的密封状况，如果液压泵油封及过滤器结合面密封不严，液压泵会吸入空气而导致供油压力降低，此时应拆下过滤器及液压泵进行检修。若液压泵及过滤器良好，则应查看变速压力阀是否失灵、变速操纵阀阀芯是否磨损，将阀拆下按规定进行清洗和调整。

② 如果空挡时压力正常，挂某一挡位时压力低，则可能是湿式离合器供油管接头及变速箱轴和离合器的油缸活塞密封圈密封不严而漏油，应拆下变速箱予以更换。

③ 如果发动机转速低时压力正常，转速高时压力降低或压力表指针跳动，一般是油位过低、过滤器堵塞或液压泵吸入空气造成的，应分别检查与排除。

2．挡位不能脱开

（1）现象

动力换挡变速箱进行换挡变速时某些挡位脱不开。

（2）原因分析

导致变速时挡位脱不开的主要原因有以下几种。

① 换挡离合器活塞环胀死。

② 换挡离合器摩擦片烧毁。

③ 换挡离合器活塞回位弹簧失效或损坏。

④ 液压系统回油路堵塞。

（3）诊断与排除

启动发动机后变换各挡位，检查哪个挡位脱不开，以确定该检修的部位。

拆开回油管接头，吹通回油管路，连接好后再进行检查。如果挡位仍脱不开，必须拆解离合器，检查回位弹簧是否损坏，根据情况予以排除；检查摩擦片烧蚀情况，如烧蚀严重应更换；检查活塞环是否发卡，如发卡应修复或更换。

3．变速箱工作压力过低

（1）现象

压力表显示的变速箱各挡的压力均低于正常值，机械各挡行走均乏力。

（2）原因分析

造成变速箱工作压力过低的原因有以下几种。

① 变速箱内油池油位过低。这不仅会导致液力变矩器传动介质减少而造成传力不足，甚至不能传递动力。此外，还会因液压系统内油压降低而使换挡离合器打滑，使机械行走乏力。

② 滤油器的影响。变速箱油泵的前后设有滤网或过滤器，以滤去工作油液中的机械杂质。随着使用时间的延长，过滤装置上附着的机械杂质增多，使通过截面及油液油量减少，导致变速箱工作压力下降。

③ 调压阀的影响。液压系统内设有调压阀，其作用是使系统工作压力保持在一定范围内，如果调整压力过低或调压弹簧弹力过小时，会使调压阀过早接通回油路，导致变速箱工作压力过低。另外，如果调压阀芯卡滞在与回油路相通的位置，会使液压系统内的压力难以建立，从而变速箱的工作压力也无法建立。

④ 泄漏的影响。如果液压系统管道破漏、接头松动或松脱、变速箱壳体机件平面接口处漏油或漏气，会使系统内的压力降低，变速箱的工作压力相应下降。

⑤ 油泵的影响。如果液压泵使用过久，内部间隙增大，其泵油能力下降，因此系统内工作油液的压力及变速箱工作压力降低。另外，液压泵轴上的密封圈损坏，也会使液压泵泵油能力下降。

⑥ 油温的影响。为使液压系统工作正常，在液压系统内设有散热器，如果散热器性能下降或大负荷工作时间过长等均会使液压油温升高、黏度下降，导致系统内的内泄漏量增大，也会使系统工作压力下降。

（3）诊断与排除

变速箱工作压力过低的故障诊断与排除的步骤如下：

① 检查变速箱内的油位。如果油液缺少，应予以补充。

② 检查泄漏。如果油液泄漏会有明显的油迹，同时变速箱内油位明显降低，应顺油迹查明泄漏原因并予以排除。

③ 如果进、出口管密封良好，应检查离合器压力阀和变矩器进、出口压力阀的工作情况。若变矩器进、出口压力阀不能关闭，应将压力阀拆下，检查各零件有无裂纹或伤痕、油路或油孔是否畅通、弹簧是否产生永久变形而刚度变小。当零件磨损超过磨损极限值时应予以更换或修复。

④ 若压力阀工作正常，拆下进油管和滤网，如有堵塞则应进行清洗，清除沉积物。变速箱油底壳中滤油器严重堵塞，会造成液压泵吸油不足，应适时清洗滤网。

4．个别挡行驶无力

（1）现象

机械挂入某挡后变速压力低，机械的行走速度不能随发动机的转速升高而提高。

（2）原因分析

如果机械挂入某挡后行走无力，其主要原因是该挡离合器打滑。造成该挡离合器打滑的原因有以下几种。

① 该挡换挡离合器的活塞密封环损坏，导致活塞密封不良，使作用在活塞上的油液压力降低。

② 该挡液压油路严重泄漏。

③ 该挡液压油路某处密封环损坏，导致变速压力降低。

（3）诊断与排除

个别挡行走无力的故障诊断与排除的方法、步骤如下：

① 检查从操纵阀至换挡离合器的油路、结合部位是否严重泄漏，根据具体情况排除故障。

② 拆下并分解该挡换挡离合器，检查各密封圈是否失效、活塞环是否磨损严重，必要时予以更换。

③ 如果液压系统密封良好，应检查液力变矩器油液内有无金属屑。若油液内有金属屑，表明是该挡离合器摩擦片磨损过大，导致离合器打滑。

5. 自动脱挡或乱挡

（1）现象

机械在行驶过程中所挂挡位自动脱离或挂入其他挡位。

（2）原因分析

动力变速箱自动脱挡或乱挡故障引起的原因有以下几种：

① 换挡操纵阀的定位钢球磨损严重或弹簧失效，导致换向操纵阀定位装置失灵。

② 由于长期使用，换挡操纵杆的位置及长度发生变化，杆件比例不准确，使操作位置产生偏差，导致乱挡。

（3）诊断与排除

动力变速箱自动脱挡或乱挡故障的诊断与排除的步骤、方法如下：

① 检查是否为定位装置引起的故障，可用手扳动变速杆在前进、后退、空挡等几个位置时的感觉。如果变换挡位时，手上无明显阻力感觉，即为失效，应拆下检查；如果有明显的阻力感觉，则为正常。

② 检查是否为换挡操纵杆引起的故障。先拆去换挡阀杆与换挡操纵杆的连接销，用手拉动换挡滑阀，使滑阀处于空挡位置，再把操纵杆扳到空挡位置，调整合适后再将其连接。

6. 异常响声

（1）现象

变速箱工作时发出异常响声。

（2）原因分析

引起动力变速箱异常响声有如下几个原因：

① 变速箱内润滑油量不足，在动力传递过程中出现干摩擦。

② 变速箱传动齿轮轮齿打坏。

③ 轴承间隙过大，花键轴与花键孔磨损松旷。

（3）诊断与排除

动力变速箱异常响声故障的诊断与排除的方法、步骤如下：

① 检查变速箱内液压油是否足够，若不足应加足到规定位置。

② 采用变速法听诊。若异常响声为清脆较轻柔的"咯噔、咯噔"声，则表明轴承间隙过大或花键轴松旷。根据异响特征确诊为变速箱故障后必须立即停止工作，然后解体检修。

二、故障实例

1. Z150 装载机变速箱常见故障的诊断与排除

Z150 装载机的变速箱由箱体、超越离合器、行星变速器、摩擦片离合器、液压缸、活塞、变速操纵阀、过滤器、轴和齿轮等主要零部件组成。变速箱的动力来源是由变矩器的二级涡轮经涡轮输出齿轮把发动机的动力传至变速箱的输入齿轮，而变矩器一级涡轮的动力由一级涡轮齿传至大超越离合器外环齿。这种变速箱为液力变速，一个倒退挡，两个前进挡。当前进或倒退时，都是变速压力油作用于该挡液压缸的活塞上，再经过中间传动过程而成为该挡的输出力。只要弄清变速箱的这些工作机理，就能比较准确地判断故障并可以及时排除之。

（1）故障现象

① 挂挡后，车不能行驶。如反复轰油门，某个时刻车就突然能行驶。

② 挂挡后，较长时间（10～20min）车都似动非动。不能行驶，待能行驶时，行驶无力。

③ 挂挡后，无论时间多长，无论如何加油，车都不能行驶。

④ 车行驶正常，但没有滑行，或滑行时有制动的感觉。

（2）故障诊断与排除

以上在没有认真分析之前，切不可随意拆修变速箱，以避免重复劳动和不必要的损失。因为任何一个部位出现故障，除有其本质内在的因素外，也有其外部的原因，既有许多相似之外，也有各自不同的特征，如果不假思索地拆修，经常会出现失误，造成损失。

① 挂挡后，车不能行驶，若间断轰油，有时车突然能够行驶，给人们的感觉好像离合器突然接合上似的。若检查变速油表指示压力正常，制动解除灵敏有效，那么出现这种情况，一般可确定是大超越离合器内环凸轮磨损所致。大超越离合器的功能之一就是当外负荷增加时，迫使变速箱输入齿轮转速逐渐下降，当转速小于大超越离合器外环齿的转速时，滚子就被楔紧，经涡轮传来的动力就经滚子传至大超越离合器的内环凸轮上，从而实现动力输出。但由于内环凸轮与滚子长期工作，相互摩擦，在内环凸轮齿的根部常常会被滚子磨出一个凹痕，而滚子在凹痕内不易被楔紧，或者说楔入不上，因此动力始终传不出去，这时给人的感觉就像离合器没接合上一样，即使轰油，车也不动。但断续反复轰油，改变内外环齿的相对位置，又可在某个时刻突然把滚子楔紧，因而又能达到行驶的状态。遇有此种故障，必须分解变速箱，更换大超越离合器内环凸轮，以彻底排除故障。

② 挂挡后，较长时间内（一般在 10～20min，或者更长一点），无论如何加油，车都似动非动，待能行驶时，又行驶无力。这种故障现象多发生在个别挡位，且正常用的工作挡位中一挡为多。这是离合器接合不良，一般可断定为摩擦片离合器发生了故障。

摩擦片离合器是在操纵变速操纵阀，挂上挡位，接通变速压力油的油路后，压力油进入该挡液压缸，压紧活塞压紧离合器的摩擦片而工作的。此时若液压缸拉伤泄油，活塞内外密封圈磨损造成泄油，摩擦片本身损坏，活塞与摩擦片的接触平面损伤，液压缸工作面损伤等，都可造成该挡活塞对摩擦片的压力不够，而使摩擦片的主、被动片相对打滑，使动力无法输出，所以表现出车辆无法行驶或行驶严重无力。

遇到上述故障，首先检查挡位的准确性，因为有时由于挡位不准确就不能完全打开变速操纵阀，这就影响了工作液力油的流量和压力，也表现出上述故障现象。还有像一挡液压缸油道油封损坏等也可导致上述故障。

③ 挂挡后，车根本不行驶，或个别挡不行驶。发生这种故障时，变速压力油没有压力。这表明变速压力系统有故障。假如接表实验有正常的油压，可检查变速操纵阀中的油路切断阀是否不回位，此时表压为零。在这种情况下，往往出现挂挡不能行驶的现象。若变速操纵阀工作正常，油压也正常，而挂挡后车不能行驶，这时应排除压力油系统的故障，应该注意摩擦片离合器，一般为行星架隔离环损坏。特别是新车或者是新装修的变速箱发生这类故障时，基本上都是隔离环损坏。行星架上的隔离环损坏后，一般用 300mm 以下的板料气割一个大环，然后按其原尺寸车削，直径要比环槽直径大一点，按其实际尺寸裁留并焊接修磨好，其效果良好。

当然，挂挡后车不行驶，应首先查看传动轴是否转动，若传动轴转动，则是减速器发生故障，通常情况下，减速器出现故障伴有异响。

④ 挂挡后，车行驶比较正常，但抬起脚滑行时，车有制动的感觉，并不能滑行。出现这种故障，若检查减速器无异响、工作正常时，一般可断定是大超越离合器的故障。因为大超越离合器内环凸轮和外环齿楔紧滚子时，才能使变速器把发动机的动力输出去。而一旦松开油门踏板，在突然降低负荷时，滚子应该立即松脱，从而达到滑行的目的。如滚子不能松脱，车就无法滑行。出现这种故障的原因多为大超越离合器隔离环损坏所致。遇有此种故障，就必须分解大超越离合器检查修理。

综上所述，变速箱常见的四种较大故障，无论是修理还是判断都是比较复杂的，这就需要深入了解变速器的工作机理、各部件的功能，并本着"由外及里，由表入深，由简到繁"的原则来分析、判断，避免失误。

2. 液力传动系统过热故障的诊断与排除

（1）故障现象

有一台 966F 轮式装载机，新机使用 1h 左右变速器油温就升高并报警。

（2）故障诊断与排除

用压力测试法对传动系统进行了检测，很快就找到了过热的原因，并与拆检的结果相符，问题得以解决。

① 确定测试目标。液力传动系统的散热一般是由传动油在冷却器中与发动机的冷却剂交换热量进行。如果发动机的工作温度正常，则系统的散热情况取决于传动油冷却器的状态和通过冷却器的传动油的油量。传动系统里任何一个运动元件工作异常，都会产生异常的热量，一般认为变矩器和离合器是两种主要生热元件，其他元件虽然对系统的温度有影响，但影响很小。所以，通过对冷却器、变矩器、离合器和液压泵进行压力测试，就很容易找到系统过热的原因。

② 进行测试。按照规定的测试条件，分别测得液压泵、各速度离合器、各方向离合器、变矩器出口和冷却器出口在发动机低速和高速时的压力值，并记下数据。测试前应询问驾驶员，确认传动系统没有出现异常响声后才能进行测试，以免造成更严重的机械损坏。

③ 对测试结果进行数据分析。

a. 液压泵压力。液压泵向整个系统提供压力油，液压泵效率的高低直接影响离合器压力、送往变矩器和冷却器的油量。因此，液压泵压力是判断过热原因的基础。但是由于液压泵压力受系统压力调节阀调定压力（即速度离合器压力）的影响，所以，当泵的压力低时并不能肯定液压泵有问题，如果冷却器出口压力同时也低，可以断定液压泵泄漏严重，否则应在确定压力调节阀状况后，才能判断液压泵有无问题。

b. 离合器压力。压力低时，离合器就会打滑，产生过多热量。若某个离合器的压力低，表明这个离合器有泄漏情况；若全部离合器压力都低，说明液压泵或压力调节阀有问题。参照对泵的检测结果判断压力调节阀的好坏。

c. 变矩器出口压力。压力过高或过低都会导致过热，应调整到正常压力。如果压力低但调不上去，说明变矩器或液压泵有问题。参照上述对泵的检测结果，可以确定变矩器是否有泄漏情况。由于从变矩器出来的油直接到冷却器，所以变矩器的泄漏会使得冷却器出口压力降低。

d. 冷却器出口压力。压力低，表明通过冷却器的油量少。如果已确定液压泵和变矩器正常，则说明冷却器内部有堵塞。

该装载机传动系统的液压泵为齿轮泵，而齿轮泵的流量和发动机的转速成正比。由于发动机中、低速工作时间较多，因而发动机高速时的压力值正常并不能说明传动系统工作正常，即发动机低速时的数据对判断过热有更高的价值。另外，所测的几个压力是相互关联的，要全面分析测试结果，才能正确地判断出过热的原因。

实践训练8 动力换挡变速箱维修

动力换挡变速器通常与液力变矩器配合使用。它可在不切断动力的情况下进行换挡变速，保护了动力及传动系统，降低了驾驶员的操作难度，提高了生产效率。动力换挡变速器根据齿轮传动形式分为定轴式和行星式两种。目前这两种变速器在公路工程机械上都有采用，我国采用定轴式较多。动力换挡变速器不易发生大的损坏，故一般不必全部拆检。只有当大量零件需要更换或维修时，才彻底解体。以 ZL50 装载机为例拆装检修。

一、液压系统的检查调整

1. 变矩器油压、油温的检查

（1）检查变速箱油面高度，以变速箱右侧油位开关流出为准。

（2）用手制动将机械制动，在变矩器温度检查孔上装上三通接头，接温度表和油压表。启动柴油机，使之在 1000r/min 下运转，当变速箱油温升至 80～90℃ 范围，检查压力阀，要求变矩器进口压力为 0.56MPa；（在油温表接头，通过三通接上压力表测量）变矩器出口压力应在 0.45MPa 范围；此时，柴油机转速应在 2000r/min。

2. 离合器油压的检查

（1）用手制动将机械制动，将减压阀的堵塞取下，装上油压表；变矩器油温测量处装上温度计。

（2）启动柴油机，使之在 1000r/min 下运转，当变速箱油温升至 80～90℃ 时将变速杆拨到高速挡，观察压力表的压力（减压阀—变速操纵阀调压阀的控制压力），即离合器油压为 1.1～1.5MPa。

（3）滤清器旁通阀的控制压力为 0.08～0.1MPa（不同车型各参数不同）。

3. 润滑油压的检查

（1）用手制动将机械制动，在变矩器从冷却器回来的油管接头处装三通接头，接油压表。

（2）启动柴油机，使之在 1000r/min 下运转，此时油压(变矩器润滑压力阀—背压阀的控制压力)应保持在 0.1～0.2MPa。

二、拆装步骤

1. 拆卸

在变速器拆卸前，先将变矩器—变速器总成从装载机上吊出，用支架支撑，使变矩器朝下，变速器端盖朝上，先拆去工作泵、变速泵、转向泵，必要时拆去变速操纵阀。然后按以下程序依次拆卸：

① 将连接端盖的螺栓拆去，取下端盖。

② 将直接挡总成吊出（注意在中间输出齿轮上有两个 M10 起吊螺孔，在起吊时应注意平正，防止歪斜卡住）。

③ 轮流逐渐拧松中盖上的螺栓，以免弹簧的弹力与螺栓力分布不均而将中盖顶裂。

取下中盖后，一挡油缸总成及一挡活塞的装配体随之在弹力的作用下升起，即可将之取去。取去弹簧销轴与弹簧。

④ 取去一挡摩擦离合器的主动片、从动片各 3 片。再取去一挡内齿圈，然后取去余下的从动片、主动片各一片。

⑤ 取下一挡行星架与倒挡内齿圈配体。取下摩擦片隔离架总成。

⑥ 先取下倒挡摩擦离合器的主动片、从动片各 3 片再吊出倒挡行星架总成（倒挡行星架上有两个 M10 的起吊螺孔），然后取去余下的从动片、主动片各一片。

⑦ 取出倒挡活塞总成。将变矩器—变速器总成翻身，变矩器朝上，并用支架支撑。

⑧ 变矩器与变速器分箱时，先松去螺栓，用起吊螺栓、钢丝绳挂钩起吊（起吊时必须平正，以免损坏轴承）。

⑨ 取出转向泵驱动轴及转向油泵的驱动齿轮、轴齿轮。

⑩ 用撬杠取出超越离合器与中间输入轴装配体。

2．检测装配

变速箱解体后，应做全面彻底的检查。根据现场的修理经验，一般应仔细进行下述各项检查：

① 检查变速箱内各轴承，不得有散架、松旷和外圈严重磨损等情况。对于转向泵、变速泵驱动轴上的轴承，一般情况下应予以更换，否则磨损的轴承会使泵工作时产生振动，缩短泵的使用寿命。

② 检查变速箱体、挡位液压缸体是否有裂纹。挡位液压缸裂纹将会造成该挡位无挡现象；箱体和缸体的裂纹目前可以通过焊接手段修复；对于内部磨损严重的缸体，应坚决予以报废。

③ 检查摩擦片，其上应无烧蚀、退火痕迹，单片厚度不小于 2.8mm，从动片厚度不小于 2.8mm，主动片厚度不小于 3.3mm。

④ 根据解体前记录下的各挡位压力，仔细检查各挡位活塞密封环及油道 O 形圈。若某一挡位压力明显低于其他挡位，应更换挡位密封环或 O 形圈。如一台 ZL50B 装载机，修复后发现前进一挡工作无力，返修时发现该挡 O 形圈已严重撕裂，经更换，故障排除。

⑤ 检查超越离合器的技术状况，其小齿轮反向旋转时应灵活自如，不得有任何卡滞现象，正向转动时应能和大齿轮楔紧。

变速箱装配基本上与拆卸顺序相反，在装配时应注意以下问题。

① 装配时箱体接触表面，螺栓、螺孔及渐开线花键与法兰接触表面应涂上密封胶。

② 多片摩擦离合器是主动片、从动片相间装配，一档和倒挡的主动片和从动片均各有 4 片，装配时与活塞接触的是从动片（即钢片）。

③ 活塞与油缸是依靠密封环密封的，因此密封环工作表面必须光滑，无伤痕。

④ 当安装中盖时，必须检查一挡油缸端面与中盖凸肩端面之间的间隙，此间隙以 0.04～0.12mm 为最佳。（测量方法是：先取出弹簧和弹簧销轴，测量挡油缸端面与盖贴合的箱体台肩端面高度，再测量中盖凸肩的高度，两者之差即为间隙。此后重新装好弹簧和弹簧销轴，注意不能出现过盈。）安装中盖时，8 个螺栓必须交替上紧，使各螺栓的拧紧程度一致。

⑤ 端盖与球轴承两端面之间的间隙为 0.05～0.4mm。在安装端盖之前，可测量球轴承端面与箱体端盖贴合面之间的距离，再测量端盖与箱体贴合面至端盖中球轴承孔底端面之间的距离，两者之差为间隙，不能出现过盈。

⑥ 装配超越离合器时，先检查压盖，内环凸轮、中间输入轴各贴合面应正确贴合，超越离合器安装好后应检查其可靠性。检查时，固定中间输入轴，用手扳动外齿轮，其一个方向转动时应轻快自如，而反方向转动时卡紧应可靠，如不能卡紧，仍能转动，就必须检查滚柱或弹簧等有无漏装，压盖是否压紧弹簧，压紧位置是否正确。

⑦ 分别装配好变速箱 、变矩器后，变速箱体与变矩器支承外壳合箱时，必须同时满足如下要求：

a．超越离合器轴端球轴承的端面与支承壳体轴承孔底端面间隙为 0.1～0.5mm。

b．变速泵泵盖轴承孔底端面与球轴承贴合的两端面之间间隙为 0.03～0.15mm。

c．转向泵法兰与球轴承端面间隙为 0.05～0.15mm。

d．输入轴一、二级齿轮之间用铜套相隔，隔套与输入一级齿轮端面间隙为 0.06～0.15mm。

e．装配变速泵时，为保证变速泵在工作中处于正确的位置，合箱时必须要求工作泵传动齿轮轴轴线与箱体上变速泵安装平面不垂直度在 80mm 范围内不大于 0.03mm。

⑧ 各对齿轮的齿侧隙。

输入轴（Ⅲ轴）、中间轴（Ⅳ轴）上的齿轮对为 0.21mm；中间轴（Ⅳ轴）、输出轴（Ⅴ轴）上的齿轮对为 0.26mm；转向油泵驱动轴（Ⅱ轴）、输入轴（Ⅲ轴），变速油泵驱动轴（Ⅰ轴）、输入轴（Ⅲ轴），变速油泵驱动轴（Ⅰ轴）、中间轴（Ⅳ轴）上的齿轮对为 0.17mm。

⑨ 齿轮工作表面接触面积。

齿长不得少于 50%；齿高不得少于 70%。

⑩ 活塞。

一挡活塞体磨损极限为 29.5mm，二挡活塞体磨损极限为 24.5mm。

活塞行程：一挡活塞为 2.6～4mm；二挡活塞为 1.3～2mm；倒挡活塞为 1.6～2.6mm。

⑪ 换挡离合器。

多片湿式离合器装配后，在卡簧和压板之间要预留一定的间隙，称为自由间隙。间隙过小，离合器分离不彻底；间隙过大，当复位弹簧已被压紧至极限状态，而离合器仍未完全接合时，离合器将严重打滑，不能传递动力。装好后，用力压住压板，在压板与卡簧之间用厚薄规测量。

离合器的进油口通入压力为 1.1～1.4MPa 的油液时，直接挡主动片总成与倒挡从动片在 27N·m 的扭矩作用下，不能有打滑现象。

离合器在松离状态及油温为 40℃时，主动片与从动片相对滑动所需的扭矩，应不大于 0.05N·m。

⑫ 倒挡、一挡主动片总成。

摩擦片与主动片，黏结应牢固，其黏结面积应不小于全部摩擦片面积的 80%。不允许边缘处一块未黏结部分的面积大于 1cm^2。

摩擦片不允许有剥落、开裂及烧坏。

任一平面的不平行度不能大于 0.8mm，两平面不平度应不大于 0.02mm。

经磨合后的主动片总成（摩擦片为新黏结的），应清洗干净放入 80°C 变矩器油中浸润 6h。

柳工 ZL50C 直接挡、倒挡、一挡从动片磨损极限 2.7mm，主动片磨损极限 3.3mm。

⑬变速箱操纵阀。

操纵阀各阀杆与阀体孔必须进行研磨选配，其配合间隙为 0.01～0.02mm。

各阀杆和阀体孔圆度不允许超过 0.0025mm。

⑭ 减压阀、刹车阀、分配阀的配合间隙不大于 0.06mm。

任务思考题 7

1. 举例说明单向离合器、换挡离合器及换挡制动器作用原理。
2. 简述 ZL50 装载机变速箱动力传递过程。
3. 简述电液控制系统中各液压元件在换挡过程所起的作用。
4. 简述 TY220 推土机各挡位动力传递。
5. 简述 ZL50 装载机变速箱拆装检测过程。
6. 分析 ZL50 装载机变速箱常见故障的原因。

项目三　轮式行驶系构造与维修

任务　轮式驱动桥构造与维修

知识目标:

1. 学会描述行驶系功用、类型、组成。
2. 学会描述轮式行驶系车架功用、类型、典型结构原理。
3. 学会描述轮式行驶系悬架功用、类型、典型结构原理。
4. 学会描述轮式行驶系转向轮定位要求及原理。
5. 学会描述轮式行驶系车轮类型、结构原理。
6. 学会分析轮式行驶系产生故障的原因。

技能目标:

1. 能够正确维护调整车轮、悬架。
2. 能够正确进行转向轮定位操作。
3. 能够正确拆装检修轮式行驶系各总成及主要零部件。
4. 能够正确诊断和排除轮式行驶系典型故障。

任务咨询:

咨询一　轮式行驶系结构原理

一、行驶系功用、类型及组成

1．行驶系功用

工程机械传动系在解决了发动机的特性与使用要求之间的矛盾后，还必须设置一套将所有部件联成一体，并把从传动系接受的扭矩转化为驱动力，促使工程机械运动的机构，这套机构称为行驶系。行驶系的主要功用如下:

（1）将发动机传来的扭矩转化为使机械行驶（或作业）的牵引力。

（2）承受并传递各种力和力矩，保证机械正确行驶或作业。

（3）将机械的各组成部分构成一个整体，支承全机质量。

（4）吸收振动、缓和冲击，轮式行驶系还要与转向系配合，实现机械的正确转向。

2．类型

工程机械的行驶系可分为轮式机械行驶系和履带式机械行驶系两类。

轮式机械行驶系由于采用了弹性较好的充气橡胶轮胎、应用了悬挂装置，因而具有良好的缓冲、减振性能，而且行驶阻力小。故轮式机械行驶速度高，机动性好。尤其随着轮胎性能的提高以及超宽基超低压轮胎的应用，轮式机械的通过性能和牵引力都比过去有了较大的提高。近年来采用轮式机械行驶系的机械已日益增多，轮式机械在工程机械中的比例也越来越大。轮式机械行驶系与履带式行驶系相比，它的主要缺点是附着力小，通过性能较差。

履带式行驶系与轮式机械行驶系相比，它的支承面大，接地比压小（一般在 0.05MPa 左右），所以在松软土壤上的下陷深度不大，滚动阻力小，而且大多数履带板上都制有履齿，可以深入土内。因此，它比轮式行驶系的牵引性能和通过性能好。

履带式行驶系的结构复杂，质量大，而且没有像轮胎那样的缓冲作用，易使零部件磨损，所以它的机动性差，一般行驶速度较低，并且易损坏路面，机械转移作业场地困难。

由于轮式机械行驶系和履带式行驶系各自有比较突出的优点，所以两种行驶系在工程机械上的应用都比较广泛。

3．轮式行驶系功用及组成

轮式机械行驶系的功用是支承整机的重量和载荷，保证机械行驶和进行各种作业。此外，它还可减少作业机械的振动并缓和作业机械受到的冲击。

轮式行驶系如图 3-1-1 所示，通常是由车架、车桥、悬架和车轮等组成的。车架通过悬架连接着车桥，而车轮则安装在车桥的两端。

对于行驶速度较低的轮式工程机械，为了保证其作业时的稳定性，一般不装悬架，而将车桥直接与车架连接，仅依靠低压的橡胶轮胎缓冲减振。对于行驶速度高于 40～50km/h 的工程机械，则必须装有弹性悬架装置。悬架装置有用弹簧钢板制作的（如起重机），也有用气—油为弹性介质制作的。后者的缓冲性能较好，但制造技术要求高。

二、车架结构原理

车架是全机的骨架，全机的零、部件都直接或间接地安装在它上面。

车架受力复杂，如图 3-1-1 所示的各种力以及行驶与作业中的冲击，最后都传到车架上。因此，必须具有足够的强度和刚度，才能保证整机的正常工作。车架的结构形状必须满足整机布置和整机性能的要求。

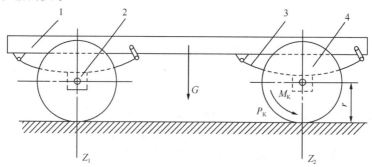

图 3-1-1　轮式行驶系的组成示意图

1—车架；2—车桥；3—悬架；4—车轮

不同的机种，有不同的作业对象和作业方式，因此车架的结构形式也不相同。但根据车架的共同构造与特点可将车架分为铰接式（折腰式）和整体式两大类。

（1）铰接式车架

铰接式车架由于其转弯半径小，前、后桥通用，工作装置容易对准工作面等优点，在压实机械和铲土运输机械中得到了广泛的应用。

图 3-1-2 为轮式装载机铰接式车架。后车架和前车架用上、下两个铰销连成一体，前、后车架以铰销为铰点形成"折腰"。前车架通过相应的销座装有动臂、动臂油缸、转斗油缸等。后车架的各相应支点则固定有发动机、变矩器、变速箱、驾驶室等零部件。该机取消了摆动架，其摆动机构安装在驱动桥壳的中点，以实现行驶在崎岖路面时四轮同时着地，机架上部尽可能地处于垂直位置，使机械具有好的稳定性和平顺性。

前、后车架由钢板、槽钢焊接而成，受力大的部位则用加强筋板、加厚尺寸等措施来进行加固。

前、后车架铰接点的形式有 3 种，即销套式、球铰式、锥柱轴承式。现以销套式为典型代表进行介绍。

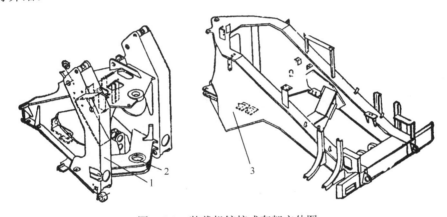

图 3-1-2 装载机铰接式车架立体图

1—前车架；2—铰接销孔；3—后车架

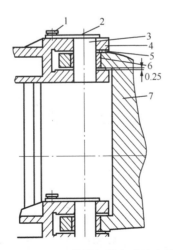

图 3-1-3 ZL50 装载机销套式铰点结构

1—固定螺钉；2—固定板；3—上铰销；4—前车架；5—铜垫圈；6—销套；7—后车架

如图 3-1-3 所示，前、后车架由上、下两个相同的铰点组成。两铰点距离布置得越远，则车辆行驶在不平路面上时每个铰点的受力越小。就每个铰点而言，销套压入后车架，然后将上铰销插入孔内以形成铰点。为防止上铰销相对于前车架转动，将固定板焊于上铰销的端头，再用固定螺钉固定。这样，回转面将总在上铰销和销套之间，便于磨损后更换。为防止前、后车架铰销孔端面磨损，装有铜垫圈。以上两对摩擦面都注有润滑脂。ZL20、ZL30、ZL50 装载机都是采用这种结构，其特点是结构简单，工作可靠。但上、下两铰点轴孔的同轴度要求较高，所以两铰点的距离不能太大。

（2）整体式车架

整体式车架通常用于车速较高的施工机械与车辆。在车速很低的施工机械（压路机）上，整体车架也得到广泛应用。图 3-1-4 和图 3-1-5 分别示出 QY—16 汽车起重机的车架和洛阳产 3Y12/15 型压路机车架的简图。

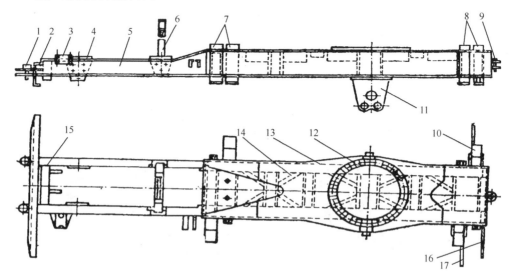

图 3-1-4　QY—16 汽车起重机车架简图

1—前拖钩；2—保险杠；3—转向机支座；4—发动机支座板；5—纵梁；6—吊臂支座；7、8—支腿架；9—牵引钩；

10—右尾灯架；11—平衡轴支架；12—圆垫板；13—上盖板；14—斜梁；15—第一横梁；16—左尾灯架；17—牌照灯架

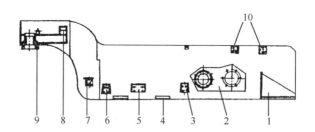

图 3-1-5　洛阳产 3Y12/15 型压路机车架简图

1—蓄电池箱；2—座孔侧板；3—变速箱支架；4—撑板；5—柴油机后支架；

6—柴油机前支架；7—冷却水箱支架；8—转向油缸支座；9—限位座；10—横梁

QY—16 汽车起重机的车架是一个完整的框架，由 2 根纵梁和 7 根横梁焊接而成。纵梁根据受力不同，从左至右逐步加高，其断面形状左端为槽形，右端为箱形。整个纵梁有采用全部钢板焊接的，也有采用部分冲压成型后焊接的。这些差异都是由于右端承载较大所造成的。横梁的形状与位置是根据受力大小及安装的相应零部件来决定的。如 X 形斜梁主要是为了加强机构的强度和刚度而设。

压路机的机身和车架是由槽钢、角钢和钢板焊接而成的箱形钢结构件，用以作为安装压路机全部机件的骨架。

三、转向轮定位

车桥是一根刚性的实心或空心梁，车轮即安装在它的两端。车桥与车架相连以支承机器的重量，并将车轮上所受的各种外力传给车架。车桥与车架的连接形式，即为悬架。

根据车桥两侧车轮作用不同，车桥可分为驱动桥、转向驱动桥、转向桥、支承桥四种。转向桥、驱动桥和转向驱动桥已在传动系作过介绍；支承桥仅起支承机械重量和安装车轮的作用，结构较简单。

整体车架的轮胎式工程机械的转向桥与汽车转向桥的结构基本相同，它们主要由前轴、转向节和轮毂等部分组成。图 3-1-6 为汽车的转向桥，其功用是利用铰链装置使车轮以主销为旋转中心偏转一定角度，以实现车辆的转向。转向桥除承受垂直反力，还承受制动力和侧向力以及这些力造成的力矩。

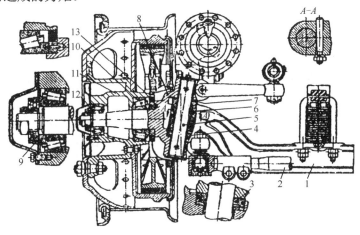

图 3-1-6 转向桥

1—前梁；2—横拉杆；3、4—止推轴承；5—主销；6—楔形锁销；7—调整垫片；

8—转向节；9—调整螺母；10、12—滚锥轴承；11—轮毂；13—油封

转向轮通常不与地面垂直，而是略向外倾，其前端略向内收拢；转向节主销也不是垂直安装在前轴上，而是其上端略向内和向后倾斜。所有这 4 项参数统称为转向轮定位。

主销后倾角 γ，即主销在纵向平面内向后倾斜一角度 γ（图 3-1-7）。当主销有后倾角 γ 时，主销轴线与路面交点 a 将位于车轮与地面接触点 b 的前面。当汽车直线行驶时转向轮偶然受到外力作用而稍有偏转时（如图中箭头方向所示），将使汽车行驶方向向右偏离。这时由于汽车要保持直线行驶的惯性作用使汽车有侧向滑移趋势，于是在车轮与路面接触点 b 处便受到路面对车轮的侧向反作用力 Y，反

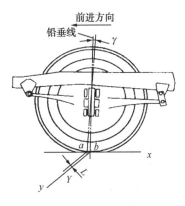

图 3-1-7 主销后倾角作用示意图

力 Y 对车轮形成绕主销轴线作用的力矩 YL，其转向正好与车轮偏转方向相反，在此力矩作用下将使车轮回复到原来的中间位置（即车轮自动回正），从而保持汽车能稳定地直线行驶，故此力矩称为稳定力矩。此力矩值不能过大，太大了则驾驶员操纵转向费力；此力矩的大小取决于力臂 L 的数值，故主销后倾角也不宜过大，一般角不宜超过 $3°$；在某些情况下（如采用低压胎，由于轮胎接触面后移），角可以减小到接近于零，甚至为负值。

主销除了后倾之外还兼有内倾角 $2\sim8N/cm^2$（图 3-1-8）。

主销内倾角 β 也使车轮有自动回正作用。当转向轮在外力作用下偏转一角度时，此时车轮最低点将陷入路面以下，但实际上车轮下边缘不可能陷入路面以下，而是将转向轮连同整车前部向上抬起一定高度。这样，汽车的重量将迫使转向轮回到原来的中位置。此外，主销内倾还使主销轴线延长线与路面交点到车轮中心平面的距离 C 减小 [图 3-1-8（b）]，使操作车轮偏转所需克服的转向阻力矩减少，从而可以减小驾驶员加在转向盘上的力，使转向操纵轻便，同时还可以减小转向轮传到转向盘上的冲击力。通常，内倾角 β 大于 $8°$，C 为 $40\sim60mm$。

转向轮安装后与地面并不垂直，而是保持着如图 3-1-8 所示的 α 倾角。这是因为主销与衬套之间、轮毂轴承等处都必然存在着间隙，如果空车时轮胎与地面垂直，则满载负荷后必然消除间隙，造成轮胎内倾，加速轮胎内缘的磨损。同时由此而引起的附加轴向力，必然又增加轮毂轴承以及紧固轴承螺母的负荷，加速它们的磨损，严重时会造成车轮飞脱的危险。因此，在设计时就使空载的车轮保持 α 角，当满载后车轮则接近于垂直地面的纯滚动状态。一般 α 角取 $1°$ 左右。车轮外倾还具有使转向操纵轻便的作用。这是由于车轮外倾与主销内倾相配合，使车轮的着地点与主销沿长线与地面的交点的距离 C 减小，从而减小了转向操纵时的阻力矩。车轮外倾角是由转向节的结构决定的，当转向节安装到车桥上后，其转向节轴相对于水平面向下倾斜，从而使车轮安装后出现外倾。由于车轮外倾，当两车轮前进时，都有试图向外分开的趋势。因此，在设计时，就使转向轮保持着两轮前边缘距离 B 小于后边缘距离 A（图 3-1-9），称为转向轮前束。这样，用来校正由于车轮外倾所带来的问题，使车轮瞬时接近于正前方的纯滚动状态，从而减轻轮胎表面的磨损。

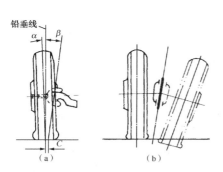

图 3-1-8 主销内倾角和车轮外倾角示意图

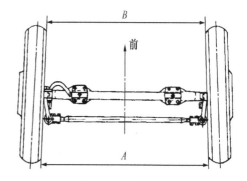

图 3-1-9 转向轮前束

四、车轮结构原理

如图 3-1-10 所示，车轮由轮毂、轮辋以及这两元件间的连接部分轮辐所组成。按连接部分的构造不同，车轮可分为盘式与辐式两种，而盘式车轮采用最广。盘式车轮中用以连接轮毂和轮辋的钢质圆盘称为轮盘，轮盘大多数是冲压制成的。对于负荷较重的重型机械的车轮，其轮盘与轮辋通常是做成一体的，以便加强车轮的强度与刚度。

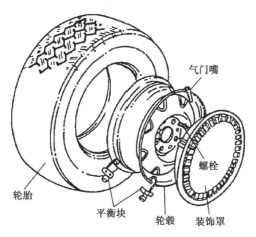

图 3-1-10　车轮总成

图 3-1-11 为装载机通用车轮的构造。轮胎由右向左装于轮辋之上，以挡圈抵住轮胎右壁，插入斜底垫圈，最后以锁圈嵌入槽口，用以限位。轮盘与轮辋焊为一体，由螺栓将轮毂、行星架、轮盘紧固为一体，动力是由行星架传给车轮和轮胎的。

机械在行驶或进行作业时，由于路面不平将引起很大的冲击和振动。

轮式机械装有充气的橡胶轮胎，因为橡胶和空气的弹性（主要是空气的弹性）能起一定的缓冲作用，从而减轻冲击和振动带来的有害影响。

（1）轮胎的组成

充气橡胶轮胎由内胎、外胎和衬带所组成（图 3-1-12）。内胎是一环形橡胶管，内充一定压力的空气。外胎是坚固而富有弹性的外壳，用以保护内胎不受外部损害。衬带用来隔开内胎，使它不和轮辋及外胎上坚硬的胎圈直接接触，免遭擦伤。

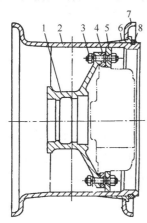

图 3-1-11　装载机的盘式车轮

1—轮毂；2—轮辋；3—轮毂螺栓；4—轮边减速器行星架；

5—轮盘；6—斜底垫圈；7—挡圈；8—锁圈

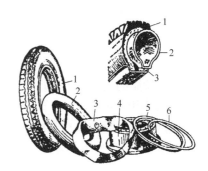

图 3-1-12　充气轮胎的组成

1—外胎；2—内胎；3—衬带；4—轮辋；5—挡圈；6—锁圈

外胎是轮胎的主体，按轮胎的部位，它由胎面（包括胎冠和胎肩）、胎侧、胎体（包括缓冲层和帘布层）和胎圈四部分组成，如图 3-1-13 所示。

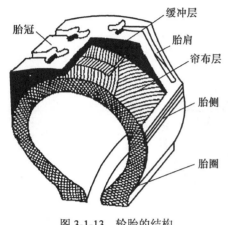

图 3-1-13 轮胎的结构

胎冠也称行驶面，它与路面接触，直接承受冲击和磨损，并与路面间产生很大的附着力，故胎冠应具有较高的强度、刚度、弹性和耐磨性。为增加轮胎的附着力，避免轮胎纵横向打滑，以及良好的排水性能，胎冠制有各种花纹。

除此之外，还有无内胎轮胎（图 3-1-14），其气密层密贴于外胎，省去了内胎与衬带，利用轮辋作为部分气室侧壁。因此，其散热性能好，适宜高速行驶工况。这种轮胎可以充水或充物，增加整机的稳定性和附着性能，充水的水溶液一般用氯化钙，充物的物料一般用硫酸钡、石灰石、黏土等粉状物。其缺点是对密封和轮辋的制造精度要求高，需要专门的拆卸工具和补胎技术为了适应矿山岩石工地，又出现了履带轮胎（图 3-1-15）和轮胎外面包有保护链的"链网轮胎"，它们都是为抗磨和提高附着性能而设计的。

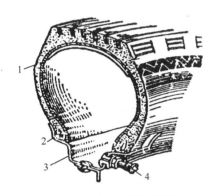

图 3-1-14　无内胎轮胎断面结构

1—气密层；2—密封胶层；3—轮辋；4—气门嘴

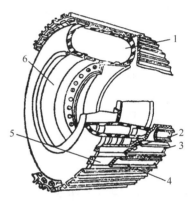

图 3-1-15　履带轮胎

1—轮胎；2—中心螺栓；3—连接螺栓；

4—履带板；5—安装带；6—轮辋

（2）轮胎的分类

① 根据轮胎的用途可将轮胎分为五大类，即 G——路面平整用；L——装载、推土用；C——路面压实用；E——土、石方与木材运输用；ML——矿石、木材运输与公路车辆用。

② 根据轮胎的断面尺寸又可将轮胎分为标准胎、宽基胎、超宽基胎三种，其断面高度 H 与宽度 B 之比如图 3-1-16 所示。

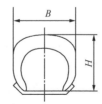
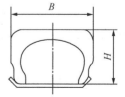

（a）标准断面轮胎，H/B≈98%　　（b）宽基轮胎H/B≈81%　　（c）超宽基轮胎H/B≈65%

图 3-1-16　轮胎断面形状分类

③ 根据轮胎的充气压力可分为高压胎、低压胎、超低压胎三种。气压为 0.5～0.7MPa 者为高压胎，气压为 0.15～0.45MPa 者为低压胎，气压小于 0.15MPa 者为超低压胎。

轮胎根据充气压力不同而标记也不同（图 3-1-17）。低压胎标记为 B－d，"－"表示低压，例如，17.5－25 表示轮胎断面宽为 17.5in，轮胎内径为 25in。高压胎标记为 D×B，"×"表示高压，例如，34×7 表示轮胎外径为 34in，胎面宽为 7in。

④ 根据轮胎帘线的排列形式，轮胎可分为斜交胎（普通胎）、子午胎、带束斜交胎。

斜交胎结构如图 3-1-18 所示。帘布层是外胎的骨架，用尼龙丝或人造丝、钢丝、棉线等材料涂胶黏结，并与轮胎轴线的夹角呈 48°～54°，各层交互排列黏结而成，轮胎的承载能力主要是由帘布层来提供。胎面是具有一定花纹的橡胶层，具有耐磨、减振、牵引附着以及保护帘布层免受潮蚀和机械损伤的作用。缓冲层是较稀疏的挂胶帘布层，用来缓和冲击振动并使胎面和帘布层牢固黏合。钢丝圈内部包有钢丝，紧箍在轮辋外径。胎侧的外表包着一层高质量、耐切割的保护橡胶，用来保护帘布层。

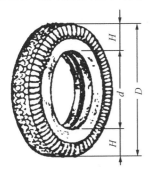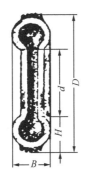

图 3-1-17　轮胎的尺寸标记

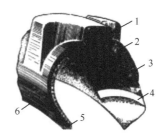

图 3-1-18　斜交胎结构

1—胎面；2—缓冲层；3—帘布层；4—胶层；5—钢丝圈；6—胎侧

子午线轮胎和斜交胎的比较如图 3-1-19 所示。帘布层的帘线方向与轮胎圆周成 90°排列。这样，帘线受力与变形方向一致，因此，承载能力大而层数少。带束层采用钢丝帘线，其方向与圆周成 10°～20°，它的作用是使胎面具有足够的刚性，像刚性环带一样紧紧地箍在胎体上。子午胎的优点是附着性能好，滚动阻力小，承载能力大，耐磨性能与耐刺扎性能好。但侧向稳定性差，对制造工艺、精度、设备的要求高，所以造价高。

（a）普通斜交轮胎　　　（b）子午线轮胎

图 3-1-19　子午线轮胎与斜交胎的对比

带束斜交轮胎的帘布层排列与斜交胎相同,带束层与子午胎相同,在结构上它介于两者之间。

(3) 轮胎胎面花纹

轮胎胎面的花纹形状对轮胎的防侧滑性、操纵稳定性、牵引附着性等使用性能和作业性能都有明显的影响。现以推土机(或装载机)所用 L 型轮胎(图 3-1-20)为例介绍轮胎花纹。

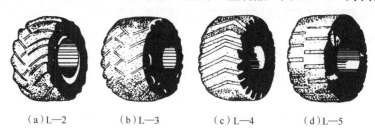

(a) L—2   (b) L—3   (c) L—4   (d) L—5

图 3-1-20 L 型轮胎

L—2 为牵引型轮胎,花纹呈"八"字形,花纹块与沟的面积之比为 1:1,易于嵌入土壤增加牵引力,易于自行清理土壤。安装方向是:人站在轮胎后,面朝前进方向,观其花纹正好是"八"字形。这种轮胎适用松软地面作业、高速行驶的场所。

L—3 为块状标准花纹,花纹块与沟的面积之比为 2:1,抗刺扎能力强。适用岩石路面作业。

L—4、L—5 为块状加深和超深花纹,其花纹深度逐次增加,胎面厚度也逐次加厚。若以 L—3 的花纹深度为 100%作为基准,则 L—4、L—5 型的花纹深度分别为 150%和 250%。由于胎面橡胶加厚,所以其耐磨能力也依次加强,但散热能力却依次降低。因此,适用于岩石工地、短途运输、低速行驶的场合。

不同类型的工程机械所配用的轮胎的胎面花纹形状也各不相同。表 3-1-1 列出了机械种类与花纹形式的对应关系。

表 3-1-1 工程轮胎花纹形式与机械种类的对应关系

用　途	所配机械种类	轮胎分类编号	花纹形式	作业类型
土石方及 木材运输	铲运机、自卸卡车、越野汽车、越野载重车等	E—1	条形	短途运输,即一个作业循环不超过 5km,最高速度为 48km/h
		E—2	牵引形	
		E—3	块形	
		E—4	块形、加深花纹	
路面平整	平地机	G—1	条形	最高速度为 40km/h
		G—2	牵引形	
		G—3	块形	
		G—4	块形、加深花纹	
推土、装载	推土机、装载机、挖掘机、搅拌机、叉车等	L—2	牵引形	作业速度为 8km/h
		L—3	块形	
		L—4	块形、加深花纹	
		L—5	块形、加深花纹	
路面压实	压路机	C—1	光轮面	作业速度为 8km/h
		C—2	条形或小块形花纹	

五、悬架结构原理

悬架是用于车架与车桥（或车轮）连接并传递作用力的结构。弹性悬架还可以缓和并衰减振动和冲击，使车辆获得良好的行驶平顺性。悬架通常由弹性元件、导向装置和减振装置组成。弹性悬架的结构类型很多，按导向装置的不同形式可分为独立悬架和非独立悬架两大类。前者与断开式车轴联用，后者与整体式车轴联用。按弹性元件的不同，又可分为钢板弹簧悬架、扭杆弹簧悬架和油气弹簧悬架等。

1. 钢板弹簧悬架

钢板弹簧悬架是目前应用最广泛的一种弹性悬架结构形式。图 3-1-21 为加装副簧的钢板弹簧悬架。它的弹簧叶片既可作弹性元件缓和冲击，又可作导向装置传递作用力。因此具有结构简单、维修方便、寿命长等优点。钢板弹簧一般是由很多曲率半径不同、长度不等、宽度一样、厚度相等或不等的弹簧钢片所叠成的。在整体上近似于等强度的弹性梁，中部通过 U 形螺栓（骑马螺栓）和压板与车桥刚性固定，其两端用销子铰接在车架的支架上。

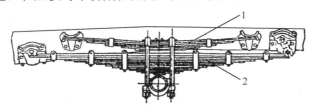

图 3-1-21　加装副簧的钢板弹簧悬架

1—副簧；2—主簧

2. 扭杆弹簧悬架

图 3-1-22 是一种扭杆弹簧悬架的结构，它用扭杆弹簧做弹性元件。扭杆弹簧是一段具有扭转弹性的金属杆，其断面一般为圆形，少数为矩形或管形。它的两端可以做成花键、方形、六角形或带平面的圆柱形等，以便将一端固定在车架上，另一端通过摆臂固定在车轮上。扭杆用铬钒合金弹簧钢制成，表面经过加工后很光滑。为了保护其表面，通常涂以沥青和防锈油漆或者包裹一层玻璃纤维布，以防碰撞、刮伤和腐蚀。扭杆具有预扭应力，安装时左、右扭杆不能互换。为此，在左、右扭杆上刻有不同的标记。

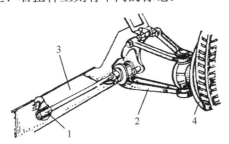

图 3-1-22　扭杆弹簧悬架

1—扭杆；2—摆臂；3—车架；4—车轮

当车轮跳动时，摆臂绕着扭杆轴线而摆动，使扭杆产生扭转弹性变形，借以保证车轮与车架的弹性连接。扭杆弹簧悬架结构紧凑、弹簧自重较轻、维修方便、寿命长。但是制造精度要求高，需要有一套较复杂的扭杆套等连接件。因此，目前尚未获得普遍采用。

3. 油气弹簧悬架

在密封的容器中充入压缩气体和油液，利用气体的可压缩性实现弹簧作用的装置称为油气弹簧。油气弹簧以惰性气体（氮气）作为弹性介质，用油液起传力介质和衰减振动的作用。图 3-1-23 为安装在 SH380 型矿用自卸汽车上的油气弹簧悬架的油气弹簧。它由球形气室和液力缸筒两部分组成。球形气室固定在液力缸的上端，其内的油气隔膜将气室内腔分隔成两部分：一侧为气室，经充气阀向内充入高压氮气，构成气体弹簧；另一侧为油室与液力缸连通，其内充满减振油液，相当于液力减振器。液力缸由液力缸筒、活塞和阻尼阀座等组成。活塞装在套筒上，套筒下端通过下接盘与车桥连接。液力缸上端通过上接盘与车架相连。

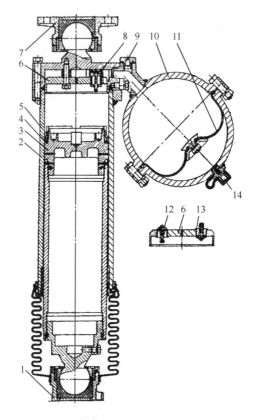

图 3-1-23 油气弹簧

1—下接盘；2—液力缸筒；3—活塞；4—密封圈；5—密封圈调整螺母；6—阻尼阀座；7—上接盘；

8—加油阀；9—加油塞；10—球形气室；11—油气隔膜；12—压缩阀；13—伸张阀；14—充气阀

缸盖内装有阻尼阀座，其上有 6 个均布的轴向小孔，对称相隔地装有两个压缩阀、两个伸张阀和两个加油阀。在阀座中心和边缘各有一个通孔。

静止时加油阀是开启的，从加油孔注入的油液可流入液力缸。

当载荷增加时，车架与车桥靠近，活塞上移使其上方容积减少，迫使油液经压缩阀、加油阀和阻尼阀座中心孔及其边缘上的小孔进入球形室，推动隔膜向氮气一方移动，从而使氮气压力升高，弹簧刚性增大，车架下降减缓。当外界载荷等于氮气压力时，活塞便停止上移，这时车架与车桥的相对位置不再变化，车身高度也不再下降。

当载荷减小时，油气隔膜在氮气压力作用下向油室一方移动，使油液压开伸张阀，经阀座上的中心孔及其边缘小孔流回液力缸，推动活塞下移，从而使弹簧刚性减小，车架上升减缓。当外部载荷与氮气压力相平衡时，活塞停止下移，车身高度也不再上升。

由于氮气储存在定容积的密封气室之内，氮气压力随外载荷的大小而变化，故油气弹簧具有可变刚性的特性。当油液通过各个小孔和单向阀时，产生阻尼力，故液力缸相当于液力减振器。在单向阀上装用不同弹力的弹簧可以产生不同的阻尼力，从而可改变油气弹簧的缓冲和减振作用。

咨询二　轮式机械行驶系典型故障诊断排除

一、车桥的故障诊断

前桥、转向系的故障使车辆的操纵稳定性与操纵轻便性变差。常见故障有前轮摆动、前轮跑偏、转向盘沉重或转向盘振抖等，同时引起轮胎的异常磨损。影响汽车操纵性能，造成前桥、转向系故障的因素很多，故障部位的判断也很困难，在判断故障时，要同时把轮胎磨损的特征也作为依据。首先要考虑前桥造成故障的原因，还要检查前轮轮胎的气压、气压差和胎面磨损的差异，前轮的平衡性能；左、右悬架的弹力，前轴（支撑梁）和车架的变形；前、后桥的轴距以及平行度误差等诸因素。

1．车轮的影响

首先，按照原厂规定检查调整轮胎的气压。轮胎的气压过高，其偏离角减小，轮胎产生的稳定力矩减小，自动回正能力减弱；轮胎的气压过低，侧向弹性增强，使偏离角增大，稳定力矩过大，车辆回正能力过强，转向后回正过猛，使转向车轮摆动剧烈，转向盘抖动。由此可见，轮胎气压过高或过低，都会引起前轮摆动或前轮跑偏，破坏汽车操纵稳定性。

然后，检验车轮的平衡性能。轮辋变形，轮毂、轮辋、制动毂和轮胎制造以及修理、装配的误差，质量不均匀等因素，破坏了车轮组件的平衡性能，在高速时会引起严重的角振动（共振），造成前轮摆动。因此，更换车轮组件中的任一零件或修补轮胎后均应对车轮重新进行动平衡试验。维护过程中，车轮上的平衡块不能丢失也不能移位。

2．前桥配合松旷的影响

前桥配合部位松旷，会影响前轮定位的准确性，有人称其为"前轮定位效应"；同时，也使转向振动系统的刚度及阻尼作用降低，造成汽车前轮摆动或前轮跑偏，也可能引起转向盘沉重以及转向盘振抖等故障。

转向盘的振动方式分两类：一类是在某一车速范围内产生的高频率振抖，这是由于各部配合松旷以及转向传力机构刚度不足所产生的共振而引起的转向盘振抖；另一类是车速越快振抖越烈，有时还会出现前轮在路面上滚动产生的有较明显节奏的拍击声，引起此类振抖的关键因素是前轮平衡性能过差。只要认真排除如轮辋变形等造成前轮不平衡的因素，必要时进行车轮动平衡试验，故障就可消除。

一般先检查转向盘的自由转动量。若自由转动量过大，在检查、调整轮毂轴承间隙之后，拆下转向器摇臂，固定摇臂轴，再一次检查转向器的自由转动量。若自由转动量仍然过大，则检查调整转向器传动副的啮合间隙，使转向盘的自由转动量符合规定，然后装好摇臂轴并检查转向盘的自由转动量。重新装好摇臂轴之后，转向盘的自由转动量仍然过大，说明转向传动机构的配合部位，或者转向节、独立悬架的摆臂、支撑杆（稳定杆）或推力杆配合松旷，应逐一检查调整。随着行驶里程的增加，各配合零件磨损增大，就会造成配合松旷而影响车辆操纵的稳定性和轻便性，所以，在各级维护中，必须认真做好此项检查调整工作。

3．前轮定位的影响

车辆操纵的稳定性主要取决于前轮定位的准确程度，车辆二级维护时，在侧滑试验台上检测车辆的侧滑量的基础上，用光学水准前轮定位仪检查调整前轮定位。

（1）前轮定位与轮胎磨损的关系。如果胎冠在整个圆周上出现从外侧依次向内的台阶形磨损，侧滑量为正值且大于 5m/km，说明前束值过大；若胎冠圆周上出现依次由内侧向外侧的台阶形磨损，侧滑量为负值且大于 5m/km，说明前束值过小。

独立悬架会出现侧滑量符合标准，但轮胎外侧依然发生胎面边缘圆周形磨损，甚至在车辆转弯时，轮胎与路面会产生较明显的摩擦声，转弯后转向盘自动回正能力差。这是由于前轮外倾过大，造成严重的过度转向引起的。如果轮胎内侧发生胎面边缘圆周形磨损，这是前轮外倾过小，造成过度的转向不足、前轮急剧摆动而引起的。

非独立悬架应调整前束，使侧滑量符合标准；独立悬架必须先调整前轮外倾角至原厂规定值，使前束和前轮外倾相适应。

（2）前轮自动跑偏。前轮跑偏有 3 种情况。

第一种是汽车中、高速行驶时放松转向盘之后，前轮急剧跑偏，驾驶员往往必须握紧转向盘约束前轮跑偏。造成前轮急剧跑偏的主要原因是两侧前轮主销后倾差异过大，主销后倾大的一侧，路面反力形成的车轮回正能力过于强烈，使前轮急剧向主销后倾小的一侧偏转，形成前轮急剧自动跑偏的故障。独立悬架先按原厂规定检查调整主销后倾角，然后检查调整前轮外倾角，直至侧滑量符合规定，即可排除前轮剧烈跑偏的故障。

第二种是车辆直线行驶中，放松转向盘，前轮逐渐跑偏，此故障件往往在较低车速时就会出现，产生前轮逐渐跑偏的主要原因是两侧前轮外倾差异过大，外倾角大的前轮所产生的绕主销回转力矩必然大于外倾角小的前轮所产生的回转力矩，使汽车行驶方向向外倾角大的一侧跑偏，应在保持主销后倾角正确的前提下调整前轮外倾以排除故障。

第三种前轮跑偏的原因是前轮外倾值和前束值都大，使车辆在平直路面直行时，稍打转向盘，前轮就会急速跑偏，转向盘出现漂浮感，有人也称为转向盘"发飘"。调整前轮定位时，先将两前轮外倾角调整好，然后再检查侧滑量，按侧滑量的正负再调整前束值，待侧滑量合格后，故障即可排除。

（3）前轮摆动。汽车行驶中，驾驶员未转动转向盘，但两前轮忽左忽右的摆动，使汽车忽左忽右地"蛇行"，并伴有转弯后转向回正能力很差，转向盘"发飘"明显感，此种故障称为前轮摆动。引起前轮摆动的主要原因是转向节主销后倾和主销内倾角过小，前桥、转向系配合松旷而引起的前束值过大。独立悬架先消除配合松旷，然后检查调整主销后倾和主销内倾或车轮外倾，再调整前束以排除故障。

（4）转向沉重。驾驶员在转向时，转动转向盘的圆周力过大，转向反应迟钝，而且转向回位性能差。这类故障的产生，除各部位配合过紧或卡死等原因外，还与主销后倾有关。

双侧均转向沉重，但双侧转向回正性能都好。该故障由于两侧主销后倾角均过大，造成前轮回正力矩过大，引起转向沉重但回位迅速，严重时转向盘出现"发飘"感。如果两侧主销后倾角差异过大，甚至一侧主销后倾角为负，另一侧主销后倾角为正，就会造成单侧转向沉重，而另一侧转向回正能力很差。

4. 前轴、车架变形的影响

非独立悬架的前轴变形，独立悬架支撑架、摆臂、稳定杆与支撑架变形，车架的变形，杆件长度不符原厂规定等，都会产生"前轮定位效应"，破坏汽车操纵的稳定性和轻便性。当消除前桥、转向系配合松旷、配合过紧、调整前轮定位、调整轮胎气压、车轮平衡之后，汽车侧滑量仍然过大，仍不能恢复车辆操纵的稳定性，即可检测前轴、车架等零部件是否变形，必要时进行拆检或修理。

二、车轮与轮胎的故障诊断

1. 车轮故障诊断

车轮常见故障为轮毂轴承过松或过紧。

轮毂轴承过松，会造成车轮摆振及行驶不稳，严重时还能使车轮甩出。此时，可将车轮支起，用手横向摇晃车轮，即可诊断出车轮轴承是否松旷。一旦发现轴承松旷，必须立即修理。

轮毂轴承过紧，会造成汽车行驶跑偏。全部轮毂轴承过紧时，会使汽车滑行距离明显下降。轮毂轴承过紧会使车辆经过一段行驶后，轮毂处温度明显上升，有时甚至使润滑脂溶化而容易甩入制动毂内。将车轮支起后，转动车轮明显感到费力沉重。

2. 轮胎故障诊断

发动机使驱动轮转动，从而带动轮胎旋转。这意味着轮胎属于传动系的一部分。但轮胎还会根据转向器的运动，改变车辆的运动方向，因此，轮胎也属于转向系统的一部分。此外，由于轮胎也用于支撑车重及吸收路面振动，所以，轮胎还是悬架系统的一部分。

基于上述原因，在进行轮胎的故障诊断、排除分析时，一定要记住上述 3 个系统，即轮胎与车轮、转向、悬架之间的关系。同样重要的是，轮胎的使用和保养不良，也可能导致轮胎本身及相关系统的故障。因此，轮胎故障诊断、排除分析的第一步，便是检查轮胎，应该使用正确，维护恰当。

（1）不正常磨损。

① 胎肩或胎面中间磨损。

② 内侧磨损或外侧磨损。在过高的车速下转弯，轮胎滑动，产生斜形磨损。这是较常见的轮胎磨损原因之一。驾驶员所能采取的唯一补救措施就是在转弯时降低车速。另外悬架部件变形或间隙过大，会影响前轮定位，造成不正常的轮胎磨损。

③ 前束磨损和后束磨损。

④ 前端和后端磨损。

⑤ 斑状磨损。

（2）振动。振动可分为车身抖动、转向摆振和转向颤振。

① 车身抖动。抖动的定义是：车身和转向盘的垂直振动或横向振动，同时伴随着坐椅的振动。造成抖动的主要原因是：车轮总成不平衡、车轮偏摆过量及轮胎刚度的均匀件不足。因此，排除这些故障，通常便可消除车身抖动。车速在 80km/h 以下时，一般不会感觉到抖

动。高于这一车速时，抖动现象便会明显上升，然后在某一速度上达到极点。如果车速在40~60km/h 发生抖动，则一般是由于车轮总成偏摆过量或轮胎缺少均匀性所致。抖动现象与洗衣机排水后的甩干程序所产生的振动相似。

② 摆振。摆振的定义是：转向盘沿其转动方向出现的振动。造成摆振的主要原因是车轮总成不平衡、偏摆过量或轮胎刚度均匀性不足。因此，排除这些故障，通常便可消除这种摆振。其他可能的原因还有转向杆系故障、悬架系统间隙过大、车轮定位不当。摆振分为两种：在相对低速下（20~60km/h）持续出现的振动；只在高于 80km/h 的一定车速时才会出现的振动（称为"颤振"）。

（3）行驶沉重。

① 较低的充气压力会使轮胎与地面的接触面积太大，增加轮胎的行驶阻力。

② 每种车型都有最适合其预计载荷和使用的推荐轮胎。使用刚度较强的轮胎，会导致行驶沉重。

（4）转向沉重。引起转向沉重有以下几个原因：

① 充气压力太低，会使胎面的接触面变宽，增加轮胎与路面之间的阻力，从而使转向迟缓。

② 车轮定位调整不当，也会引起转向沉重。

③ 转向轴颈和转向系统出现故障，同样也会引起转向沉重。

（5）正常行驶时，车辆跑偏。意味着当驾驶员试图使车辆向正前方行驶时，车辆却偏离并向某一侧行驶。当左、右轮胎的滚动阻力相差很大，或绕左、右转向轴线作用的力矩相差很大时，最容易发生这种现象。

具体原因如下：

① 如左、右轮胎的外径不相等，每一轮胎转动一圈的距离便不相同。为此，车辆往往会向左或向右改变方向。

② 如左、右轮胎的充气压力不同，则各轮胎的滚动阻力也会不同，车辆因此往往向左或向右改变方向。

③ 如前束或后束过量，或左、右外倾角或主销后倾角的差别太大，车辆也很可能向某一侧偏斜。

三、悬架系统的故障诊断

1. 悬架故障

（1）钢板弹簧折断。钢板弹簧折断，尤其是第一片折断，会因弹力不足等原因，使车身歪斜。前钢板弹簧一侧第一片折断时，车身在横向平面内歪斜；后钢板弹簧一侧第一片折断时，车身在纵向平面内歪斜。

（2）钢板弹簧弹力过小或刚度不一致。当某一侧的钢板弹簧由于疲劳导致弹力下降，或者更换的钢板弹簧与原弹簧刚度不一致时，会使车身歪斜。

（3）钢板弹簧销、衬套和吊耳磨损过甚。此时，会造成车身歪斜（不严重）、行驶跑偏、汽车行驶摆振等故障现象。

（4）U 形螺栓松动或折断（或钢板弹簧第一片折断）。此时，会由于车辆移位歪斜，导致汽车跑偏。

2．减振器故障

减振器常见的故障为衬套磨损和泄漏。衬套磨损后，因松旷易产生响声。减振器轻微的泄漏是允许的，但泄漏过多，会使减振器失去减振作用。所以，应注意检测其密封性能的好坏，以便及时维修。

四、故障实例

故障现象描述：车辆在拐弯行驶时前桥有异响。

客户描述：近期保养及维修情况：按时按规定保养，维护正常。

故障描述：整机在工作行驶过程中前桥有异响。

驾驶室仪表板读数：压力表：1.5；水温表：85；油温：70；气压表：0.78；计时器：1612.9

维修人员现场检查、故障排查（包含数据测量）：

① 拆下前轮左右两边的轮边盖，检查左右轮边是否损坏。检测为正常，拆下左右半轴。

② 在前主传动放油处放油，观察放油情况。发现有齿轮碎片掉落。

故障原因与判断：由于前桥主传动内有齿轮碎片掉落，说明该主传动上的齿轮已损坏，由此产生异响。

现场维修：（维修完成的数据测量结果数据）

① 拆卸前桥主传动，确认大小螺旋齿和行星轮齿损坏。

② 更换大小螺旋齿及行星轮齿轮及垫片。

③ 装配主传动并调整大小螺旋的黏合合适。

④ 将主传动安装到桥壳上。安装左右半轴轮边盖及轮胎，维修完毕。

案例心得：通过这次维修，认识到分析故障要按照由简到繁的原则，再结合驾驶员的描述及试车的情况逐步进行认真检查，才能准确地判断故障。

实践训练 9　轮式行驶系维修

一、轮式机械行驶系的技术维护

1．车轮轮胎的技术维护

保证轮胎正常的气压是轮胎正常运行的主要条件，气压过低或过高都将导致轮胎使用寿命缩短。为此应经常用轮胎气压表检验轮胎气压，正常的气压不得与标准气压相差 5%。在运行中，如轮胎发热应停止行驶使其冷却，同时应特别注意防止汽油或机油沾到轮胎上。车辆停放时，禁止将轮胎放气，长期停放的车辆，应使车轮架起，不使轮胎着地。

轮胎的日常维护工作主要是经常检查气压和注意轮胎的选用与装配，并按规定行驶里程进行轮胎换位。在日常维护中还应及时清除轮胎间夹石和花纹中的石子和杂物等。

（1）轮胎的选用和装配

① 轮胎的选用。为了使同一台轮式机械上的轮胎达到合理使用，在没有特殊的规定时，应装用同一尺寸类型的轮胎。如装用新胎，最好用同一厂牌整套的新胎，或按前、后桥来整套更换。如装用旧胎，应选择尺寸、帘布层数相同、磨损程度相近的轮胎。后桥并装双胎的，直径不可相差 10mm，大直径的应装在外侧，以适应路面拱形，使后轮各胎负荷均匀。装换

的轮胎如为人字花纹或在胎侧上标有旋转方向的，应依照规定的方向进行安装。此外，轮胎的花纹种类还须与路面相适应，如雪泥花纹胎面（人字或 M 形花纹）适用于崎岖山路或泥泞的施工地段。

② 轮胎的装配。轮胎在滚动时将产生离心力，它的方向是从轮胎中心沿半径向外，如轮胎周围每处重量都相等即轮胎是平衡的，则离心力也平衡；如果轮胎平衡误差大，就会因离心力不平衡而引起剧烈的偏转。因此，对于装好的车轮应进行动平衡试验，其平衡度误差应不大于 1000g·cm，这对高速行驶的车辆尤为重要。对于双胎并装的后轮，为减小其平衡度误差，气阀应相对排列。经过修补后的轮胎，若外胎内垫有较大帘布层或补洞 250mm（大型胎）以上的，不宜装在汽车前轮上，以免引起驾驶操纵困难。

（2）轮胎的换位与拆装

① 轮胎的换位（图 3-1-24）。轮胎在使用过程中，因安装部位和承受负荷的不同，其磨损情况也不一样。为使轮胎磨损均匀，安装在机械上的所有轮胎，应按技术维护规定及时地进行轮胎换位。轮胎的换位方法一旦选定就应坚持，且须注意轮胎的检查和拆装工作。

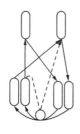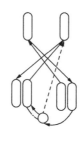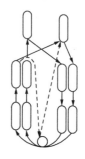

图 3-1-24　轮胎换位

② 轮胎检查和拆卸注意事项。

轮胎的拆卸应在清洁、干燥、无油污的地面上进行。

拆装轮胎时，应用专用工具（如手锤、撬胎棒等），不允许用大锤敲击或用其他尖锐的用具拆胎。

轮辋应该完好，轮辋及内外胎的规格应相符。

内胎装入外胎时，应在外胎内表面、内胎外表面及垫带上涂一层干燥的滑石粉，内、外胎之间应保持清洁，不得有油污，更不得夹入沙粒等。

气门嘴的位置应在气门嘴孔的正中。

安装定向花纹的轮胎时，花纹的方向不得装反。

双胎并装时，两胎的气门嘴应错开 180°。轮胎充气时，应注意安全，并将轮辋装锁圈的一面朝下，最好用金属罩将轮胎罩住。

2. SG18 平地机前轮毂轴承的润滑和调整

如图 3-1-25 所示，步骤如下：

（1）顶起前桥，拆下前轮；

（2）检查图中轮毂 1 的间隙；

（3）松开六角螺栓 2 和内六角螺栓 3；

（4）拆下盖 4；

（5）数清调整垫片 5 数量；

（6）用工具把轮毂 1 拆下。清洗轮毂转向轴节，轴承和盖，如已损坏，更换新的盖上所用的密封圈和轴承；

（7）加新的润滑脂，装轮毂；

（8）检查轴承间隙是否需要增减调整垫片 5；

（9）用螺栓重装盖 4，按规定的力矩拧紧内六角螺栓 3（拧紧力矩为 78N·m）和六角螺栓 2（拧紧力矩为 250N·m），内六角螺栓要对称交叉地依次拧紧；

（10）轮毂 1 应能不费力地转动而没有振跳，检查时，轮毂应当没有振动间隙。

3．SG18 平地机车轮的紧固和更换

（1）车轮的紧固

在起初的 100 工作小时内，轮辋螺栓和轮辋螺母必须每天检查，以防松动。而后每 50 小时紧固一次，紧固力矩为 700～800N·m。

车轮更换前要拉紧手制动器。

顶起平地机之前，要把轮辋螺母松开约一圈。

为了更换后轮，可以把平地机一侧靠液压撑起，为此，要把铲刀的端角只置于必须支起的平衡箱车轮的前面，然后用要更换轮胎一侧的升降油缸把平地机撑起来。

用推土板或铲刀撑地可以使前轮支起。

拆卸车轮之前，必须把平地机稳固地支撑好。

拆下轮辋螺母，拆去车轮。

注意：在拆装车轮时，一定不要损伤轮辋螺母的螺纹。在装上车轮之后，要对称交叉地拧紧轮辋螺母。

安装轮胎时要注意胎面花纹的方向，驱动轮的轮胎花纹要按照图 3-1-26 所示的前进方向安装，这样可以使其在行驶的前进方向（见箭头）得到最大的牵引力。非驱动的前轮安装，其花纹方向要与后轮相反。

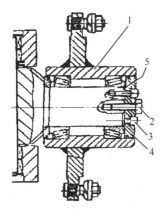

图 3-1-25　SG18 平地机前轮毂轴承

图 3-1-26　轮胎花纹方向

1—轮毂；2—六角螺栓；3—内六角螺栓；4—盖；5—调整垫片

4．悬架的维护

（1）钢板弹簧的维护

在轮式车辆二级维护时，应拆检和润滑钢板弹簧总成。钢板弹簧虽不是精密零件，但装配或使用不当，也会直接影响正常工作或损坏其他机件。日常维护和一级维护时，只需对钢板弹簧销进行润滑，不必进行拆卸检查和润滑。

装配钢板弹簧时应注意以下问题：

① 装配前应检查并更换有裂纹的钢板，用钢丝刷清除钢板片污物和锈斑，涂一层石墨钙基润滑脂。

② 中心孔与中心螺栓的直径差不得大于 1.5mm，否则易引起钢片间的前后窜动，影响行驶稳定性。

③ 钢板夹子的铆钉如有松动，应予重铆，夹子与钢板两侧应有 2mm 左右的间隙，以保证自由伸张；夹子上的铁管应与弹簧片间有一定的间隙，EQ1090 型汽车为 3～4mm。装螺栓和套管时，其螺母应靠轮胎一侧，以免螺栓退出时刮伤轮胎。

④ 装好后的钢板弹簧，各片间应彼此贴合，不应有明显的间隙。

⑤ 前、后钢板弹簧销与孔的间隙不得超过 1.5mm。

⑥ 在紧固 U 形螺栓螺母时，应先均匀拧紧前 U 形螺栓螺母（按车辆行驶方向），然后再均匀拧紧后 U 形螺栓螺母。

⑦ 在钢板弹簧盖板中间装有橡胶缓冲块。

钢板弹簧的使用检查内容如下：

① 钢板是否断裂或错开，钢板夹子是否松动，钢板弹簧在弹簧座上的位置是否正确，缓冲块是否损坏，钢板弹簧销润滑情况及衬套磨损情况等。如不合要求，应立即解决所存在的问题。

② 检查前、后钢板弹簧 U 形螺栓有无松动。如有松动应在重载下及时拧紧。一般钢板弹簧的 U 形螺栓应反复紧固 2 次以上，扭力要符合所属车型的规定。

（2）油气悬挂的维护

油气悬挂的维护内容包括充气、加油及悬挂缸的高度调整等。具体方法及要求因结构形式不同而异。维护时根据所属机型的使用说明书进行。

（3）橡胶悬挂的维护

德国产福恩 K-75 型汽车、美国产尤克里特 R105 型汽车、意大利产 S300－361 型汽车均采用橡胶悬挂。

橡胶悬挂的维护非常简单，通常不需要什么特殊的维护。当检查到上部缓冲垫（空车）或下部缓冲垫（重车）的橡胶垫出现裂纹或破裂时，应更换整个缓冲垫总成。

从车辆上拆下悬挂总成时，要举升翻斗嵌入安全钢绳，取下减振器，拧下上、下螺母，用起重机或千斤顶支起车架直到放出下部缓冲垫并向上退出下部缓冲垫（加载）。要向发动机方向移动，退出上部缓冲垫（空车）。

把悬挂总成安装到车辆上时，要使车架保持在抬起位置，从上部安装下部缓冲垫总成，从前侧安装上部缓冲垫（空车），用螺钉固定上部缓冲垫（空车）。降下车架，在下部缓冲垫（加载）上安装带相连垫板的螺钉，安装螺栓和支承钢筋并安装减振器。

（4）筒式减振器的维护（以下规范适用于克拉斯 256 型汽车筒式减振器）

当车辆每行驶 4000km 后，对筒式减振器的维护应进行以下的工作：从车辆上取下减振器，垂直放置，并将其下头夹在虎钳上，把带活塞杆的活塞向上拉到头，并以 60～80N·m

的转矩拧紧储油室螺母。为检查减振器的工作，必须用手抽动减振器。正常的减振器用手抽动时是平稳的并有一些阻力，拉的时候大一些，压的时候小一些。

有故障的减振器将有自由行程并可能咬住。减振器有自由行程说明工作液不足。

当沿活塞杆流出工作油液、拧紧储油室螺母仍不能制止时，应更换油封。安装油封时锐边应朝下。筒式减振器经修复后，再装配时要注意，在减振器工作缸筒上、下部以及活塞杆上按顺序装复原有零件，检查活塞或活塞环与工作缸壁相配合表面是否密合。装配油封时，应注意方向，并注意拧紧储油缸螺母的力矩。

二、轮式行驶系主要零件的修理

1. 车架的修理

车架检修前应除去锈层和旧漆，从外观上查找车架是否有严重的弯扭变形，是否有开裂、脱焊、锈蚀、铆接松动现象。对于肉眼不易直接看到的裂纹，可用水把车架洗净后涂上滑石粉，便于用锤敲打找出裂纹。

（1）车架的损伤及原因分析

① 车架的弯曲断裂。

机械在工作过程中，由于各种载荷的影响，车架的纵梁会产生弯曲应力和剪切应力，特别是在路面不平、超负荷、超转速、紧急制动、装载分布不合理的情况下，将使上述应力值和应力分布产生很大变化。经测试，长途载货汽车满载全制动时其应力值较静载荷时增大 2～2.5 倍，且在轴距中部形成最大应力值，所以纵梁中部易产生弯曲或断裂。

纵梁裂纹一般是从上沿开始，这是由于纵梁材料较薄，上沿受压后产生翘曲，经常反复地翘曲，就导致疲劳断裂。

车架某局部由于应力集中，也往往会产生裂纹，例如在螺孔、铆钉孔、纵梁和横梁连接处、转角处、槽形断面急剧拐弯处都易产生应力集中。

② 车架的扭转歪斜。

轮式车辆的钢板弹簧支架多装在纵梁外侧，因此弹簧的支撑反力经支架对纵梁施加扭转力矩。由于车架在该处装有横梁，所以在正常情况下，这种转矩不会造成变形。但是当车辆在不平的场地工作时，其中一个车轮如被抬起（或落下），整个车架就有产生扭转变形的可能。一般车架前部的刚性比后部差，因此车架的扭转变形往往前部大于后部，某些纵梁前部的断裂亦随之发生。在车架发生扭转时，横梁承受的扭力和弯曲应力大小与纵梁的刚度有关，纵梁刚度越大，则横梁承受应力值也越大。所以有时过分地加固纵梁，反而会造成横梁的变形或与纵梁连接处的断裂。

当车轮碰到障碍物时，使车架一侧的纵梁承受水平力 P（图 3-1-27），它将使受力一侧的纵梁产生沿受力方向移动的趋势。力 P 及力矩 $P \cdot b$ 使纵、横梁承受剪力及弯曲力。如果车架没有足够的刚度和强度，将造成车架的歪斜和纵横梁连接处的开裂。当车辆急转弯时，由于离心力的作用使两根纵梁负荷变化很大，也有使车架发生扭歪的趋势。

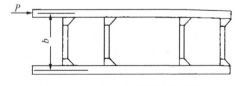

图 3-1-27　车架上受单边作用力

③ 剪切。

在载荷作用下，剪力在前、后钢板弹簧支架处较大，特别是在后钢板弹簧前支架处剪力值最大。如前所述，在一般载货汽车上，钢板弹簧支架处均设有横梁以增加车架强度，减少因受剪力而造成损伤的可能，但在后钢板弹簧的副钢板支架处，因无横梁加强，有时会发生铆钉被剪断或铆接处开裂等损伤。

（2）车架维护、车架变形的检验与校正

① 车架维护。应定期检查车架的焊缝及铆接处有无裂纹及弯曲变形情况，如发现及时处理。对装有油杯的各活动部件，应定期加注润滑脂，以保证各部分运转灵活，延长使用寿命。

② 车架变形的检验。车架的检验在修理厂可参考如下方法进行：

a. 检查钢板销中心距及其对角线。为了保证前后桥轴线平行，必须使铆接在车架上的各钢板支架销孔中心前后左右的距离都合乎要求，如图 3-1-28 所示。车架Ⅰ段左右相差不应超过 1mm；Ⅱ、Ⅲ段左右相差不得超过 2mm。1 与 2、3 与 4、5 与 6 等对角线间相差不应超过 5mm。

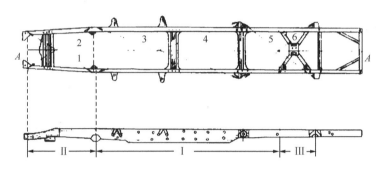

图 3-1-28　钢板销中心距及对角线测量

当直线距离正确而对角线略差时，前后桥仍可平行；反之，对角线不差，直线距离不同时，说明前后桥不平行。因此，对钢板销中心距所要求的偏差应比对角线严格。

b. 检查车架纵梁上平面及侧面纵向直线度、纵梁侧面对上半面的垂直度、纵梁上平面的平面度。纵梁的直线度、平面度、垂直度不符合要求，将影响有关总成的安装，应予校正。平面度、直线度可用拉线法检查（图 3-1-29）。直线度在任意 1000mm 长度上应不大于 3mm，在全长上应不大于全长的 1/1000；平面度误差应不大于其长度的 1.5/1000。垂直度误差可用如图 3-1-30 所示的角尺法检查，角尺与纵梁下沿的最大离缝应不大于纵梁高度的 1%，车架主要横梁对纵梁的垂直度误差应不大于横梁长度的 0.2%。

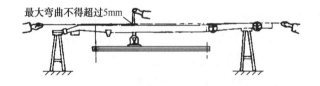

图 3-1-29　车架直线度、平面度检查

图 3-1-30　车架垂直度检查

c. 对中心。为保证前后桥平行，以减小行驶阻力和配合件的磨损，应使对应左右钢板销在同一中心线上，检查方法如图 3-1-31 所示，两杆在车架中心处的偏差应不大于 2mm。

d. 比样板。为了安装散热器、发动机、驾驶室方便，以免因车架变形使安装螺钉孔错位而造成安装困难，事先用样板检查散热器、发动机及驾驶室等座孔位置。样板可按不同车型用铁皮自行制作。图 3-1-32 为固定发动机的座孔位置的检查,其对角线之差不得超过 3mm。

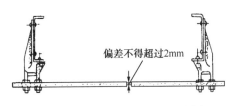

图 3-1-31　左右钢板销孔同轴度

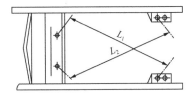

图 3-1-32　发动机支架位置的检查

③ 车架的校正。经检验发现车架弯曲、歪扭超过允许限度时应进行校正。当车架总体的情况良好,仅是个别部位产生不大的弯曲时,可直接在车架上校正。如果车架变形很大并有裂纹或铆钉松动较多时,则应将车架部分或全部拆散予以校正。车架的校正应采用特制机具或在压力机上施行冷压校正。如果车架局部弯曲很大,采用冷压法不易校正时,可采用热校。加热时,应尽量减少加热区域,用乙炔中性火焰或炭火将需要校正部位加热至暗红色(不超过 700℃)。校正后应使其缓慢冷却以免脆裂。

（3）车架的修补和铆接

车架纵横梁出现裂纹或断裂时,一般采用挖补、对接焊补与帮补等方法进行修理。对错位、松动和损坏的铆钉予以更换或重铆。

车架的铆接分冷铆和热铆两种。冷铆时,铆钉不作加热,用锤击或压缩铆钉杆端的方法,使铆钉杆填满铆钉承孔并形成铆钉头。用锤击方法,铆钉端部将会产生冷作硬化并变脆,铆钉头易开裂脱落。冷铆不易保证质量,现已很少采用。热铆时,将铆钉加热至 1000～1100℃(火焰加热或电加热),用连续锤击或铆钉机压缩铆钉杆端,使铆钉充满铆钉承孔,并形成铆钉头,这种方法使用较为普遍。具体操作时,先用螺栓全部紧固,只留一孔先铆,然后退一铆,一直至铆完。

上面介绍了整体式车架的修理方法,对于铰接式车架也可参照进行。

2. 轮胎及车轮的修理

（1）轮胎的修理

① 外胎的修补与翻新。轮胎修补要从"小"做起,及时根据其损坏的类型确定修补方法。轮胎在使用过程中,应注意胎面的磨损程度和胎体的技术状况,符合翻新条件时,应及时送厂翻新,不得勉强使用,或不经翻新一直使用到报废。外胎的修补与翻新一般送专业翻修厂进行。

② 内胎的修补。

穿孔和破裂的修补:用火补胶修补,内胎穿孔和破裂范围如不超过 20mm,或行驶途中救急修补时采用。用生胶修补,若内胎破损伤口较大,可用生胶修补。

气门嘴根部漏气的修补:旋下气嘴固定螺母,将气嘴顶入胎内。然后将气嘴口处锉毛,露出底胶。剪三块直径约 20mm、30mm、50mm 的帆布和一块直径约 60mm 的生胶,在帆布中央开一小洞,洞的大小应与气嘴上端直径一致。在帆布表面(两面)及气嘴口锉毛处涂生胶水(2～4 次),待胶水风干后,将帆布以先小后大的次序铺在气嘴口处,使帆布上的洞口对正气嘴口,然后在帆布洞口处放一小纸团,最后放上生胶加温硫化。补好后,用剪刀在中间开一小口,取出纸团,将气嘴装回原处,拧紧螺母。

气嘴的更换:气嘴更换时,可在气嘴附近开一小洞,松开紧固螺母后,将气嘴顶入内胎并从所开小洞取出，新气嘴也从此洞装入，待新气嘴装好后将该洞用生胶补好。

（2）轮辋的检修

大修时应检查轮辋有无铆钉松动或焊接裂纹，检查轮毂螺栓周围有无裂纹、生锈、腐蚀或过度磨损。轮辋及挡圈锁圈生锈可用砂布除锈并涂漆保护。轮辋裂纹、螺栓孔定位锥面过度磨损、变形超限均应更换新件。

（3）车轮的检修

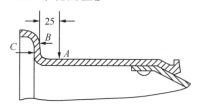

图 3-1-33　车轮偏摆的测量

A—垂直偏摆的测量点；*B*、*C*—水平偏摆的测量点

大修时应检查车轮轮盘有无铆钉松动或焊接裂纹。如车轮有生锈或腐蚀，可用砂布除锈并在暴露金属的表面上涂漆保护。裂纹的产生是由于车轮过载所致，一般应换新件。

车轮偏摆不但会造成汽车高速行驶时摆振，且使车轮本身产生疲劳破坏。为了检查车轮偏摆，可将车轮与轮毂装配，安装在车桥上，用一个百分表使伸缩杆置于如图 3-1-33 所示的位置，转动车轮，观察指针的偏离，检查垂直和水平偏差，其允许使用极限为 4mm。

（4）车轮的平衡

① 车轮的静平衡。当车轮外径与宽度的比值大于或等于 5，不论其工作转速高低，都只需要进行静平衡。检验静平衡时可将车桥支起，通过转车轮用观察法检查。

② 车轮的动平衡。车轮的动平衡在动平衡检验仪上检查。

③ 车轮平衡的校正

若车轮处于不平衡状态，可在车轮适当位置加上一个质量块，使该质量块和不平衡量所产生的离心力大小相等、方向相反，车轮达到静平衡。动平衡的校正一般通过加两个质量形成力矩去平衡原有动不平衡量。

任务思考题 8

1．工程机械行驶系的作用、种类有哪些？

2．简述车架作用、类型及铰接式车架结构。

3．解释转向轮定位及其参数意义。

4．简述悬架作用、组成及类型。

5．举例说明钢板弹簧及油气弹簧结构原理。

6．简述轮胎的结构及技术维护。

7．区分斜交胎和子午线轮胎结构不同之处，并查资料说说子午线轮胎的优越性。

8．怎样检测和修理车架？

9．怎样维护检修钢板弹簧？

10．解释车轮的动不平衡，动不平衡会有何现象？这时如何修理？

11．轮毂轴承预紧度不合适会有什么症状？举例说明如何调整。

12．分析前轮跑偏故障原因。

项目四　履带式行驶系构造与维修

任务　履带式行驶桥构造与维修

知识目标：

1. 学会描述履带式行驶系功用及组成。
2. 学会描述悬架功用、类型及典型结构。
3. 学会描述"三架四轮一带"及履带张紧装置的结构。
4. 能够正确分析履带式行驶系故障原因。

技能目标：

1. 能够正确调整引导轮间隙。
2. 能够正确检查调整履带张紧度。
3. 能够正确拆装检测履带式行驶系。
4. 能够正确诊断和排除履带式行驶系典型故障。

任务咨询：

咨询一　履带式行驶系构造原理

一、履带式机械行驶系的功用和组成

履带式机械式行驶系的功用是支持机体并将柴油机经由传动系传到驱动链轮上的转矩转变成机械行驶和进行作业所需的牵引力。为了保证履带式机械的正常工作，它还起缓和地面对机体冲击振动的作用。

履带式机械行驶系通常由悬架机构和行走装置两部分组成。悬架机构是用于将机体和行走装置连接起来的部件，它应保证机械以一定速度在不平路面上行驶时具有良好的行驶平顺性和零部件工作的可靠性。行走装置用来支承机体并将发动机经传动系输出的转矩，利用履带与地面的作用，产生机械行驶和作业的牵引力。

履带式行驶系（图4-1-1）通常由台车架、悬架、履带、驱动链轮、支重轮、托轮、张紧轮（或称导向轮）和张紧机构等零件组成。

履带式行驶系与轮式行驶系相比有如下特点：

（1）支承面积大，接地比压小。例如，履带推土机的接地比压为 $2\sim8\text{N/cm}^2$，而轮式推土机的接地比压一般为 20N/cm^2。因此，履带推土机适合在松软或泥泞场地进行作业，下陷度小，滚动阻力也小，通过性能较好。

（2）履带支承面上有履齿，不易打滑，牵引附着性能好，有利于发挥较大的牵引力。

（3）结构复杂，重量大，运动惯性大，减振性能差，零件易损坏。因此，行驶速度不能太高，机动性差。

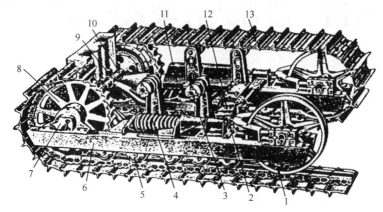

图 4-1-1　履带式行驶系

1—张紧轮；2—调整螺杆；3—托轮；4—张紧机构；5—支重轮；6—台车架；7—横轴外轴承；
8—驱动链轮；9—轴承；10—横轴；11—斜撑架；12—悬架；13—履带

二、机架和悬架

1. 机架

机架是用来支承和固定发动机、传动件及驾驶室等零部件的，是整机的骨架。它可分为全梁式、半梁式两种。推土机多用半梁式（图 4-1-2），两根纵梁与后桥箱焊为一体。后桥箱有铸钢件与焊接件之分，随着焊接工艺的改进，近年来焊接件用得较多。机架中部横梁通过铰销支承在悬架上。

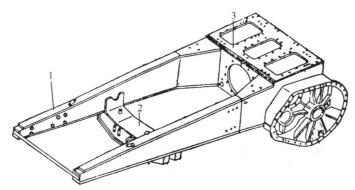

图 4-1-2　TY220 推土机机架

1—纵梁；2—横梁；3—后桥箱

2. 悬架

悬架是机架和台车架之间的连接元件。悬架可分为弹性悬架、半刚性悬架和刚性悬架。机体的重量完全经弹性元件传递给支重轮的叫弹性悬架；部分重量经弹性元件而另一部分重量经刚性元件传递给支重轮的叫半刚性悬架；机体重量完全经刚性元件传递给支重轮的叫刚性悬架。通常对于行驶速度较高的机械（如东方红—802DT 推土机）为了缓和高速行驶带来的各种冲击采用弹性悬架；对于行驶速度较低的机械，为了保证作业时的稳定性，通常采用半刚性悬架或刚性悬架。

（1）弹性悬架

图 4-1-3 为东方红—802DT 推土机的行驶系。它没有统一的台车架，各部件都安装在机架上；推土机的重量通过前、后支重梁传到 4 套平衡架上，然后再经过 8 对支重轮传到履带上。由于平衡架是一个弹性系统，故称为弹性悬架。

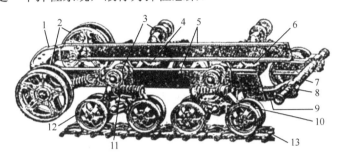

图 4-1-3　东方红—802DT 推土机的行驶系

1—前横梁；2—张紧轮；3—托轮；4—前支重梁；5—机架；6—后支重梁；7、8、9—撑架；
10—平衡架；11—悬架弹簧；12—支重轮；13—履带

弹性悬架式推土机的平衡架的结构如图 4-1-4 所示。平衡架由一对互相铰接的内、外空心平衡臂组成。内、外平衡臂由销轴铰接；在外平衡臂的孔内装有滑动轴承，通过支重梁横轴将整个平衡架安装到前、后支重梁上，并允许其绕支重梁摆动。悬架弹簧是由两层螺旋方向相反的弹簧组成的，螺旋方向相反是为了避免两弹簧在运动中重叠而被卡住。悬架弹簧压缩在内、外平衡臂之间，用来承受推土机的重量与缓和地面对机体的各种冲击。螺旋弹簧的柔性较好，在吸收相同的能量时，其重量和体积都比钢板弹簧小，但它只能承受轴向力而不能承受横向力。

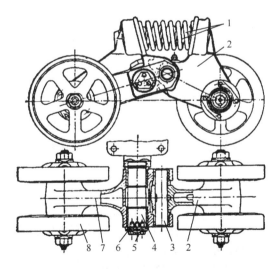

图 4-1-4　东方红—802DT 推土机的平衡架

1—悬架弹簧；2—内平衡臂；3—销轴；4—支重梁横轴；5—垫圈；6—调整垫圈；7—外平衡臂；8—支重轮

（2）半刚性悬架

半刚性悬架（图 4-1-1）主要是由台车架和悬架弹簧等组成的。在台车架上安装着支重轮、张紧机构和张紧轮等。台车架的后部内侧安装有斜撑架，用来承受台车架上的侧向力。台车架是利用它后部的横轴外轴承与斜撑架尾端的轴承安装在横轴上，因此，台车架后端与机体是铰接的。

悬架弹簧的两端放置在两边的台车架上，中央则固定在机体上。因此，台车架前端与机体是弹性连接，这样，两个台车架可各自绕横轴做上下摆动。由于这种悬架一端为刚性连接，另一端为弹性连接，故机体的部分重量通过弹性元件传给支重轮，地面的各种冲击力仅得到部分缓冲，故称为半刚性悬架。

半刚性悬架中的台车架是行驶系中一个很重要的骨架，支重轮、张紧装置等都要安装在这个骨架上，它本身的刚度以及它与机体间的连接刚度，对履带行驶系的使用可靠性和寿命有很大影响。若刚度不足，往往会使台车架外撇，引起支重轮在履带上走偏和支重轮轮缘啃蚀履带轨，严重时要引起履带脱落。为此，应采取适当措施来增强台车架的刚度。

半刚性悬架的弹性元件有悬架弹簧和橡胶弹性块两种形式。图 4-1-5 为推土机的悬架弹簧。它由一副大板簧和两副小板簧组成。大、小板簧均由不同长度的钢板叠成阶梯形，从而构成一根近似的等强度梁。此外，每一层钢板横断面的厚度做成中间薄两边厚，以使钢板之间形成一定间隙，以减小弹簧在变形过程中，相邻两钢板之间的摩擦阻力。

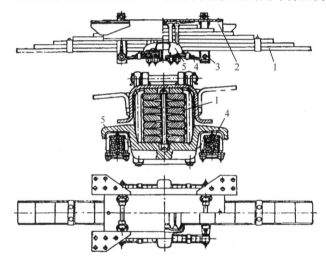

图 4-1-5　推土机的悬架弹簧

1—大板簧；2—上盖；3—拉杆；4—小板簧；5—支座

大板簧通过小板簧与机体连接，小板簧在安装后呈预压状态，从而使大板簧压紧在上盖内，大、小板簧均起缓冲作用。

如图 4-1-6 列出了用橡胶块作为弹性元件的半刚性悬架的结构。它是由一根横置的平衡梁活动支座、橡胶块、固定支座及台车架等零件组成的。在左、右台车架的前部用螺钉安装固定支座，在固定支座的 V 形槽左、右两边各放置一块钢皮包面的橡胶块，在橡胶块的上面放置呈三角形断面的活动支座。横平衡梁的两端自由地放在活动支座的弧形面上，其中央用销与机架相铰接。这种悬架的特点是结构简单、拆装方便、坚固耐用，但减振性能稍差。

图 4-1-7 为一种钢板弹簧半刚性悬架，它用钢板弹簧作为弹性元件。

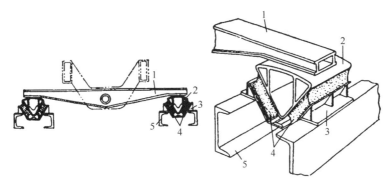

图 4-1-6 半刚性悬架的橡胶块弹性元件

1—横平衡梁；2—活动支座；3—固定支座；4—橡胶块；5—台车架

（3）刚性悬架

对于行驶速度很低的重型机械，如履带式挖掘机，为了保证作业时有较好的稳定性，以便提高挖掘效率，通常都不装弹性悬架，即刚性悬架，如图 4-1-8 所示。

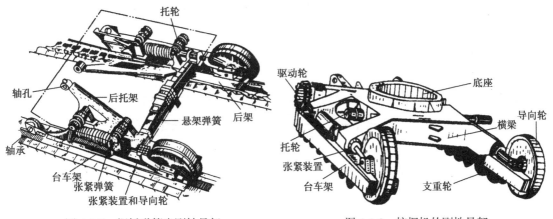

图 4-1-7　钢板弹簧半刚性悬架　　　　　图 4-1-8　挖掘机的刚性悬架

三、履带和驱动链轮

1. 履带

履带的功用是支承机械的重量，并保证发出足够的驱动力。履带经常在泥水中工作，条件恶劣，极易磨损。因此，除了要求它有良好的附着性能外，还要求它有足够的强度、刚度和耐磨性。

每条履带由几十块履带板和链轨等零件组成。履带的下面为支承面，上面为链轨，中间为与驱动链轮相啮合的部分，两端为连接铰链。

根据履带板的结构不同，履带板可分为整体式和组合式（图 4-1-9）。整体式履带板结构简单，制造方便，拆装容易，质量较轻；但由于履带销与销孔之间的间隙较大，泥沙容易进入，使销和销孔磨损较快，一旦损坏，履带板只能整块更换。因此，在运行速度较低的重型机械（如挖掘机）上采用这种履带较多。组合式履带密封性能好，能适应于恶劣的泥、水、石地带作业；可单独更换易损件，造价低。因此，广泛用于推土机、装载机等多种机械上。

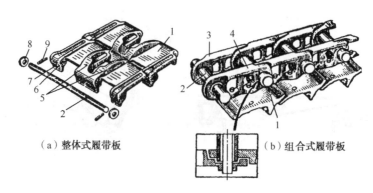

（a）整体式履带板　　　　（b）组合式履带板

图 4-1-9　整体式与组合式履带板

1—履带板；2—履带销；3—左链轨；4—右链轨；5—导轨；6—销孔；7—节销；8—垫圈；9—锁销

图 4-1-10 为 TY220 推土机履带，它由履带板、履带销、销套、左右链轨节等零件组合而成。链轨节是模锻成型，前节的尾端较窄，压入销套；后节的前端较宽，压入履带销；由于它们的过盈量大，所以履带销、销套与链轨节之间都没有相对运动，只有履带销与销套之间可以相对转动。两端头装有防尘圈，以防止泥沙浸入。在每条履带中都有两个易拆卸的销子，这个销子称为主销，它的外部根据不同的机型都有不同的标记，拆卸时根据说明书细心查找。履带板与链轨节之间用螺钉紧固。

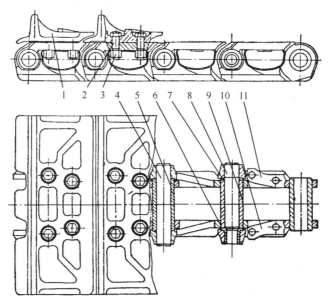

图 4-1-10　TY220 推土机的履带

1—履带板；2—螺钉；3—螺母；4—履带销；5—销套；6—弹性锁紧套；7—锁紧销垫；
8—履带活销；9—短销套；10—右链轨节；11—左链轨节

根据各种不同的使用工况，履带板的结构形状与尺寸也不相同。现将几种常见的履带板分述如下（图 4-1-11）。

（1）标准型［图 4-1-11（a）］：有矩形履刺，宽度相当，适用于一般土质地面。

（2）钝角型［图 4-1-11（b）］：切去履刺尖角，可以较深地切入土中。

（3）矮履刺型［图 4-1-11（c）］：矮履刺切入土中较浅，适宜在松散岩石地面。

（4）平履板型［图4-1-11（d）和图4-1-11（e）］：没有明显履刺，适用于坚硬岩石面上作业。

（5）中央穿孔Ⅰ、Ⅱ型［图4-1-11（f）和图4-1-11（g）］：Ⅰ型履刺在履带板的端部，中间凹下，Ⅱ型的履刺是中部凸起，适宜于雪地或冰上作业。

（6）双履刺或三履刺型［图4-1-11（h）］：接地面积较大，切入地面较浅，适宜于矿山作业。

（7）岩基履板型［图4-1-11（i）］：用于重型机械上。

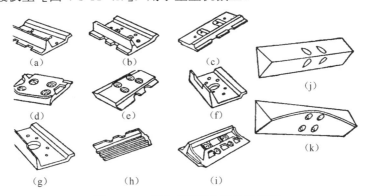

图4-1-11　组合式履带的履带板类型

（8）圆弧三角与曲峰式三角履带板型［图4-1-11（j）和图4-1-11（k）］：特别适合于湿地或沼泽地作业，接地压力可低到2～3N/cm^2。由于三角形履带板有压实表土作用，且由于张角较大，脱土容易，所以即使在泥泞不堪的地面上，也有良好的"浮动性"，不致打滑，使机械具有较好的通过性和牵引性。

普通销和销套之间由于密封不好，泥沙容易浸入，形成"磨料"，加速磨损；而且摩擦系数也大。因此，近年来研制出"密封润滑履带"（图4-1-12）。履带销的孔内以及销与销套的摩擦面之间始终存有稀油，由销端头孔中注入。U形密封圈由聚氨酯材料制成，密贴于销套与链轨节的沉孔端面上。集索圈由橡胶制成，起着类似于弹簧的紧固作用，由于它的压紧力使U形密封圈始终保持着良好的密封状态，无论销套怎样反复相对转动，润滑油不会渗出，泥沙不会浸入，这就是这种履带密封的关键。止推环承受着销套与链轨节的侧向力，保护着密封件不受损坏。该装置改善了润滑，减少了磨损，降低了功率消耗，保证链轨节不因磨损后而伸长以致影响正确的啮合，是一种可取的结构。但其缺点是制造工艺复杂、成本高、密封件容易老化。

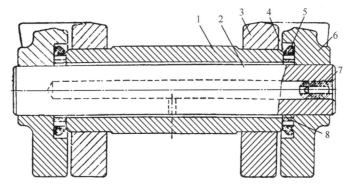

图4-1-12　密封润滑履带

1—销套；2—履带销；3、6—链轨节；4—U形密封圈；5—集索圈；7—封油塞；8—止推环

图 4-1-13 剖分式主链轨

1—左半链轨；2—右半链轨；3—履带板螺钉

为了在维修时装卸履带的方便，某些推土机的履带链轨中有一节采用剖分式主链轨（图 4-1-13）。主链轨由带有锯齿的左半链轨与右半链轨利用履带板螺钉加以固定。在需要拆装履带时，只需装卸主链轨上的两个螺钉即可，这就使拆装履带的工作十分方便。由于采用带有锯齿的斜接合面而使链轨具有足够的强度。

2．驱动链轮

驱动链轮用来卷绕履带，以保证机械行驶或作业。它安装在最终传动的从动轴或从动轮毂上。驱动轮通常用碳素钢或低碳合金钢制成，其轮齿表面须进行热处理以提高其硬度，从而延长轮齿的寿命。

驱动轮与履带的啮合方式一般有节销与节齿式两种。如图 4-1-14 所示，TY220 推土机的驱动轮与履带的履带销进行啮合，因此，称为节销式啮合。这种啮合方式履带销所在的圆周近似地等于驱动轮节圆，驱动轮轮齿作用在履带销上的压力通过履带销中心。

在节销式啮合中，可将履带板的节距设计成驱动轮齿节距的 2 倍。这时，若驱动轮齿数为双数，则仅有一半齿参加啮合；其余一半齿为后备。若驱动轮齿为单数，则其轮齿轮流参加啮合，这就可以延长驱动轮的使用寿命。

也可以采用具有双排齿的驱动轮，相应地在履带板上也有两个履带销与驱动轮齿相啮合。由于两个齿同时参与啮合，使每个齿上受力减小一半，自然就减轻了轮齿的磨损，延长了驱动轮的使用寿命。但由于结构较复

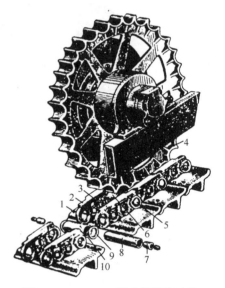

图 4-1-14　TY220 推土机的驱动轮

1—履带板；2—左链轨；3—右链轨；4—驱动轮；
5—履带销；6、10—销套；7—锥形塞；8—活销；
9—锁紧销垫

杂，应用不广泛。

节齿式啮合，即驱动轮的轮齿与履带的节齿相啮合，这种啮合方式多用在采用整体式履带板的重型机械上（如挖掘机）。

为了维修方便，在某些推土机上采用组合式驱动轮（图 4-1-15）。这种驱动轮由齿圈、轮毂组成，而齿圈则由几段齿圈节分别用螺钉紧固在驱动轮轮毂上组合而成。当某段齿圈节磨损后，即可就地更换，而无须拆卸其他零件，这不仅给维修带来很大方便，而且延长了驱动轮的使用寿命。

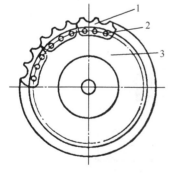

图 4-1-15　组合式驱动链轮示意图

1—齿圈节；2—固定螺钉；3—驱动轮毂

四、支重轮和托轮

1. 支重轮

支重轮是用来支承机体重量，并携带上部重量在履带的链轨上滚动，使机械沿链轨行驶。它还用来夹持履带，使其不沿横向滑脱，并在转弯时迫使履带在地上滑移。

支重轮常在泥水中工作，且承受强烈的冲击，工作条件很差。因此，要求它的密封可靠，轮缘耐磨。支重轮用锰钢制成，并经热处理提高硬度。

图4-1-16为支重轮实物，图4-1-17为支重轮浮动油封，图4-1-18（a）为T220推土机单边支重轮，左右对称布置，为单边凸缘，T180推土机的支重轮结构也与此相似。单边与双边支重轮孔内结构相同，仅支重轮体不同。双边支重轮如图4-1-18（b）所示，轮体上的中间凸缘用来承受侧向力，保证推土机运行时履带不致滑脱。轴承座与支重轮体用螺钉坚固。轴瓦为双金属瓦，用销子与轴承座固定。这样，上述三者固为一体，可相对于轴旋转。浮动油封是通过轴向压紧力使O形密封圈变形，进一步使两浮封环坚硬而光滑的端面密封。这样，润滑油不会漏出，泥水不会浸入，是一种比较好的密封装置。梯形的平键固定着轴与内盖；轴的两端又削成平面，固定在台车架上，既防止其轴向窜动，又防止其周向转动。轴内装有稀油，由油塞密封，保证了良好的润滑。

（a）单边支重轮

（b）双边支重轮

图 4-1-16 支重轮实物图

图 4-1-17 支重轮上的浮动油封

2. 托轮

托轮也称为托链轮。托轮装在履带的上方区段，用来托住履带，防止履带下垂过大，以减小履带在运动中的振跳现象，并防止履带侧向滑落，从而减小零件磨损和功率耗损。

托轮与支重轮相比，受力较小，泥水侵蚀的可能性也较少，因此托轮的结构较简单，尺寸较小。它常用灰铸铁或 ZG50Mn 铸钢铸造，铸钢件经表面淬火，淬硬层不小于 4mm，硬度 HRC 大于 53。有些行驶速度很低、在机械使用寿命期内行驶路程并不很长的履带式机械（如沥青混凝土摊铺机）的托轮也用工程塑料制作。

如图 4-1-19 列出了 T220 推土机的托轮总成。托轮通过锥柱轴承支承在托轮轴上，锁紧螺母可以调整轴承的松紧度。其他润滑密封与支重轮原理相同。托轮轴由托轮架夹持，托轮架由螺钉固定在台车架上。

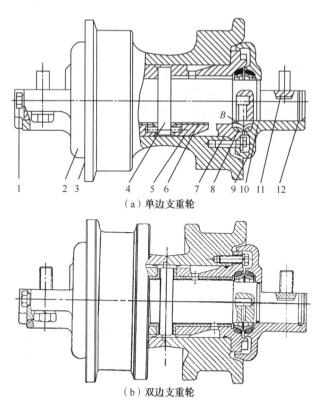

（a）单边支重轮

（b）双边支重轮

图 4-1-18　T220 推土机的支重轮

1—油塞；2—支重轮外盖；3—支重轮体；4—轴；5—轴承座；6—轴瓦；7、10—O 形密封圈；
8—浮动油封 O 形圈；9—支重轮内盖；11—平键；12—挡圈；13—浮封环

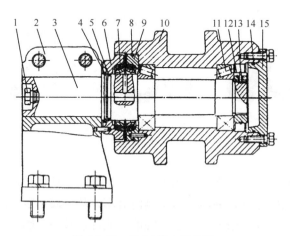

图 4-1-19　T220 推土机托轮

1—油塞；20—托轮架；3—托轮轴；4—挡圈；5、8、14—O 形密封圈；6—油封盖；
7—浮动油封；9—油封座；10—托轮；11—轴承；12—锁紧螺母；13—锁圈；15—托轮盖

五、张紧轮和张紧装置

张紧轮也称为导向轮。张紧轮的功用是支承履带和引导它正确运动。张紧轮与张紧装置一起使履带保持一定的张紧度并缓和从地面传来的冲击力，从而减轻履带在运动中的振跳现象，以免引起剧烈的冲击和额外消耗功率、加速履带销和销套间的磨损。履带张紧后，还可防止它在运动过程中脱落。履带过于松弛，除了造成剧恶跳动、增加磨损之外，又容易造成脱轨现象；履带过于张紧，又会加剧履带销与销套的磨损。因此，履带张紧适度为好，一般预张紧力为 0.6~0.8N。

导向轮轮体材料选用 ZG50Mn 钢铸造，经表面淬火，淬硬层深度为 4~6mm，表面硬度HRC50~55。如图 4-1-20 所示，履带推土机的导向轮的径向断面呈箱形。导向轮通过孔内的两个滑动轴承装在导向轮轴上，导向轮轴的两端固定在右滑架与左滑架上。左、右滑架则通过用支座弹簧合件压紧的座板安装在台车架上的导向板上，同时使滑架的下钩平面紧贴导向板，从而消除了间隙。故滑架可以在台车架上沿导板前后平稳地滑动。

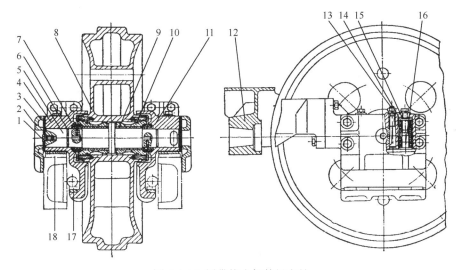

图 4-1-20 履带推土机的导向轮

1—油塞；2—支承盖；3—调整垫片；4—左滑架；5—导向轮轴；6、10—O 形密封圈；7—浮动油封；8—导向轮；
9—轴承；11—右滑架；12—导向轮支架；13—止动销；14—支座弹簧合件；15—弹簧压板；16—座板；17、18—导向板

支承盖与滑架之间设有调整垫片，以保证支承盖和台车架侧面之间的间隙不大于 1mm。安装支承盖是为了防止导向轮发生侧向倾斜，以免履带脱落。

导向轮与导向轮轴之间充满润滑油进行润滑，并用两个浮动油封或 O 形密封圈来保持密封。导向轮轴通过止动销进行轴向定位。张紧度调整机构有螺杆调整式和液压调整式两种。液压式张紧装置由伸缩油缸和弹簧箱两大部分组成（图 4-1-21），T220 推土机就是这种结构。张紧杆的左端与导向轮叉臂相连，右端与调整油缸的凸缘相接；活塞杆的左端连有活塞，中部的凸缘装在弹簧前座与弹簧后座之间，其预紧力是通过螺母来调整。当需要张紧履带时，通过注油嘴向缸内注油，使油压增加，使调整油缸外移，并通过张紧杆、张紧轮使履带张紧；如果履带过紧，可通过放油塞放油，即可使履带松弛。这种调整装置省力省时，所以在履带式机械中得到了广泛的应用。当机械行驶中遇到障碍物而使张紧轮受到冲击时，由于液体的不可压缩性，冲击力可通过活塞杆、弹簧前座传到大小缓冲弹簧上，于是弹簧压缩，张紧轮后移，从而使机件得到保护。

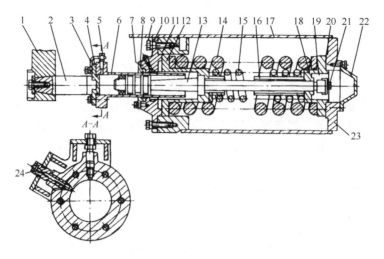

图 4-1-21　T220 推土机液压式履带张紧装置

1—导向轮叉臂；2—张紧杆；3—端盖；4、9—O 形密封圈；5—放油塞；6—调整油缸；7—活塞；8—压盖；
10—前盖；11—铜套；12—弹簧前座；13—活塞杆；14—缓冲大弹簧；15—缓冲小弹簧；16—限位管；17—弹簧箱；
18—弹簧后座；19—螺母；20—锁垫；21—螺钉；22—后盖；23—后支座；24—注油嘴

图 4-1-22 为推土机的张紧装置是螺杆调整的张紧度结构形式。通过调整螺杆调整履带的张紧度。当拧出调整螺杆时，则缓冲弹簧（由大、小弹簧组成）被压缩，同时通过支架而推动左、右导向轮滑架与导向轮前移将履带张紧。

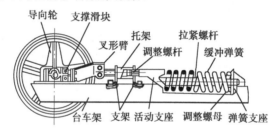

图 4-1-22　推土机的机械式张紧装置

当推土机行驶中遇到障碍而受冲击时，缓冲弹簧起缓冲作用，这对行驶速度越高的机械就显得越重要。但对行驶速度很低的机械（如挖掘机），由于在行驶中所受到的冲击较小，以及作业时要求有较好的稳定性，故其行驶系的张紧装置就比较简单，没有缓冲弹簧。

由于履带推土机行驶系的工作条件很差，调整螺杆与弹簧支座的螺纹连接部分易受泥水浸入而锈死，使调整时拧动调整螺杆非常费力。这种依靠调整螺杆来调整履带张紧度的方式已逐渐为液压调整式张紧装置所代替。

咨询二　履带式机械行驶系典型故障诊断排除

一、履带式行驶系故障诊断

履带式行走机构包括机架、悬架、台车架、驱动轮、支重轮、引导轮、托轮和履带，也称"三架四轮一带"。在履带式行走机构中，各总成和零件大多是刚性直接接触，没有办法采用润滑措施和缓冲措施，因此，零件承受的冲击载荷和磨损均比较严重。加之行走机构直接与地面接触，长期承受雨水、泥沙的侵蚀作用，因此，履带行走机构的故障比较多。

履带式机械行驶系的常见故障产生原因和排除方法如表 4-1-1 所示。由于履带式机械种类及型号繁多，结构也不尽相同，所以在使用中进行维护及故障判断与排除时，除参照表中所述外，还应结合所属机型的使用说明书进行。

表 4-1-1　履带式机械行驶系常见故障产生原因和排除方法

故　障	产　生　原　因	排　除　方　法
链轨和各轮迅速磨损或偏磨（啃轨）	1. 润滑不良或使用不合规格的润滑油	1. 严格执行润滑表规定的润滑项目，使用规定的润滑油
	2. 各转动部分转动不灵或锈死	2. 检查、调整和修复
	3. 轴承间隙过大或过小	3. 检查、调整至规定间隙
	4. 驱动轮、引导轮、支重轮的对称中心不在同一个平面上	4. 检查、修复
	5. 引导轮偏斜	5. 检查引导轮轴承间隙是否过大、内外支承板磨损是否悬殊、内外支承弹簧弹力是否均匀、调整螺杆是否弯曲、引导轮叉臂长短是否一样
	6. 驱动轮装配靠里或靠外	6. 重新检查、装配
	7. 半轴弯曲，驱动轮歪斜	7. 校正半轴、检查轮毂花键磨损情况
	8. 托链轮歪斜	8. 检查并校正托链轮支架
	9. 托链轮轴承间隙过大或半轴轴承和端轴承间隙过大	9. 检查、调整或更换
支重轮、托链轮、导轮漏油	1. 橡胶密封圈硬化变形或损坏	1. 换新
	2. 内外盖固定螺栓松动	2. 拧紧固定螺栓
	3. 轴磨损	3. 修复
	4. 因装配不当，引起油封移位而失效	4. 重新正确安装
	5. D80 型推土机使用的浮动端面油封密封面不平或夹有杂质影响密封	5. 研磨修平，清洗干净
机件发热转动困难	1. 轴承间隙太小，或无间隙	1. 按规定值调整轴承轴向窜动量
	2. 轴承损坏、咬死	2. 更换轴承
	3. 润滑不良	3. 清洗，然后按润滑要求加注润滑油
	4. 严重偏磨	4. 检查同侧各轮是否在同一对称中心平面上
履带脱轨	1. 履带松弛引起掉轨	1. 调整履带松紧度
	2. 由于引导轮、驱动轮、链轨销套等部件的磨损量积累引起脱轨	2. 及时调紧履带，并注意履带的维护和各轮的润滑
	3. 张紧弹簧的弹力不足	3. 调紧或换新
	4. 液压式张紧装置的液力缸严重失圆而不起作用	4. 镶套修复或换新
	5. 液压张紧装置的油压缸塑料密封垫损坏或腐蚀失效	5. 换新或以黄铜料加工代用
	6. 液压张紧装置的油压缸内活塞和密封环严重磨损	6. 修复或换新
	7. 引导轮的凸缘严重磨损，驱动轮的轮齿磨损变尖，支重轮和托链轮的凸边磨损严重	7. 堆焊修复或换新
	8. 台车架变形	8. 检查同侧各传动部分的对称中心是否在同一平面，校正台车架变形部分
	9. 引导轮、驱动轮、支重轮中心不在同一直线上	9. 将各中心调整成一直线
	10. 半轴弯曲变形	10. 校直半轴

二、啃轨故障诊断实例

1．啃轨实例

以 TY220 推土机为例。一台 TY220 推土机在行走时履带行走机构有金属啃咬的声音，停车检查，发现履带链轨外侧磨损严重，呈现白色金属光泽，且有金属压溃的特有裂纹。进一步检查，发现引导轮轮缘磨损也比较严重。

（1）故障判断：从故障现象看这是典型的啃轨故障。引起啃轨故障的最根本原因是各工作轮的对称中心面不重合，具体原因则有多种。

（2）查找原因：故障原因很多，究竟是哪种原因引起要进一步观察。

通过观察驱动轮，发现齿尖合乎正常高度，也没有异常磨损痕迹。检查引导轮导向板与侧板之间的间隙如图 4-1-23 所示（横向间隙 A），发现左边引导轮的间隙为 4.5mm 而右边为 0.5mm，引导轮左、右间隙不一致产生横向偏摆，致使其对称中心面与其余两种工作轮的对称中心面不重合而引起。

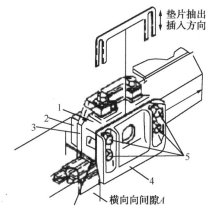

图 4-1-23　引导轮横向间隙

1—引托架；2—紧固板；3—挂扳；4—导向板；5—螺栓

（3）故障排除：驾驶推土机在平地上行驶 1～2m 以后，松开导向板的紧固螺栓（螺栓 5），将左侧垫片抽出，使其横向间隙 A 调整到与右侧横向间隙相同。

调整时注意，松开导向板的紧固螺栓时，不要松到 3 圈以上。如果松的太多，紧固板会脱落，再装配比较困难。

2．啃轨故障总结

履带式行走机构的故障一般比较直观，故障原因也容易查找。虽然如此，其故障造成的后果往往比较严重，因为履带行驶机构的零件价格比较昂贵，维修的工作量比较大，对履带行走机构的故障不能掉以轻心，应该及时检查排除，将其消灭在萌芽状态，避免故障扩大，造成严重后果。

（1）啃轨原因分析

履带卷绕在支重轮、驱动轮、托轮和引导轮的外面，履带链轨与各轮的轮体滚道直接接触，依靠各轮轮缘的夹持作用保证链轨不产生横向滑移。在装配中，主要应保证各轮（尤其是支重轮、引导轮和托轮）能够灵活转动，各轮的对称中心面与履带的对称中心面重合等。在实际装配中，往往由于各种原因难以达到上述技术要求，或者由于在工作中受到磨损（主要是偏磨）、冲击、振动的影响，慢慢地改变了原来的装配关系，因而就产生了啃轨故障。具体来说，引起啃轨故障的原因如下。

① 引导轮引起啃轨。引导轮内、外支承板磨损不一致，调整螺杆弯曲，张紧弹簧的弹力不一致，引导轮叉形臂长短不一致，两边引导轮的横向间隙不一致等原因都会导致引导轮歪斜，从而使其对称中心面与支重轮等的对称中心面不重合，以致产生啃轨现象。

② 支重轮引起啃轨。支重轮在安装中应该首先保证对称中心面重合，如果各支重轮安装得犬牙交错，参差不齐，那么其轮缘必将和链轨啃咬，这也是支重轮啃轨的最常见原因。此外，单边支重轮应该安装在最前和最后位置，否则，即使所有支重轮的对称中心面重合，也会产生啃轨故障，造成前进时转向则前边的支重轮啃轨，后退时转向则后边的支重轮啃轨。

③ 托轮引起啃轨。托轮除对称中心面应该与履带重合外，其轮体支承轴承的间隙过大、托轮支架歪斜等原因都会引起托轮歪斜，从而产生啃轨。

④ 驱动轮引起啃轨。驱动轮安装太靠外或靠里，会引起啃轨。

（2）啃轨故障诊断排除方法

① 仔细检查履带、支重轮、引导轮、托轮的轮缘磨损部位，检查驱动轮齿尖高度，检查引导轮的横向间隙，判断引起啃轨的具体原因。

② 根据啃轨的具体原因，采取相应的故障排除措施。

a. 支重轮啃轨：采用拉线法检查支重轮的对称中心面，确定需要调整的支重轮：旋松调整支重轮端盖与台车架的连接螺栓，调整其位置，使其对称中心面与其他支重轮（重点看两端支重轮）的对称中心面重合：然后拧紧连接螺栓。

b. 引导轮啃轨：调整引导轮与台车架的横向间隙。

c. 托轮啃轨：检查托轮是否歪斜，如托轮支座变形应给予校正，如轴承间隙太大应给予调紧：检查并调整托轮的对称中心面。

d. 驱动轮啃轨：检查驱动轮的对称中心面，调整其在半轴上的位置：检查半轴是否弯曲变形，否则应给予校直。

实践训练 10　履带式行驶系维修

一、履带式行驶系的维护调整

1. 维护

（1）履带螺栓的紧固

组合式履带板螺栓松动后，如不加以紧固而继续工作，则会造成履带板螺孔扩大，最后导致螺栓损坏而无法紧固。因此对于 T100 型、上海 T120 型、宣化 140 型、TY180 型、TY220 型等推土机的履带板，必须每班都进行检查和紧固（紧固力矩应为 600～700N·m）。

（2）支重轮、导向轮和托链轮轴承间隙的调整

现代履带式机械行走装置的支重轮、导向轮和托链轮的支承轴承多用滚柱轴承、滚锥轴承或滑动轴承，其轴承间隙的调整方法和主传动器的轴承相同，也是通过增减调整垫片的数量来减小或增大轴承间隙的。一般要求是：托链轮轴向窜动量应调整为 0.10～0.15mm。支重轮与铜套间隙为 0.25～0.35mm，转动时不应有阻滞现象，密封良好，不得漏油。支重轮轴向

窜动量为 0.40～0.60mm。导向轮轴与衬套间隙为 0.25～0.35mm。导向轮轴两边的挡盖与履带架应有 0.50～1.00mm 的间隙。对于使用铜套或双金属套等滑动轴承的支重轮或托链轮及导向轮，其轴向间隙是预先由结构确定的，不能调整。

（3）支重轮、导向轮和托链轮轴承的润滑

① 支重轮和导向轮的润滑。润滑支重轮时，先将轴端的螺塞拧下，再将注油器的注油嘴擦干净后插入轴内的油道，并使油嘴端头顶住油道内肩，压动注油器压杆向油道内注油，直到脏油经轮毂的孔和从油道与注油嘴之间的空隙被挤出为止。

② 托链轮的润滑。润滑托链轮时，应将油孔置于下方，放出脏油，然后再将油孔置于托链轮中心水平线上方 45° 的位置，加油至孔内流出润滑油为止。履带式机械行走装置的支重轮、导向轮和托链轮的轴承是滑动轴承时，其润滑是用黄油枪或加油器加注润滑脂。这种轴承在加注黄油时，也应使脏油从轴承两端的油封处排出为止。

在调整和润滑履带行走装置前，应先清除轴承油封外部防尘罩上的泥土，以免泥沙侵入，损坏油封，导致漏油。

2．调整引导轮位置

行走机构装配完成后，应注意检查支重轮、引导轮和托链轮的对称中心面是否重合，否则就应进行调整，其中主要是对引导轮进行调整。另外推土机在使用过程中引导轮在台车架上不断地前后滑动，会引起导向板、挂板、滑板的磨损。如果磨损严重，那么这些部位的间隙就会过大，引起引导轮横向偏摆，导致履带啃轨、甚至脱轨。所以在平时也应经常对引导轮进行调整（图 4-1-24）。

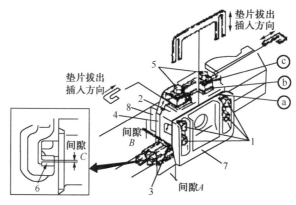

图 4-1-24　引导轮位置的调整

1—螺栓；2—引托架；3—滑板；4—挂板；5—螺栓；6—减磨板；7—导向板；8—紧固板

（1）左右调整

推土机在平地上前后行走 1～2m，测得台车架侧面与引导轮导向板之间的间隙 A（左、右，内、外侧 4 处）超过 4mm 时应调整。

调整方法是：把螺栓 1 松开 3 圈以下，取出调整垫片 a，使单侧间隙 A 为 0.5～1mm，然后紧固螺栓 1 即可。螺栓 1 的紧固力矩为 0.5～0.62kN·m。

调整垫片 a 的厚度有 0.5mm 和 1mm 两种，可以根据需要选择。

（2）上下调整

引托架 2 和滑板 3 之间的间隙 B 与挂板 4 和台车架上减磨板 6 之间的间隙 C 之和（$B+C$）

若超过 5mm 时，应给予以调整。

调整步骤：

① 松开螺栓 1，注意不要松到 3 圈以上。

② 用杠杆顶起挂板 4，使间隙 C 为 0。

③ 测量间隙 B，计算调整量。例如，当 B 为 5mm 时，调整量为 3mm。

④ 松开螺栓 5（内外共 8 个），直到橡胶弹簧的弹力消失为止。

⑤ 将 C 调整垫片抽出，然后将其插入 B 内（左、右、内、外共 10 处），使(B+C=10mm)。在调整前后，调整垫片 b 和垫片 c 的总数要保持不变，若随意增加或减少，将会使橡胶弹簧的支承力不平衡。

⑥ 紧固螺栓 5 和 1，紧固力矩为 0.5～0.62kN·m。

3. 检查调整履带张紧度

一般来说，在进行土方施工时，履带应调整得紧一些，这样可增大推土机的接地面积，也可增大行驶驱动力；而在进行硬土、分化石的施工时，履带应调松一些，这样可以防止链轨断裂或履刺歪斜变形。因此，在施工中应根据施工场地的变化经常检查和调整履带的张紧度。

（1）履带张紧度的检查

让推土机前进一段距离后停下来，用直尺放在引导轮与托轮之间的履刺上，在此段履带的中部检查履刺与直尺之间的间隙。如图 4-1-25 所示。一般 C=20～30mm（TY220 型推土机）时履带的张力为标准张力。

（2）履带张紧度的调整

调整履带时，先要选一块比较平整的场地，把机械向前开到预定的地方停住，前进中不要拉转向，也不踩刹车，让机械自然停车。此时，履带上方部分，即引导轮、托轮和驱动轮之间的部分是松边。然后让机械向后稍倒一点停住，让履带上方部分稍紧一点而没有完全拉紧，履带的下方部分即引导轮、支重轮和驱动轮之间的部分稍松一点，这时打黄油调紧履带比较容易。

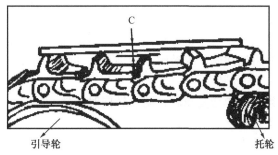

图 4-1-25　履带张紧度的检查

调紧履带还有一种方法，那就是让机械低速挡小油门慢速行驶，在行进过程中调节调节螺杆（螺杆调整式）或加注黄油（液压调整式）。不过，采用此种调节方法时一定要注意安全。

调松履带时，因为油缸中黄油的压力很大，将放油螺塞拧松时，黄油在高压下射出，容易造成人员的严重伤害。正确的方法是，维修人员侧身，用扳手慢慢拧松放油螺塞，让黄油慢慢溢出而不是高速射出，即使高速射出也因为人员身体避开而不致造成危险。

如果张紧装置已调整到极点，而履带仍过松弛，允许拆除一块履带板后重调。

二、履带式行驶系拆装

1. 拆卸

拆卸和装配以 TY220 推土机为例。

① 调松履带。将推土机停放在平坦的地面上，打开履带张紧装置检视盖，拧松放油螺塞，放松履带总成的张力。由于履带张力很大，张紧油缸中黄油的压力也很大，拧松放油螺塞时黄油在高压下射出，容易造成人员的严重伤害，因此千万要注意安全。正确的方法是，维修人员侧身用扳手慢慢拧松放油螺塞（不得超过 1 圈），让黄油慢慢溢出而不是高速射出，即使高速射出也因人员身体避开而不致造成危险。另外还应注意，拧松放油螺塞时履带张力可能没有变化，此时应启动发动机，将车身前后动一动就会有效果。

② 展开履带总成。在引导轮下垫一块石头（高约 140cm），启动发动机，将履带主销转至引导轮与托轮之间，再用专用工具将主销拔出，使链轨分开，然后在履带总成头部（靠驱动轮一侧）插入杆，一边用吊车吊起，一边使推土机车身后退，展开履带总成。执行此步骤时各操作人员应注意相互配合进行操作。

③ 抬起车身。用铲刀和松土器向地面顶起，在散热器下面护板和后桥箱下面分别放进活动框架，抬起车身。如果发动机不能启动，可用吊车将车身吊起，然后垫进活动支座。

④ 拆卸台车架总成。钢丝绳挂在两个托轮上面，临时吊起台车架总成：取下斜撑盖、链轮护板；吊起台车总成，将其从斜撑和链轮轴上分开。注意：台车总成后部稍向下容易拆卸。

⑤ 取下各护板，依次拆卸引导轮总成、支重轮总成、履带张紧装置总成、托轮总成。拆引导轮总成时应注意妥善保管各调整垫片，做好标志，注明片数、厚度、位置等。

⑥ 如有必要，将⑤所拆卸的各总成再进行分解。

2. 装配

履带行走机构的装配按照与拆卸相反的次序进行，装配应注意：

① 支重轮、驱动轮、托轮在安装前，应在各轮轴中注满润滑油。润滑油一般采用双曲线齿轮油，也可用柴机油代替。注油的方法是拧开油堵，往油道里加满油即可。如果在使用过程中发现支重轮等里面缺油，可不拆卸轮体，方法是抬高一侧履带，拧开油堵再注油，此方法虽较为方便，但很难将油注满。安装时，轮轴上的油嘴应朝外面。

② 支重轮在台车架上的安装：

最前面和最后面必须安装单边支重轮，防止转向时啃轨；

单边支重轮与双边支重轮交错安装；

各支重轮与轮轴轴线垂直的对称中心面应在同一平面内，偏差一般不大于 2.5mm，可用拉线法检测；

各支重轮外圆底面应位于同一平面内，且距台车架下平面的距离一致，误差不超过 1mm。

③ 安装履带时应注意正确的安装方向，如图 4-1-26 所示。推土机行驶时地面对履刺产生的反作用力 F 会使履带板产生翻转力矩 M，如果按图 4-1-26（a）所示的方向行驶，则此力矩由链轨传给机身，履带螺栓不受力；如果按图 4-1-26（b）所示的方向行驶，则此力矩使履带螺栓受拉，履带螺栓容易松动或拉断。推土机向前行驶时是作业过程，负荷比较大；后退行驶一般是空载，负荷较小。因此，图 4-1-26（a）所示方向是履带正确的安装方向。

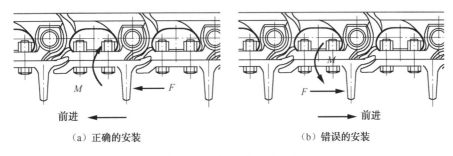

（a）正确的安装	（b）错误的安装

图 4-1-26　履带的安装方向

3．其他机械装配注意事项

（1）行走台车的装配

① 支重轮的安装。

支重轮总成装配时应注意以下几点：

a．轴向间隙应正确，不正确时可通过增减轴承盖与轮体间垫片厚度的方法进行调整。

b．油封装配时密封面必须清洁并涂以少量机油或润滑油脂，油封不得歪斜，密封面间应有一定压力。浮动油封装配时 O 形橡胶圈不得扭曲。

c．轴端注油螺塞应按规定转矩拧紧，D80A—12 型推土机转矩为 180～220N·m。

d．组装后支重轮体应转动灵活，但不允许有过大的晃动，轮体注满润滑油后倾斜一定角度转动时，不应从油封及轴端螺塞处漏油。

e．组装好的支重轮总成往台车架上安装时，应注意以下要求：

支重轮一般有单、双边之分，安装原则：一是单边支重轮应放在最前与最后；二是单双边应交替放置。如有 5 个支重轮时，单边支重轮一般为 1、3、5；6 个支重轮有 4 个单边轮时，单边轮一般为 1、3、4、6。

安装后各支重轮与轮轴垂直的中心面应在同一平面内，其偏差一般不应大于 2.5mm，否则应通过改变支重轮轮体轴向位置进行调整——可改变两端轴承盖与轮体间的垫片厚度。

各支重轮外圆底面应位于同一平面内，且距台车架下平面距离一致（其偏差不大于 1mm），否则可改变轮轴与台车架间垫片的厚度加以调整，或更换不同滚道直径的支重轮。一般各支重轮滚道直径差应不大于 3mm。

② 导向轮的安装。

导向轮组装应注意以下几点：

a．有些导向轮有方向性，组装时应注意，如 T100 型推土机导向轮组装时，应使轮缘加工过的端面或有 Y 记号的端面与带油嘴轴端位于同一侧。

b．油封安装应正确，其要求同支重轮。

c．轴端注油嘴拧紧力矩与支重轮相同。

d．滑动摩擦在安装前应涂以润滑剂，装后轮体应转动灵活，无卡阻和漏油。

e．导向轮总成往台车架上安装时应注意以下要求。

导向轮总成左右方向应正确，一般是带油嘴的一端轮轴应朝向车外。D80A—12 型推土机的右导向轮轮轴油塞在外边，而左导向轮轮轴油塞应在里边。

导向轮总成与台车架间配合（图 4-1-27）应正确，间隙 C 应为 1～1.5mm，不合要求时可增减端盖与支座间垫片的厚度来进行调整；间隙 E 应为 2～2.5mm；间隙 B 在支座顶压螺钉旋转 15～20mm 的情况下应为 1～6mm。

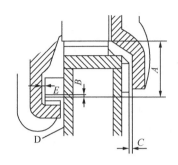

图 4-1-27　台车架前部配合间隙

D—台车架

垂直导向轮的纵向中心面应与台车架、支重轮纵向中心面重合，否则可调整轮体轴向位置，即转移左、右端盖与支座间垫片厚度进行调整，或改变左、右叉臂与支座间垫片厚度使轮轴与纵向中性面垂直。

③ 托轮的组装。

图 4-1-28 为 TY180 型推土机托轮总成，图中，A 为凸缘外径，标准尺寸 200mm，容许限度 190mm；B 为滚道外径，标准尺寸 168mm，容许限度 155mm；C 为滚道宽度，标准尺寸 57mm，容许限度 66mm；D 为凸缘宽度，标准尺寸 18～19mm，容许限度 10mm，超出容许限度时，应进行堆焊修补或换新。装配时托轮轴向标准间隙为 0.1～0.13mm，容许使用间隙为 1.5mm，超出容许值应调整或换新。

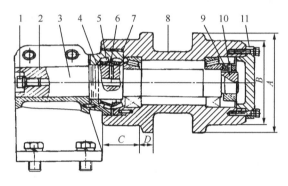

图 4-1- 28　TY180 型推土机托轮总成

1—油孔螺塞；2—托轮架；3—托轮轴；4—油封外盖；5—浮动油封；6—油封环；
7—油封座；8—托轮；9—锁紧螺母；10—锁圈；11—端盖

无轴向定位的托轮轴压装在托轮架上后，轴向位置正确，压装前将托轮架加热至 300℃。托轮轴向间隙应正确，滚锥轴承可通过轴端螺母调整；滑动轴承可修薄轴承座端面进行调整或改变轮盖与轮体间垫片的厚度进行调整。

油封安装应正确，技术要求与支重轮、导向轮相同。油封安装前应在 45～65℃机油中软化 30min。

安装前，滑动表面应涂以润滑剂。

安装后用一手之力应能灵活转动，且不得漏油。

托轮总成向台车架上安装时，最主要的是与轮轴垂直的中心面应与支重轮、导向轮、台车架纵向中心面重合，其差不大于 2.5mm，不合要求时可变动轮轴支架进行调整。

④ 张紧装置的安装。

缓冲弹簧弹力较大，安装时应将其压缩至一定长度，压缩方法有多种，可用压力机、千斤顶、螺旋加力机构等。也可将弹簧中心拉杆螺纹接长，压紧弹簧后将多余的螺纹切除。安装后中心拉杆螺母距后弹簧座间应有一定间隙（例 TY180 型推土机为 6mm，D80A—12 型推土机为 3mm）。液压缸孔安装前应涂以润滑油，安装后打入压力为 30000kPa 的润滑脂时应无漏油现象。

⑤ 行走台车的磨合。

支重轮、导向轮、托轮的轮轴、轴承、油封经过维修或更换后,应进行磨合,以减少零件的早期磨损,增加油封的封油性能。磨合时可将组装好的台车安装在试验台上。进行磨合时应注意检查各轮是否都随之转动,有无卡阻现象;运转时有无不正常响声;有无漏油现象;各轮轴承处温升是否过高。

（2）装配履带

① 链轨销与销套的装配。由于链轨销、销套与链轨节之间过盈量较大（为 0.20～0.40mm）,所以装配时需要能产生 800kN 压力的设备,为此大多用液压设备进行装配。

② 履带板与链轨连接。履带板向链轨上安装时,螺栓拧紧力矩应足够,装后履带板与链轨节间缝隙应小于 0.40mm。装后的履带总成铺平拉紧时,直线度要求为每 10 块履带板长不大于 4mm,全长不大于 10mm。

（3）钢板弹簧装配注意事项

① 装配前应将各弹簧钢板上的污泥、锈迹清除干净,并在各片之间涂抹石墨润滑脂。

② 各片钢板的中心螺栓孔（或凹凸定位点）应对准,每片的横向位移不得超过主片 2.5mm。

③ 钢板弹簧夹子与钢板侧面应有 0.7～1.0mm 的间隙,与钢板顶面应有 1～3mm 的间隙。

④ 左右钢板弹簧总成的片数应相等,总厚度差应不大于 5.0mm,弧高差不大于 10mm。

⑤ 装配后,各片应紧密贴合,相邻两片未贴合长度应不大于总长的 1/4,且间隙不大于 1.2mm。

⑥ U 形螺栓及中心螺栓应按规定转矩拧紧。

三、履带式行驶系主要零部件检修

推土机的行走机构直接与地面接触,除支承全机重量之外,还需承受地面的各种冲击,工作环境恶劣,负荷大,因此故障比较多发,维修工作量也很大,其组成零件的主要损伤形式是磨损、变形、裂纹等。

1. 机架的损伤与修复

机架的主要损伤形式是产生弯曲、扭曲等变形,其他损伤形式是构件产生裂纹或开裂,各支承面、安装面等产生磨损。

机架变形是由于设计不合理,残余内应力作用,机械操作不当,共振,意外碰撞等原因造成的。机架变形易破坏各总成、部件间的位置精度,损坏各总成、部件间的连接件。如发动机与变速箱同轴度破坏时,将易损坏主离合器连接片。

机架产生裂纹的原因是:设计不合理,断面尺寸不足;受不正常负荷,如操作不当引起的冲击载荷,连接松动引起的额外负荷等。

机架各安装面、支承面磨损多是因为连接松动使接触面间产生相对摩擦所致。

（1）机架变形的检验

机架变形可用各种方法检验,如用长直尺放在纵梁上平面及侧平面,根据直尺与梁间缝隙大小检查梁的弯曲变形。对于整个机架,由于尺寸较大,可用拉线法检验。

（2）机架的修理

机架变形多用冷压校正,热校正往往会影响机架刚度与强度。校正时可用大型压力机或螺旋加压机构进行校正,校正时多在机架上进行。当变形较大时,可将构件取下,校正后重新装配。

机架产生裂纹或焊缝开裂时，可用高强度低氢型焊条电焊或气焊。钢壁厚小于 6mm 时可单面焊；壁厚为 6～8mm 时应双面焊。重要部位或由于强度不足而产生裂纹时应加焊补板；采用单面补板时应在另一面焊接裂纹；采用双面补板时，只焊补板而不焊裂纹。

铆接松动时，应去除旧铆钉，铰圆铆钉孔后重新铆接。铆钉直径大于 12mm 时应用热铆。铆后零件间应贴合牢靠，用敲击法检查铆接质量，声音应如同整块金属一样清脆。

各总成和部件的安装面、定位面磨损后可用堆焊或增焊补板法修复。安装孔磨损后可用加大尺寸、镶套或焊补法修复，此时应注意安装孔的位置精度。

2．台车架的损伤与修复

台车架也称为履带架，其上装有支重轮、引导轮、托轮、弹簧张紧装置，它通过前横梁与后半轴实现与机架的连接。

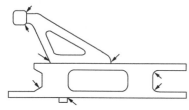

图 4-1-29　台车架裂纹检验部位

（1）台车架的损伤种类

① 台车架裂纹。台车架是受力沉重的机件之一，在受力严重的部位易产生裂纹或焊缝开裂。维修时应用钢丝刷去除锈迹、污垢后对易裂部位（如图 4-1-29 箭头所示）进行检查。台车架裂纹或变形会加速"四轮一带"的磨损。

② 台车架变形。台车架变形将破坏"四轮"的位置精度，引起机车跑偏和行走装置零件的快速磨损。台车架变形后可用各种方法进行检验，较大的修配厂多在专用的检验、校正平台上进行，平台上的刻线为常用机型基准线及定位槽，检验法方法如下：

a．台车架弯扭的检验。台车架弯曲包括水平平面内弯曲与垂直平面内弯曲，从对使用影响来看前者最为重要，对偏啃链轨、自行跑偏影响较大。水平平面内弯曲检验时可将台车架侧置于平台上（可垫起），测量各处台车架与平台间距离，根据各处尺寸差大小即可知其弯曲量。移山 80 型推土机台车架弯曲量允许误差为每 1500mm 不得大于 6mm，D80—A12 型推土机要求每 1000mm 不得大于 7mm，否则应进行校正。TY180 型、TY220 型推土机台车架弯曲标准可参照 D80－A12 型推土机。台车架扭曲检验时应平放在平台上，检验纵梁四角与平台间距离即可知其扭曲大小及方向。D8—A12 型、TY180 型、TY220 型推土机扭曲允许值为 300mm 长度上不超过 3mm。

b．台车架斜撑变形的检验。台车架斜撑变形时，将破坏斜撑支座与台车架间的位置精度，其主要精度要求有：斜撑支座轴承孔中心线在垂直方向应与梁上端轴承定位销孔重合，且与纵梁中线垂直；斜撑支座轴承孔中心线距台车架平面间的距离应正确（如 T100 型推土机的这一距离为 72mm±1.0mm）；斜撑支座内端面至台车架端轴承定位销孔间距离应正确（如 T100 型推土机的这一距离为 848～857mm）。检验斜撑变形时常用心轴一端插入斜撑支座轴承孔中，检查另一端与台车架后端的位置关系。在台车架后端上平面放一直角尺，使刃边通过梁上定位销孔与心轴中心线，可知其不重合度；用直尺可测量上平面至轴心线间距离及支座内边至梁上定位销孔间距离；用直尺放在平台上，以刃边靠在心轴两端外径上，可得到心轴在平台上的投影，即可检查心轴是否与台车架纵向中线垂直。

台车架的前叉口易产生变形，变形后，一是前叉口向外分开，二是叉口歪斜。

c．无检验平台时也可用水准器和拉线法检验变形。将台车架放在平坦地面上，用拉线法检验纵梁弯曲时，拉线与梁间距离即为弯曲量。用水准器检验扭曲的方法为：在台车架中后部上平面放一水准器，在一端加垫片，将水准器调平，以此垫片厚度为基准，在梁的前方上平面再放一水准器，同样将其垫平，根据两水准器垫平时的垫片厚度差即可知台车架扭曲大小。斜撑变形也可用水准器检查：在斜撑支座轴承孔中装一心轴或直尺，其上放一水准器，也将其垫平，通过垫平此水准器的垫片厚度与基准厚度的差别，即可知斜撑的扭曲。通过台车架上平面纵向中线延长线与前叉口左右内边距离不同可知前叉口的变形；纵向中线向后延长线与心轴在台车架上平面上的投影，可知其是否垂直。

台车架安装面与配合表面的磨损主要表现为以下几个部位：轴承孔由于台车架相对于机架上下摆动而与半轴间产生摩擦磨损，配合间隙增大，易破坏台车梁与半轴的垂直度；与端轴承定位销配合孔当螺纹连接松动时也易产生磨损；前叉口上下滑动面及左右外侧滑动面因工作中导向轮在变化的阻力作用下产生前后滑动而磨损，磨损后下滑动面与勾板间及导向轮轴端盖板与叉口侧滑动板间间隙将增大，如图4-1-30中 B 及 C。图中 D 为台车架，B 一般允许增大至6mm，C 允许增大至 3mm。

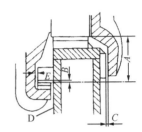

图 4-1-30　台车架前部配合间隙

（2）台车架的修复

① 台车架裂纹的焊修。台车架产生裂纹时，应找出裂纹端部并钻止裂孔，然后进行焊接修理。重要部位裂纹或焊后重新开裂时，应用补板法进行增强补焊，所用焊条应为低氢型高强度焊条。

② 台车架变形的校正。台车架变形超限时应进行校正。变形较小时可冷校正，变形较大时应局部加热校正。

③ 台车架配合面磨损的维修。台车架后端轴承定位销孔磨损后可增大孔径，更换加大尺寸定位销。斜撑支座轴承孔磨损后更换轴承；支承座孔磨损较轻时，可刷镀轴承外径，磨损严重时可堆焊后进行机械加工，加工时应注意座孔位置精度。台车架前部上下左右导向面磨损超过 2mm 后可更换导板，导板材料常用 16Mn，焊接后，应保持的厚度约为 12mm。

3．导向轮、支重轮、托轮的维修

（1）轮体的维修

① 轮体的损伤。轮体的主要缺陷是滚道（外圈）及导向凸轮缘磨损；其次是轮缘（尤其是某些中空导向轮）产生裂纹、轴承配合孔磨损等。滚道与凸缘的磨损原因是综合性的，其中最主要的是摩擦磨损与磨料磨损。工作时滚道及凸缘与链轨间作用有强大的挤压应力，形成很大的微观挤压与干摩擦（既有滚动摩擦，又有滑动摩擦），因而形成强烈的摩擦磨损。由于滚动体经常工作在砂土、泥泞、粒石之中，大量磨料进入滚道与链轨之间，形成强烈的磨料磨损。三轮中支重轮磨损最甚，导向轮次之，托轮磨损口裂纹最轻微。滚道磨损严重时易降低轮体刚度与强度，凸缘严重磨损时易引起履带掉落。

② 轮体的维修。轮体滚道直径磨损量达 10mm 以上时，可用堆焊或镶圈法修复；导向凸缘磨损达 10mm 以上时应用堆焊维修。

堆焊后应加工至标准尺寸并经热处理。加工时应注意，双边支重轮的内外凸缘直径是不同的。

（2）轮轴的维修

轮轴的主要损伤是弯曲、与轴承配合的轴颈及止推端面磨损。

轮轴弯曲跳动量应小于 0.20mm，否则应校正。轮轴弯曲较大时也可用堆焊轴颈并重新加工法恢复其直线度。与滚动轴承配合的轴颈磨损使配合间隙大于 0.05mm 时，可用刷镀法修复轴颈；与滑动轴承配合的轴颈磨损后配合间隙大于 1mm 时，可用振动堆焊或埋弧焊修复。由于轮轴磨损多属单边性质，所以有些轮轴可在单边磨损达 0.80mm 时，转动 180° 安装使用，根据结构不同，有时也允许用镶套法维修。

（3）轴承的维修。滚动轴承的损伤和维修与最终传动轴承相同。滑动轴承常用青铜、铝合金与尼龙制成。与轮体配合松旷时，镶套轴承可刷镀轴承体外径；轴承孔磨损后，可用修复轴颈恢复配合或更换新轴承套。尼龙套较耐用，磨损过大时应更换。青铜套与轴颈标准配合间隙为 0.16～0.30mm，铝合金套与轴颈标准配合为 0.20～0.40mm，尼龙套与轴颈标准配合间隙为 0.40～0.70mm。轴承止推端面磨损后可将轴承座靠向轮体的端面车一层，使轴承内移，以恢复增大了的轴向间隙。

（4）油封的维修。"三轮"所用油封依轴承形式、润滑材料不同而别，润滑油油封多为密封环式与浮动油封，润滑脂油封常为橡胶碗式。油封的主要损伤是油封损坏或封油面划痕、变形引起漏油。油封损坏、老化等应更换，封油面划痕、不平可研磨修复，修后应做封油性能试验。

（5）导向轮支承的维修。导向轮支承与台车架上滑动面配合的表面及与下滑动面配合的勾脚平面磨损量大于 3mm 时，应堆焊修复。支座弹簧损坏或弹力减弱时应换新件。

4．张紧缓冲装置的维修

（1）张紧缓冲装置的故障与损伤

① 张紧缓冲装置调整不当。张力不足时会使履带松弛，急转弯时易掉履带，且缓冲量不足，易增加零件间的动载荷；张紧过度时会加速"四轮一带"的磨损。

② 张紧缓冲装置零部件的损伤

a．调整螺杆损伤。调整螺杆的主要缺陷是螺纹损坏，无法调整；螺杆弯曲使导向轮歪斜，引起机车跑偏。

b．缓冲弹簧弯曲、弹力下降和断裂。缓冲弹簧过量弯曲会引起机车跑偏，弹力下降过多以及断裂时会使缓冲效能降低并易损坏弹簧中心拉杆。

c．中心拉杆折断。中心拉杆折断主要是通过障碍时弹簧突然压缩和松弛，使拉杆产生冲击或拉伸载荷所致。

d．液压张紧装置的损伤。大多数机械（如 D80A－12 装载机）采用液压张紧装置，其推杆、缓冲弹簧、中心拉杆等损伤与上述相同。其他损伤是：油缸与活塞配合面磨损，尤其是活塞密封元件损坏，张紧润滑脂进入低压腔，造成张紧装置失效。

（2）张紧缓冲装置的维修

① 调整螺杆损伤的修复。螺杆弯曲时可冷压校正。螺纹损坏时，可加工缩小尺寸的螺纹，同时更换调整螺母（将旧螺母切去，焊接以新螺母）。调整螺杆装配时应在螺纹处涂以石墨润滑脂。

② 缓冲弹簧的检验与更换。缓冲弹簧弯曲大于 10mm 或断裂时应更换。弹力大小可参照各机型张紧装置缓冲弹簧的规格进行检查。

③ 弹簧中心拉杆。弹簧中心拉杆折断时应更换。

④ 液压张紧装置的维修。活塞环等封油元件磨损后应更换，油缸与衬套间配合间隙增大至 0.50mm 以上时应更换衬套。缸孔磨损后可研磨缸孔，更换加大外径尺寸的活塞与活塞环。

5．履带总成的维修

（1）链轨的维修

① 链轨零件的损伤。

a．链轨节的损伤。链轨节的主要损伤是滚道表面及导向侧面产生磨损，其磨损特点及原因与支重轮、导向轮等滚道磨损相同，为摩擦磨损与高应力磨料磨损。滚道磨损后壁厚减薄，链轨高度降低，抗拉强度不足，在沉重负荷下易被拉断，且易使链轨节的销孔凸缘与支重轮、导向轮等轮缘相碰，产生摩擦磨损。其他损伤是链轨节断裂、螺栓孔磨损（多因螺栓松动造成）。

b．链轨销磨损。链轨销与销套是间隙配合，其外径易产生单边性摩擦磨损，使配合间隙增大、节距增长。链轨节距的检查可将履带拉直，用直尺测量，为了准确，可同时测量 4 个节距。销与销套配合间隙大于 2.50mm 时应修复。

c．链轨套的磨损。链轨套也称为销套，内孔易产生单边磨损，使节距增大。销套外径与驱动轮啮合产生摩擦磨损与磨料磨损。当磨损量大于 3mm 时应修复或换新。测量外径磨损量时应在 3 个方向上测量。

② 链轨零件的维修。

a．链轨节的维修。链轨节用 45 号钢、40Mn2 等材料制造，滚道磨损大于 10mm 时可进行堆焊，或补焊中碳钢板。堆焊时可用能产生 HRC48～HRC58 硬度的焊条材料进行手工电弧焊；另外也可采用埋弧焊自动堆焊，生产率高，且不必拆卸链轨。堆焊顺序如图 4-1-31 所示。为了焊接后直接可用，焊面应平滑，为此焊道重叠量以焊道宽度的 1/2～2/3 为宜。堆焊至边缘时应注意不要形成伞形（图 4-1-32），以防在边缘处产生脱层。

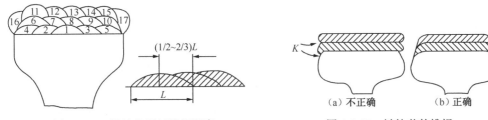

图 4-1-31　链轨节埋弧堆焊顺序　　　　图 4-1-32　链轨节的堆焊

b．滚道焊后不平度较大时可机械加工修平。链轮销孔磨损后可用加大尺寸修复。螺栓孔磨损后可焊堵原孔，重新钻孔。为保证孔中心距，钻孔时应用样板。链轨断裂应报废，小裂可焊补。

c．链轨销与链轨套的更换。链轨销常用 50Mn 制造，链轨套则用 20Mn 制造。当链轨销与链轨套配合间隙大于 0.50mm 时将销与销套转动 180° 安装，以恢复节距；如果间隙大于 3mm 或已转位使用过，应更换新销与新套；销或销套与链轨节配合过盈量消失时，可用外径刷镀或电镀法恢复配合。

（2）履带板的维修

① 履带板的损伤。

履带板的主要损伤是履齿磨损，其次是着地面磨损。履带磨损属于磨料磨损。磨损后履

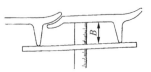

齿高度降低，扒土能力下降，动力损耗与耗油量增加，生产效率降低。大修时应检查履齿高度（图4-1-33），齿高磨去量大于20mm时应修复。

图 4-1-33　履齿高度的检查

履带板的其他损伤是履带板断裂、螺栓孔磨成椭圆等。前者多因不正常负荷所致，后者因螺栓松动造成。

② 履带板的维修。

履带板是用 45 号钢、40SiMn2 等材料制造的。履带齿磨损较少时可直接堆焊，磨损严重时可加焊中碳钢条，以恢复其高度。堆焊时可用能产生硬度为 HRC53～HRC61 的堆焊层的焊条。加焊钢条时应用高强度低氢型焊条焊接，可手工焊或自动焊。为防止裂纹与焊层剥落，堆焊（或焊接）前应预热履带板，着地面磨损严重而使履带板过薄时应更换新件。

螺栓孔磨大 1mm 时应堵焊后重新钻孔。履带板裂纹时可焊接，裂纹引起严重变形以及断裂时应报废。

6．平衡装置的维修

（1）平衡板簧的维修

平衡板簧的主要损伤是板簧箱裂纹、垫板磨损、板簧支承面磨损、板簧断裂和弹力减弱等。

板簧箱产生裂纹时可焊接修复。垫板磨损严重（移山 80 型推土机平垫板厚度小于 19mm、斜垫板厚度小于 14mm）时，应堆焊或更换新垫板（移山 80 型推土机平垫板厚 22mm、斜垫板最厚处 16mm）。吊梁销轴与孔磨损后可用修理尺寸法修复。上海 T120 型推土机平衡板簧轴颈与轴承配合间隙超限后可修整轴颈，更换缩小孔径衬套。最下边板簧支承面磨损大于 3mm 时，应更换新板簧；最上边板簧与垫板接触，磨损量大于 1.50mm 时应更换新件；其余板簧接触面磨损量大于 1mm 时应更换新件。板簧弹力可通过装后试验进行检查，板簧裂纹可焊接或换新。

（2）平衡板簧的装配与试验

板簧装配时各片应放置整齐，大板簧偏歪量应小于 5mm，小板簧偏歪量应小于 2mm。移山 80 型推土机板簧箱的 4 个吊耳，应该是前 2 个高，后 2 个低。

装后应进行弹力试验。移山 80 型推土机弹簧组，当大板簧支承间距离为 1900mm 时，在中部加以 130000N 负荷，中部挠度应为 75～100mm。

检验钢板弹簧，可用弹簧试验器、样板、新旧对比、直观检视等方法。钢板弹簧出现裂纹、折断或弧高、曲率半径明显变化时，应更换相应的弹簧钢板。新钢板的长度、宽度、厚度及弧高应与原来的相同。U 形螺栓产生裂纹或螺纹损伤超过 2 牙时，应予更换。

螺旋弹簧只能承受轴向力，减振作用不大，无须润滑，不怕泥污。螺旋弹簧自由长度明显减小、弹力明显下降或出现裂纹时，应换用新弹簧。

橡胶弹簧若出现老化、破裂、变硬现象，应予更换。大修时，应更换橡胶弹簧。

（3）其他平衡装置的维修

TY180 型推土机平衡梁及活动支座的支承面磨损后可堆焊或焊补钢板修复，应注意恢复

其圆弧度。与轴颈配合孔磨损后，应更换新衬套，连接轴销磨损后可堆焊或刷镀。橡胶块老化、损坏后应换新。

任务思考题 9

1. 履带式行驶系的组成及各部件的作用有哪些？
2. 举例说明悬架类型，并简述半刚性悬架结构。
3. 简述"四轮一带"的作用及其结构原理。
4. 简述履带张紧度调整原理及方法，并说明调整时有哪些注意事项？
5. 查资料介绍一种挖掘机履带式底盘的行驶系结构原理。
6. 履带式行驶系通常要做哪些维护调整？
7. 为什么要调整引导轮位置，举例说明调整方法。
8. 举例分析诊断排除啃轨的故障。
9. 简述履带式行驶系主要零部件的损伤形式。
10. 简述台车架的变形检验过程。

项目五　轮式转向系构造与维修

任务一　机械式转向系构造原理

知识目标：

1. 学会描述机械转向系功用、类型、组成及转向过程。
2. 学会描述转向器作用、类型、结构及原理。
3. 学会描述转向传动机构结构原理。
4. 能够正确分析机械转向系典型故障原因。

技能目标：

1. 能够拆装、检修转向器。
2. 能够正确诊断和排除机械转向系典型故障。

任务咨询：

咨询一　转向系概述

一、转向系的功用和组成

工程机械在行驶或作业中，根据需要改变其行驶方向，称为转向。控制机械转向的一整套机构称为工程机械的转向系。转向系统应能根据需要保持机械稳定地沿直线行驶或能按要求灵活地改变行驶方向。

根据转向原理的不同，转向系可分为轮式和履带式两大类。根据转向方式的不同，轮式底盘转向系可分为偏转车轮转向和铰接式转向两种。按作用原理的不同，转向系又可分为机械式和液压式两种。

图 5-1-1 为偏转车轮式机械转向系，它由转向器和转向传动两部分组成。转向时，转动转向盘通过转向轴带动互相啮合蜗杆和齿扇，使转向垂臂绕其轴摆动，再经转向纵拉杆和转向节臂使左转向节及装在其上的左转向轮绕主销偏转。与此同时，左梯形臂经转向横拉杆和右梯形臂使右转向节及右转向轮绕主销向同一方向偏转。

转向轴、啮合传动副等总称为转向器。转向垂臂、左右梯形臂和转向横拉杆总称为转向传动机构。梯形臂、转向横拉杆及前轴形成转向梯形（因左右转向节臂、转向横拉杆及前轴所形成的四边形是一梯形，故称为梯形机构），其作用是保证两侧转向轮偏转角具有一定的相互关系。转向梯形机构的作用是保证转向时所有车轮行驶的轨迹中心相交于一点，从而防止机械车辆转弯时产生的轮胎滑磨现象，减少轮胎磨损，延长其使用寿命，还能保证车辆转向准确、灵活。

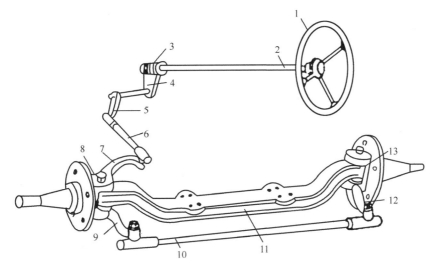

图 5-1-1　偏转车轮式机械转向系

1—转向盘；2—转向轴；3—蜗杆；4—齿扇；5—转向垂臂；6—转向纵拉杆；7—转向节臂；
8—主销；9、12—梯形臂；10—转向横拉杆；11—前轴；13—转向节

二、对转向系的基本要求

转向系对车辆的使用性能影响很大，直接影响到机械行车安全，不论何种转向系必须满足下列要求。

（1）转向时各车轮必须做纯滚动而无侧向滑动。否则，将会增加转向阻力，加速轮胎磨损。由图 5-1-2 可知，只有当所有车轮的轴线在转向过程中都交于一点 O 时，各车轮才能做纯滚动，此瞬时速度中心 O 就称为转向中心。显然两轮偏转角度不等，且内外轮偏转角度应满足下列关系：

$$\cot\alpha = (M + N)/L$$
$$\cot\beta = N/L$$
$$\cot\alpha - \cot\beta = M/L$$

式中　M——两侧主销中心距离（略小于转向轮轮距）；
　　　L——前后轮轴距。

（2）操纵轻便。转向时，作用在转向盘上的操纵力要小。

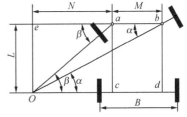

图 5-1-2　偏转车轮式转向示意图

（3）转向灵敏。转向盘转动的圈数不宜过多，以保证转向灵敏。为了同时满足操纵轻便和转向灵敏的要求，由转向盘至转向轮间的传动比应选择合理。转向盘处于中间位置时，其空行程不允许超过 15°～20°。

（4）工作可靠。转向系对轮式机械的行驶安全性关系极大，其零件应有足够的强度、刚度和寿命。

（5）传动可逆性。转向盘至转向垂臂间的传动要有一定的传动可逆性，这样，转向轮就有自动回正的可能性，使驾驶员有"路感"。但可逆性不能太大，以免使作用于转向轮上的冲击全部传至转向盘，增加驾驶员的疲劳和不安全感。

（6）结构合理。转向系的调整应尽量少而简便。

三、转向系的类型

1．根据机械转向方式分类

根据机械转向方式的不同转向系可分为以下三类。

（1）偏转车轮转向

① 偏转前轮式转向。偏转前轮式转向通过前轮偏转一定的角度来实现机械转向［图 5-1-3（a）］。偏转前轮转向时，外侧前轮的转弯半径最大，其经过的距离也最大。在行驶及作业过程中，驾驶员易于利用前轮是否避过障碍物来判断机械的行驶路线，有利于行车安全。例如，74 式Ⅲ挖掘机就采用这种转向方式。

② 偏转后轮式转向。有不少轮式工程机械，因为前方装有推土铲刀、装载铲斗等工作装置［图 5-1-3（b）］，这时，如果仍然采用偏转前轮式转向，不仅前轮的偏转角会受到工作装置的限制，而且由于前轮载荷增大，转向阻力增加，因而将增加轮胎的磨损，使转向困难，操纵费力。此时为了解决上述矛盾，一些前方安装工作装置的机械采用了偏转后轮式转向［图 5-1-3（c）］。偏转后轮转向时，外侧后轮的转弯半径最大，转向时驾驶员不能以前轮的位置来判断机械的行驶方向，故转向操纵比较困难。目前这种转向方式主要用于叉车、小型翻斗车上。

③ 偏转前后轮转向。对于有些操纵灵活性要求较高的工程机械采用了前后轮同时转向，这种转向方式可使轴距较长的工程机械具有较小的转弯半径，也可以使前后轮偏转方向一致，而形成斜行，斜行转向能够使机械缩短转向路程及时间，易于迅速靠近或离开作业面，74 式装载机采用的即是这种转向方式。这种转向方式又可使机械实现单独前轮转向、后轮转向等，共可形成 4 种转向方式，其转向方式的变换是通过换向器实现的。另外，对于在横坡上工作的机械，采用斜行可以提高其作业时的稳定性，对于有较宽的工作装置的机械（如 PY—160B 平地机等），在工作时往往因作用力不对称而使机械行驶方向跑偏，采用斜行能减少或消除这种现象。

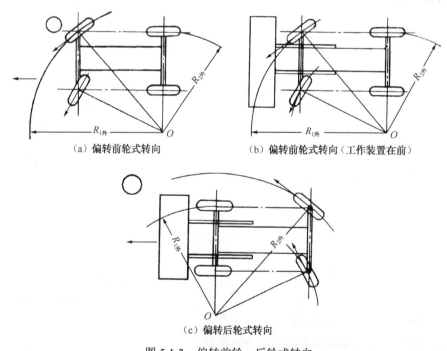

（a）偏转前轮式转向 （b）偏转前轮式转向（工作装置在前）

（c）偏转后轮式转向

图 5-1-3　偏转前轮、后轮式转向

（2）铰接式转向

在大、中型工程机械上，为了增大机械的牵引力，提高其通过性及作业率，多采用全轮驱动，但是如果仍采用偏转车轮转向，则其结构将变得很复杂，因此铰接式转向被广泛应用，如装载机、推土机、压路机、平地机等。这是因为铰接式转向具有以下明显的优点：

① 不需转向梯形机构，就能保证各车轮轮轴线的水平投影线交于一点，结构简单，转向时轮胎基本无侧滑。

② 不需要结构复杂的转向驱动桥，简化了传动系结构。

③ 工作装置装在分段的车架上，如铰接式装载机铲斗装在前车架上，转向时工作装置的方向与该段车架方向一致，这有利于作业时使工作装置迅速对准作业面，从而减少循环路程及时间，提高作业率。如 ZL40 铰接式装载机与同类型偏转车轮转向的装载机相比，作业效率约提高 20%。

④ 铰接式转向具有较小的转向半径，使机械能在较狭小的地方工作，机械的机动性能有所提高。

但铰接式转向因没有前轮定位，其直线行驶稳定性较差，在外阻力不平衡时，常出现左右摇摆现象，转向稳定性也较差。

（3）差速式转向

近年来，差速式转向在某些小型工程机械中得到很快的发展，这种机械能在狭窄的作业区机动灵活地工作，它采用整体式车架，车桥与车架固定在一起，它依靠左、右两侧车轮的转速差来进行转向，如 CR-8 轮式推土机即采用这种转向方式。

采用差速式转向的机械在转向时轮胎有明显的侧滑及纵滑现象，并且转向半径越小，打滑越严重，因此增加了轮胎的磨损。故这种转向方式在轮式机械中很少采用。

履带式工程机械多采用差速式转向。它是利用转向机构改变传至驱动轮上的扭矩，使两侧履带以不同的速度行驶而实现转向的。

当履带式机械的转向离合器接合时，由中央传动传来的扭矩，通过转向离合器传给两侧驱动轮，此时机械直线行驶。当驾驶员将右侧转向离合器分离，切断传至右侧驱动轮的扭矩，右侧履带减速，机械便向右侧转向，此时，转弯半径较大。如果切断传至右驱动轮的扭矩后，再对驱动轮加以制动，就可使转弯半径减小，甚至以右侧履带为中心实现原地转向。

2．根据操纵方式分类

根据操纵方式的不同转向系分为以下三类。

（1）机械式转向（又称人力转向）

主要用于中小型偏转车轮式转向的机械，转向轮的偏转完全是借助于驾驶员在转向盘上施加的力，通过一系列传动机构后，使转向轮克服转向阻力而实现的。阻力越大，则所需施加的力也越大。其优点是结构简单，制造方便，工作可靠；缺点是转向操纵较费力。

（2）液压助力式转向

液压助力式转向系是在机械式转向系的基础上，增设了一套液压助力系统。轮式机械（如轮式推土机）在采用液压助力式转向时，转动转向盘的操纵力已不能作为直接迫使车轮偏转的力，而是使控制阀进行工作的力，车轮偏转所需的力则由转向油缸产生。液压助力式转向系的主要优点是操纵轻便，转向灵活，工作可靠，可利用油液阻尼作用吸收、缓和路面冲击；缺点是结构复杂，制造成本高。

履带式机械（如 T_2—120A 推土机）液压助力转向是拉动转向杆，使液压助力器工作，一侧转向离合器分离而实现转向。

（3）全液压式转向

全液压式转向（又称为摆线马达转阀式液压转向），主要由转向阀与计量马达（摆线齿轮电机）组成。这种转向系统取消了转向盘和转向轮之间的机械连接，只是通过液压油管连接。两根油管将转向器的压力油，按转向要求输送到转向油缸相应的油腔以实现机械转向。全液压式转向的主要优点是：操纵轻便灵活，结构紧凑，易于总体安装布置，发动机熄火时仍能保证一定的转向性能。缺点是：驾驶员无路感，转向后不能自动回正，发动机熄火后手动转向费力。

咨询二　机械转向系构造原理

一、转向器的构造原理

转向器的功用是将驾驶员施加于转向盘上的作用力矩放大（速度降低），传递到转向传动机构，使机械准确地转向。

根据传动副的结构形式来分，转向器可分为球面蜗杆滚轮极限可逆式、蜗杆曲柄销式、循环球式以及齿轮齿条式转向器。

1. 球面蜗杆滚轮极限可逆式转向器

轮式推土机、CL—7 铲运机和 74 式装载机采用的均是球面蜗杆滚轮极限可逆式转向器。下面以轮式推土机为例对其结构和工作原理进行分析。

（1）结构

轮式推土机转向器主要由球面蜗杆、滚轮、滚轮架、转向器壳体等组成（图 5-1-4）。

球面蜗杆与空心的转向轴焊接在一起，蜗杆两端通过滚锥轴承支承，壳体底部通过螺钉固定有端盖，在端盖与壳体间装有调整垫片，轴承间隙可通过增减垫片来调整。

滚轮通过两滚针轴承支承在滚轮轴上，滚轮轴装于滚轮架上，两滚针轴承间有隔套，滚轮与滚轮架间装有耐磨垫圈，滚轮的球形表面上制有 3 道环状齿，并与蜗杆齿相啮合，组成啮合传动副。其优点是同时啮合工作的齿数多，承载能力大，传动效率高。

滚轮架与转向垂臂轴制成一体。垂臂轴通过滚针轴承支承在转向器壳体和侧盖上。垂臂轴的一端伸出壳体外和转向垂臂相连接，轴承外端装有油封和护罩。侧盖上装有调整螺钉固定螺母，调整螺钉拧入侧盖孔中，其端部伸入垂臂轴端部内孔中，并用挡圈和卡环限位。旋入或旋出调整螺钉，可调整滚轮与蜗杆的啮合间隙。因为滚轮和蜗杆装配后，在转向垂臂轴的轴线方向上有一定的偏心距，故只要改变垂臂轴的轴向位置，使滚轮离开或接近蜗杆，就可以增大或减小它们之间的间隙。壳体通过螺钉固定在车架左纵梁上，其上有检加油口，壳体内的齿轮油应加到和油口相平齐，由螺塞封闭。转向轴与衬套间的润滑是通过拧在套筒上的黄油嘴注油润滑。

（2）工作原理

转动转向盘，通过转向轴带动球面蜗杆旋转，滚轮在绕滚轮轴自转的同时，又沿蜗杆的螺旋线滚动（公转），从而带动滚轮架及转向垂臂轴摆动，通过转向传动机构使转向轮偏转。

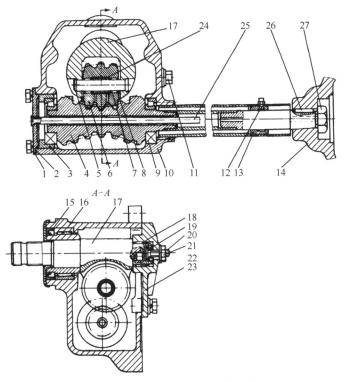

图 5-1-4　球面蜗杆滚轮式转向器

1—端盖；2—调整垫片；3—轴承套；4—蜗杆；5—滚轮轴；6—滚轮；7—滚针；8—垫圈；9—轴承；
10—转向器壳体；11—螺塞；12—油杯；13—衬套；14—法兰盘；15—油封；16、18—滚动轴承；17—上滚轮架；
19—挡圈；20—调整螺钉；21—锁紧螺母；22—垫片；23—侧盖；24—隔套；25—导线管；26—平键；27—螺母

（3）调整

转向器的调整，主要是调整蜗杆的轴承间隙和蜗杆与滚轮的啮合间隙。这两个间隙过紧会使转向沉重；过松又会使转向盘自由行程过大。因此，过松或过紧都须进行调整。

蜗杆轴承间隙的调整是通过增减转向器壳体和端盖之间的调整垫片来进行的。增加垫片轴承间隙大；减少垫片间隙变小。调整好后须进行检验，方法是用手转动转向盘时，转动应灵活，用手推拉转向盘时，没有轴向移动则为调整合适。在有弹簧秤时，可用弹簧秤拉动转向盘外缘，其拉力在 3～8N 为合适。

调整蜗杆与滚轮啮合的间隙时，首先拧松侧盖上面的固定螺母，然后转动调整螺钉。旋进螺钉啮合间隙减小，反之则增大。调好后把锁紧螺母拧紧。

调整后应进行检查。将转向盘从一边极限位置转到另一边极限位置，应转动自如，无沉重感觉；装上转向垂臂后，用手扳动垂臂应感觉不到有明显的间隙，并可带动转向盘左、右转动，即为合适。同样，也可用弹簧秤拉动转向盘外缘的方法进行检查，其拉力应为 10～30N，否则应重调。

调整时必须注意，因为蜗杆侧面节圆半径比滚轮节圆半径大，所以，当滚轮处于与蜗杆不同位置啮合时，间隙也不同。滚轮位于蜗杆中间时其啮合间隙最小，而向左右转动时，间隙均随之增大。因此在检查和调整啮合间隙时，必须首先使滚轮在蜗杆的中间位置，然后再进行检查、调整。

2. 蜗杆曲柄销式转向器

蜗杆曲柄销式转向器属极限可逆式转向器，分为单销式和双销式两种，图 5-1-5 为双销式转向器，它主要由蜗杆、曲柄、曲柄销、转向器壳体等组成。

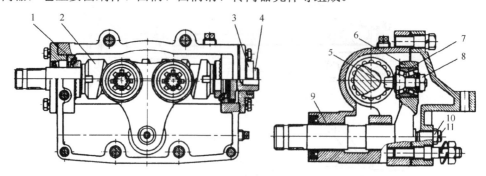

图 5-1-5　双销式转向器

1—推力轴承；2—转向蜗杆；3—圆螺母；4—轴承调整螺塞；5—曲柄销；
6—曲柄；7—轴承；8—调整螺母；9—衬套；10—锁紧螺母；11—调整螺钉

（1）结构

蜗杆两端通过推力轴承，支承在壳体的两侧座孔内，用端盖将其轴向定位。右端圆螺母用螺钉固定在壳体上，内拧有轴承调整螺塞，转动螺塞可以调整两轴承的间隙。两个锥形曲柄销均用双列锥形滚柱轴承支承在曲柄的座孔中，使之可以绕自身轴线转动，以减轻销和曲柄的磨损，并提高传动效率，使转向灵活。调整螺母用来调整轴承的预紧度，以使曲柄销能自由转动而又无明显的轴向间隙。

曲柄和转向垂臂轴制成一体，垂臂轴通过衬套支承在转向器壳体上，伸出壳体的一端通过花键和固定螺母与转向垂臂连接。为防止漏油，垂臂轴与壳体之间装有油封。

转向器壳体固定在车架上，壳体上有检加油口，用螺塞封闭。

曲柄销和蜗杆的啮合间隙可用拧在转向器侧盖上的调整螺钉调整。顺时针旋转调整螺钉，间隙减小；逆时针旋转调整螺钉，则间隙变大，调好后用螺母锁紧。

（2）工作原理

转向时，转向盘带动蜗杆转动，使曲柄销在自转的同时，绕着与曲柄制成一体的转向垂臂的轴线做圆弧运动，从而使转向垂臂轴转动，通过转向传动机构使机械转向。

曲柄单销式与双销式的区别在于：传动副是由蜗杆与带有曲柄的一个锥形销相啮合组成的。因此，双销式结构能保证曲柄销转到两端位置时，总有一个销能与蜗杆啮合，较之单销式有更大的转角，并避免因曲柄销在转到极限位置时脱出蜗杆而使转向失灵。

（3）调整

蜗杆曲柄销式转向器的调整主要是指蜗杆推力轴承、曲柄销滚锥轴承间隙的调整和曲柄销与蜗杆啮合间隙的调整。

① 蜗杆轴承间隙的调整：通过拧动轴承调整螺塞进行，往里拧则间隙变小；往外拧则间隙变大。

② 曲柄销轴承间隙的调整：通过拧动曲柄销端部的调整螺母进行，螺母拧紧则间隙变小；螺母拧松则间隙变大。

③ 蜗杆与曲柄销啮合间隙的调整：通过拧动侧盖上的调整螺钉进行，螺钉拧紧则间隙变小；螺钉拧松则间隙变大。

3．循环球式转向器

（1）结构

循环球式转向器属可逆式转向器，如 ZL40 装载机、BJ—130 和 NJ130 汽车的转向器等，主要由螺杆、方形螺母、钢球、齿扇、转向器壳体等组成（图 5-1-6）。下面以 ZL40（50）装载机转向器为例进行分析。

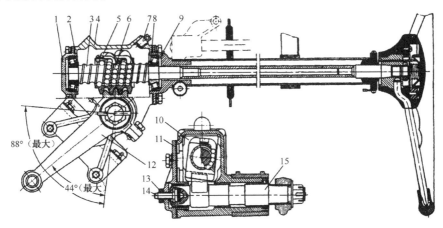

图 5-1-6　循环球式转向器

1—端盖；2、8—调整垫片；3—螺杆；4—外壳；5—转向器螺母钢球导轨及夹子；6—钢球；7—加油螺塞；
9—上盖；10—方形螺母；11—侧盖；12—转向垂臂；13—锁紧螺母；14—调整螺钉；15—转向垂臂轴

循环球式转向器的传动副有两对，一对是螺杆、螺母，另一对是齿条、齿扇，在螺杆和螺母间装有钢球。

螺杆通过两端的滚锥轴承支承在壳体上，轴承间隙可通过端盖与壳体间的调整垫片和进行调整。螺母的内径略大于螺杆的外径，在螺杆和螺母上都加工出断面近似为半圆形的螺旋槽，两者的槽相配合便形成近似为圆形断面的螺旋形滚道（图 5-1-7）。螺母侧面制有圆孔，钢球由此孔装入滚道内，两根钢球导管装在螺母上，每根导管的两端分别插入螺母侧面的圆形孔内，导管内也装满钢球。这样，两根导管和螺母内的螺旋形滚道组成了两个各自独立封闭的钢球"流道"。

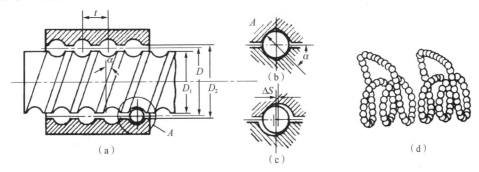

图 5-1-7　滚道断面图

齿扇与转向垂臂轴制成一体，并与螺母上的齿条相啮合，转向垂臂轴支承在壳体内的衬套上。在转向垂臂轴的端部嵌入调整螺钉的圆柱形端头。调整螺钉拧在侧盖上，并用螺母锁紧。因齿扇的高是沿齿扇轴线而变化的，故转动调整螺钉使转向垂臂轴做轴向移动，即可调整齿条与齿扇的啮合间隙。

（2）工作原理

当转动转向盘时，转向轴带动螺杆转动，通过钢球将力传给螺母，螺母就产生轴向移动。并通过齿条带动齿扇及与齿扇制成一体的转向垂臂轴转动，经转向传动机构使机械转向。与此同时，由于摩擦力的作用，所有钢球便在螺杆与螺母之间流动，形成"球流"。钢球在螺母内绕行两周后，流出螺母而进入导管，再由导管流回螺母内球道始端，依此循环流动，故称为循环球式转向器。因螺杆、螺母间装有钢球，使滑动摩擦变为滚动摩擦，所以此转向器传动效率高（可达 90%～95%）、操纵轻便灵活、磨损小、寿命长。此外，循环球式转向器在结构上便于和液压转向助力器设计为一个整体，故应用日益广泛。

（3）调整

循环球式转向器的调整有以下两方面。

① 螺杆轴承间隙的调整：通过增减端盖与壳体间的调整垫片来调整，增加垫片，间隙变大，减少垫片，间隙变小。

② 齿条与齿扇啮合间隙的调整：通过拧动侧盖上的调整螺钉进行调整，往里拧进间隙变小，往外拧出间隙变大，调整完毕将锁紧螺母锁紧。

4．齿轮齿条式转向器

齿轮齿条式机械转向器结构简单，可靠性好；转向结构又几乎完全封闭，维修工作量少，也便于独立悬架的布置；转向齿条和转向齿轮直接啮合，无须中间传动。因此，操纵的灵敏性很好。同时转向齿条的节距由齿条端头起至齿条中心逐渐由大变小，转向齿轮与转向齿条的啮合深度逐渐变大，在转向盘转动量相同的条件下，齿条的移动距离在靠近齿条端头要比靠近齿条中心部位稍短些，从而使转向力变化微小，使转向器转矩传递性能好，而且转向非常轻便。

图 5-1-8 为齿轮齿条式转向器，它主要由转向器壳体、转向齿轮、转向齿条等组成，转向器通过转向器壳体的两端用螺栓固定在车身（车架）上。

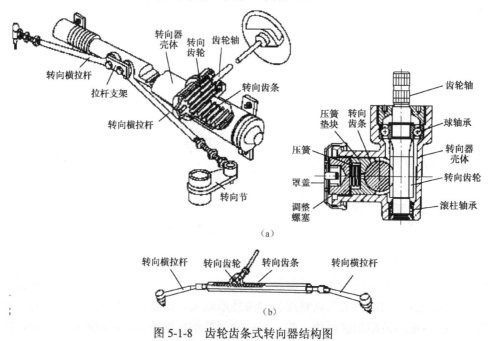

（a）

（b）

图 5-1-8　齿轮齿条式转向器结构图

齿轮齿条式转向器结构简单；传动效率高，操纵轻便；重量轻；由于不需要转向摇臂和转向直拉杆，还使转向传动机构得以简化。

二、转向传动机构

1．转向传动机构的功用

（1）将经过转向器放大了的转向力矩传给转向车轮，使车轮偏转，达到转向的目的。

（2）承受转向轮在不平的道路上行驶所造成的振动和冲击，并把这一冲击传到转向器。所以，转向传动机构除应具有足够的强度外，还应具有吸振和缓冲的作用，并能自动补偿各连接处磨损后造成的间隙。

转向传动机构主要由转向垂臂、转向纵拉杆、转向臂、转向节臂等组成。机械转向时各部件的相对运动不在同一平面内，故它们之间的连接均采用球铰连接，以防产生运动干涉。

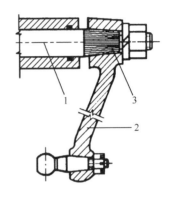

2．转向传动机构的组成构造

（1）转向垂臂

转向垂臂与转向垂臂轴一般都采用锥形花键连接，并用螺母锁紧（图 5-1-9）。为保证转向垂臂从中间（与地面垂直）向两边有相同的摆动范围，常在转向垂臂及其轴上刻有安装标记。垂臂与纵拉杆相连的一端一般做成锥孔，孔中装入球头销，并用螺母锁紧。

图 5-1-9　转向垂臂

1—转向垂臂轴；2—转向垂臂；3—花键

（2）转向纵拉杆

转向纵拉杆主要由球头销、球头碗、弹簧、弹簧座、螺塞、杆身等组成。纵拉杆在转向时既受拉又受压，通常用钢管制成，并尽量呈直线形，其结构如图 5-1-10 所示。

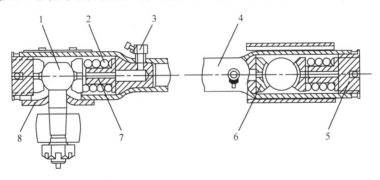

图 5-1-10　转向纵拉杆

1—球头销；2—弹簧；3—油嘴；4—杆身；5—调整螺塞；6—球头碗；7—弹簧座；8—防尘罩

杆身两端略为扩大以便装入球头销，其一端与转向垂臂相连，另一端用球头销与转向臂连接。球头销两侧装有球头碗，组成球铰。在螺塞和弹簧的作用下，球头碗与球头销靠紧。两个弹簧的压紧方向不同，其作用是：自动补偿球头销磨损后产生的间隙，受到拉或压冲击时起缓冲作用，以减轻对转向器的冲击载荷。

转动螺塞可以调节弹簧预紧力，最大预紧力由弹簧座加以限制。弹簧座可以起到限制弹簧过载的作用，并防止弹簧折断后球头销从管孔中脱出。

（3）转向臂、转向节臂

转向臂通常是一端与转向节用螺钉连接，另一端通过锥孔和纵拉杆的球头销连接。两个转向节臂也是通过螺钉和转向节连接，另一端通过锥孔和转向横拉杆的球头销相连。有些机械（如74式Ⅲ挖掘机）将转向臂和转向节臂制成一体，转向臂的中部通过螺钉与转向节连接，两端通过锥孔分别与转向油缸的活塞杆和横拉杆的球头销相连（图5-1-11）。

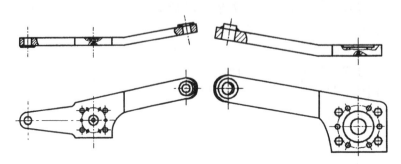

图5-1-11　转向臂、转向节臂

（4）转向横拉杆

转向横拉杆主要由杆身及球铰接头组成，74式Ⅲ挖掘机的转向横拉杆如图5-1-12所示。

杆身由钢管制成，两端分别制有螺纹。两个接头拧在两端螺纹上，并用夹紧螺栓紧固。

球头销的锥形部通过螺母和转向节臂连接固定，球头部伸入接头空腔内，并夹装在上下球头碗之间。球头碗下部装有橡胶垫圈和挡板，并由安装在接头上的卡环限位。为消除球头和球头碗磨损后产生的间隙，在挡板和橡胶垫圈之间装有调整垫片。这样，因磨损产生的间隙较小时，可由橡胶垫圈自动消除，间隙大时可通过增加调整垫片来消除。

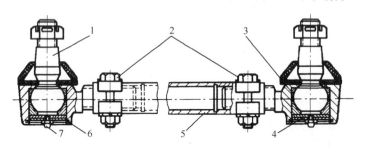

图5-1-12　74式Ⅲ挖掘机转向横拉杆

1—球头销；2—夹紧螺栓；3—球头碗；4—挡板；5—杆身；6—卡环；7—黄油嘴

为润滑球头和球头碗，在挡板上装有黄油嘴。为防止尘土进入，接头上部装有防尘罩。松开两个夹紧螺栓，转动杆身，可以改变拉杆的总长度，以调整车轮的前束值。

有些机械，为使前束调整得比较准确，将横拉杆两端接头的螺距制成不相等的，一端大，一端小，调整时可先旋转某一端的接头，如旋进一圈就超过而退回一圈又达不到要求时，可旋转另一端的接头来配合进行调整。

咨询三　机械转向系典型故障诊断排除

轮式工程建设机械转向系结构及其性能直接关系到机械行驶的稳定性和作业的安全性，在使用过程中转向系的零、部件会产生磨损、变形及疲劳裂纹，会影响机械的正常使用。

一、典型故障分析排除

机械式转向系典型故障原因及排除如表 5-1-1 所示。

表 5-1-1　机械式转向系典型故障原因及排除

现　　象	原　　因	排　　除
转向沉重：机械在运行中转动转向盘时感到费力	1.转向器调整过紧或轴承损坏	1.调整或更换
	2.转向轴弯曲，或配合间隙小，调整不良	2.校正、调整和润滑
	3.转向盘与转向轴衬套端面磨损	3.修理或更换
	4.转向器壳内缺油	4.加注齿轮油
	5.转向节与前轴配合间隙变大	5.调整
	6.主销与转向节衬套配合间隙过大	6.修理
	7.前轮定位失准，轮胎气压不足	7.调整或润滑
	8.转球头销过紧或缺油	8.调整、充气
	9.向止销上端面与转向节臂接触	9.调整
行驶跑偏：轮式工程建设机械行驶或作业时，不能保持直线方向而自动偏向一边	1.转向轮定位不准	1.调整
	2.两侧轮胎气压不同	2.按标准充气
	3.两侧钢板弹簧弹力不同	3.修理或更换
	4.两侧轮胎规格不同	4.更换
	5.两侧轮毂轴承紧度不同	5.调整
	6.车架、车桥、转向节臂、转向直拉杆等变形	6.修理或更换
转向不足：轮式机械转向时，向一边转向的半径大，而向另一边转向的半径小	1.转向垂臂在转向垂臂轴上安装不正确	1.重新安装
	2.转向直拉杆弯曲变形	2.校正或更换
	3.前钢板弹簧螺栓松动	3.校正、紧固
	4.转向限位螺钉调整不当	4.调整
	5.不对称的前钢板弹簧前后装反	5.重新安装
行驶摆头：轮式机械在低速行驶时，感到方向不稳、转向轮摆动；在高速行驶时出现转向轮发抖摆振、行驶不稳定等现象	1.转向轮定位不准，如前束过大、车轮外倾角小或主销后倾角小等	1.调整
	2.钢板弹簧挠度过大或过小，改变了主销后倾角	2.修理或更换
	3.前轴轴承装配过松或固定螺钉松动	3.调整、紧固
	4.转向节主销与衬套间隙过大，转向器内传动副啮合间隙过大，或转向垂臂固定螺钉松动	4.更换衬套、调整、紧固
	5.传动系部件安装松动，传动轴变形或动不平衡	5.紧固、修理
	6.车轮轮辋偏摆或车轮运转不平衡	6.校正或更换、修理

现　象	原　因	排　除
转向盘及转向轮不能自动回正；轮式机械行驶时将转向盘转过一定角度后，驾驶员必须用力扳动转向盘，才能使其回复直线行驶状态	1.转向桥左、右轮胎气压不足或不等 2.转向轮定位不准确 3.转向传动机构各连接杆件润滑不良 4.转向节主销与衬套配合过紧	1.按标准充气 2.调整 3.润滑 4.修理、润滑

二、诊断实例

转向系统一旦发生故障，将直接影响行车安全，所以发现故障后应立即排除。

（1）故障现象：叉车向左、右转弯时，转动转向盘，感到沉重费力。

（2）故障原因：

① 转向螺杆上下轴承调整的过紧或轴承损坏。

② 齿条与齿扇啮合间隙调整过紧。

③ 横、直拉杆球头装置调整过紧。

④ 横拉杆、转向桥弯曲变形。

⑤ 转向装置润滑不良，如转向机内缺油；各球节未及时润滑，使摩擦阻力增大。

（3）故障判断与排除。

① 拆下转向机摇臂，转动转向盘感觉沉重，则应调整齿条与齿扇、螺杆轴承的紧度，若感觉有松紧不均或内部有卡住现象，则应检查螺杆、钢球、导管夹、齿条和轴承有无毛刺或损坏，必要时修理或更换。

② 转动转向盘检查时，如感到轻松，则说明转向机内部良好，应检查传动机构是否配合过紧以及润滑不良，必要时应进行调整、润滑。

③ 若以上情况均属良好，则应检查转向桥是否变形、轮胎气压是否充足。

实践训练 11　机械式转向系维修

一、转向系的维护

在进行各级维护时，均应对转向装置作一般性的检查，主要检查零件的紧固情况，其中包括转向盘、转向轴管转向器外壳和梯形机构的连接部分的螺栓及开口销的完好情况。

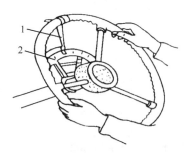

图 5-1-13　转向盘自由转动量检查器

1—指针；2—刻度盘

此外，应检查转向盘的自由转动量。所谓转向盘自由转动量，是指机械处在直行位置且前轮不发生偏转的情况下，查看转向盘所能转过的角度。它是转向装置各部件配合间隙的总反映。检查时，使前轮处于直行的位置，装上转向盘自由转动量检查器（图 5-1-13），左、右转动转向盘至感到有阻力为止，检查器指针在刻度盘上所划过的角度，即为转向盘自由转动量。一般汽车转向盘自由转动量不得超过 30°。若超过时，则必须消除所有足以产生影响的因素，如调整转向操纵拉杆球节中的间隙及转向器中传动副的啮合间隙等。

转向操纵的横直拉杆两端的球节应经常进行清洁和润滑，并定期拆卸清洗。装复时应加足润滑油脂，装好密封垫和防尘罩。

为了检查直拉杆球节的紧度，可将转向盘向左、右回转，凭观察及感觉来确定拉杆球节是否有间隙。如有，应调节球节的紧度。调整时，先拆下直拉杆一端螺塞上的开口销，将螺塞拧到底，然后反转退到与开口销孔第一次重合的位置，插上开口销。再以同样方法调整拉杆另一球节的紧度。重新检查转向盘的自由转动量，如大于规定的极限值，则应检查和调整转向器。

转向盘自由行程过大，将使车辆转向不灵敏，不利于安全。所以必须及时检查、调整和紧固。

二、转向器拆装、调整及检修

1. 循环球机械转向器

循环球式转向器总成除非因故障、发卡或零件有损坏等原因需解体检查外，一般不需要解体。以 CA1090 汽车转向器为例，当汽车行驶一定里程后，如需要进行正常维护或因故拆检时应按下列顺序。

（1）拆卸

① 从车上拆下转向器总成，首先拧下通气塞、放油塞，放出转向器内的润滑油。

② 将转向臂轴转到中间位置（直线行驶位置，即将转向螺杆拧到底后，再返回约 3.5 圈），再拧下侧盖的 4 个紧固螺钉，用软质锤轻轻敲打转向臂轴端头，取出侧盖和转向臂轴总成。注意不要划伤油封。

③ 拧下转向器底盖 4 个紧固螺栓，再用铜棒轻轻敲击转向螺杆的一端，取下底盖。

④ 从壳体中取出转向螺杆及转向螺母总成。注意不要使转向螺杆花键划伤油封。

⑤ 螺杆及螺母总成如无异常现象尽量不要解体。如必须解体时，可先拧下 3 个固定导管夹螺钉，拆下导管夹，取出导管，同时握住螺母，缓慢地转动螺杆排出全部钢球。

注意： 两个环道里的钢球最好不要混在一起，不要丢失，每个环道有 48 个钢球。如果有一个钢球留在螺母里，螺母也不能拆下。

（2）零件的清洗和检修

所有拆下的转向器零件用干净的汽油进行刷洗，并用压缩空气吹干。零件检修如下。

① 检查壳体有无裂纹或损坏，如有应修复或更换。

② 对转向螺杆、螺母应进行探伤检查，若发现有裂纹或滚道表面有严重磨损、剥落及损坏时应更换。转向螺杆弯曲时应校正（弯曲不大于 0.2mm）。轴承安装轴颈磨损可刷镀。

③ 检查钢球表面有无剥落及损坏现象，如有则应根据螺杆与螺母的滚道尺寸成组地进行更换，以保证各钢球受力均匀。钢球标准直径为 8mm。

④ 检查螺母齿条和转向臂轴齿扇齿面，有无剥落和严重损伤，必要时进行更换。

⑤ 检查转向臂轴花键是否有扭曲或损坏，如有应加以更换，若继续使用应进行磁力探伤，以检查转向臂轴是否有裂纹，有裂纹时必须更换。弯曲和轴承安装轴颈的修理同螺杆。

⑥ 检查滚针轴承和向心推力轴承及外圈表面情况，如有剥落麻点等损伤应成套更换。

⑦ 检查转向臂轴油封和转向螺杆油封刃口，若有损坏或橡胶老化现象，应及时更换。

（3）装配与调整

① 转向螺杆和螺母总成的装配。

先将转向螺母套在转向螺杆上，螺母放在螺杆滚道的一端并使螺母滚道孔对准滚道,再将钢球由螺母滚道孔中放入，边转动螺杆，边放入钢球（两滚道可同时进行)，每个滚道约放 36 个钢球，其余 24 个钢球分装于两个导管里，并将导管两端涂以少量润滑脂插入螺母的导管孔中；同时，用木锤或铜棒轻轻敲打导管，使之落到底，然后，用导管夹把导管压在螺母上，并用 3 个螺钉紧固。

装配后的螺杆、螺母总成轴向和径向间隙应不大于 0.06mm；如果超过规定值时，应成组更换直径较大的钢球。装好总成后，用手转动螺杆，应保证螺母在螺杆滚道全长上转动灵活无卡滞。当螺杆、螺母处于垂直位置时，螺母应能从螺杆上端自由匀速地落下。最后，把向心推力轴承外圈压入底盖和壳体内，同时将轴承内圈总成压到转向螺杆两端。

② 转向螺杆、螺母总成与壳体的装配。

将装有轴承内圈的螺杆、螺母总成放入装有轴承外圈的壳体中，然后，把装有轴承外圈的底盖装到壳体上并用手压紧，同时用厚薄规或卡尺测量底盖与壳体之间的间隙，选择一组厚度与此间隙相同的调整垫片，取下底盖，在垫片上涂以密封胶，并套上 O 形橡胶密封圈，再将底盖装到壳体上并用螺栓紧固。

装配后，螺杆应转动自如，并无轴向间隙的感觉。当用扭矩扳手或弹簧秤检查时，转向螺杆的转动力矩（不带螺杆油封)应为 0.7～1.2N·m。若力矩小于该值或感觉到有轴向间隙时，应采取减少垫片的方法进行调整，若力矩过大，则应增加垫片。

始动力矩调好后，进一步清洗安装表面，涂密封胶，装上油封，拧紧轴承盖螺栓。

③ 转向臂轴的装配。

转向臂轴装配前，应先将调整齿扇与齿条啮合间隙的调整螺栓装入。其结构有两种：其一，将调整螺栓端头放入转向臂轴的T形槽内,用厚薄规或卡尺测量螺钉头与T形槽底的间隙。根据测得的数值，选择一个与该值差不大于0.2mm 的调整垫片放在调整螺栓上，并将调整螺栓放入T形槽内，然后将带有滚针轴承的侧盖拧到调整螺栓上。其二，在转向臂轴端的螺孔内先放入一个较厚的平垫圈，将调整螺母套在调整螺栓上，把调整螺母拧入臂轴一端，间隙不大于0.1mm，再将调整螺母固定。然后将装有滚针轴承的侧盖拧到调整螺栓上，再将密封垫装到侧盖上，并将转向臂轴装入壳体。装入时需要将转向螺母放在转向螺杆滚道中间，转向臂轴扇齿的中间齿对准转向螺母齿条的中间齿沟，再把转向臂轴推进装有滚针轴承的壳体中，然后用螺钉将侧盖固定在壳体上。

④ 转向油封的装配。

用专用工具装入转向螺杆油封和转向臂轴油封时，应在花键处用铜皮或塑料套保护，以防划伤油封刃口造成漏油。

⑤ 检查转向臂轴扇齿与转向螺母齿条的啮合间隙。

使转向臂装到转向臂轴花键上，使转向臂轴处在中间位置（保持直线行驶），并使之摆动，用百分表检查摆动量（在转向臂端锥孔中心距转向臂轴中心 197mm 处测量），其值不大于 0.15mm，这时转向螺杆转动力矩（带蜗杆油封、转向臂轴油封）应为 1.9～2.3N·m。否则，用调整螺栓调整齿扇与齿条的啮合间隙，进小退大。最后，拧紧锁紧螺母将调整螺栓锁住。

⑥ 加齿轮油。

从加油孔加入 GL—3 或 26 号齿轮油。然后拧上通气塞。

2．双销式转向器

双销式转向器传动效率较高，转向轻便，而且结构简单，调整方便。如 EQ1090 型汽车采用了此种转向器（图 5-1-14）。

（1）拆卸

① 拆下侧盖时，应先拆下双头螺栓及其余的固定螺栓。

② 拔出摇臂轴。

③ 拆卸转向螺杆下轴承盖及其附件，取出转向螺杆。

④ 拆下转向螺杆上轴承盖组件。

拆卸转向器时，不能用汽油或煤油清洗橡胶类密封件，禁止用蒸汽或碱溶液清洗轴承；结合平面上的纸垫及固态胶状物必须清除干净，必要时可用木棒、塑料棒冲击拆卸零件，不得用榔头直接敲击，以防止砸伤零件表面。

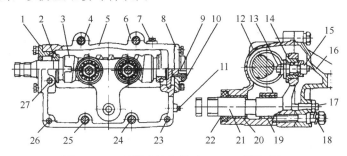

图 5-1-14 双销式转向器（EQ1090 型汽车）

1—上盖；2、14—轴承；3—转向螺杆；4、6—六方头长螺栓；5、12—壳体；7—加油孔螺塞；8—下盖；
9—调整螺钉；10—锁止螺母；11—放油螺塞；13—主销；15—固定螺母；16—侧盖；17—调整螺钉；18—锁止螺母；
19、20—摇臂轴衬套；21—摇臂轴；22—油封；23、26、27—六方头短螺栓；24、25—双头螺栓

（2）主要零件的检修

① 转向螺杆的检修。

a．传动副已丧失传动间隙调整能力时更换。

b．滚道表面严重磨损或出现严重压痕、疲劳剥落和裂纹等耗损时更换。

c．轴承轴颈出现疲劳磨损，磨削后刷镀修复。

② 摇臂轴的检修。

a．扇形块、花键出现明显的扭曲时应更换。42mm 两孔的轴线与 35mm 轴的轴线的平行度误差不得大于 0.001mm；42mm 两孔端面在同一平面里的位置度误差不得大于 0.08mm；花键安装记号（刻线）与扇形块中线的夹角不超过 13°。

b．摇臂轴任何部位出现裂纹都应更换，禁止焊修。

c．支承轴颈磨损逾限，刷镀修理或更换。

③ 检查主销轴承组件。

a．主销头部产生疲劳剥落或已经产生偏磨或破裂，更换组件。

b．用两个手指捏住主销头部转动，应转动自如，主销在轴承内若有轴向窜动，视情况进行调整。

④ 摇臂轴衬套间隙使用限度为 0.20mm。

（3）转向器的装配

装配前应复查所更换的零件和修复零件，复检合格的零件清洗后用压缩空气吹干。在装

配中，应尽可能地使用专用工具，相关螺栓、螺母的紧固扭矩应符合原厂规定。

① 安装转向器下盖。

a. 先把轴承 14 的外座圈压入壳体 5，有滚道的一面沉入壳体下端面距离为 12.5～13.0mm。

b. 把 O 形密封圈压入轴承垫块的槽内，而且密封圈不得产生扭曲，不得损伤密封圈外缘，防止漏油。

c. 安装下盖，下盖中心的凸台向外。

d. 在下盖上面装好调整螺钉和锁止螺母。下盖紧固螺栓暂勿完全拧紧，待上盖紧固螺栓紧固后再完全紧固下盖紧固螺栓。

② 安装转向螺杆。

a. 将轴承 2 和 14 的内圈压入转向螺杆的上、下支承轴颈。

b. 把转向螺杆放入壳体 5。

c. 放入上轴承保持架。

③ 安装上盖。

a. 先把上轴承外座圈压入壳体上端承孔内，外座圈平面沉入承孔与壳体上端面距离为 12.5～13.0mm。

b. 换装上盖 O 形密封圈和上盖油封。

c. 将原调整垫片按原有的顺序和数量放回转向器上盖。该调整垫片是用来调整转向螺杆中点位置的，制造厂家已经调好，维修时不需要重新调整，仍需保持原调整垫片的总厚度。

d. 紧固上盖固定螺栓。

e. 将下盖固定螺栓拧紧。

④ 检查调整转向螺杆轴承预紧度。

用下盖上的调整螺钉进行调整，轴承紧度合格时，转向螺杆的转动力矩符合原厂规定（如 EQ1090 型汽车转向器为 1.0～1.7N·m）。调整结束，锁紧锁止螺母。

⑤ 组装主销。

a. 主销必须成对更换，防止造成左、右转向间隙不等，引起转向力不均匀的故障，还应同时更换主销轴承。

b. 组装主销与轴承组件，再用专用压套压住轴承外圈将组件压入（压出）轴承孔。

⑥ 将摇臂轴装入壳体。将摇臂轴组件预润滑后，装入壳体，使主销与转向螺杆啮合，啮合后转向螺杆应转动自如，转动总圈数不少于 8 圈。

⑦ 安装侧盖。注意两个双头螺栓要旋入指定的螺孔内。

⑧ 调整传动间隙。注意使摇臂轴与转向螺杆必须处于中间位置。然后手握转向螺杆端部来回转动，通过调整螺钉调整主销的啮合间隙直至有摩擦力矩的感觉为止，此时转向螺杆的转动力矩应不大于 2.7N·m。若转向螺杆的中点位置不准确，变更上盖垫片总厚度进行调整。

机械在二级维护时应检查调整转向器传动间隙。

⑨ 安装摇臂。

a. 摇臂与摇臂轴的安装标记要对正。

b. 摇臂紧固螺母的紧固力矩应符合原厂规定，而且锁止可靠。

c. 按原厂规定加注润滑油。加注润滑油的容量必须满足转向螺杆上端轴承的润滑需要。

3. 齿轮齿条式机械转向器

（1）拆卸

拆卸分解中，应先在转向齿条端头与横拉杆连接处打上安装标记；然后，拆卸转向齿条端头，但不能碰伤转向齿条的外表面；拆下转向齿条导块组件后，拉住转向齿条，使齿对准转向齿轮，再拆卸转向齿轮；最后抽出转向齿条。抽出时，注意不能让转向齿条转动，防止碰伤齿面。

（2）主要零件（图 5-1-15）的检修

① 零件出现裂纹应更换，横拉杆、齿条在总成修理时应进行隐伤检验。

② 转向齿条的直线度误差不得大于 0.30mm。

③ 齿面上无疲劳剥蚀及严重的磨损，若出现左右大转角时转向沉重，且又无法调整时应更换。

④ 更换转向齿轮轴承。

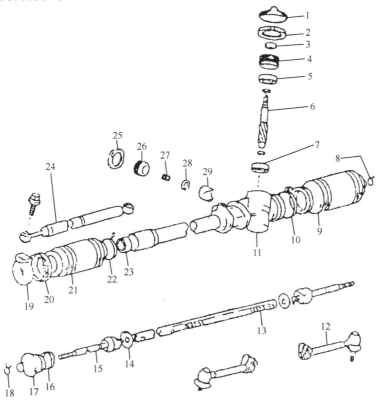

图 5-1-15　齿轮齿条式机械转向器分解图

1—防尘罩；2—锁紧螺母；3—油封；4—调整螺塞；5—上轴承；6—转向齿轮；7—下轴承； 8—夹子；
9—齿条防尘罩；10、22—箍带；11—齿条壳体；12—横拉杆；13—转向齿条；14—垫圈；15—齿条端头；
16—固定环；17、21—防尘罩；18—夹子；19—减振器支架；20—防尘罩护圈；23—齿条衬套；24—转向减振器；
25—螺母；26—弹簧帽；27—弹簧；28—隔环；29—齿条导块

（3）齿轮齿条式机械转向器的装配与调整

① 安装转向齿轮。

a. 将上轴承和下轴承压在转向齿轮轴颈上，轴承内座圈与齿端之间应装好隔圈。

b. 把油封压入调整螺塞。

c. 将转向齿轮及轴承一块压入壳体。

d. 装上调整螺塞及油封，并调整转向齿轮轴承紧度。手感应无轴向窜动，转动自如，转向齿轮的转动力矩符合原厂规定，一般约为 0.5N·m。

e. 按原厂规定扭矩紧固锁紧。

② 装入转向齿条。

③ 安装齿条衬套。转向齿条与衬套的配合间隙不得大于 0.15mm。

④ 装入转向齿条导块、隔环、导块压紧弹簧、调整螺塞（弹簧帽）及锁紧螺母。

⑤ 调整转向齿条与转向齿轮的啮合间隙。

转向齿条与转向齿轮的啮合间隙也称为转向齿条的预紧力。因结构的差异，调整方法也有所不同。但常见的有两类：一类是改变转向齿条导块与盖之间的垫片厚度来调整转向齿轮轮齿啮合深度，完成预紧力的调整；另一类是用盖上的调整螺塞改变转向齿条导块与弹簧座之间的间隙值，完成啮合深度，即预紧力的调整。

预紧力调整机构如图 5-1-16 所示，其预紧力的调整步骤是：首先不装弹簧以及壳体与盖之间的垫片，进行 x 值的调整，使转向齿轮轴上的转动力矩为 1~2N·m；然后用厚薄规测量 x 值；最后在 x 值上加 0.05~0.13mm，此值就是应加垫片的总厚度，也就是转向齿条和转向齿轮合格的啮合间隙所要求的垫片总厚度。

结构带有弹簧座时，先旋转盖上的调整螺塞，使弹簧座与导块接触，在将调整螺塞旋出 30°~60° 之后，检查转向齿轮轴的转动力矩，如此重复操作，直至转向齿轮的转动力矩符合原厂规定，最后紧固锁紧螺母。

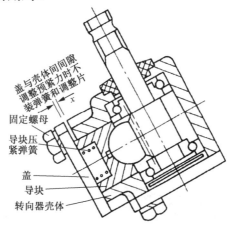

图 5-1-16　预紧力调整机构

⑥ 安装垫圈和转向齿条端头。安装时应特别注意转向齿条端头和齿条的连接必须紧固，锁止可靠。

⑦ 安装横拉杆和横拉端头。安装横拉杆和横拉端头，并按原厂规定检查调整左、右横拉杆的长度，以保证转向轮前束正确。另外，横拉杆端头球销的夹角应符合原厂规定；调整合格后，必须按原厂规定的扭矩紧固并锁止横拉杆夹子。

任务思考题 10

1. 简述转向系功用和类型。

2. 铰接式转向的主要优点有哪些？

3. 机械式转向系的转向器主要采用的类型有哪几种？

4. 何谓转向梯形？有什么作用？

5. 解释专业名词：

　　转向中心　　转弯半径　　转向盘自由行程

6. 简述循环球转向器构造、拆装及调整内容。

7. 简述齿轮齿条式转向器构造原理。

8. 分析转向沉重的原因。

任务二　液压转向系构造与维修

知识目标：

1. 学会描述液压助力转向系统的结构原理及工作过程。

2. 学会描述全液压转向系统优点、结构原理及工作过程。

3. 能够正确分析液压转向系典型故障原因。

技能目标：

1. 能够对液压助力转向系主要零部件进行检修。

2. 能够正确诊断和排除典型液压转向系统故障。

任务咨询：

咨询一　液压助力转向系构造原理

一、动力转向系概述

1. 动力转向系组成及转向原理

轮式工程机械由于使用条件十分恶劣，机体沉重，轮胎尺寸较大，经常行驶在施工现场，转向阻力大，工作要求转向频繁，若用机械式转向将难以达到操纵轻便和转向迅速的目的。因此，为改善驾驶员劳动强度，多数工程机械采用液压动力转向系统。ZL50 装载机转向系主要由转向盘、转向器及随动阀、转向油缸、反馈（随动）杆、转向油泵、流量转换阀、溢流阀等组成（图 5-2-1）。

两个转向油缸对称布置在装载机纵向轴线的两侧，转向器和随动阀固定在一起，并通过螺钉固定在后车架上。

不转向时，转向盘不动，随动阀处于中间位置，油泵泵出的压力油经随动阀直接流回油箱。转向时，转动转向盘使随动阀处于工作位置，油泵出来的压力油经随动阀进入转向油缸的不同工作腔，推活塞杆伸出或缩回，使两转向油缸相对铰接点产生相同方向力矩，驱动前后车架相对偏转而使机械转向。

动力转向所用高压油由发动机驱动的油泵供给。转向加力器由动力缸和分配阀组成。动力缸内装有活塞，活塞杆的左端固定在车架的支架上。通过转向盘操纵转向器，由转向器控制加力器中的分配阀，使油泵输出的高压油进入动力缸活塞的左腔或右腔，推动活塞移动，通过直拉杆及转向传动机构使转向轮向左或向右偏转。

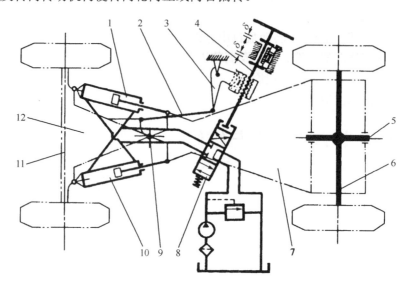

图 5-2-1　ZL50 装载机转向系组成

1—右转向油缸；2—反馈杆；3—转向垂臂；4—转向轴；5—后桥摆动轴；6—后桥；
7—后车架；8—随动阀；9—铰销；10—左转向油缸；11—前桥；12—前车架

2．动力转向系的类型

（1）按动力能源可分为气压式、液压式和全液压式。

气压式转向系工作压力较低（一般不高于 700kPa），部件尺寸大，很少采用。

液压式助力转向系工作压力高（一般为 7～16MPa），部件尺寸小、结构紧凑、质量轻、转向灵敏，无须额外润滑，能吸收路面冲击。

全液压动力转向系取消了传统的转向器，全部靠液压转向。若发动机熄火或转向油泵失效，靠手动油泵供给液压油，仍可实现人力转向。

（2）按液流形式可分为常流式和常压式。

液压转向系统按转向油泵所供给的油压力和流量不同，可分为常流式液压系统和常压式液压系统。

常流式动力转向系的组成如图 5-2-2 所示。常流式是指机械不转向时，系统内工作油是低压。分配阀在中间位置时，从油泵排出的工作油，经分配阀、回油管回到油箱，一直处于常流状态。动力缸活塞左、右腔都与低压回油管连通，常流式液压系统的供油量不变。如果油泵输出的油超过转向所需油量，多余油液则经溢流阀返回油箱，此时有功率损失。当转向阀处于中位时，油泵输出的油经转向阀回油箱。常流式系统的结构简单，制造成本低，如果设计合理，也可减小功率损失，系统压力随转向阻力变化而变化，是一种定量变压系统，被广泛应用在轮式装载机上。

常压式动力转向系的组成如图 5-2-3 所示。常压式是指机械不转向时，系统内工作油也是高压，分配阀关闭。常压式需要蓄能器，油泵排出的高压油储存在蓄能器中，达到一定压力后，油泵卸载空转。常压式液压系统的压力为恒定值，转向系统能在压力大致不变的情况下工作。如果需要减小转向流量时，则油泵在压力调节机构的作用下使油泵排量减少。当不转向即无负荷时，油泵的排量减至最低，仅供补偿系统的漏泄。常压式系统除用变量泵获得常压外，也可采用定量泵—蓄能器系统获得常压。而采用定量泵—蓄能器常压系统也比常流系统的成本高，且蓄能器在总体布置上也困难，使用中还要定期补充氮气。国外中大吨位工程机械有些转向系统采用蓄能器保持常压，使系统保持平稳的转向运动。

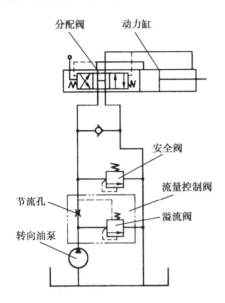

图 5-2-2　常流式液压动力转向系示意

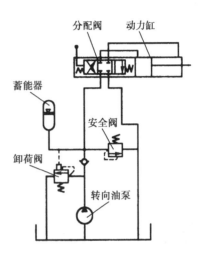

图 5-2-3　常压式液压动力转向系示意

二、液压助力转向系统结构原理

液压助力转向系统的工作原理如图 5-2-4 所示，由齿轮泵、恒流阀、转向机、转向油缸、随动机构和警报器等部件组成，采用前后车架铰接的形式相对偏转进行转向。

两个油缸大小腔油液的进出由转向阀控制，转向阀装在转向机的下端，恒流阀装在转向阀的左侧。转向阀、转向机、恒流阀连成一体装于后车架，转向阀芯随着转向盘的转动作上下移动，阀芯最大移动距离为 3mm。

装载机转向盘不转时，转向随动阀处于中位，齿轮泵输出的油液经恒流阀高压腔 3 及转向机单向阀 8 进入转向机进口中槽 14，转向随动阀的中位是常开式的，但开口量很小，约为 0.15mm，相当于节流口。转向随动阀有 5 个槽，中槽 14 是进油的，9 与 10 分别与转向缸上、下腔连接，15 与 16 和回油口 13 相通。进入 14 的压力油通过"常开"的轴向间隙进入转向油缸，齿轮泵输出的压力油经恒流阀、转向随动阀的微小开口与转向油缸的两个工作腔相通，再通过随动阀的微小开口回油箱。由于微小开口的节流作用使转向液压缸的工作腔液压力相等，因此油缸前后腔的油压相等，转向液压缸的活塞杆不运动，所以前、后车架保持一定的相对角度位置上，不会转动，机械直线行驶或以某转弯半径转向行驶，这时反馈杆、转向器内的扇形齿轮及齿条螺母均不动。

转向盘转动时，方向轴做上、下移动，带动随动阀的阀芯克服弹簧力一起移动，移动距离约 3mm，随动阀换向，转向泵输出的压力油经恒流阀、随动阀进入转向液压缸的某一工作腔，转向缸另一腔的油液通过随动阀、恒流阀回油箱，转向缸活塞杆伸出或缩回，使车身折转而转向。由于前车架相对后车架转动，与前车架相连的随动杆便带动摇臂前后摆动，摇臂带动扇形齿轮转动，齿条螺母带动方向轴及随动阀芯向相反方向移动，消除阀芯与阀体的相对移动误差，从而使随动阀又回到中间位置，随动阀不再向液压缸通油，转向液压缸的运动停止，前后车架保持一定的转向角度。若想加大转向角度，只有继续转动转向盘，使随动阀的阀芯与阀体继续保持相对位移误差，使随动阀打开，直到最大转向角。液压助力转向系统为随动系统，其输入信号是通过方向轴加给随动阀阀芯的位移，输出量是前车架的摆角，反馈机构是随动杆、摇臂、扇形齿轮、齿条螺母和方向轴。

随着转向盘的转动，由于转向杆上的齿条、扇形齿轮、转向摇臂及随动杆等与前车架相连，在此瞬时齿条螺母固定不动，因此转向螺杆相对齿条螺母作转动的同时产生向上或向下移动。装在转向阀两端面的平面垫圈和平面滚珠轴承，随着转向杆做向上或向下移动而压缩回位弹簧及转向机单向阀，且逐渐使转向油缸腔体9或10打开、将高压油输入到转向缸的一腔，同时油缸的另一腔通过10或9回油。

当压力油进入转向油缸时，由于左右转向油缸的活塞杆腔与最大面积腔通过高压油管交叉连接，因此两个转向油缸相对铰接销产生同一方向的力矩，使前、后车架相对偏转。当前、后车架产生相对偏转位移时，立即反馈给装在前车架的随动杆，连接在随动杆另一端的摇臂带动转向机内的扇形齿轮及齿条螺母做向上或向下移动，因而带动螺杆上下移动，这样，转向阀芯在回位弹簧的作用下回到中位，切断压力油继续向转向油缸供油的油道，因此装载机停止转向运动。只有在继续转动转向盘时，才会再次打开阀门9或10继续转向。

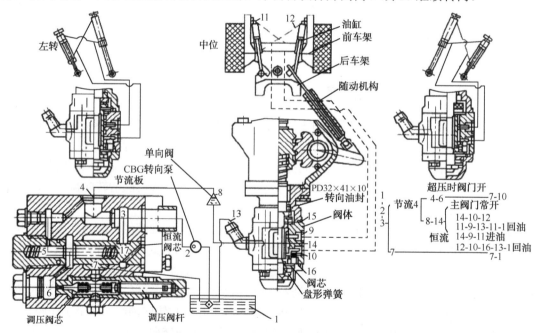

图 5-2-4   ZL 系列装载机液压助力转向原理

1—油箱；2—转向泵；3—恒流阀高压腔；4—接转向机油口；5—恒流阀弹簧腔；6—先导阀高压腔；7—恒流阀回油口；
8—转向机单向阀；9—转向油缸上腔；10—转向油缸下腔；11—左转向油缸；12—右转向油缸；13—转向机回油口；
14—转向机进口中槽；15、16—转向机回油槽；17—恒流阀芯的环形槽

转向系统的操纵可概括如下：

转动转向盘→转向阀芯上（或下）滑动，即转向阀门打开→油液经转向阀进入转向油缸，油缸运动→前后车架相对绕其连接销转动→转向开始进行→固定在前车架铰点的随动机构运动→随动机构的另一端与臂轴及扇形齿轮、齿条螺母运动→转向阀芯直线滑动，即转向阀门

关闭。由此可见，前后车架相对偏转总是比转向盘的转动滞后一段很短的时间，才能使前后车架的继续相对转动停止。前后车架的转动是通过随动机构的运动来实现的，称为"随动"式反馈运动。

转向助力首先应保证转向系统的压力与流量恒定，但是发动机在作业过程中，油门的大小是变化的，转向齿轮泵往转向系的供油量及压力也会变化。这一矛盾可由恒流阀解决。

当转向泵 2 供油量过多时，液流通过节流板可限制过多的油流入转向机，而流经恒流阀芯的环形槽内，经斜小孔进入阀芯右端且把阀芯推向左移动，直至 17 与 7 两腔相通，7 是与油池相通的低压腔，此时阀芯就起溢流作用，把来自油泵过多的油液溢流入油箱。

如果油泵的供油经过节流板的压力超过额定值，超压的油液通过阻尼孔进入 5 和 6，可把先导安全阀调压阀芯的阀门打开，此时 6 腔与 3 腔的压力差增大，自 3 流经 17 通过斜小孔进入恒流阀芯右端的压力油超过 5 腔油压与弹簧力之和，可使阀芯向左移动，直至 17 与 7 相通，此时转向系统的压力就立即降低到额定值。由于系统的压力降至额定值，6 腔的压力也随着降低，先导安全阀芯在弹簧的作用下向左移动，直至把阀门重新关紧。

节流板及恒流阀芯可保证转向系统供油量恒定，先导安全阀（调压阀）与恒流阀保证转向系统压力的恒定与安全，使系统压力的变化更为灵敏地得到安全可靠的保证。

咨询二　全液压转向系构造原理

全液压转向系统具有转向灵活轻便、性能稳定、故障率低、布置方便等优点，广泛应用于装载机、压路机、挖掘机等各种轮式工程机械的转向系统。

一、压路机全液压转向系统

压路机全液压转向系统主要由转向泵，全液压转向器，转向油缸及其管路附件组成。转向泵串联在振动泵的后部。通过液压转向器控制转向油缸实现压路机转向。

如图 5-2-5 所示，通过转向轴，全液压转向器控制阀芯 1 相对于控制阀套 2 旋转，这样在控制阀芯和阀套之间形成一个过流截面，压力油作用在转子 3 上，并推动它转动。通过转子的压力油流到转向油缸。同时转子的转动作用于阀套，使它跟随阀芯的转动而转动。开口截面的大小取决于转向盘的作用力和转速。

停止转向时，阀芯停止转动，流过开流截面的压力油继续流向转子，带动阀套转动，转动使开启截面关闭，转子停止转动。这样使转向油缸停在合适位置，对中弹簧4 能使阀芯和阀套保持在中位。

溢流阀5限制系统的压力，两个过载保护阀6（安全阀）用于至转向油缸L 和R 的压力过载保护。其中一个安全阀开启时，溢出的压力油通过补油阀7流向油缸的另外一侧，及从油箱吸油，补充因泄漏而损失的油液。如果液压泵失效，可以用作手动泵，补油阀8从油箱吸油，单向阀9 防止从泵的出油口P吸入空气。

其中：管路连接时，左油缸的有杆端和右油缸的无杆端连在一起，右油缸的有杆端和左油缸的无杆端连在一起，共同作用控制转向。

图5-2-6为全液压转向器实物，图5-2-7是其管路连接。

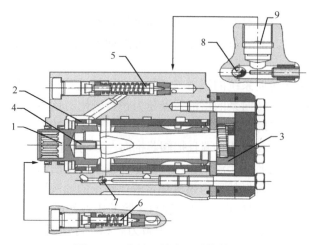

图 5-2-5　全液压转向器结构简图

1—控制阀芯；2—阀套；3—转子；4—对中弹簧；5—溢流阀；6—过载保护阀；7、8—补油阀；9—单向阀

图 5-2-6　全液压转向器实物

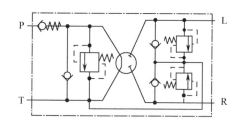

图 5-2-7　全液压转向器管路连接

P—吸油口；T—排油口；L—左油缸；R—右油缸

二、装载机优先转向全液压转向系统

优先转向全液压转向系统由油泵、转向器、单向溢流缓冲阀组、转向油缸、油箱、单路稳流阀、冷却器和管路等部分组成，如图 5-2-8 所示。

优先转向全液压转向系统原理如图 5-2-9 所示，转向与工作液压系统共用一个液压油箱，油齿轮泵安装在变矩器箱体下部，由发动机经变矩器传来的动力带动，油泵将压力油经单路稳流阀输送到单向溢流缓冲阀组。

单向溢流缓冲阀由阀体和装在阀体内的单向阀、溢流阀，双向缓冲阀等组成。单向阀的作用是防止转向时，当车轮受到阻碍，转向油缸的油压剧升至大于工作油压时，造成油流反向，流向输油泵使方向偏转。双向缓冲阀组安装在通往转向油缸两腔的油孔之间，实际上是两个安全阀。用来使在快速转向时和转向阻力过大时，保护油路系统不致受到激烈的冲击而引起损坏。双向缓冲阀组是不可调的，溢流阀装在进油孔和回油孔之间的通孔中，在制造装配中已调整好，其调整压力为 13.7MPa，主要用来保证压力稳定，避免过载，同时在转动转向盘时，起卸载溢流作用。单路稳流阀是确保在发动机转速变化的情况下，保证转向器所需的稳定流量，以满足主机液压转向性能的要求。

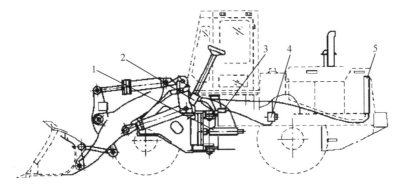

图 5-2-8　优先转向全液压转向系统布置

1—转向油缸；2—液压转向器；3—单路稳流阀；4—转向油泵；5—冷却器

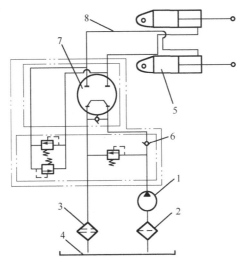

图 5-2-9　优先转向全液压转向系统原理

1—齿轮油泵；2—粗滤器；3—精滤器；4—油箱；5—转向油缸；6—单向溢流缓冲阀；7—转向器；8—管路

　　全液压转向器是转向系统的关键组成部分,如图 5-2-10 所示。阀套 5 在阀体 4 的内腔中,由转子 8 通过联动器 6 和拨销 13 带动着,可在阀体 4 内转动；阀芯 3 在阀套 5 的内腔中,可由转向盘通过转向轴带动着转动。定子套 9 和转子 8 组成计量泵。定子固定不动,有 7 个齿,转子有 6 个齿,它们组成一对摆线针齿啮合齿轮。当转向盘不转动时,阀芯和阀套在回位弹簧 14 作用下处于中立位置。阀体上有 4 个安装油管接头的螺孔,分别与进油、回油和油缸两腔相连。

　　工作过程如下:

　　定子固定不动,转向时转子可以跟随转向盘同步自转,同时又以偏心距 e 为半径,围绕定子中心公转。不论在任何瞬间,都形成 7 个封闭齿腔。这 7 个齿腔的容积随转子的转动而变化。

　　通过阀体 4 上的均布的 7 个油孔和阀套 5 上均布的 12 个油孔向这 7 个齿腔配流,让压力油进入其中一半齿腔,另一半齿腔油压送到转向油缸内。

　　当转向盘不转动时,阀套 5 和阀芯 3 在回位弹簧 14 的作用下处于中立位置,通往转子、定子齿腔和转向油缸两腔的通道被关闭，压力油从阀芯和阀套端部的小孔进入阀芯的内腔。经阀体上回油口返回油箱，而转向油缸两腔的油液既不能进，也不能出，活塞不能移动，装载机朝原定方向行驶。

当转向盘向某个方向转动时，通过转向轴带动阀芯 3 旋转，阀套 5 由于转子的制动而暂时不转动。从而使阀芯与阀套产生了相对转动，并逐渐打开通往转子、定子套齿腔和转向油缸两腔的通道，同时阀芯和阀套端部的回油小孔逐渐关闭。进入转子、定子套齿腔的压力油使转子旋转，并通过联动器 6 和拨销 13 带动阀套 5 一起跟随转向盘同向旋转。转向盘继续转动，则阀套 5 始终跟随阀芯 3（即跟随转向盘）保持一定的相对转角同步旋转。这一定的相对转角保证了向该方向转向所需要的油液通道，进入转子、定子套齿腔的压力油使转子旋转，同时又将油液压向转向油缸的一腔，另一腔的油液经转向器内部的回油道返回油箱，转向盘连续转动，转向器便把与转向盘转角成比例的油量送入转向油缸，使活塞运动，推动车架折转，完成转向动作。此时，转子和定子起计量泵的作用。

转向盘停止转动，即阀芯 3 停止转动，由于阀套 5 的随动和回位弹簧 14 的作用，使阀芯与阀套的相对转角立即消失，转向器又恢复到中立位置，装载机沿着操纵后的方向行驶。

转向系统无须经常维护保养，只要油缸两端定期加注润滑脂即可。在安装时，联动器与拨销槽轴线重合的花键齿要装在转子正对齿谷中心线的齿槽内，否则会破坏配油准确性。

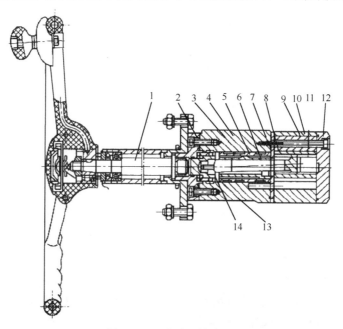

图 5-2-10　全液压转向器

1—转向轴；2—上盖；3—阀芯；4—阀体；5—阀套；6—联动器；7—配油盘；8—转子；9—定子套；10—针齿；
11—垫块；12—下盖；13—拨销；14—回位弹簧

三、流量放大全液压转向系统

（1）流量放大系统特点及原理

流量放大转向系统主要是利用低压小流量控制高压大流量来实现转向操作的，特别适合大、中功率机型。系统具有以下特点。

① 操作平衡轻便、结构紧凑、转向灵活可靠。

② 采用负载反馈控制原理，使工作压力与负载压力的差值始终为一定值，节能效果明显，系统功率利用合理。

③ 采用液压限位，减少机械冲击。

④ 结构布置灵活方便。

流量放大转向系统的形式主要有两种：普通独立型、优先合流型。前者转向系统是独立的，后者转向系统与工作系统合流，两者转向原理与结构基本相同。

流量放大转向系统主要由流量放大阀、转向限位阀、全液压转向器、转向油缸、转向泵及先导泵等组成，如图 5-2-11 所示。

流量放大转向系统的主要内涵是流量放大率。流量放大率的概念是指转向控制流量放大阀的流量放大率，即先导油流量的变化与进入转向油缸油流量的变化的比例关系。例如，由 0.7L/min 的先导油的变化引起 6.3L/min 转向液压油缸油流量的变化，其放大率为 9∶1。

全液压转向器输出流量与转速成比例，转速快则输出流量大，转速慢则输出流量小。转动转向盘即转动全液压转向器，全液压转向器输出先导油到流量放大阀主阀芯一端，此流量通过该端节流孔的主阀芯两端产生压差，推动主阀芯移动，主阀芯阀口打开，转向泵的高压大流量油液经主阀芯阀口进入转向油缸，实现转向。转向盘转速快，输出先导油量大，主阀芯两端压力差就大，阀芯轴向位移大，流通面积就大，输入到转向油缸的流量就大，从而实现了流量的比例放大控制。

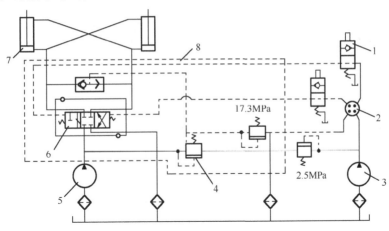

图 5-2-11　流量放大转向系统

1—限位阀；2—转向器；3—先导泵；4—压力补偿阀；5—转向泵；6—主控制阀芯；7—转向缸；8—流量放大阀

左、右限位阀的功能是防止车架转向到极限位置时，系统中大流量突然受到阻塞而引起压力冲击。当转向将到达极限位置时，触头碰到前车架上的限位块，将先导油切断，从而控制油流逐步减少，避免冲击。

流量放大阀内有主控制阀芯，其功能是根据先导油流来控制其位移量，从而控制进入转向油缸的流量。该阀芯由一端的回位弹簧回位，并利用调整垫片调整阀芯中位。

流量放大阀同时作为转向系统卸载阀及安全阀。转向泵的有效流量可用调整垫片来调节。

流量放大阀内还有一个压力补偿阀，该阀芯通过梭阀将负载压力反馈到弹簧腔，另一腔接受工作压力。该阀芯力平衡方程为 $P_0=P_\tau+P_\eta$（P_0 为泵出口压力，P_η 为负载压力，P_τ 为弹簧预紧力），由于 P_τ 为一定值，即主阀芯阀口压力损失为一定值。这样，通过主阀芯的流量仅决定于阀口的通流面积，而通流面积只决定于主阀芯的轴间位移量，可见在 P_τ 一定的条件下，只要改变主阀芯阀口的通流面积就可以改变进入转向油缸的流量，由于该通流面积又控制着主阀芯的轴向位移量，所以控制了通流面积就控制了到转向油缸油液的流量。

（2）独立型流量放大转向系统结构原理。

独立型流量放大液压转向系统由转向泵、减压阀（或组合阀）、转向器（BZZ3-125)、流量放大阀、转向油缸及连接管路组成。

① 流量放大转向系统的结构。

流量放大动力转向系统分先导操纵系统和转向系统两个独立的回路，如图 5-2-12 所示。先导泵 6 把液压油供给先导系统和工作装置先导系统，先导油路上的溢流阀 5 控制先导系统的最高压力，转向泵 7 把液压油供给转向系统。先导系统控制流量放大阀 9 内的滑阀 10 的位移。

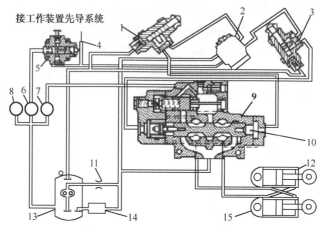

图 5-2-12　流量放大系统示意图

1—左限位阀；2—液压转向器；3—右限位阀；4—先导系统单向阀；5—先导系统溢流阀；6—先导泵；7—转向泵；8—工作泵；9—流量放大阀；10—滑阀；11—节流孔；12—左转向油缸；13—液压油箱；14—油冷却器；15—右转向油缸

先导操纵系统由先导泵 6、溢流阀 5、液压转向器 2、左限位阀 1 及右限位阀 3 组成。先导泵输出的液压油总是以恒定的压力作用于液压转向器，液压转向器是一个小型的液压泵，起计量和换向作用，当转动转向盘时先导油就输送给其中一个限位阀。如果车辆转至左极限或右极限位置时，限位阀将阻止先导油流动。如果车辆尚未转到极限位置，则先导泵将通过限位阀流到滑阀 10 的某一端，于是液压油通过阀芯上的计量孔推动阀芯移动。

转向系统包括转向泵 7、转向控制阀 9、转向油缸 12 和 15。转向泵将液压油输送至流量放大阀。如先导油推动阀芯移动到右转向或左转向位置时，来自转向泵的液压油通过流量放大阀流入相应的油缸腔内，这时油缸另一腔的油经流量放大阀回到油箱，实现所需要的转向。

② 先导操纵回路。

BZZ3-125 全液压转向器为中间位置封闭、无路感的转向器，如图 5-2-13 所示，由阀芯 6、阀套 2 和阀体 1 组成随动转阀，起控制油流动方向的作用；转子 3 和定子 5 构成摆线针齿啮合副，在动力转向时起计量马达作用，以保证流进流量放大阀的流量与转向盘的转角成正比。转向盘不动时，阀芯切断油路，先导泵输出的液压油不通过转向器。转动转向盘时，先导泵的来油经随动阀进入摆线针齿轮啮合副，推动转子跟随转向盘转动，并将定量油经随动阀和限位阀输至转向控制阀阀芯的一端，推动阀芯移动，转向泵来油经转向控制阀流入相应的转向油缸腔。先导油流入流量放大阀阀芯某端的同时，经阀体内的计量孔流入阀芯的另一端，经与之连接的限位阀、液压转向器回油箱。

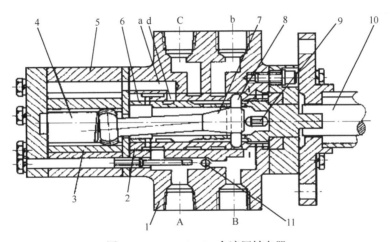

图 5-2-13　BZZ3-125 全液压转向器

1—阀体；2—阀套；3—计量马达转子；4—圆柱；5—计量马达定子；6—阀芯；7—连接；
8—销子；9—定位弹簧；10—转向轴；11—止回阀

限位阀的结构如图 5-2-14 所示，当车辆转向至最大角度时，限位阀切断先导油流向流量放大阀的通道，在车辆转到靠上车架限位块前就中止转向动作。从转向器来的先导油在流入流量放大阀前必须先经过右限位阀或左限位阀。来自转向器的油从进口 2 进入限位阀，流到阀杆 5 四周的空间，通过出口 4 流到流量放大阀，

当车辆右转到最大角度时，撞针 1 会与右限位阀的阀杆 5 接触，使阀杆移位，直到先导油停止从进口 2 流到出口 4，即液压油停止从转向计量阀的阀芯计量孔流过，于是阀芯便回到中位，车辆停止转向。

在开始向左转前，液压油必须从转向阀芯的回油端流到右限位阀，因为阀杆 5 有回油现象，所以阀芯端的液压油必须通过球形单向阀 3 回油，方能使转向阀芯移动，开始转向。例如，车辆左转一个小角度，撞针 1 将离开阀杆，使先导油重新流入阀杆的四周，而球形单向阀再次关闭。

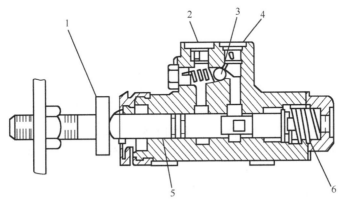

图 5-2-14　关闭位置的限位阀

1—撞针双头螺栓组件；2—进口；3—球形单向阀；4—出口；5—阀杆；6—弹簧

③ 转向回路。

流量放大阀阀杆处于中位位置时如图 5-2-15 所示。当转向盘停止转动或车辆转到最大角度限位阀关闭时，由于先导油不流入阀芯的任一端，弹簧 8 使阀芯口保持在中间位置。此时阀芯切断转向泵来油，进油口 15 的液压油压力将会提高，迫使流量控制阀 18 移动，直到液

压油从出油口 5 流出，控制阀 18 才停止移动。中间位置时阀芯封闭去油缸管路的液压油，此时，只要转向盘不转动，车辆就保持在既定的转向位置，与油缸连接的出口 4 或 6 中的油压力经球形梭阀 16 作用到先导阀 19 上。当阀芯处于中位时，假如有一个外力企图使车辆转向，此时出口 4 或出口 6 内的油压将提高，会预开先导阀 19，使管道内的油压不致高于溢流阀的调定压力（17.2±0.35）MPa。

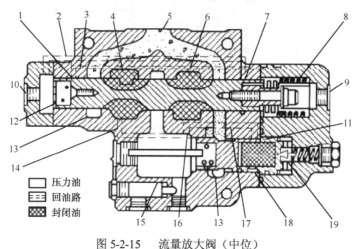

图 5-2-15 流量放大阀（中位）

1、7—计量孔；2、3、14、17—流道；4—左转向出口；5—出油口；6—右转向出口；8—弹簧；9—右限位阀进口；10—左限位阀进口；11—节流孔；12—阀芯；13—回油道；15—进油口（从转向泵来）；16—球形梭阀；18—流量控制阀；19—先导阀（溢流阀）

图 5-2-16（a）为流量放大阀右转向位置。当转向盘右转时，先导油输入流量放大阀进口 9，随后流入弹簧腔 8。进口 9 压力的提高会使阀芯向左移动，阀芯的位移量受转向盘的转速控制。如转向盘转动慢，则先导油液少，阀芯位移就小，转向速度就慢。若转向盘转动加快，则先导油液增多，阀芯位移就大，转向速度就快。先导油从弹簧腔流经计量孔 7，再流过流道 2 流入阀芯左端，然后流入进口 10 经左限位阀到转向器，转向器使液压油回液压油箱。随着阀芯向左移动，从转向泵来的液压油将流入进油口 15，通过阀芯内油槽进入出口 6，再流入左转向油缸的大腔和右转向油缸的小腔。流入油缸的压力油推动活塞，使车辆向右转向。

当压力油进入出口 6 时，会顶开球形梭阀 16，去油缸的压力油可通过流道 17 作用在先导阀 19 及流量控制阀 18 上。倘若有一个外力阻止车辆转向，出口 6 的压力将会增高，这就意味着对先导阀和流量控制阀的压力也增大，导致流量控制阀向左移动，使更多的液压油流入油缸。如果压力继续上升，超过溢流阀的阀定压力（17.2±0.35）MPa，则溢流阀开启。油缸的回油经油口 4 流入回油道 13，然后通过油口 5 回油箱。

如图 5-2-16（b）所示，当溢流阀开启时，液压油经流道 17 流经先导阀，经流道 3 回油箱，使得流量控制阀弹簧腔内的压力降低。进油口 15 内的液压油流经流量控制阀的计量孔回油箱，起到卸载作用，释放油路内额外压力。当外力消除、压力下降时，流量控制阀和溢流阀就恢复到常态位置。

左转向时流量放大阀的动作与右转向时相似，先导油进入油口 10，推动阀芯向右移动，从进油口 15 来的液压油经阀芯 12 的油槽流到出口 4，随后流到右转向油缸的大腔和左转向油缸的小腔，流入油缸的压力油推动活塞，使车辆向左转向。当阀芯处于左转向位置时，油缸中的油压力经流道 14、球形梭阀 16 和流道 17 作用在先导阀 19 上。溢流阀余下的动作与右转向位置时相同。

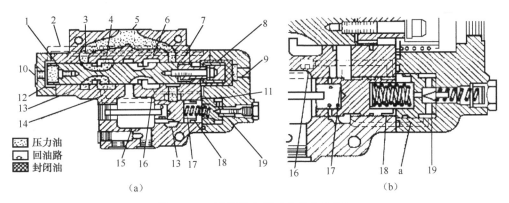

（a）　　　　　　　　　　　　　　　（b）

图 5-2-16　流量放大阀（右转向位置）

1、7—计量孔；2、3、14、17—流道；4—左转向出口；5—回油口；6—右转向出口；8—弹簧腔；9—右限位阀进口；10—左限位阀进口；11—节流孔；12—阀芯；13—回油道；15—进油口（从转向泵来）；16—球形梭阀；18—流量控制阀；19—先导阀（溢流阀）

图例：
- 压力油
- 回油路
- 封闭油

四、双泵合分流优先转向液压系统原理

双泵合分流优先转向液压系统原理如图 5-2-17 所示。双泵合分流转向优先的卸荷系统简称双泵卸荷系统，采用全液压转向、流量放大、卸荷系统，由转向泵、转向器、流量放大阀(带优先阀和溢流阀)、卸荷阀、转向油缸等部件组成。

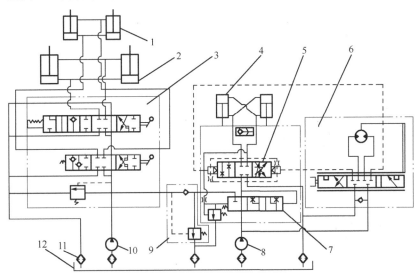

图 5-2-17　双泵合分流优先转向液压系统工作原理

1—转斗油缸；2—动臂油缸；3—分配阀；4—转向油缸；5—流量放大阀；6—转向器；7—优先阀；8—转向泵；9—卸荷阀；10—工作泵；11—滤清器；12—油箱

双泵卸荷系统工作原理如下。

（1）转向盘不动时，转向泵 8 输出的液压油部分进入转向器 6，由于转向盘没转动，因此没有输出的流量。转向泵 8 的输出流量全部经流量放大阀中优先阀 7 和卸荷阀 9 中单向阀与工作泵 10 输出的液压油合流，供给工作液压系统工作。而当工作液压系统也不工作时，两泵的合流流量经分配阀 3 回到油箱 12。

（2）转向盘转动时，转向泵 8 输出的液压油部分通过转向器 6 进入流量放大阀先导油口，控制放大阀芯移动，打开转向油缸进油和回油通道。转向泵 8 输出的液压油除了供给转向器

6 使用外，其余流量全部进入优先阀 7，一路通过流量放大阀 5 进入油缸工作腔，让机器转向。油缸的回油腔回油经流量放大阀 5 接通油箱。当转向泵输出的流量大于转向所需要的流量时，转向泵剩余部分的流量通过优先阀 7 和卸荷阀 9 中的单向阀与工作泵 10 输出的流量合流，供给工作液压系统工作，或经分配阀 3 回油箱。当转向泵输出的流量低于转向需要的流量时，它的流量不再通过优先阀分流到工作液压系统，而是全部供给转向工作。

机器的转向速度与转向所需的流量有关，由转向盘的转速控制。转向盘转速越快，供给转向用的液压流量越多，机器转向速度越快。反之机器转向速度就慢。而在动力机最高转速时，转向泵输出流量最大，有一部分流量要分流到工作液压系统。

（3）当工作液压系统的工作压力达到甚至超过卸荷压力时，从转向泵输出的经优先阀进入卸荷阀的流量不再与工作泵输出的流量合流，而通过卸荷阀低压卸荷回油箱。当工作液压系统工作压力低于卸荷阀的闭合压力时，卸荷阀闭合，从转向泵输出的经优先阀输送过来的流量重新通过卸荷阀中的单向阀，与工作泵输出的流量合流，进入工作液压系统。

咨询三　液压转向系的故障诊断

一、液压助力转向系故障诊断

液压助力转向系是在机械转向系的基础上加装了转向加力装置，机械转向系的故障前已述及。下面主要分析动力转向系液压传动部分的泄漏、掺入空气、液压泵工作不良、转向分配阀失灵等引起的故障。

1. 转向沉重或失灵

（1）现象

动力转向的轮式工程建设机械突然感到转向沉重或转向盘转不动。

（2）原因分析

① 液压泵驱动皮带松弛。

② 油箱缺油或油液高度不足或滤油器堵塞。

③ 油泵磨损，泵油压力不足。

④ 转向轴弯曲或变形、前悬架过低、转向器调整不当。

⑤ 压力控制阀阀门黏结。

⑥ 液压系统的内、外泄漏过大。

⑦ 液压系统内掺入空气。

（3）诊断与排除

① 首先检查液压泵驱动皮带是否打滑，或其他驱动形式（如齿轮传动）的传动机件有无损坏。若皮带打滑，应进行调整；若传动机件损坏应更换新件。

如果皮带、传动机件运转良好，则应检查转向器、转向分配阀、转向油泵、动力油缸之间的液压管路以及各管接头、放油螺塞处有无渗漏，若有渗漏，应查明原因并予以排除。

② 若无渗漏，应检查油箱油平面及液压油质量，如果油平面低于标准规定，应进行添加；如果发现液压油中有泡沫，则可能是油路中渗入空气，应排出油路中的空气。排除空气的方法是：顶起前轴或拆下直拉杆，启动发动机使其在急速下运转，反复将转向盘从一个尽

头转到另一个尽头，使动力油缸全行程往复运动，逐步排出油路中的空气，直至液压油充满整个液压系统。

③ 若油箱油面正常，则应检查液压泵及安全阀的工作情况。在液压泵和转向器之间接上与规定油压相适应的压力表和开关。打开开关，转动转向盘到尽头，启动发动机使其低速运转。这时，如果油压表读数达不到规定值，且在逐步关闭开关时，油压也不提高，说明液压泵流量不足或油压低或安全阀未调整好。可通过增减转向油泵溢流阀垫片调整流量大小，增强安全阀弹簧弹力以提高压力。经以上调整后，如果压力和流量仍达不到要求，说明液压泵磨损严重，应更换。

④ 如果油压表读数达到规定值，且在逐步关闭开关时压力有所提高，说明液压泵工作不良等，应分别检查分配阀和动力油缸，视其磨损和损坏情况，采取相应的措施修复。

⑤ 经过上述检查一切正常，则故障可能是各球销或机械部分缺少润滑与调整不当引起的。

2. 轮式机械直线行驶时，转向轮发飘或跑偏

（1）现象

轮式机械直线行驶时，难以保持正直方向，总是自动偏离原来的行驶方向。

（2）原因分析

① 转向分配阀位置不当，分配阀推力轴承失调或损坏，使滑阀不在中间位置，于是接通了转向油缸的某一侧油路而自动转向。

② 转向时两车轮的阻力不等，若某一侧转向轮有制动拖滞、轮胎气压不足或磨损过度、轮毂轴承装配预紧度过大，则该侧车轮的行驶阻力大于另一侧车轮的行驶阻力，从而使轮式机械行驶时跑偏。

③ 调整不当，转向轮前束调整不当或横拉杆弯曲；转向操纵机构的连杆有效长度调整不当，使转向分配阀的滑阀不能处于中间位置等，均可使轮式机械行驶时跑偏。

（3）诊断与排除

如果轮式工程建设机械转向轮自动跑偏，可能是左、右车轮行驶阻力不等所引起。如果轮式机械固定朝某一侧跑偏，可能是转向分配阀的滑阀不在中间位置，操纵机构的连杆有效长度调整不当或某一侧车轮摩擦阻力过大。

① 观察机械行驶阻力。观察轮式机械左、右轮的行驶阻力，如果轮式机械在左、右行驶阻力不等时跑偏，但在平路上行驶不跑偏，说明轮式机械跑偏是由左、右行驶阻力不等引起的。

② 若轮式机械固定朝某一侧跑偏，应检查转向分配阀。将分配阀与操纵机构的连杆折断，若折断后滑阀在弹簧的作用下能自动回到中间位置，说明转向操纵机构有卡滞，应查明原因予以排除。否则，是转向分配阀有故障，应拆开分配阀查明原因，予以排除。

③ 检查操纵机构连杆的有效长度。将分配阀与操纵机构的连杆连接处拆开，使滑阀在弹簧的作用下自动回到中间位置，同时也将操纵杆置于中间位置，此时拧转连杆端的连接叉，使其连接销孔与滑阀连接销孔相重合即可。

④ 若经以上检查均正常，则轮式机械跑偏的原因可能是一侧车轮摩擦阻力过大，应检查车轮摩擦阻力过大的原因，并予以排除。

3. 左右转向轻重不同

（1）现象

轮式机械左右转向时，转动转向盘感到轻重不同。

（2）原因分析

① 转向分配阀的滑阀偏离中间位置。

② 分配阀滑阀虽在中间位置，但滑阀与阀体台肩的磨损不一致，而使缝隙不一致。

③ 分配阀滑阀内有脏物阻滞，使其左右移动时阻力不一致。

④ 某一侧的转向限止阀调整不当。

（3）诊断与排除

① 首先检查液压油质量，如果油液脏污，应更换新油。

② 若油液良好，应检查分配阀滑阀是否偏离中间位置。如果不能保持在中间位置，应进行调整。如果调整后仍感到左、右转向轻重不同，应分解分配阀，检查缝隙台肩是否有毛刺及环肩的磨损程度，必要时更换滑阀和阀体。

4．转向时有噪声

（1）现象

轮式机械转向时，转向油泵发出噪声。

（2）原因分析

轮式机械转向时有噪声，原因有以下几种。

① 液压泵驱动皮带松弛。

② 油箱中油面过低，液压油严重不足。

③ 油液污染或油路堵塞。

④ 液压系统各管接头松动或油管破裂。

⑤ 液压系统中渗入空气。

⑥ 液压泵磨损严重或损坏。

⑦ 液压系统压力控制阀黏结。

（3）诊断与排除

① 首先检查液压泵驱动皮带是否过松打滑，若皮带过松，应进行调整。若正常，则应检查油箱油面高度并查看油液中有无泡沫。

② 油液中如有泡沫，应查找漏气处并予以排除。

③ 若无漏气，说明油路有堵塞处或油液严重污染，使液流通道受阻，此时应对转向液压系统进行彻底清洗，并按规定及时更换油液。

④ 如经以上检查均属正常，则应检查、调整液压泵的流量和压力，必要时更换液压泵。

二、全液压转向系故障诊断

由于使用过久、磨损、密封件老化、维护不当或使用不当时，会出现故障。其表现为堵、漏、坏或调整不当，导致转向效果恶化。

1．转向失灵

（1）现象

转向失灵是指轮式机械在转向时，要较大幅度地转动转向盘才能控制行驶方向，使转向轮转向迟缓无力，有时甚至不能转向。

（2）原因分析

全液压转向系的转向失灵故障的原因如下：

① 液压系统堵塞。液压系统若维护不当或使用不当会出现堵塞现象，使系统内的油液流动不畅，影响输入转向动力油缸的流量而导致转向不灵，甚至失灵。

② 液压系统泄漏。液压系统泄漏可分外泄漏和内泄漏。外泄漏是指液压转向系统因管道破裂或接头松动，工作油液漏出系统外，这不仅使系统内工作油液减少，同时还会使系统压力下降。内泄漏是指在系统内的压力油路通过液压元件的径向配合间隙或阀座与回油路沟通，而使压力油未经执行机构便短路流回油箱。内、外泄漏均会造成液压转向系统内工作压力下降，使推动转向动力油缸活塞的力减小，导致转向不灵，甚至失灵。

③ 转向器片状弹簧折断或弹性不足。转向器的转阀内设有片状弹簧，当转向盘转过一定角度后而不动，由片状弹簧的弹力与转子油泵共同作用，使转阀恢复到中间位置，切断转向油路，使转向轮停止转向。当转向器片状弹簧失效时，转向盘不能自动回中间定位，导致转向失灵。

④ 液压转向系统内液压元件部分或完全丧失工作能力，如动力元件液压泵损坏，会影响液压系统内压力，从而导致转向失灵。

⑤ 液压转向系统内流量控制阀的流量和压力调整不当，使压力调整过低，造成转向不灵或失灵。

⑥ 转向阻力过大。如果转向机构的横拉杆、转向节的配合副装配过紧、锈蚀或严重润滑不良，造成机械摩擦阻力过大；转向轮与地面摩擦阻力过大等，均会使转向阻力增大，当转向阻力大于动力油缸的推力时，转向轮便不能转向。

（3）诊断与排除

① 检查液压转向系统外观是否有泄漏，如有泄漏，应对症排除。

② 检查流量调节阀，将其调整螺母旋转半圈至一圈后，再测试转向灵敏度，若恢复正常，说明流量调节阀调整不当。若仍不正常，应检查流量控制阀的阀座是否有杂质或有磨损而关闭不严，使油液瞬时全部返回油箱，而导致转向失灵。

③ 如果是液压油温度高时出现转向失灵，可能是油液黏度不符合要求或液压元件磨损过甚，应更换液压油或液压元件。

④ 若转动转向盘时，转向盘不能自动回中间位置，可能是转向器片状弹簧弹力不足或折断，应将转向器分解检查。

⑤ 转动转向盘时压力振摆明显增加，甚至不能转动，可能是转向器传动销折断或变形，应分解转向器进行检查。

⑥ 如果转向盘自转或左右摆动，可能是转子与传动杆相互位置错位而致，应分解转向器予以排除。

⑦ 如果液压转向系统油液显著减少或制动系统有大量油液，则可能是接头密封圈损坏，应予以更换。

⑧ 检查轮式机械的转向阻力是否过大。用手抓住转向横拉杆来回周向转动，若转不动，表明横拉杆接头装配过紧；将转向油缸的活塞杆与转向节的连接部位拆开，然后用手扳动车轮绕主销转动，若转不动则是主销与衬套装配过紧使转向阻力增大；还应检查轮胎气压是否严重不足，根据检查的原因，对症排除。

2. 转向沉重

（1）现象

全液压转向的轮式机械突然感到转向沉重或转动转向盘很费力。

（2）原因分析

① 油液黏度过大，使油液流动压力损失过多，导致转向油缸的有效压力不足。

② 油箱油位过低。

③ 液压泵供油量不正常，使供油量小或压力低。

④ 转向液压系统内渗入空气。

⑤ 液压转向系统中溢流阀压力低，导致系统压力低。

⑥ 溢流阀被脏物卡住或弹簧失效，密封圈损坏。

⑦ 转向油缸内漏太大，使推动油缸活塞的有效力下降。

（3）诊断与排除

① 若快转与慢转转向盘均感觉沉重，并且转向无压力，则可能是油箱液面过低、油液黏度过大或钢球单向阀失效造成的。应首先测量液压油箱油位，并检查液压油的黏度，如果油液黏度过大，应更换黏度合适的液压油。如果油位及油液黏度均正常，则应分解转向器检查单向阀是否有故障，并视情况予以排除。

② 若慢转转向盘轻，快转转向盘感觉沉，则可能是液压泵供油量不足引起的，在油位高度及油液黏度合适时，应检查液压泵工作是否正常，如出现液压泵供油量小或压力低，则应更换液压泵。

③ 若轻载时转向轻，而重载时转向沉重，则可能是转向器中溢流阀压力低于工作压力，或溢流阀被脏物卡住或弹簧失效等导致的，应首先调整溢流阀工作压力，调整无效时分解清洗溢流阀，如弹簧失效、密封圈损坏应予以更换。

④ 若转动转向盘时，液压缸有时动有时不动，且发出不规则的响声，则可能是转向系统中有空气或转向油缸的内泄漏太大造成的，应打开油箱盖，检查油箱中是否有泡沫。如油中有泡沫，应先检查吸油管路有无漏气处，再检查各管路连接处，并查看转向器到液压泵油管有无破裂，如各连接处均完好，则应排除系统中的空气。如排除空气后，转向油缸仍时动时不动，则应检查油缸活塞的密封情况，必要时要更换其密封元件。

3．自动跑偏

（1）现象

所谓自动跑偏，是指轮式工程建设机械在行驶中自动偏离原来行驶方向的现象。

（2）原因分析

① 转向器片状弹簧失效或断裂，使转向阀难以自动保证中间位置，从而接通转向油缸某一腔的油路使转向轮得到转向动力而发生自动偏转。

② 转向油缸某一腔的油管漏油。当转向盘静止不动时，转向阀处于中间位置而封闭了转向油缸两腔的油路，油缸活塞两端压力相等，活塞不动，即转向车轮不摆动，呈直线行驶或等半径弯道行驶。如果油缸两腔的某一腔因油管接头松动或破裂而漏油，会使油缸活塞两端油压不相等，使活塞移动，则转向轮自动跑偏。

③ 左、右转向轮的转向阻力不等，导致轮式机械自动跑偏。如果某一侧转向轮由于制动拖滞、轮胎气压不足、轮毂轴承装配预紧度过大等使转向阻力大于另一侧转向轮时，使轮式机械行驶时自动跑偏。

（3）诊断与排除

① 观察与转向油缸连接的管路，若有漏出的油迹，应顺油迹查明漏油的原因并予以排除。

② 检查轮胎气压，若轮胎气压严重不足，应予以充足。

③ 用手摸制动毂或轮毂，若有烫手的感觉，说明该转向轮有制动拖滞或轮毂轴承装配过紧等故障，应予以排除。

④ 转动转向盘，松手后转向盘不自动回弹，表明转向器中片状弹簧可能折断，应分解转向器查明原因并予以排除。

4．无人力转向

（1）现象

动力转向时转向油缸活塞到极端位置驾驶员终点感不明显，人力转向时转向盘转动而液压缸不动。

（2）原因分析

① 转子泵的转子与定子的径向间隙过大。

② 转子与定子的轴向间隙超过限度。

③ 转向阀的阀芯、阀套与阀体之间的径向间隙超过限度。

④ 转向器销轴断裂。

⑤ 转向油缸密封圈损坏。

⑥ 液压转向系统连接油管破裂或接头松动。

⑦ 液压管路堵塞。

（3）诊断与排除

① 首先检查液压转向系统的连接管路有无破裂、接头有无松动，如有漏油处，说明管路破裂或接头松动，应更换油管，拧紧接头。

② 若管路完好，可将转向油缸的一管接头松动，向左（右）转动转向盘，观察油管接头有无油液流出，如果没有油液流出，说明液压管路有堵塞处，或转子与定子轴向、径向配合间隙超过限度，或阀芯、阀套与阀体之间的径向间隙过大，此时应拆下并分解转向器，按技术要求检测各部件配合间隙及结合表面，如间隙超过规定，应镀铬、光磨修复，如表面轻微刮伤，可用细油石修磨，如出现沟槽或严重刮伤应更换；如各部件检测值在规定范围内，则应清洁系统油道。

③ 若上述检查完好，则故障可能在转向油缸，应将油缸拆下并分解，检查密封圈是否损坏，活塞杆是否碰伤，导向套筒有无破裂等。视检查结果予以排除。

5．转向盘不能自动回正

（1）现象

转向盘在中心位置压力降增加或转向盘停止转动时，转向盘不能自动回正。

（2）原因分析

转向盘不能自动回正的原因是以下几种。

① 转向轴与转向阀芯不同心。

② 转向轴顶死转向阀芯。

③ 转向轴转动阻力过大。

④ 转向器片状弹簧折断。

⑤ 转向器传动销变形。

（3）诊断与排除

转向盘不能自动回正故障的诊断步骤如下：

① 将转向轮顶起，发动机低速运转，转动转向盘，若转向阻力大，可将发动机熄火。两手抓住转向盘上下推拉，如没有任何间隙感觉，且上下拉动很费力，说明转向轴顶死转向阀芯或转向轴与转向阀芯不同心，应重新装配并进行调整。

② 若经调整后转向盘仍不能自动回正，则可能是片状弹簧折断，或传动销变形，应分解转向器，分别检查。片状弹簧变形、弹性减弱或折断应进行更换，传动销变形应校正或更换，绝不允许用其他零件代替。

三、诊断实例

1．故障现象

一台 ZL-50G 型装载机采用流量放大转向系统（图 5-2-18），由优先型流量放大阀、全液压转向器、限位阀、转向泵、先导泵、压力选择阀、转向缸等组成。在使用过程中，有时转向沉重。

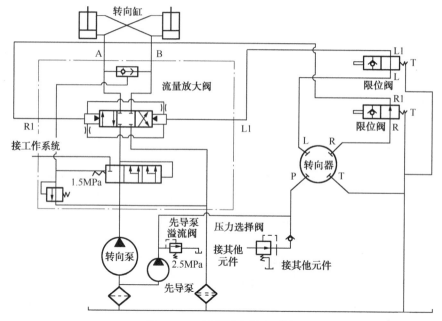

图 5-2-18　流量放大转向系统

2．故障诊断与排除

分析转向沉重的原因主要是：先导系统或转向系统压力不符合要求；管路连接错误，管路接头堵塞；吸油管路进气、漏油；液压缸内漏。

排除的方法：在进行系统压力测定前将整机停放在平整的地面上，放下动臂、放平铲斗，发动机熄火；在测量先导压力前，将动臂放到最低位置，铲斗收到最大收斗角位置；在测量转向压力前拆掉液压限位用的顶杆。用量程为 10MPa 的压力表测量先导系统的压力，正常的先导压力为发动机怠速时不低于 2.2MPa，高速时不高于 5MPa；用量程为 25MPa 的压力表测量转向系统的压力，发动机高速时，转向系统压力应达到 15MPa。如果以上两种压力不符合规定值，就需要重新调整。

调整的方法是，松开溢流阀锁紧螺母，用专用工具调整螺套，顺时针旋动时先导压力变大，逆时针旋动时先导压力变小。调转向压力时，可将流量放大阀端盖拧下，调节调压螺杆进行压力调整。往里调压力变大，往外调压力变小。然后，还要检查管路连接。重点检查先导泵回油管路以及限位阀回油管路的连接是否正确。管接头不能有堵塞；液压缸不能有内漏。将转向缸活塞收到底，拆下无杆腔油管，使有杆腔继续充油。若无杆腔油口有较多油液泄出，说明活塞密封环已经损坏，应更换；如果转向缸内泄漏，一般转向系统压力会降低，同时转向无力。

实践训练 12　液压转向系维修

一、维护

在例行维护作业中，应检查储油箱油面高度，保持在规定的范围内。油液不足应及时加注。检查液压系统及油管各接合面处有无漏油现象，如有漏油必须消除。检查动力转向装置（如转向器、转向垂臂和拉杆球节）的紧固情况，以免在行驶中出现松动而危及行车安全。

一级维护除进行例行维护作业内容外，还应将油箱、滤清器进行清洗，必要时更换滤芯；对动力转向装置各润滑点加注润滑脂；检查转向盘的自由行程，必要时进行调整。

二级维护除进行例行维护和一级维护作业内容外，还应清洗各液压元件；检查主要液压元件的工作性能；更换转向器和液压系统的全部工作用油。

1. 工作油液的更换和排气

工作油经长期使用后，性能变劣，失去润滑性能，还可能具有酸性，并使滤清困难。如继续使用，会导致工作失灵，缩短机械使用寿命。因此，工作油应定期更换。

换油时，先将前轴支起。松开位于转向器壳下方的螺塞（整体式，如 BJ370 型汽车）或拆开管路（分配阀或动力缸进油管），短时间内启动发动机，使油泵及油箱内工作油全部排出。发动机熄火后，操纵转向盘，左、右转动至极限位置，直至动力缸左、右腔室内工作油全部排出。加油时，先将油箱加满，启动发动机作短时间运转，使液压系统全部充满工作油。油箱油面下降后，必须继续加油，以免油泵吸进空气。换油时，应加注制造厂规定牌号的液压油，不可随意代用，更不可混用，以保证动力转向系统的正常工作。

加油时，保持工作油的清洁，是维护好动力转向系统的重要措施之一。如工作油混入污物，会使油液变质，丧失原有的工作性能；会划伤液压元件的配合表面，破坏配合表面的精度和光洁度，使泄漏增加；阀芯在阀体内可能卡住，造成元件动作失灵。

液压系统进入空气应立即排除。排气时，先将前轴支起，使发动机保持低速运转，并左、右多次转动转向盘，使活塞在全行程范围内往复运动，气泡就会从油箱内被逐渐排除。操作时应注意，发动机转速不宜过高。否则，这些气泡会分散成许多微小气泡，空气不易彻底排除。随着空气的排出，油箱油面将下降，需要不断地补充工作油。

2. 液压助力转向系统技术状况的检查

液压助力转向系统技术状况的检查，其主要内容包括转向盘自由行程、油泵工作性能、分配阀和动力缸泄漏和液压行程限制器的检查。这些项目都可在车上进行。通过检查，确定是否需要进行拆检。因为盲目地拆卸，只能对液压元件带来损害。

（1）转向盘自由行程的检查

转向盘的自由行程是指转向盘克服转向器传动副、转向传动机构等各连接部位间隙的总反映（不包括分配阀滑阀的移动量）。转向盘的自由行程过大，使机械转向的灵敏度降低，影响到机械操作的稳定性。机械在使用中，由于机件的磨损，转向盘的自由行程会随着机械作业时间的增加而增大，因此应定期检查转向盘的自由行程。检查时，可将前轮置于直线行驶位置，即转向盘位于中间位置。在转向柱上安装一个刻度盘，把指针装在转向盘上，并使指针对准刻度盘零位。然后向左或向右慢慢转动转向盘，但不改变前轮的位置，根据指针在刻度盘上指示的数值，即可确定转向盘的自由行程，此值一般不应超过 15°。转向盘的自由行程过大时，应调整转向器及转向传动装置各部位的间隙。

（2）油泵工作性能检查

油泵工作性能的检查主要是检查油泵的最大工作压力。检查前，首先检查油泵驱动装置是否正常、可靠。如三角皮带传动，还应检查三角皮带的松紧度。在检查油泵的工作压力时，可在油泵的出油口与转向器的进油口之间安装一个压力表及一个限压阀。发动机以较低的稳定转速工作，短时间地关闭限压阀（最多不超过 10s），此时压力表的指示值即为油泵的最大工作压力。此压力应不低于油泵铭牌上标出的最大压力的 90%。如果油泵的工作压力过低，应拆下溢流阀和安全阀，进行清洗和检查，并重新调整。再重复上述试验，如油泵的工作压力仍然太低，应对油泵进行拆检。

（3）分配阀和动力缸泄漏检查

分配阀和动力缸内泄漏是难于发现的，因此，在高级保养作业中应检查内泄漏，其方法与上述方法相同。检查时发动机以较低的稳定转速运转，分别向左、右转动转向盘到极限位置，以 300N 的力稳住转向盘 10s，此时压力表的指示值如低于油泵原来测得的油压，则说明分配阀或动力缸内部存在着泄漏现象。在检查装有液压行程限制器的动力转向装置时（如 BJ370 型汽车），需将约 15mm 厚的垫板放在车轮转角限位螺钉上。此时，转向盘左、右极限位置是由垫板所限制的，液压行程限制器卸荷阀尚未开启。按上述方法即可检查分配阀和动力缸的内泄漏。

（4）液压行程限制器的检查和调整

① 用仪表在车上检查。检查时，在油泵和转向加力器之间的压力输油管上安装一个压力表（图 5-2-19），并将前轴支起。

液压行程限制器卸荷阀开始起作用时，车轮转角限制螺钉与前轴限位凸块之间的距离应为 2～3mm。为此，将一厚度为 3mm 的垫片放在前轴限位凸块上。启动发动机，转动转向盘至转向轮与前轴限位凸块上的垫片相碰为止，大约用 300N 的力握住转向盘。此时，液压行程限制器卸荷阀应立即开启，压力表的读数应为 2940～3430kPa。压力过高，说明卸荷阀开启过晚，应进行调整。当转向垂臂向 α 方向摆动时，调节调整螺钉 4；反之，向 β 方向摆动时，调节调整螺钉 6。逆时针旋动螺钉，卸荷阀提前开启；顺时针旋动螺钉，卸荷阀延迟开启。调整合适后，应将锁紧螺母拧紧，并取出前轴限位凸块上的垫片。

② 不用仪表，在车上调整先将前轴支起，将 3mm 厚垫片放到前轴的限位凸块上。启动发动机，转动转向盘至车轮的限位机构起作用时为止。按逆时针方向旋动调整螺钉，直到卸荷阀开启时为止，这时可以听到降压的排油声。

调整后应对车辆进行复检，其方法是：缓慢开动车辆，转动转向盘直至液压加力作用不足，但又不完全为机械转向时，车轮转向限位螺钉与前轴限位凸块之间应有 2～3mm 的间隙。

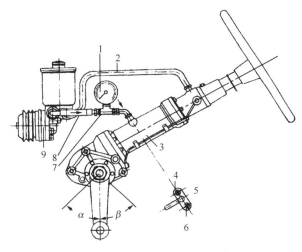

图 5-2-19　液压行程限制器的检查

1—压力表；2—回油管；3—转向加力器；4—转向垂臂转角α的液压行程限制器调整螺钉；5—压力油管接头；
6—转向垂臂转角β的液压行程限制器调整螺钉；7—三通接头；8—压力油管；9—转向油泵

二、液压助力转向系拆装检修

　　液压助力转向系是兼用驾驶员体力和发动机动力为动力源的转向系统，广泛采用机械转向器、转向动力缸和转向控制阀三者合成一体的整体式转向器。这种动力转向器的结构紧凑、质量轻、传动效率高、操纵轻便、反应灵敏、寿命长且易于调整，能满足在高速公路上高速行驶的需要，但是结构复杂、制造精度高。图 5-2-20 为循环球转阀整体式动力转向器。

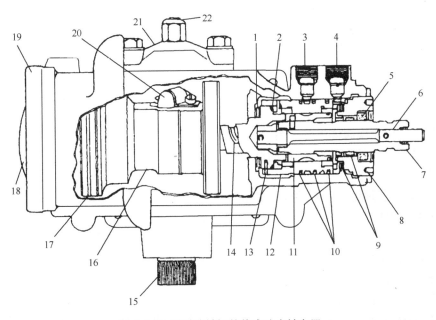

图 5-2-20　循环球转阀整体式动力转向器

1—推力轴承；2、10—密封圈；3—进油口；4—出油口；5—油封；6—扭杆；7—枢轴；8—调整螺塞；
9—轴承；11—滑阀；12—阀体；13—定位销；14—转向螺杆；15—摇臂轴；16—转向齿条活塞；
17—齿条活塞密封圈；18—端盖；19—壳体；20—钢球导管；21—侧盖；22—调整螺栓

1．动力转向器

（1）动力转向器拆卸注意事项

在拆卸分解之前，应先放掉润滑油，检查转向器的转动力矩，若转动力矩不符合原厂规定又无法调整时，应考虑更换转向器总成。在 360°位置时，将枢轴分别向左、向右从头至尾地转动数次，在360°处的转动力矩一般应在 0.7～1.2N·m。然后在正中位置测量转动力矩，所谓正中位置，就是枢轴从闭锁状态转过一圈再加上 360°，正中位置的转动力矩应比360°处的转动力矩大 0.1～0.4N·m。否则，调整转向器传动副的啮合间隙，当转动力矩已无法调整到规定的范围内，可以考虑更换转向器总成或拆散进行检修。拆散时，先将壳体可靠地夹持在台钳上，拆卸顺序如下：

① 拆卸摇臂轴。将摇臂轴上的扇形齿置于中间位置，先拆下摇臂轴油封；接着拆下侧盖固定螺栓，将摇臂轴压出约 20mm；然后给摇臂轴支承轴颈端套上约 0.1mm 厚的塑料筒，用手抓住侧盖抽出摇臂轴，同时用另一只手从另一端压入塑料筒，防止轴承滚棒散落到壳体内，引起拆卸不便。若是滑动轴承（衬套），就不需加塑料筒。

② 拆前端盖。用冲头冲击前端盖的弹簧挡圈，然后逆时针转动控制阀阀芯的枢轴，取下前盖。

③ 拆卸转向齿条活塞。把有外花键的专用芯轴从前端插入转向齿条活塞的中心孔，直至顶住转向螺杆的端部。然后逆时针转动控制阀阀芯枢轴，将专用芯轴、齿条、活塞、钢球作为一个组件整体取出。

④ 拆卸调整螺塞（上端盖）。应先在螺塞和壳体上做对位标记，以便装配时易于保证滑阀的轴向间隙。然后用专用扳手插入螺塞端面上的拆卸孔内，拆下调整螺塞，拆下时应防止损坏调整螺塞。

⑤ 拆下阀体。滑阀与阀体都是精密零件，其公差为 0.0025mm，并且经过严格的平衡，在拆卸中不得磕碰，以防止损伤零件表面，拆下后应合理地堆放在清洁处。

⑥ 拆下所有的橡胶类密封元件。

（2）动力转向器零件的检验

① 滑阀与阀体的定位孔出现裂纹、明显的磨损，滑阀在阀体内发卡，应更换阀体组件（图 5-2-21）。

② 输入轴配合表面不得有明显的磨痕、划伤和毛刺，否则应更换。

③ 修理时，必须更换所有的橡胶类密封元件。

④ 壳体上的球堵、堵盖之类的密封件不得有渗漏现象。

（3）动力转向器的装配（图 5-2-22）

① 装配前，应将各零件清洗干净，并用压缩空气吹干，不得用其他织物擦拭。

② 组装转向螺杆、齿条活塞组件。

a．将转向螺杆装入齿条活塞中，然后将黑色间隔钢球和白色承载钢球相间从齿条活塞背上的两个钢球导孔装入滚道。

b．将钢球装满钢球导管 7，再将导管插入导孔，按规定扭矩用导管夹固定好导管。

c．将专用芯轴从齿条活塞前端装入齿条活塞，直至顶住转向螺杆。

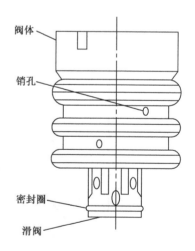

图 5-2-21　转向控制阀的检验

（图中标注：阀体、销孔、密封圈、滑阀）

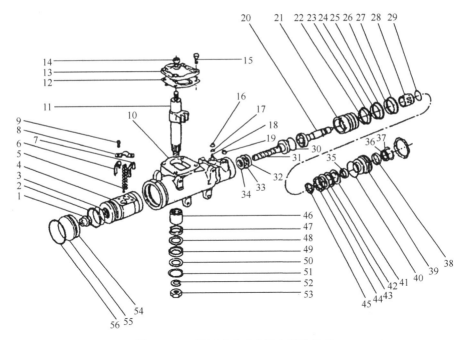

图 5-2-22　循环球式动力转向器的组成

1—活塞端堵塞；2—聚四氟乙烯密封环；3—O 形密封环；4—齿条活塞；5—钢球；6—钢球导管（半边）；7—钢球导管（另半边）；
8—导管固定夹；9—导管固定夹螺栓；10—转向器壳体；11—摇臂轴；12—侧盖衬垫；13—侧盖；14—锁紧螺母；15—螺栓；
16—软管接头座；17—单向阀；18—弹簧；19—软管接头座；20—输入轴总成；21—阀体；22、24、26—密封圈；
23、25、27—聚四氟乙烯密封圈；28—阀芯；29、30、40、54—O 形密封圈；31—转向螺杆；32—锥形推力轴承座圈；
33—推力轴承；34—轴承座圈；35—滚针轴承；36—防尘密封圈；37、51—卡环；38—油封；39—调整螺塞；
41—大推力挡圈；42—推力轴承；43—小推力轴承；44—隔圈；45、56—卡圈；46—滚针轴承；47、49—单唇油封；
48、50—支承挡圈；52—垫片；53—螺母；55—壳体前端盖

d. 安装阀体与螺杆，阀体上的凹槽与螺杆的定位销必须对准。

e. 安装阀芯、输入轴，并装好推力轴承及所有的橡胶密封圈和聚四氟乙烯密封圈。

f. 把阀体推入转向器壳体中，把专用芯轴与齿条活塞一并装入壳体，待与螺杆啮合后，顺时针转动输入轴，将齿条活塞拉入壳体后，再取出专用芯轴。

g. 安装调整螺塞，并调整好调整螺塞的预紧度。

h. 安装摇臂轴组件，注意对正安装记号和按规定力矩紧固侧盖。并注意用适当厚度的垫片调整 T 形销与销槽之间的间隙，达到控制摇臂轴轴向窜动量的目的。

i. 调整摇臂轴扇形齿与齿条活塞的啮合间隙，检验输入轴的转动力矩应符合原厂规定。

2. 转向油泵

汽车的动力转向系所用的转向油泵多为叶片式油泵，这种油泵具有结构紧凑、质量轻、性能稳定、转速范围大、效率高、可靠耐用、维修方便等特点。因此，动力转向系广泛采用叶片式转向油泵来保证动力转向系的工作压力。叶片式转向油泵俗称刮片泵，主要部件包括壳体、转子、叶片、凸轮环、流量控制阀和储油罐等。

（1）叶片式转向油泵的拆卸

转向油泵壳体接合面、泵轴、储液罐与泵的连接处、流量控制阀等部位出现渗漏时，应拆卸分解转向油泵，进行检修。

① 将泵内油液排放干净后，从发动机上拆下转向油泵。

② 拆散转向油泵时应在前、后壳体接合面处打上装配记号后，再拆开壳体。

③ 在拆下偏心壳时，务必使叶片不要脱开转子。

④ 拆下卡环和油封时应使用专用工具。

⑤ 拆下转子时，必须打上包括转子旋转方向的安装记号，皮带盘也应打上安装记号后，才能拆下皮带盘及转子轴。

（2）转向油泵的检修

① 更换油封和橡胶类密封圈。

② 叶片与转子上的滑槽表面应无划痕、烧灼以及疲劳磨损；其配合间隙一般应不大于0.035mm；叶片磨损后的高度与厚度不得小于原厂规定的使用限度。否则更换叶片或总成。

③ 转子轴径向配合间隙为0.03～0.05mm，间隙过大，应视情况更换轴承。

④ 转子与凸轮环的配合间隙约0.06mm。工作面上应光滑，无疲劳磨损和划痕等缺陷。转子与凸轮环一般为非互换性配合，若间隙过大，通常更换总成。

⑤ 皮带轮有缺损或其他原因而丧失平衡性能之后，应更换。

⑥ 流量阀弹簧的弹力或自由长度应符合原厂规定；并应检修流量阀球阀的密封性，检验时，先堵塞进液孔，然后从旁通孔通入0.39～0.49MPa的压缩空气，其出孔处不得漏气。否则，更换流量阀。

（3）转向油泵的装配

转向油泵附流量阀在装配时，必须保持严格的清洁；不得因装配工作而损伤叶片、转子、凸轮环等精密零件的工作面；零件的装配标记和平衡标记相对应且位置正确；要求密封严格的接合面及其他密封部位，必须在衬垫上涂抹密封胶。

转向油泵装配后应进行部件性能试验（即功率—流量试验），试验规范应符合原厂规定，无部件性能试验条件时，必须进行动力转向系统性能的试验。

三、全液压转向系拆装检修

摆线式全液压转向器是动力转向的一种，其原理如图5-2-23所示。当转动转向盘时，使配流阀阀芯的压缩片簧相对计量泵转动一定角度，则外油路的压力油流入计量泵一腔，推动计量泵转子转动，同时使计量泵的另一腔输出工作油进入转向油缸。由于转子的转动，放松了片簧，使转子在配流阀恢复原始位置时，切断外油路。因此在不断转动转向盘时，就能不断地向转向油缸供油，以达到转向的目的。

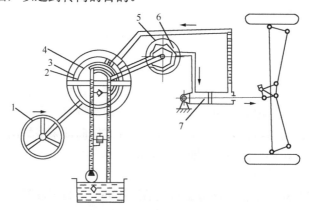

图 5-2-23　摆线式全液压器

1—转向盘；2—簧；3—阀套；4—阀芯；5—转子；6—计量泵；7—转向油缸

当齿轮泵或外油路发生故障不能供油时,用手转动转向盘,可带动配流阀和计量泵产生压力油去推动转向油缸,仍能保证转向,但转向力将增大。全液压转向器是一种由随动转阀和一对摆线针轮啮合副组成的摆线转阀式全液压转向器。

这种转向器的特点是操纵灵活、省力、工作可靠、结构紧凑、安装布置方便,以及发动机熄火时,能实现人力转向。全液压转向器的精度和清洁度要求很高,所以修理时,应在专用的修理间进行。

1. 全液压转向器分解

① 将全液压转向器从叉车上拆下,并把外部清洗干净。

② 放下螺栓,拆下前盖。

③ 取出推力轴承、阀套(取下销轴、阀芯、弹簧等)。

④ 拆下后盖、取出限位柱、转子和定子、联轴器。

⑤ 取下隔板、螺套和钢珠。

2. 全液压转向器零件的检验

拆卸下来的零件应放在松节油或洗油中清洗,烘干后进行检验。

① 阀体与阀套的间隙应为 0.005～0.012mm,当磨损时阀套和阀体应全套更换。

② 计量泵转子和定子,各齿之间的齿侧隙应不大于 0.5mm

③ 隔板、限位柱、后盖的工作面应平滑,不应有划痕和凹陷,必要时可磨光修复。

3. 全液压转向器的组装与调整

所有零件都应冲洗干净, 并应将阀体及盖上、端面上的残留油污及划痕磨掉。在组装前,所有零件应用机械油润滑,所有密封圈均应更换。

① 将阀芯、定位弹簧、拨销轴、装有合适的调整垫圈的阀套和推力轴承装入阀体内。

② 应使阀芯的轴向间隙不小于 0.05mm,阀套的轴向间隙应为(1±0.025)mm,可用调整垫片进行调整。

③ 将钢珠、螺套装入止回阀孔内。

④ 将隔板(平的一面朝上),工作定子和转子、限位柱装在壳体上。

⑤ 放上 O 形密封圈,装上后盖,将螺栓拧紧,其拧紧力矩为 23～26N·m

⑥ 装好后,将指令轴向左和向右迅速旋转,判断和检查吸入止回阀内滚珠的运动是否正常。判断的根据是滚珠在阀座内转动时发出的声音。

4. 转向油缸的检验与修理

转向油缸如图 5-2-24 所示,此油缸为双作用活塞式,油缸前后腔进油或排油是通过全液压转向器来控制的。

① 转向油缸拆散后,必须将零件放在松节油或洗油中清洗,烘干后进行检查。

② 缸筒内表面有浅线状的拉伤伤痕或点状伤痕时,可用极细砂布或珩磨头进行珩磨修整。

③ 缸筒内表面有纵向拉伤深痕时,应更换缸筒。

④ 缸筒内表面有浅线状的拉伤伤痕或点状伤痕时,可用极细砂布或珩磨头进行珩磨修整。

⑤ 活塞杆导向压盖的内表面,不均匀磨损的深度在 0.5mm 以上或配合间隙大于 0.2mm 时,应更换导向套。

⑥ 密封件如有唇边挤出而断裂，或摩擦面有磨损和伤痕时，应更换密封件。

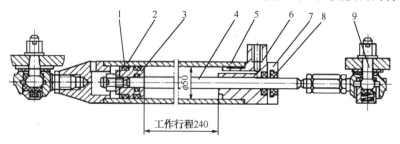

图 5-2-24　转向油缸

1、5、7—密封圈；2—缸筒；3—活塞；4—活塞杆；6—压盖；8—防尘圈；9—转向拉杆球销

5. 液压转向系统的装配

① 将铜垫圈退火，并去掉氧化皮。

② 全液压转向器安装时，应保证与转向柱同轴，并且轴向应有间隙，以免全液压转向器阀芯被顶死。

③ 管路应按转向器接头处的标记安装。

④ 将空气从液压转向系统中排出。先将转向车轮抬起，迅速向一个方向转动转向轮，直到转向油缸转到极点位置（转向油缸的一腔内没有油时）为止，再从中立位置向另一方向转动，以排出另一腔内的空气。

然后启动发动机，向左右两个方向转动转向盘，并使转向油缸达到全行程，直至油箱内不再出现气泡时为止。应注意，活塞在极限位置停留的时间不应超过 2～3s。

⑤ 向油箱内补充油液至标准位置，然后盖上盖子。

⑥ 将转向轮放下，检查负重的转向轮，需要再一次向左和向右转向，并要求转向盘能回到中立位置。要求各接头、油管不允许有漏油现象。

任务思考题 11

1. 比较常流式和常压式转向系不同之处。
2. 简述液压助力转向系转向原理。
3. 全液压转向系统有哪些优点？
4. 举例说明全液压转向系工作过程。
5. 举例说明全液压转向器的构造原理。
6. 简述流量放大特点原理。
7. 分析双泵合分流优先转向液压系统原理。
8. 简述液压助力转向系维护检查内容。
9. 分析全液压转向失灵的原因。

项目六 轮式制动系构造与维修

任务一 制动器构造与维修

知识目标：

1. 学会描述制动系作用、类型及制动原理。
2. 学会描述常用制动器结构原理。

技能目标：

1. 能够正确维护调整制动器。
2. 能够正确拆装、检修制动器。

任务咨询：

咨询一 制动系概述

一、制动系的功用

工程机械在行驶和作业中，由于外界情况的变化或作业要求，有时需要减速或停车，以保证安全行驶或作业；工程机械停驶后，需要可靠地驻留原地不动；另外，在下长坡时，为防止速度过快需将速度控制在安全范围以内。使行驶中的机械车辆减速甚至停车，使下坡行驶机械的速度保持稳定，以及使已停驶的机械保持原地不动的这些作用统称为制动。

对机械起制动作用的只能是作用在机械上、其方向与机械行驶方向相反的外力。作用在行驶机械上的滚动阻力、上坡阻力、空气阻力都能对机械起制动作用，但这些外力的大小都是随机的、不易控制的，故在机械上必须装设一系列专门的装置，以便驾驶员能根据道路和作业的需要，借以使外界（主要是路面）对机械的某些部分（主要是车轮）施加一定的力，对机械进行一定程度的强制制动。这种可控制的、对机械进行制动的外力称为制动力，这样的一系列专门的装置称为制动系。

制动系的功用表现为三个方面：根据需要使行驶的机械减速或停车，使停驶的机械能可靠地停留原地，使下长坡的机械稳定车速。

二、制动系的分类

（1）按制动能源分类

人力制动系——以驾驶员的动作为制动能源进行制动。

动力制动系——以发动机的动力转化成气压或液压形成的势能进行制动。

伺服制动系——兼用人力和发动机动力进行制动。

（2）按照制动能量的传输方式分类

机械式、液压式、气压式、电磁式和复合式（兼用两种或两种以上方式传输能量的，如电液、气液等）。

（3）按制动器的结构形式分类

蹄式制动器、盘式制动器和带式制动器。

蹄式制动器按促动装置的不同可分为轮缸式、凸轮式、楔式制动器。

轮缸式制动器——以液压油缸作为制动蹄的促动装置，也称分泵式制动器。

凸轮式制动器——以凸轮促动制动蹄。

楔式制动器——以楔斜面促动制动蹄。

盘式制动器是以旋转圆盘的两端面作为摩擦面来进行制动的，根据制动件的结构可分为钳盘式和全盘式制动器。

（4）按制动系的功用分类

行车制动系——使行驶中的机械减速或停车的一套机构，在行车过程中经常使用，也称脚制动系。

驻车制动系——使已停驶的机械驻留原地不动的一套装置，偶尔也用于紧急制动。

应急制动系——在行车制动系统失效的情况下，保证机械仍能实现减速或停车的制动系统。

安全制动装置——当制动气压不足时起制动作用，使车辆无法行驶。

辅助制动系——在行车过程中（如下长坡时），辅助行车制动系统降低车速或保持车速稳定，但不能将车辆紧急制停的制动系统称为辅助制动系统。一般是装在传动轴上的液力制动或装在发动机排气管上的排气制动。

上述各制动系统中，行车制动系统和驻车制动系统是每一机械必须具备的。

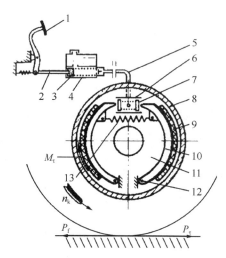

图 6-1-1　制动系工作原理示意图

1—制动踏板；2—推杆；3—总泵活塞；
4—制动总泵；5—油管；6—制动分泵；
7—分泵活塞；8—制动毂；9—摩擦片；
10—制动蹄；11—制动底板；12—支承销；
13—制动蹄回位弹簧

三、制动系工作原理

制动系的工作原理可以用图 6-1-1 来进行说明。其中用来直接产生制动力矩 M_τ 的部分称为制动器，它主要由旋转元件（制动毂）和固定不旋转元件（如制动蹄、摩擦片等）组成摩擦副。

制动时，机械在行驶中的动能转化为摩擦副及轮胎与路面的摩擦热能而散失掉。另一部分称为制动传动机构，它用来将制动力源（来自驾驶员或其他力源）的作用力传给制动器，使摩擦副相互压紧产生制动力矩，其组成有制动踏板、各种杆件及制动总泵、制动分泵等。制动系的工作原理如下。

在不制动时，固定在车轮轮毂上的圆筒形制动毂随车轮一起转动。外表面上铆有摩擦片的两个弧形制动蹄，分别铰接在下端两个支承销上。支承销通过制动底板，固定在车桥上构成不旋转元件。在制动蹄回位弹簧的作用下，两制动蹄上端贴紧在支承于制动底板上的制动分泵的活塞上，摩擦片的外圆面与制动毂的内圆面之间保持一定的间隙，此时，车轮和制动毂可自由旋转。

当制动时，驾驶员踩下制动踏板，使总泵活塞将制动总泵中的油液压入制动分泵中，迫使分泵内活塞向外移动，推动两个制动蹄绕支承销转过某一角度，于是制动蹄向外张开，摩擦片便紧紧压在制动毂的内圆面上，结果制动蹄对旋转着的制动毂产生一个制动力矩（摩擦力矩）M_τ，方向与车轮旋转方向相反。制动力矩使车轮转速下降，由于车轮与路面间有附着作用，使得在车轮与路面接触处产生一个与车辆行驶方向相反的作用力 P_τ，迫使车辆减速以致停车。这一过程称为制动过程，P_τ 称为制动力。

放松制动踏板后，回位弹簧将制动蹄拉回原来位置，摩擦片与制动毂之间产生间隙，制动力矩消失，制动被解除。

此外，制动力 P_τ 还会使车辆产生俯倾（即前部下降、后部抬高）现象。故 P_τ 会使前轮垂直载荷增加，后轮垂直载荷减少。显然 P_τ 值越大，这种作用就越大。制动时，P_τ 值随制动器中制动力矩的增大而增大是有限的，这同牵引力一样，不可能超过路面附着力的极限值。即

$$P_\tau \leqslant QG_k$$

式中　Q——车轮与路面的附着系数；

　　　G_k——车轮对路面的垂直载荷。

这说明，当 P_τ 达到附着极限值后，制动力 P_τ 便不会增加了。此时，车轮不再转动，只是沿路而滑移，车轮在路面上留下了一条黑色的拖印，这称为"抱死"现象。实践证明，车轮"抱死"沿路面滑移时，其制动距离不是最短的，还会导致轮胎磨损加快，机械也因此容易产生侧滑而失去行驶稳定性。最短的制动距离是发生在车轮即将被"抱死"的临界状态，这时车轮在路面上留下的痕迹是清晰的压印。制动时为避免出现拖印，应尽量采用点刹，防止车轮"抱死"。为避免出现车轮"抱死"现象，现在一些高级车辆上装有"电子制动防抱死系统（ABS）"，大大地提高了制动性能，随着科学技术的进一步发展，它在工程机械上也将进一步得到推广应用。

四、机械对制动系的基本要求

为确保轮式机械在安全条件下行驶或作业，其制动系统必须满足下列要求。

（1）具有良好的制动性能。制动性能通常是以机械在平坦干燥的沥青或混凝土路面上以一定的车速行驶时制动距离的大小。例如，轻型汽车不大于 7m，重型汽车应不大于 12m，各种机械也有自己不同的制动距离要求。

（2）制动稳定。制动时，不允许有明显的"跑偏"和"甩尾"现象，左、右车轮上的制动力偏差应小于 5%，前、后桥上的制动力分配应合理，保证充分利用各桥载荷。

咨询二　制动器构造原理

一、鼓式制动器

1．轮缸式制动器

（1）单缸双活塞制动器（领从蹄制动器）

如图 6-1-2 所示，当制动毂逆时针旋转时，在轮缸活塞的推力 P 的作用下，两制动蹄被

推开并绕各自支承销旋转紧压在制动毂上，旋转着的制动毂即对两制动蹄分别作用着微元法向反力的等效合力 N_1 和 N_2 以及相应的微元切向反力的等效合力 F_1 和 F_2，由于 F_1 对左蹄支承产生力矩的方向与其促动力 P 产生的制动力矩方向相同，故 F_1 使左蹄增加了制动力矩。而右蹄正好相反，其 F_1 对右蹄支承产生的力矩与促动力 P 对右蹄产生的制动力矩方向相反，即减小了右蹄的制动力矩，所以我们把左蹄称为增势蹄，而把右蹄称为减势蹄。当制动毂反转时，左蹄成为减势蹄，而右蹄成为增势蹄。由于在相同促动力下而左、右蹄的等效合力 N_1 与 N_2 不等（逆时针转时 $N_1>N_2$，顺时针转时 $N_1<N_2$），故称这样的制动器为非平衡式制动器。

对于连续作业的机械因为两蹄制动力矩不同而使得两边摩擦衬片磨损不均匀，要使两蹄片单位压力相等，可采取的措施有：右摩擦衬片比左摩擦衬片短一些；制动分泵左边活塞直径比右活塞直径小一些。

这种制动器结构简单、可靠，机械前进和后退的制动效能相同，适用于往复循环作业的机械，磨损后调整较方便。

（2）双缸双活塞制动器（双向双领蹄制动器）

如图 6-1-3 所示，其特点是无论制动毂正、反转均能借蹄鼓摩擦力起增势作用，且增势力大小相同，因而称其为平衡式制动器。

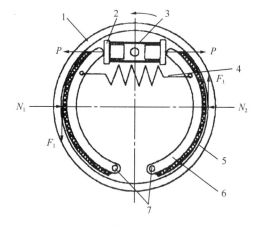

图 6-1-2　单缸双活塞制动器

1—制动毂；2—轮缸活塞；3—制动轮缸；

4—复位弹簧；5—摩擦片；6—制动蹄；7—支承销

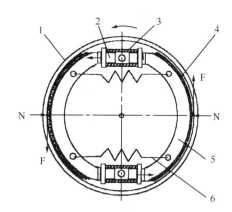

图 6-1-3　双缸双活塞制动器

1—制动毂；2—轮缸活塞；3—制动轮缸；

4—摩擦片；5—制动蹄；6—复位弹簧

早期生产的 ZL50 装载机的采用这种车轮制动器。主要由制动毂、制动蹄、定位销、支承销、制动分泵及调整装置等组成。其中制动毂为旋转件，与轮毂一起转动，其他均固定在制动底板上，不旋转，且均成双按中心对称布置。两制动蹄靠定位销保持在同制动毂轴线相垂直的平面内，并用支承销支承，两端都没有固定支点，靠回位弹簧拉紧使其压靠在相应的支承销和调整装置的螺杆上。在制动分泵弹簧的作用下，使推杆外端凹槽与制动蹄两端分别抵住（图 6-1-4）。

机械前进时制动，两分泵活塞在油压作用下，向外推出使两蹄压向制动毂。由于此时制动毂逆时针旋转，在制动毂的摩擦作用下，使两蹄绕车轮中心作逆时针转动，直至顶住相应的调整螺杆为止。这时左蹄以下端调整螺杆为支点张开，右蹄以上端调整螺杆为支点张开同时压紧在制动毂上，于是产生制动力矩使车轮制动。此时两蹄均为增势蹄。

倒车制动时，制动毂作用于两蹄的摩擦力方向与上述相反，使两蹄绕车轮中心作顺时针方向转动，直至顶住相应的支承销为止，这时，两蹄仍然都是增势蹄，制动效能与前进时一样。

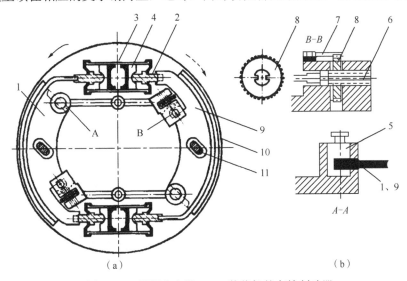

图 6-1-4　早期生产的 ZL50 装载机的车轮制动器

1、9—蹄；2—短桩；3—制动分泵；4—活塞；5—支承销；6—调整螺杆；7—弹簧片；8—螺母；10—制动毂；11—定位销

这种制动器制动时，由于制动毂受两制动蹄的作用力能自动平衡，且进、退制动效能一样，故为对称平衡式制动器。它的优点是轮毂轴承不受任何附加载荷，摩擦片磨损均匀，制动效能比非平衡式要高。其缺点是结构较复杂。

制动器间隙不当应及时进行调整，间隙的调整可通过拨转调整齿轮来实现。由于调整齿轮是拧在调整螺杆上，其两端面又被座板挡住而不能轴向移动，因此转动调整齿轮，可使调整齿轮及压靠在螺杆上的制动蹄一起左、右移动，从而改变制动毂与制动蹄之间的间隙。

拨转调整齿轮，顺时针拨转齿轮则间隙增大，逆时针拨转齿轮则间隙减小。拨转齿轮的同时，用厚薄规从检查孔处测量间隙是否调整正常，正常间隙为 0.5mm。

在调整齿轮上压有一个片弹簧，齿轮每拨转过一齿，弹簧片起落一次，其作用是防止调整好后齿轮自行转动。

（3）双向自动增力式制动器

如图 6-1-5 所示，它仍然是单缸双活塞油缸，但结构不同。它有支承销和顶杆，在这样的结构下，如轮毂顺时针旋转，则前制动蹄和后制动蹄均为增势蹄，但后制动蹄增势大于前制动蹄，反之制动毂逆时针转动时前制动蹄的增势大于后制动蹄。对运输车辆来说，前进制动远多于倒车制动。故把前进制动时增势较大的蹄摩擦面积做得较大，以使两蹄能磨损均匀。这种制动器的特点是制动力矩增加过猛，制动平顺性较差，且摩擦系数稍有降低，则制动力矩急剧下降。

74式装载机的车轮制动器采用的是自

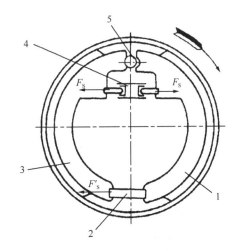

图 6-1-5　双向自增力式制动器

1—前制动蹄；2—顶杆；3—后制动蹄；4—轮缸；5—支承销

动增力式制动器，其结构主要由制动毂、制动蹄、制动分泵、调整器、挡块和回位弹簧等组成（图6-1-6）。

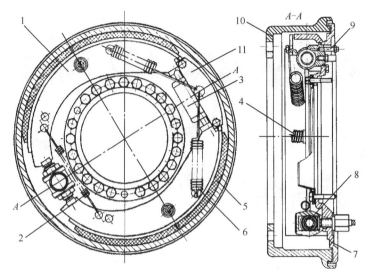

图 6-1-6　74 式装载机车轮制动器

1—制动蹄；2、6—回位弹簧；3—分泵；4—弹簧；5—摩擦片；7—制动底板；8—调整器；9—放气螺钉；10—制动毂；11—挡块

　　制动分泵、挡块和调整器都固定在制动底板上。两制动蹄的上、下端没有固定支点，靠回位弹簧的拉紧，上端靠在挡块上，下端靠在调整器推杆两端的凹形槽内。调整器的推杆能轴向移动，且其长度可以进行调整。分泵活塞推两蹄张开压到制动毂上，此时两蹄上端都离开挡块，旋转着的制动毂便带动两制动蹄沿旋转方向绕车轮中心转过一个角度，直到后蹄上端又顶靠在挡块为止，然后蹄与毂进一步压紧。这时前蹄（图中为右蹄）为一般的增势蹄，但因支承是能轴向移动的推杆，该推杆能将前蹄作用于它的推力 Q 完全传到前蹄的下端。由于前蹄的增势作用，推力 Q 要比张开力 P_1 大得多，于是也是增势蹄的后蹄，在更大的推力 Q 的作用下压紧在制动毂上，所产生的制动力矩比前蹄更大。所以整个制动效果比平衡式制动器还要高。

　　倒车制动时，只是两蹄的工作状态互相转换，同时产生自动增力的效果，其制动效能与前进制动时相同。

　　该形式的制动器，由于制动时能自动增加制动力矩，所以称为自动增力式制动器。这种制动器的优点是有较高的制动效能，因而可以缩小制动分泵等机构的尺寸，而且不论前进还是后退，制动效能相同，故适用于往复运动作业及需要较大制动力矩的工程机械上；缺点是制动不够平顺，制动效能受摩擦系数的影响较大，当摩擦系数稍有降低时（如制动器内进入油、水等），就会使增力效果显著下降，从而使制动效能明显变差。

　　制动器间隙通过调整器调整。调整器主要由外壳、螺管、推杆、调整齿轮和调整杆等组成（图6-1-7）。

　　外壳固定在制动底板上，壳内装有螺管。螺管可在壳内轴向移动，不制动时在弹簧作用下处于中间位置。螺管内圆制有螺纹，其左端是右螺纹，右端是左螺纹，上面分别装有左、右推杆。由于两端螺纹方向相反，当螺管转动时，则两端的推杆可同时向外伸出或向内收缩。螺管外圆制有花键槽，调整齿轮以内齿套在上面，外齿和调整杆上的齿轮相啮合。

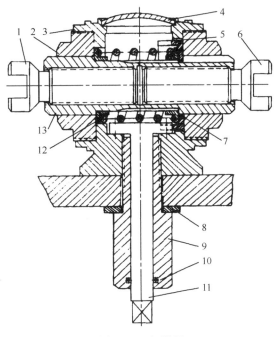

图 6-1-7　调整器

1—左螺纹推杆；2—螺母；3—外壳；4—盖；5—调整齿轮；6—右螺纹推杆；7—弹簧座；8—弹簧垫；9—固定螺；

10—O 形密封圈；11—调整杆；12—弹簧；13—螺管

转动调整杆，使推杆两端伸出或收缩即可改变制动器间隙的大小。74 式装载机车轮制动器上没有开设间隙检查孔，调整时，应调到车轮既能自由转动又能制动良好为止。

2．凸轮式制动器

图 6-1-8 为凸轮式制动器，推力 P_1 和 P_2 由凸轮旋转而产生。若制动毂为逆时针旋转，则左制动蹄为紧蹄、右制动蹄为松蹄。但在使用一段时间之后，受力大的紧蹄必然磨损快，由于凸轮两侧曲线形状是中心对称，即两端结构和安装的轴对称，故凸轮顶开两蹄的距离应相等。经过一段时间的磨损，最终导致 $N_1 = N_2$、$F_1 = F_2$，使制动器由非平衡式变为平衡式。如果制动毂反转，道理相同。

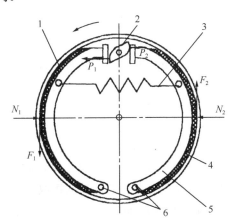

图 6-1-8　凸轮式制动器

1—制动毂；2—凸轮；3—复位弹簧；4—摩擦片；5—制动蹄；6—支承销

图 6-1-9 为 CL7 铲运机前制动器，制动毂与车轮相连。左制动蹄、右制动蹄下端的腹板孔内压入青铜套；支承销的左端活套着左制动蹄，右端固定于制动底板上；为防止制动蹄轴向脱出，装有垫板、锁销。这样，制动蹄可以绕支承销旋转。制动蹄的中部通过复位弹簧紧拉左、右制动蹄，使其上端紧靠在 S 状凸轮上。图 6-1-9 正是解除制动状态，制动蹄上的摩擦衬片与制动毂之间保持着一定间隙。

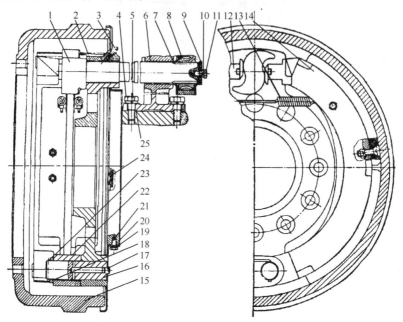

图 6-1-9　CL7 铲运机前制动器

1—制动凸轮；2—制动底板；3—油嘴；4、11、21—螺钉；5、10、20—弹性垫圈；6—凸轮轴支承架；7—调整臂盖；

8—调整壁内涡轮；9—调整臂端盖；12—左制动蹄；13—复位弹簧；14—右制动蹄；15—制动毂；16—支承销；

17—锥形螺塞；18—垫板；19—挡泥板；22—青铜套；23—锁销；24—橡胶塞；25—凸轮轴支承调整垫片

当制动时，凸轮逆时针旋转，两制动蹄便张开制动。当解除制动时，凸轮返回复位，复位弹簧便使两制动蹄脱离制动毂。

制动器间隙的局部调整装置是在调整臂下部空腔里的涡轮蜗杆机构（图 6-1-10），调整蜗杆的两端支承在调整臂下部空腔壁孔中，且能转动。涡轮用花键与制动凸轮轴外端连接。制动蜗杆便可在调整臂不动的情况下，带动涡轮使制动凸轮轴连同凸轮转过某一角度，两制动蹄也随之相应转过一定角度，从而改变了两制动蹄原有位置，达到所需求的间隙量。蜗杆轴一端轴颈上沿周向有若干个凹坑。当蜗杆每转到与凹坑对准的位于调整臂孔中的钢珠时，钢珠便在弹簧作用下，压入到凹坑里。这样就能保证调好位置的凸轮相对于调整臂的角位置不能自行改变。

图 6-1-11 为 966F 装载机的驻车制动器，它属于凸轮、自增力式制动器，作为停车制动和紧急制动的应急制动。制动毂属于旋转件，其他零件均为固定件。制动底板的凸缘限制左右制动蹄轴向脱出；传力调整杆两端制有左、右旋反向螺纹，它除了传力之外，并兼有调整制动间隙的作用。当行驶时，汽缸中由于压缩空气通过活塞压迫弹簧使凸轮处于"解除制动"位置。当紧急制动时，操作系统中的快速放气阀，使汽缸中压缩空气迅速泄出，弹簧推动活塞、连杆与摇臂，使凸轮旋转而推动左、右蹄片实现制动。当压缩空气压力低于规定值时

（28kPa），气压克服不了弹簧的压力而不能松开制动器，机械便不能行驶，这是为了安全起见而采取的必要措施。

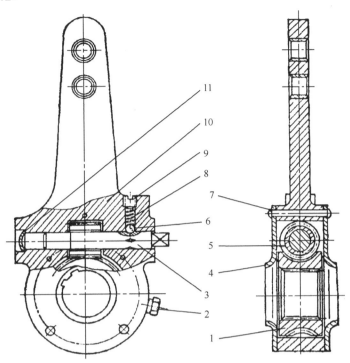

图 6-1-10　C17 铲运机前制动器调整臂组件

1—涡轮；2—锥形蜗塞；3—蜗杆轴；4—调整臂盖；5—蜗杆；

6—钢球；7—铆钉；8—弹簧；9—螺塞；10—调整臂；11—堵塞

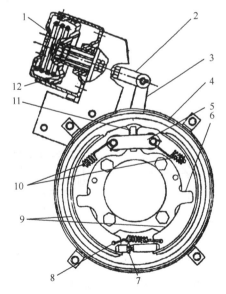

图 6-1-11　966F 装载机驻车制动器

1—弹簧；2—连杆；3—摇臂；4—制动毂；5—挡板；6—制动底板；

7—传力调整杆；8—弹簧；9—制动蹄；10—复位弹簧；11—凸轮；12—活塞

3．楔式制动器

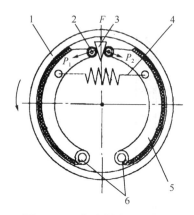

图 6-1-12　楔式制动器示意图

1—制动毂；2—滚动；3—楔块；

4—复位弹簧；5—制动蹄；6—支承销

楔式制动器的基本原理如图 6-1-12 所示，用楔块插入两蹄之间，在 F 力的作用下向下移动，迫使两蹄在分力 P 的作用下向外张开。作为制动楔本身的促动力可以是机械式、液压式或气压式。

图 6-1-13 为 966F 装载机车轮制动器，它是液压促动楔式制动器。它的基本结构与图 6-1-12 完全相同，为非平衡式制动器，只是促动装置不同。制动分泵、左右制动蹄都安装在制动底板上，底板是固定在车桥上的。制动毂是固连在车轮上，随车轮一起转动。其促动装置如图 6-1-13（b）所示。活塞上腔为压力油缸，压力油由进油口进入；活塞杆的中部套有复位弹簧，它的下端是支承在分泵体上；活塞杆的下端装有两个滚轮，滚轮是压在柱塞楔形槽的斜面上；调整套的外圆面制成螺旋角

较小的齿轮，其齿形为锯齿，它与卡销端面的齿相啮合，弹簧迫使卡销始终压在调整套的外齿上。调整套外齿顶圆柱面与柱塞内圆柱面为滑动配合；调节螺钉与调整套是螺纹配合，其螺旋方向与调整套外锯齿旋向相同。

制动时，压力油推动活塞克服弹簧弹力，推动滚轮下行，在楔形槽的斜面的作用下，柱塞通过锯齿斜面压下卡销而外移，实现制动。解除制动时，压力油卸压；在活塞复位弹簧和制动蹄复位弹簧的作用下，各部件回位，制动解除。

当摩擦衬片严重磨损时，调整套的外伸量加大，卡销的端面轮齿将从调整套的原来齿槽跳入下一个相邻齿槽。由于锯齿垂直面的作用，调整套回位时，无法压下卡销，只能在螺纹的作用下自身旋转，从而使不能转动的调节螺钉旋出，这样便自动调整了制动间隙。

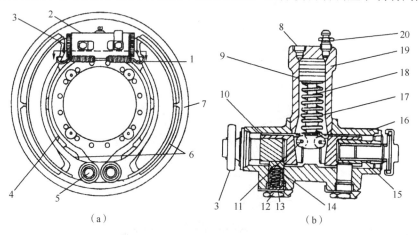

（a）　　　　　　　　　　　（b）

图 6-1-13　966F 装载机车轮制动器

1—制动蹄复位弹簧；2—制动分泵；3—调节螺钉；4—制动底板；5—支承销；6—制动蹄；7—制动毂；

8—进油口；9—活塞；10—柱塞；11—滚轮；12—固定纵塞；13、17—弹簧；14—卡销；15—调整套；16—分泵体；

18—活塞杆；19—缸体；20—放气螺塞

二、盘式制动器

1. 钳盘式制动器

工程机械上，钳盘式制动器应用日益增多，铰接式装载机系列 Z20～Z90 中大多已采用钳盘式制动器。图 6-1-14 为钳盘式制动器。制动件就像一把钳子，夹住制动盘，从而产生制动力矩。钳盘式制动器又可分为定钳盘式和浮动钳盘式两类。

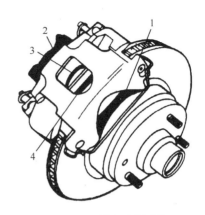

固定钳式制动器结构如图 6-1-15 所示，制动钳固定安装在车桥上，既不旋转，也不能沿制动盘轴向移动，因而必须在制动盘两侧都设制动油缸，以便将两侧制动块压向制动盘。

浮钳盘式制动器如图 6-1-16 所示，制动钳可以相对制动盘轴向滑动，在制动盘内侧设置油缸，而外侧的制动块则附装在钳体上。这种结构因为它只有一侧有活塞，故结构简单，质量轻。

图 6-1-14　钳盘式制动器

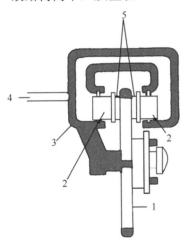

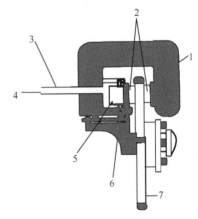

图 6-1-15　固定式制动卡钳结构

1—制动盘；2—活塞；3—制动卡钳；

4—液压力；5—摩擦块

图 6-1-16　浮动式制动卡钳剖面图

1—制动卡钳；2、5—活塞；3—制动管；4—液压力；

6—活塞密封；7—制动盘

对于钳盘式制动器，制动与不制动实际引起制动钳和活塞的运动量非常小，制动力解除时，活塞相对制动钳的回位，是靠密封圈来完成的。如图 6-1-17 所示制动时，活塞密封圈变形弯曲。解除制动时，密封圈变形复原拉回活塞和衬片。如果摩擦衬片磨损，则活塞在液压力的作用下，将向外多移出一段距离压制动盘，而回位量不变。这是由于密封圈复原变形量不变。这样，可始终保持摩擦片与制动盘的间隙不变，即有自动调整间隙功能。

为保证制动盘的冷却性能，有的把制动盘做成双层，内布有径向接盘，以起离心风扇作用（图 6-1-18），加强空气流过制动盘以利冷却。

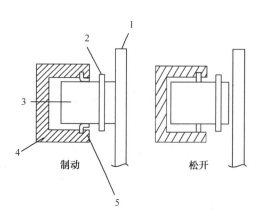

图 6-1-17　制动卡钳活塞密封圈的工作

图 6-1-18　空气流过通风的制动盘

1—制动盘；2—摩擦块；3—活塞；4—制动钳缸筒；5—密封圈

2. 多片全盘式制动器

　　轮式工程机械的主制动装置一般都置于车轮内侧由操纵人员用脚控制。其传统结构为蹄式，但蹄式受轮毂尺寸限制难以增加摩擦面积，因此现代工程机械不少采用多片全盘式制动器。多片全盘油冷全密封式制动器如图 6-1-19 所示，广泛用于轮胎式推土机、自动平地机、大型装载机、工程用重型越野车等。它的驱动方式可以是气液式或全动力液压式。它具有摩擦面积大、结构紧凑、外形尺寸小、密封性好、结构刚度大、衬片磨损均匀、制动效能不受旋转方向影响。制动效果好、无须调整、寿命长的优点。相对而言结构复杂、造价较高。

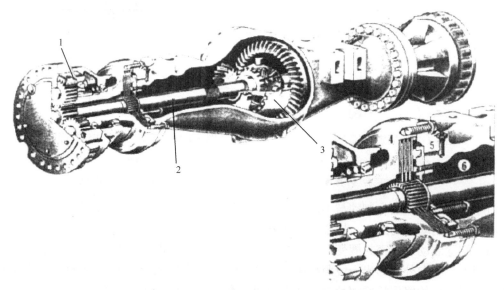

图 6-1-19　980 装载机多片制动器布置

1—轮边减速器；2—半轴；3—差速器；4—油冷多片盘式制动器；5—液压活塞；6—制动油液存储处

　　多片全盘式制动器摩擦副的固定元件和旋转元件都是圆盘，其结构原理与摩擦离合器相似，如图 6-1-20 所示。

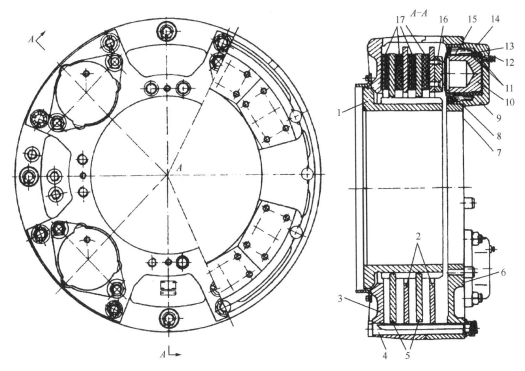

图 6-1-20　梅西尔多片全盘式制动器

1—旋转花键毂；2—固定盘；3—外侧壳体；4—带键螺栓；5—旋转盘；6—内侧壳体；7—调整螺圈套；8—活塞套筒复位弹簧；
9—活塞套筒；10—活塞；11—活塞密封圈；12—放气阀；13—套筒密封圈；14—油缸体；15—固定弹簧盘；16—垫块；17—摩擦片

制动器壳体由盆状的外侧壳体和内侧壳体组成，用 12 个带键螺栓连接，而后通过外侧壳体固定于车桥上。每个螺栓上都铣切出一个平键。装配时，两个固定盘以外周缘上的 12 个键槽与 12 个螺栓上的平键作动配合，从而固定了其角位置，但可以轴向自由滑动。两面都铆有 8 块扇形摩擦片的两个旋转盘与旋转花键毂借滑动花键连接。花键毂则固定于车轮轮毂上。

内侧壳体上装有 4 个油缸。不制动时，活塞套筒由复位弹簧推到外极限位置。活塞套筒的台肩与固定弹簧盘之间留有的间隙等于制动器间隙，为设定时完全制动所需活塞行程。带有 3 个密封圈的活塞与套筒作动配合。

制动时，油缸活塞连同套筒在液压作用下，压缩复位弹簧，将所有的固定盘和旋转盘都推向外侧壳体（实际上是一个单面工作的固定盘）。各盘互相压紧而实现完全制动时，油缸中的间隙消失。解除制动时，复位弹簧使活塞和套筒回位。

在制动器有过量间隙的情况下制动时，间隙一旦消失，活塞套筒即停止移动，但活塞仍能在液压作用下克服密封圈与套筒间的摩擦阻力而相对于套筒继续移动到完全制动为止。解除制动时，套筒在复位弹簧作用下恢复原位，而活塞与套筒的相对位移却不可逆转。于是制动器过量间隙不复存在。

图 6-1-21 为湿式多盘失压制动器。它除了具有普通型湿式多盘制动器的特点外，还可以使液压制动系统大大简化，不需要第二制动系统。工作制动、停车制动和紧急制动都由此制动器完成，无须另加停车制动器，给总体布置带来方便。湿式多盘失压制动器在结构上采用弹簧操纵制动，当制动管路中的油压达到额定值时，推动活塞压缩弹簧施放制动。踏下制动踏板时，油压卸荷，弹簧即刻推动活塞压紧摩擦片制动。当制动管路无论任何原因失压时，

制动器均能自动施加制动，确保了车辆行驶安全。但由于该制动器采用弹簧操纵制动，制动不柔和；另外弹簧长期承受疲劳载荷，故对其刚度、抗疲劳强度要求均较高。

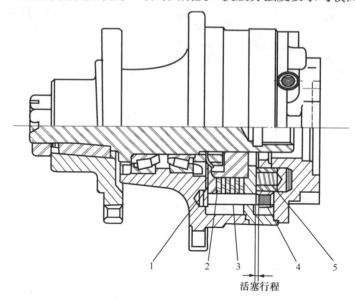

图 6-1-21　湿式多盘失压制动器

1—主压盘；2—摩擦片；3—固定盘；4—活塞；5—弹簧

有的铰接式装载机的多片全盘式制动器装在差速器和轮边减速器之间。这样装配的优点如下：

① 需要的制动力矩减小，发热减少。

② 改善了油冷却液的循环，增强了摩擦片的冷却效果。桥壳作为制动支撑板，因为厚度增大使热容量增大，进一步增强了冷却效果，使制动器经久耐用。

③ 零件减少，并可将半轴、终传动、制动器一体拆下，保养维修方便。

④ 不需要日常保养润滑。

盘式制动器与蹄式制动器相比，有以下优点：

① 一般无摩擦助势作用，因而制动器效能受摩擦系数的影响较小，即效能较稳定。

② 浸水后效能降低较少，而且只需经一两次制动即可恢复正常。

③ 在输出制动力矩相同的情况下，尺寸和质量一般较小。

④ 制动盘沿厚度方向的热膨胀量极小，不会像制动毂的热膨胀那样使制动器间隙明显增加而导致制动踏板行程过大。

⑤ 较容易实现间隙自动调整，其他维护、修理作业也较简便。

盘式制动器不足之处有以下几点：

① 效能较低，故用于液压制动系时所需制动促动管路压力较高，一般要用伺服装置。

② 兼用于驻车制动时，需要加装的驻车制动传动装置较鼓式制动器复杂，因而在后轮上的应用受到限制。

实践训练 13　制动器维修

一、蹄式制动器的调整

以 CA1091 型汽车为例，当制动室推杆行程前轮大于 35mm（理想值为 20~25mm），后轮大于 40mm（理想值为 25~30mm），应进行调整制动间隙（图 6-1-22）。

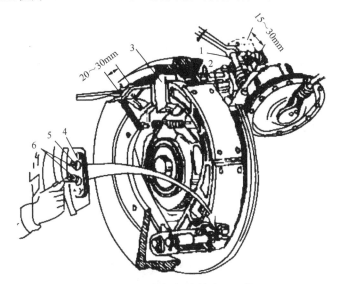

图 6-1-22　汽车车轮制动器调整

1—蜗杆；2—凸轮轴；3—凸轮；4—锁紧螺母；5—蹄片支承销；6—支承销标记

（1）全面调整

① 全面调整时，首先架起车桥，使制动毂能自由转动。

② 松开紧固蹄片支承销轴锁母。

③ 松开凸轮支承座紧固螺栓的螺母。

④ 将制动室推杆连接叉和制动调整臂脱开。

⑤ 转动蹄片支承销轴使轴端标记位于相互靠近的位置。

⑥ 取下调整臂的防尘罩，将锁套推进至露出蜗杆轴的六方头，用扳手转动蜗杆轴，使蹄片压向制动毂，从制动毂的检查孔中用厚薄规检查每个蹄片两端与制动毂是否贴紧，如果蹄片支承销轴端发现间隙，用转动蹄片支承销轴的方法消除；在调整好的位置上拧紧蹄片支承销螺母和凸轮支承紧固螺栓螺母。

⑦ 连接制动室推杆连接叉和调整臂，用手转动蜗杆轴，使制动毂与蹄片在两端保持如下的间隙:靠近凸轮轴一端应为 0.4~0.7mm。调整后，用锁止套锁住蜗杆并套上防尘罩。

（2）局部调整

①架起车桥，使制动毂能自由转动，用规定厚度的厚薄规通过制动毂上的检查孔，在蹄片两端检查间隙。

② 取下调整臂的防尘罩。

③ 推进调整臂的锁止套，用扳手转动蜗杆轴，使制动毂与蹄片间的间隙保持在上述范围。

④ 用锁止套锁紧蜗杆轴，套上防尘罩。

（3）注意事项

① 局部调整时，不要拧动蹄片支承销轴。

② 一旦蹄片支承销轴的安装位置改变，就必须进行全面调整。

③ 为使左、右车轮具有相同的制动效果，应尽量做到左、右制动室推杆行程在同一桥中差别最小（一般不应超过 5mm）。

④ 禁止用改变推杆长度的方法调整制动器。

二、手制动器调整

以平地机为例，如图 6-1-23 所示，手制动的测试是将手柄向上拉到第 4 个齿槽，即达到全部的制动力。如果用正常的拉力，手柄超过第 6 个齿槽，则手制动就必须调整：

把锁紧螺母拧松几圈，拆去销子，使接叉脱离钳杆，并把拧紧数圈，再把接叉放到钳杆上，装上销子，再拧紧缩紧螺母。

使用手制动时，在钳杆碰到上部挡板之前，就必须更换手制动衬片，否则制动力还没有达到，钳杆就不能继续运动而制动力不足。

松开螺栓，取下压板。沿着钳杆的方向，取出挡板，使钳杆松开，直到制动衬片掉出来为止。更换新的制动衬片，推入挡板并用压板固定，螺栓必须用防松剂紧固。扭矩为 23～25N·m。

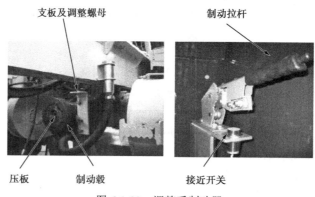

图 6-1-23　调整手制动器

三、蹄式制动器的拆装检修

以 74 式挖掘机凸轮式制动器为例

1. 蹄式制动器的分解

（1）将车支起，拆下轮胎和制动毂。

（2）必要时卸下轮边减速器。

（3）拆下制动蹄凸轮端复位弹簧和支承销端止动片，取下制动蹄。

（4）卸下制动臂和凸轮轴。

2. 制动毂的损伤、检验及修理

制动器在使用过程中，由于蹄片与制动毂的互相摩擦，引起制动毂工作表面磨损，产生圆度和圆柱度误差；在长时间制动时，制动毂会产生高温，使制动毂强度下降；若制动过猛，可能导致制动毂产生裂纹；过硬的摩擦片或铆钉外露，会加剧制动毂磨损或刮伤。上述损伤都会使制动效能降低、制动跑偏、产生异响和振抖。

制动毂的检验主要是测量磨损后的最大直径和圆度、圆柱度，可用游标卡尺或弓形内径规测量，弓形内径规用法与量缸表类似。当制动毂圆度超过 0.25mm；工作表面有较深的沟槽；与轮毂轴承的同轴度超过 0.5mm 时，应进行搪削。74 式挖掘机制动毂的标准尺寸为 $403_{+0.40}^{0}$mm，最大搪削尺寸为 $409_{+0.40}^{0}$mm。制动毂出现裂纹、严重变形、内径超过最大修理尺寸时，均应更换新件。

搪削制动毂可在车床或专用搪鼓机上进行。搪削时应以轮毂轴承座孔为定位基准，以保证同轴度要求。搪削后内径增大，为保证强度，设计时已考虑修理时有 2～4 次（4～6mm）搪削量，对内径加大超过 2mm 的制动毂，应配用加厚的摩擦片。

3．制动蹄的修理

制动蹄摩擦片在使用中将因长期剧烈摩擦而磨损，当磨损严重（一般指铆钉头埋进深度减小至 0.50mm 以下）以及油污过甚、烧焦变质、裂纹等，使摩擦系数下降、制动效能降低时，应更换新片。

制动蹄摩擦片的铆合与铆离合器片相同。为防止在使用中摩擦片断裂和保持散热良好，铆合时蹄与片必须贴紧，摩擦片与蹄之间不允许有大于 0.12mm 的间隙。为此，所选摩擦片的曲率应与制动蹄相同。铆接时应用专用夹具夹紧，由中间向两端依次铆固。同一车辆，特别是同一车桥车轮，选用的摩擦片材质应相同，以保证制动效能一致。

制动蹄修复时，还应检查其支承销孔和与制动凸轮相接触表面的磨损情况。支承销孔磨损过大，与销的配合间隙达 0.25～0.40mm 时应进行修复，可采用扩孔镶套或更换衬套的方法。支承销轴的工作面在直径方向磨损达 0.15mm 时，应修复或更换。与制动凸轮相接触的平面磨损严重时可采用焊修，焊后加工修整。

此外，制动蹄复位弹簧弹力衰退应换新。

4．蹄式制动器装配

装配前除摩擦片及制动毂工作表面外，对其他零件应进行清洗。

装气压式凸轮驱动蹄式制动器时，首先在后桥壳上或转向节上装复制动凸轮轴支架、凸轮轴、调整臂和气室；然后在制动底板上装复制动蹄固定销轴、制动蹄及复位弹簧；最后将轮毂装复并按要求调整好轴承间隙。在装配过程中要注意以下几点：

（1）左右制动凸轮圆弧位置不同，勿装错；凸轮轴中心应与两支承架座孔保持同心，以保证凸轮轴转动灵活。

（2）在轮毂安装前，轴承上要填满润滑脂，但在轮毂内腔只涂薄薄一层润滑脂即可；油封应完好，以防润滑脂流向制动毂，引起制动失灵。

（3）轮毂装上后，应对轴承轴向间隙进行调整，其方法是将调整螺母拧到底，再退回 1/6～1/4 圈，转动轮毂应灵活，无轴向间隙感即可。

（4）为了便于安装制动毂，应调整凸轮，使制动蹄处于最小张开位置。蹄片装到轴上时，蹄片轴的工作表面应涂上一薄层 2 号锂基脂，多余的应除掉。

液压驱动蹄式制动器装配过程与气压式制动器装配过程相类似。

5．调整

制动蹄片与制动毂间隙为 0.5～0.8mm。调整可通过改变制动汽缸的推杆长度来实现的。

采用改变推杆长度的方法时，将连接销拔出，松开锁紧螺母，拧进调整叉间隙变大，反之变小。

二、盘式制动器的检修

1. 全盘式制动器的检修

以 SH380 型汽车制动器为例介绍其检修方法。

当车辆行驶一定里程后，应检查管接头、制动分泵和放气螺钉等处有无漏油现象；制动器里、外盖上通风口是否被尘土堵塞，以避免积水使内部零件锈蚀。

盘式制动器零件的主要损伤是摩擦片磨损、制动盘变形；固定盘和转动盘花键卡住；分泵活塞和油缸工作表面磨损，活塞皮碗密封不严；分泵自动调整间隙复位机构失灵等。

图 6-1-24 摩擦片磨损情况检验

检查摩擦片的磨损量时，可从外盖上的检查孔中用深度尺来测量（图 6-1-24）。

在制动状态时，制动器外盖平面到第一片固定盘之间的距离，当制动器为新摩擦片时约为 40mm；当摩擦片磨损后，该距离增大到约为 65mm 时，则应拆卸制动器，检查各组摩擦片的实际磨损情况。如摩擦片磨损到接近于铆钉头时，应予更换。

检查制动器分离是否彻底，可将后桥顶起，放松制动器，从车轮自由转动过程中观察制动器分离是否彻底或是否有卡死现象。如有，应拆卸，仔细检查有关零件。

转动盘表面平整光滑、变形量不大时，可继续使用；摆差大于 0.05mm 时应车磨修整。

分泵自动调整间隙复位机构紧固片碎裂或与紧固轴配合紧度不够时，应更换损坏的零件。制动分泵组装后，应重新进行调整。调整时可用专用扳手，旋动调整螺母（图 6-1-25），使螺母拧到底与弹簧座接触后，再逆时针退回 $2\frac{1}{5}$ 圈，使螺母与弹簧座间的间隙为 3～3.5mm，即为制动器摩擦盘分离时的总间隙。

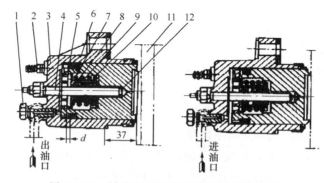

图 6-1-25 制动分泵及自动调整间隙复位机构

1—进油螺钉；2—放气螺钉；3—缸体；4—紧固轴；5—调整螺母；6—活塞皮碗；

7—复位弹簧；8—弹簧座；9—紧固垫片；10—套筒；11—制动器第一片固定盘；12—活塞

2．钳盘式制动器的拆装检修

钳盘式制动器冷却好，烧蚀、变形小，制动力矩稳定，维修方便。故大部分轮式机械和汽车采用该种制动器。如 ZL20 型、ZL30 型、ZL40 型、ZL50 型、ZL70 型、ZL90 型等装载机都采用钳盘式制动器。以 ZL40 型制动器为例。

（1）钳盘式制动器分解

制动钳总成分解时，可视情况分两种方式：第一种是将制动钳总成从车桥上拆下后，再进行分解。这种方式需将轮胎螺母松开。并将轮胎向外侧移动一段距离，而后卸下夹钳与桥壳的固定螺栓，方可将制动钳总成取下。第二种是就车进行分解。其步骤如下：

① 拆下放气嘴和管接头。

② 卸下夹钳一端的两个止动螺钉，用 M10 螺栓拧进销轴中。

③ 拨出销轴，取下摩擦片。

④ 记住上、下油缸盖的位置。卸下油缸盖并取下 O 形密封圈。

⑤ 从夹钳外边的孔往里将活塞顶出，从孔内取下矩形密封圈和防尘圈。

⑥ 经检验，夹钳如需修理或更换，拆卸方法按第一种方式进行。

（2）钳盘式制动器装配要点：

① 装配前在活塞和活塞孔内涂上植物性制动液。

② 装 O 形密封圈，注意密封圈不得扭曲。

③ 装摩擦片时，注意：先将一块摩擦片放入一侧，穿入螺栓，再插入另一块摩擦片，拧紧螺栓并固定。

④ 分别装上放气嘴和制动油管，注意放气嘴应朝上。

（3）钳盘式制动器的维护

① 清除制动钳和制动器护罩上的油污积垢，检查并按规定转矩拧紧制动钳紧固螺栓和导向销，支架不得歪斜。

② 检查液压分泵，不得有任何泄漏，制动后活塞能灵活复位，无卡滞，复位行程一般应达 0.10～0.15mm；橡胶防尘罩应完好，不得有任何老化、破裂，否则更换。

③ 检视制动盘，工作面不得有可见裂纹或明显拉痕起槽。若有阶梯形磨损，磨损量超过 0.50mm、平行度超过 0.07mm（或超过原厂规定）、端面跳动超过 0.12mm（或原厂规定）时，应拆下制动盘修磨，如制动盘厚度减薄至使用极限以下时，则应更换新件。

④ 检视摩擦片。检查内外摩擦片，两端定位卡簧应安装完好，无折断、脱落。

有下列情况之一时，应更换摩擦片：

a．摩擦片磨损量超过原厂规定极限，或黏结形摩擦片剩余厚度在 2mm 以下，有铆钉者铆钉头埋进深度 1mm 以下时。

b．制动效能不足、下降，应检查摩擦片表面是否析出胶质生成胶膜、析出石墨形成硬膜，如是，也应更换摩擦片。

c．检查调整轮毂轴向间隙应符合所属车型规定。踩下制动踏板随即放松，车轮制动器应在 0.8s 内解除制动，用 5～10N 的力应能转动制动盘。

（4）检修分泵总成

① 拆去制动软管、制动油管，拆下制动钳总成。

② 用压缩空气从分泵进油口处施加压力，压出分泵活塞。压出时，在活塞出口前垫上木块，防止其撞伤。

③ 用酒精清洗分泵泵筒和活塞。

④ 检查分泵泵筒内壁，应无拉痕，若有锈斑可用细砂纸磨去。若有严重腐蚀、磨损或沟槽时，应更换泵体。

⑤ 检查泵筒和活塞橡胶密封圈，若有老化、变形、溶胀时，应更换密封圈。

⑥ 检查活塞表面，应平滑光洁。不准用砂纸打磨活塞表面。

⑦ 彻底清洗零件，按解体逆顺序装合活塞总成。装合时，各密封圈、泵筒内壁与活塞表面应涂洁净的锂基乙二醇润滑油或制动液；各密封圈应仔细贴合装入环槽。再用专用工具将活塞压入分泵体，最后装好端部密封件和橡胶防尘罩。

任务思考题 12

1. 工程机械制动系的作用是什么？主要由哪几部分构成？有些什么类型？
2. 简述制动系工作原理。
3. 鼓式制动器有哪些常见形式？各有何特点？
4. 什么是助势蹄、减势蹄？
5. 解释制动间隙，并说明各类制动器是如何调整制动间隙的。
6. 简述盘式制动器的类型及结构特点。
7. 举例说明钳盘式制动器摩擦片的更换步骤。
8. 如何检修制动器？
9. 查资料简述驻车制动有几种形式？分别列出一种所对应的车型，并说明其调整部位。
10. 查阅《机动车运行安全技术条件》最新修订本中对制动系的技术要求。

任务二　液压式制动传动机构构造与维修

知识目标：

1. 学会描述人力液压传动机构构造及原理。
2. 学会描述真空助力传动机构构造及原理。
3. 学会描述全液压制动系特点、构造及原理。
4. 学会分析液压制动系常见故障原因。

技能目标：

1. 能够正确维护调整制动系。
2. 能够正确拆装制动系。
3. 能够对制动系主要零部件进行检验。
4. 能够对制动系常见故障进行正确诊断和排除。

任务咨询：

咨询一　液压式制动传动机构构造原理

一、人力液压式制动传动机构

液压制动装置利用液压油，将驾驶员肌体的力通过制动踏板转换为液压力，再通过管路传至车轮制动器，车轮制动器再将液压力转变为制动蹄张开的机械推力，使制动蹄摩擦片与制动毂产生摩擦（将机械能转换成热能而消耗），从而产生阻止车轮转动的力矩。

当驾驶员踏下制动踏板时，推杆推动制动主缸活塞使制动液升压，通过管道将液压力传至制动轮缸，轮缸活塞在制动液挤压的作用下将制动蹄片摩擦片压紧制动毂形成制动，根据驾驶员施加于踏板力矩的大小，使车轮减速或停车。

当驾驶员放开踏板，制动蹄和分泵活塞在回位弹簧作用下回位，制动液压回到总泵，制动解除。

液压制动传动主要优点有以下几方面。

（1）反应灵敏，基本无滞后，随动性好。

（2）制动柔和，行驶平稳。

（3）节约能源。

（4）结构简单、维修方便、成本低。

（5）非簧载质量轻，行驶舒适性好、使用方便。

其缺点主要是液压油低温流动性差，高温易产生气阻，如有空气侵入或漏油会降低制动效能。

人力液压式制动驱动系统适用于总重小于 50～80kN 的轮式工程机械。工程机械中采用人力液压式制动传动机构的有早期生产的 PY—160 平地机。

人力液压式制动驱动系统主要是利用专用的制动油液作为传力介质，将驾驶员作用于制动踏板上的力转变为液体的压力，并将其放大后传给制动器，使机械制动。PY—160 平地机的液压式制动传动机构主要由制动总泵、制动分泵、制动踏板及油管等组成（图 6-2-1）。

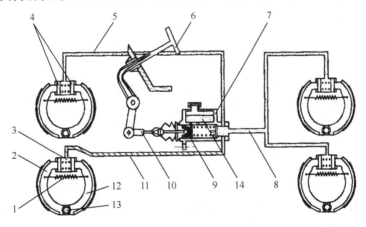

图 6-2-1　液压式制动传动机构

1—回位弹簧；2、12—制动蹄；3—制动分泵；4、9—活塞；

5、8、11—油管；6—制动踏板；7—制动总泵；10—推杆；13—支承销；14—储油室

1．制动总泵

（1）结构

制动总泵（也称为制动主缸）如图 6-2-2 所示，泵体上部为储油室，下部为活塞缸。储油室盖上有加油口，口上拧有带通气孔及挡板的螺塞。活塞缸上有补偿孔和平衡孔与储油室相通，右端通过油管与制动分泵相通。

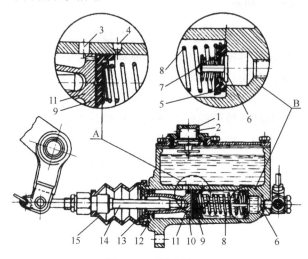

图 6-2-2　制动总泵

1—螺塞；2—通气孔；3—补偿孔；4—平衡孔；5—回油阀；6—出油阀；7—出油阀弹簧；8—活塞回位弹簧；

9—皮碗；10—活塞上小孔；11—活塞；12—橡胶密封圈；13—挡圈；14—推杆；15—橡胶防护罩

活塞装在活塞缸内，为了防止制动液泄漏，活塞左端环槽内装有橡胶密封圈，左端装有垫圈并由挡圈限位，活塞中部较细，与缸筒形成环形油室，活塞右端顶部有 6 个小孔，被铆在活塞右端面上的六叶形弹性钢片盖住。钢片右端面装有橡胶皮碗，皮碗圆周上中部有 1 条环形槽，环形槽向前有 6 条纵槽。回位弹簧抵紧皮碗，并将活塞推靠在挡圈上，因而辐状钢片形成单向阀门（即制动液只能由环形油室流向活塞右方而不能反向流动）。回位弹簧大端装着复式阀门，与出油口抵紧。

不制动时，活塞及橡胶皮碗正好位于平衡孔与补偿孔之间，使两孔均保持开放。

推杆以内螺纹与制动踏板拉杆连接，带球头的另一端伸入活塞的凹部。推杆的长度可通过转动六角螺母来调整，在踏板完全放松的情况下，推杆右端与活塞座之间应有 1.5～2.5mm 的间隙，使皮碗不致影响平衡孔的开放。推杆外面套有防尘罩，以防尘土侵入。

复式阀门由出油阀门、回油阀门及弹簧组成。回油阀门是一个带有金属托片的橡胶环，它被回位弹簧顶压在活塞缸前部的凸缘上。出油阀由阀门体和阀门弹簧组成，阀门体呈"H"形，前圆盘上有 4 个小孔，制动时油液从此处流出。整个出油阀门被弹簧压在回油阀门上。

（2）工作原理

① 踏下制动踏板，通过拉杆、推杆，推动总泵活塞左移，皮碗封闭平衡孔后，右室油压升高，油液压开出油阀门经管道进入各制动分泵，分活塞在油压作用下向两侧移动，克服回位弹簧的张力，顶开制动蹄并压在制动毂上。

在制动器间隙消除前，管路中的压力并不很高，仅足以克服回位弹簧的张力及油液在管路中的流动阻力。在间隙消除后开始产生制动作用时，油压即随踏板力的增加而增加，直到完全制动。显然，管路油压和制动器所产生的制动力矩与踏板力成正比。如果这时轮胎与地面间的附着力足够，则机械所受到的制动力也与踏板力成正比，因此，驾驶员可直接感觉到机械的制动强度，以便及时加以调节控制。

② 放松踏板，总泵活塞在其回位弹簧的作用下回位，右室油压降低，制动蹄在回位弹簧的作用下被拉回。由于分泵和管道内油压高于总泵油压，因此压开回油阀门，关闭出油阀门，制动液流回总泵，制动解除。当踏板完全放松后，由于总泵活塞回位弹簧保持一定的张力，当分泵和管道内的油压降低到不能克服活塞回位弹簧张力时，回油阀门关闭，制动液停止流回。这时分泵和管道内的油压略高于大气压，以防止空气侵入，影响制动效果。

③ 迅速放松踏板和缓慢放松踏板，尽管都能解除制动，但总泵的工作情况却有所不同。迅速放松踏板，活塞在回位弹簧的作用下迅速左移，右室容积扩大，油压迅速降低，这时各分泵油液受管道阻力影响来不及立即流回总泵右室，产生真空，出现了总泵右室压力低、左室压力高的情况。于是，活塞顶部的辐状钢片使活塞与皮碗分开，油液便从补偿孔、环形油室、穿过活塞顶部的 6 个小孔，经过皮碗边缘进入活塞右室，补充右室油液。

在使用中遇到紧急制动，有时感到一次制动不行，这时驾驶员可迅速放松踏板，再迅速踏下，使分泵里的油液在第一次放松踏板时还来不及流回总泵时，第二次又踏下踏板，总泵里得到补充的油液又压送到分泵，所以分泵油液增多，提高了制动强度。当放松踏板后，多余的油从平衡孔进入储油室。

2. 制动分泵

制动分泵（也称制动轮缸）主要由泵体、两个活塞、两个皮碗、弹簧和两个顶块等组成，如图 6-2-3 所示。

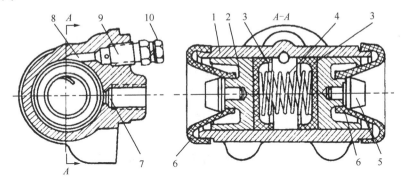

图 6-2-3　制动分泵

1—泵体；2—活塞；3—皮碗；4—弹簧；5—顶块；6—防护罩；7—进油孔；8—放气孔；9—放气阀；10—放气阀防护螺钉

泵体是铸铁件，用螺钉固定在制动底板上。泵体内装有两个活塞，并用弹簧将两个皮碗顶压在活塞上，以防止漏油，并使活塞和制动蹄互相靠紧，以使制动灵敏。活塞上插有顶块并与两制动蹄抵紧。泵体上还装有进油接头和放气螺钉。为防止尘土和泥水侵入分泵中，泵体两端装有防尘罩。

放气螺钉用于放出分泵内的空气。螺钉是中空的，尾端有密封锥面，可将放气孔道封闭，与锥面相接的圆柱面上有径向孔和螺钉的轴向孔相通，螺钉头部安装有放气螺塞。需要放气时，连续踩下制动踏板，对分泵内空气加压，然后踩住踏板不放，将放气螺钉拧出一些，再将放气螺塞拧出，空气即可排出。空气排尽后，将放气螺钉、螺塞拧紧。

由于工程机械各车轮垂直载荷不同，为了充分利用附着力以获得较大的制动力，有些机械各车轮上制动分泵的内径各不相等。

同时，根据油液传递单位压力不变的原理，使分泵缸径大于总泵缸径，这样踩踏板的力虽小，却可得到较大的分泵压力，达到既操纵省力又提高制动效能的目的。

二、真空助力液压式制动传动机构

1. 制动主缸工作原理

现代的液压式制动驱动系统常采用串联的双总泵，以双回路确保制动安全有效；双管路液压制动传动装置是利用彼此独立的双腔制动主缸，通过两套独立管路，分别控制两桥或三桥的车轮制动器。其特点是若其中一套管路发生故障而失效时，另一套管路仍能继续起制动作用，从而提高了制动的可靠性和行车安全性。双管路液压制动传动装置中制动轮缸有双活塞式和单活塞式两种。

制动主缸一般采用串联式双腔制动主缸，如图 6-2-4 所示。它的工作原理是：踩下制动踏板时，主缸中的推杆向前移动，使皮碗掩盖住储液筒旁通孔后，后腔压力升高，在后腔液压和后活塞弹簧力的作用下，推动前活塞向前移动，前腔液力也随之提高；继续踩下制动踏板时，前、后腔液压继续升高，使前、后制动器产生制动；放松制动踏板时，主缸中的活塞和推杆分别在前、后活塞弹簧的作用下回到初始位置，从而解除制动。若前腔控制的回路发生泄漏时，前活塞不产生液压力，但在后活塞液力作用下，前活塞被推到最前端，后腔产生的液压力仍使后轮产生制动。若后腔控制的回路发生泄漏时，后腔不产生液压力，但后活塞在推杆作用下前移，并与前活塞接触而使活塞前移，前腔仍能产生液压力控制前轮产生制动。

若两脚制动时，踏板迅速回位，活塞在弹簧的作用下迅速回退，此时制动液受到止回阀的阻止不能及时回到腔内，活塞前方出现负压，油壶的油在大气压的作用下从补偿孔进到活塞前方，使活塞前方的油量增多。再踩制动时，制动有效行程增加。前活塞回位弹簧的弹力大于后活塞回位弹簧的弹力，以保证两个活塞不工作时都处于正确的位置。为了保证制动主缸活塞在解除制动后能退回到适当位置，在不工作时，推杆的头部与活塞背面之间应留有一定的间隙。这一间隙所需的踏板行程称为制动踏板的自由行程。该行程过大，将使制动有效行程减小；过小则制动解除不彻底。双回路液压制动系统中任一回路失效，主缸仍能工作，只是所需踏板行程加大，导致机械的制动距离增长，制动效能降低。

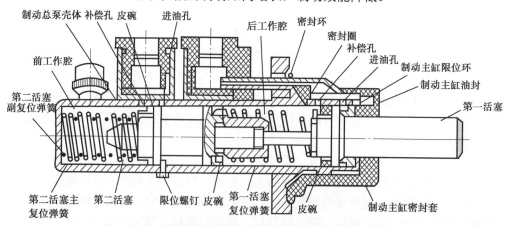

图 6-2-4 串联式双腔制动主缸

2．真空助力器的工作原理

在普通的液压制动系统中，常采用真空助力，以使制动轻便。加装真空加力装置，可以减轻驾驶员施加于制动踏板上的力，增加车轮制动力，达到操纵轻便、制动可靠的目的。真空加力装置是利用发动机工作时在进气管中形成的真空度（或利用真空泵）为力源的动力制动传动装置。它可分为增压式和助力式两种形式。增压式是通过增压器将制动主缸的液压进一步增加，增压器装在主缸之后；助力式是通过助力器来帮助制动踏板对制动主缸产生推力，助力器装在踏板与主缸之间。

真空制动助力系统也称为真空伺服制动系统，伺服制动系统是在人力液压制动的基础上加设一套由其他能源提供制动力的助力装置，使人力与动力可兼用，即兼用人力和发动机动力作为制动能源的制动系。在正常情况下，其输出工作压力主要由动力伺服系统产生，因而在动力伺服系统失效时，仍可全由人力驱动液压系统产生一定程度的制动力。

真空助力器主要由真空伺服气室和控制阀组成。其传动装置如图 6-2-5 所示。真空助力式液压制动传动装置主要由伺服气室、主缸推杆、控制阀、控制阀推杆等组成。

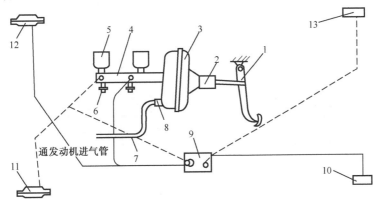

图 6-2-5　真空制动助力系统连接

1—制动踏板机构；2—控制阀；3—加力气室；4—制动主缸；5—储液罐；6—制动信号灯液压开关；7—真空供能管路；

8—真空单向阀；9—感载比例阀；10—左后轮缸；11—左前轮缸；12—右前轮缸；13—右后轮缸

（1）工作原理

如图 6-2-6 所示，制动时踩下制动踏板，踏板力推动控制阀推杆 12 和控制阀柱塞 18 向前移动，在消除柱塞与橡胶反作用盘 7 之间的间隙后，再继续推动制动主缸推杆 2，主缸内的制动液压油以一定压力流入制动轮缸。与此同时，在阀门弹簧 16 的作用下，真空阀 9 也随之向前移动，直到压靠在膜片座 8 的阀座上，从而使通道 A 与 B 隔绝。进而空气阀 10 离开真空阀 9 而开启，空气经过滤环 11、空气阀的开口和通道 B 充入伺服气室后腔，使伺服气室前、后腔出现压差而产生推力，此推力通过膜片座 8、橡胶反作用盘 7 推动制动主缸推杆 2 向前移动，此时制动主缸推杆上的作用力（即踏板力）和伺服气室反作用盘推力的综合，使制动主缸输出压力成倍增高。

解除制动时，控制阀推杆弹簧 15 使控制阀推杆和空气阀向后移动，真空阀离开膜片座 8 上阀座，真空阀开启。伺服气室前、后腔相同，均为真空状态。膜片座和膜片在回位弹簧作用下回位，制动主缸解除制动。

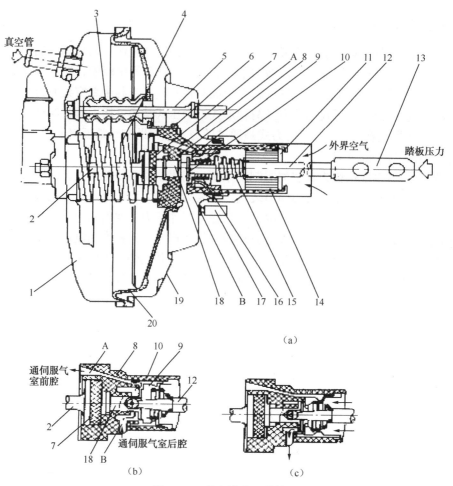

（a）

（b）　　　　　　　　　（c）

图 6-2-6　真空助力器结构

1—加力气室前壳体；2—制动主缸推杆；3—导向螺栓密封套；4—膜片回位弹簧；5—导向螺栓；6—控制阀；7—橡胶反作用盘；

8—加力气室膜片座；9—真空阀；10—空气阀；11—过滤网；12—控制阀推杆；13—调整叉；14—毛毡过滤环；

15—控制阀推杆弹簧；16—阀门弹簧；17—螺栓；18—控制阀柱塞；19—加力气室后壳体；20—加力气室膜片

（2）具体工作过程

制动预备状态：空气阀 10 关闭与大气隔绝，真空阀 9 打开通道 A 与 B 相通，伺服气室前、后腔相同，均为真空状态。膜片座和膜片在回位弹簧作用下处于最右端。助力器不工作处于预备状态。

踩下制动踏板时：踏板力推动控制阀推杆 12 和控制阀柱塞 18 向前移动，与此同时，在阀门弹簧 16 的作用下，真空阀 9 也随之向前移动，直到压靠在膜片座 8 的阀座上，从而使通道 A 和 B 隔绝。

产生制动助力时：推杆继续向前移进，空气阀 10 离开真空阀 9 而开启，空气经过空气阀和通道 B 充入伺服气室后腔。此时伺服气室前腔是真空而后腔是大气压从而产生推力，此推力通过膜片座 8、推动制动主缸推杆 2 向前移动，此时制动主缸推杆上的作用力即为踏板力和伺服气室反作用盘推力的综合，使制动主缸输出的压力成倍提高。

保持踏板不动时：这时推杆不动，膜片座 8 在大气压的作用下继续前行，直至空气阀与阀座接触关闭进气口，大气不再进入，这时空气阀和真空阀都处在关闭状态，制动保持平衡。

需要制动力增加时：驾驶员对踏板加力，推杆再次前行，进气阀再次打开，大气又进入 B 腔，使 B 腔的大气压力增加，制动得到增力。同时膜片座 8 前进，使空气阀 10 重新与阀座接合而关闭，制动得到新的平衡。

需要制动力减少时：驾驶员对踏板减力，推杆后退，真空阀 9 离开阀座而打开，B 腔空气流向 A 腔，B 腔压力下降，制动助力作用下降，同时膜片座 8 后退，使真空阀重新与阀座接合而关闭，A、B 两腔重新隔绝，制动重新平衡。

解除制动时：推杆后退使空气阀 10 向右移动先关闭进气口，同时真空阀 9 离开膜片座 8，真空阀开启。A、B 腔相通，后腔的空气经前腔、单向阀进入进气歧管，这时前、后腔均为真空状态。膜片座和膜片在回位弹簧作用下回位，制动主缸解除制动。

三、全液压制动系统

1. 全液压制动系统概述

全动力液压制动系统充分利用了车辆原有的液压系统，如转向系统或工作系统，故不需要另设动力源。由于液压系统为全封闭，无油气排入大气，其污染性较气液制动系统小。通过脚踏板操纵液压制动调节阀，驾驶员只需施以较小的踏板力，制动器便可得到相当高的制动压力，产生很大的制动力。制动阀中的压力反馈式设计，使制动踏板受到的反作用力与制动压力成正比，驾驶员可以感觉并正确判断制动力的大小，制动响应速度比气液制动更迅速。全动力液压制动系统元件较少，体积小，回路简单，便于安装和维护，性能价格比较高。根据车辆的具体要求，全动力液压制动系统可以设计成单回路、双回路或其他形式的回路。

单回路液压制动是指一个制动阀同时控制所有的制动器（图 6-2-7），发动机运转时，制动泵从油箱吸油，泵输出的油经过充液阀至两个蓄能器，经过制动阀到轮边制动器，两个蓄能器在压力低于 12MPa 时充油，在 15MPa 时断油，在设备静止或故障时在短时间内蓄能器继续提供正常压力实施制动，防止人身或设备重大伤害发生。

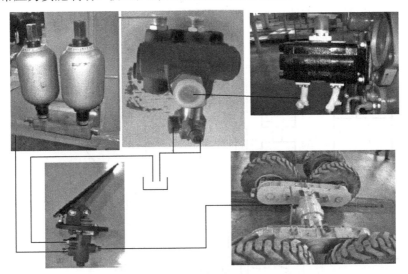

图 6-2-7　平地机单回路全液压制动系连接

双回路液压制动是指前轮制动器和后轮制动器各由一个回路控制，若其中任何一个回路的元件出现故障，另一回路仍可正常工作，使整车制动更加安全可靠。

全动力液压制动系统目前主要有两种形式，除常规全动力液压制动系统外，弹簧制动液压分离制动系统为其中的另一种，主要应用于弹簧制动、液压分离的湿式多盘制动器。弹簧制动器是世界上目前较为先进的制动器，集停车制动、紧急制动、工作制动于一体，无须另配置停车制动器，使车辆结构简化。美国克拉克公司生产的驱动桥都装有这种制动器，如果制动系统的任何部位失效使液压力损失，制动器都会立即制动。

该制动系统与普通全动力液压制动系统有所不同，所应用的元件除充液阀、蓄能器、制动阀外，另设电磁换向阀、手动泵等，其制动阀结构也不同于普通制动阀。当车辆起步时，电磁阀换向，来自液压泵的高压油经充液阀、蓄能器、电磁阀、制动阀到达驱动桥的制动器，顶开制动器弹簧，制动解除，车辆运行。当需要制动时，须踩下制动阀，制动阀接通回油箱的油路，制动器内的油液经制动阀返回油箱，制动器在弹簧力的作用下压紧主被动盘，使车辆制动不能行走。当车辆的动力源（如发动机）有故障或液压系统存在泄漏，油压不足时，车辆也被制动。

当车辆出现故障需要被拖动时，必须使用手动泵或弹簧制动松闸器为制动器输油，才能重新顶开制动弹簧以解除制动。尽管较普通全液压制动系统更加安全可靠，但因该系统长期处于高压状态，对系统与元件的要求很高，如元件的抗泄漏，弹簧的抗疲劳性能等，在一定程度上使用范围受到限制。

2．叉车全液压制动系统

（1）组成及工作原理

全液压制动系由液压制动阀、轮边制动器和蓄能器等组成，其中液压制动阀和蓄能器分别串接和并接在常见的单泵（或双泵）双回路液压系统的转向系统回路中，共同组成全液压动力转向及制动系统（图6-2-8）。转向泵出油经多路换向阀（用于工作液压系统）中的单稳分流阀稳定输出一恒定流量，分别通往制动阀和蓄能器。当液压制动阀未动作时（未实施制动，图示位置），恒定油流进入全液压转向器或供转向，或无载回油箱。当踏下制动踏板时，制动阀则可向制动轮缸提供油液以实施制动（同时向蓄能器充压）。该系统还能在转向的同时实施制动，并且具有紧急制动的功能。

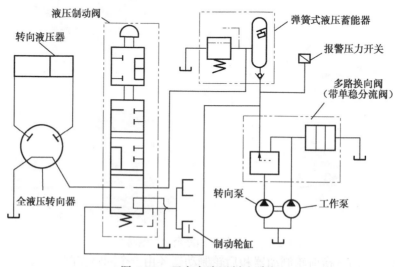

图6-2-8　叉车全液压制动系统

（2）制动阀结构原理

制动阀是液压制动系统的核心元件，结构如图 6-2-9 所示。该阀共有 5 个控制油口（P、N、Br、T、PA），分别接转向泵、转向器、制动轮缸、油箱和蓄能器，主要由推杆 13、推杆活塞 10、弹簧 8、滑阀 7、回位弹簧 6、反馈活塞 5、闭合阀杆 3 和单向球阀 12 等零件组成，有以下 3 种工作状态。

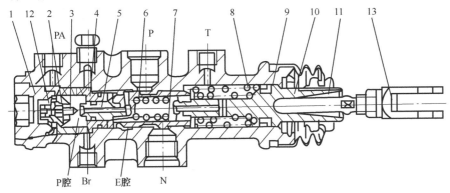

图 6-2-9　制动阀结构

1—螺塞；2—阀座；3—闭合阀杆；4—导套；5—反馈活塞；6—回位弹簧；7—滑阀；8—弹簧；9—皮碗；10—推杆活塞；

11—限位螺母；12—单向球阀；13—推杆

① 未制动状态（自由状态）。各零件所处位置为图 6-2-9 状态，P 口与 N 口接通而与 E 腔断开，转向泵输出的恒定油流经 P、N 口通往全液压转向器（或供转向，或无载回油箱），制动轮缸内油液经 Br 口、F 腔、E 腔、滑阀 7 和推杆活塞 10 内小孔出 T 口回油箱，制动器脱开。此时 PA 口由于球阀 12 的单向作用与 F 腔断开。

② 制动状态。当踏下制动踏板时，推杆 13、推动活塞 10 左移，同时弹簧 8 推动滑阀 7 和反馈活塞 5 左移，先关闭 E 腔与 T 口之间的通道，之后，打开 E 腔与 P 口之间的通道，此时虽然 P 口通过 E 腔，F 腔与 Br 口接通，但同时又与 N 口相通，因而 P 口基本无压。

当滑阀 7 进一步左移，逐渐关闭 P、N 口之间的通道，P 口压力增加，Br 口和制动轮缸压力也随之增加，制动开始；此压力同时作用在反馈活塞左侧产生一个向右的推力，与弹簧 8 的压缩力平衡，这样，Br 口制动压力（二次压力）的升高就与推杆 13 的行程呈线性比例关系，同时制动压力通过阀内相关零件及杆件传到操作者脚上，使操作者能感受到制动力的大小。推杆活塞上装有限位螺母 11，在制动过程中，当其顶到阀体挡板时，推杆停止移动，Br 口制动压力达到最高，也就是说，通过调整螺母位置，可限定制动压力最高值。

③ 当踏板释放后，滑阀 7 在反馈活塞压力和回位弹簧力的作用下，返回到初始位置。

（3）紧急制动状态

当液压泵损坏或发动机熄火时，由于 P 口无压力，因而无法实施正常制动，该系统具有紧急制动功能，其原理如下：

紧急制动动力源由蓄能器提供。该蓄能器为弹簧式，内装有安全阀和低压报警压力开关，两外接油口一个接液压泵，一个接制动阀民口。当系统实施转向或正常制动时，液压泵通过单向阀的蓄能器充压，安全阀的作用是限定最高蓄能压力，低压报警开关的作用是在蓄能器未蓄压时，接通报警蜂鸣器或指示灯，向操作者报警。

此时踩下制动踏板，制动阀内滑阀 7、反馈活塞 5 和闭合阀杆 3 将连成一体向左移动，闭合阀杆将顶开单向球阀 12，使蓄能器油口 P。与 Br 口相通，蓄能器内压力油将直接作用在制动轮缸内实施紧急制动。松开踏板，滑阀 7、反馈活塞 5 和闭合阀杆 3 同时向右移动，球阀 12 落入阀座，断开 PA 口与 Br 口通道。之后闭合阀杆 3 回到原始位置，反馈活塞 5 连同滑阀 7 进一步右移，打开 E 腔与 T 口之间的通道，制动轮缸内油液经油管，F 腔、E 腔、T 口回油箱。

（4）转向的同时实施制动状态

当转动转向盘（实施转向）而未踩下踏板实施制动时，P 口油压虽然上升（此压力取决于转向负荷），但由于 P—E 通道闭合，同时 E—T 通道接通，Br 口无压，处于非制动状态。

若此时踩下制动踏板，由于滑阀 7 左移，使 E—T 通道关闭而 P—E 通道接通，泵口部分压力油进入制动轮缸，即在转向的同时仍可实施制动。

与气顶油钳盘式制动系统相比，该系统具有以下优点：

（1）系统可直接与液压系统合用一泵，与气顶油钳盘式制动系统相比，发动机上不用装空压机，省去了一套气路，具有一定的节能作用。

（2）由于该系统选用湿式制动器，制动摩擦片在封闭的冷却油内，抗污染能力强，使用寿命长，使整车制动更为安全可靠。

（3）由于液压油的可压缩性比空气低得多，因此全液压湿式制动系统的响应时间比气顶油钳盘式制动系统短，制动性能更加安全可靠。

3．新型全液压制动系统工作原理

随着液压技术和湿式制动器制造技术的不断完善，新型全液压制动系统的基本工作原理如下：由先导泵输出的压力油通过蓄能器充液阀向蓄能器充油（蓄能器充液阀是一个控制向蓄能器充油并将其油压保持在一定范围内的液压元件），蓄能器油压不断上升，当升至蓄能器充液阀上限压力时，蓄能器充液阀停止充油。当需要制动时，踩下串联踏板阀的踏板，蓄能器中的高压油进入前后桥湿式制动器实现制动，需要进行停车制动时，关闭仪表台上的停车制动开关，使得紧急制动阀中的电磁阀断电，制动液压缸的液压油回油箱而使弹簧回位并作用在停车制动器上，实施停车制动；当装载机在行驶时或作业过程中制动失灵，蓄能器压力降至时，紧急制动动作开关打开（同时通过继电器接通变速器脱挡阀使变速器脱挡），紧急制动阀中的电磁阀断电回位，致使制动液压缸的液压油回油箱而使弹簧回位，装载机停车制动器实施紧急制动，保障行驶或作业的安全。

五、液压传动机构对制动液的要求

制动液是液压制动系中的传能介质，选用应满足以下要求：

（1）温度在±40℃以内变化时，黏度变化不应太大。

（2）沸点高，以免在使用中可能因温度升高（达 100℃）产生汽化，导致在管路中出现汽阻现象，使制动效能下降甚至失效。

（3）不腐蚀金属，不使橡胶件膨胀、腐蚀或变形。

（4）具有良好的润滑和稳定性。

（5）热稳定性和化学稳定性好。

国内普遍使用的制动液是植物性制动液，用 50%的蓖麻油和 50%左右的丁醇、酒精或甘油配成。用酒精做溶剂的黏度较小，汽化温度为 70℃，用丁醇做溶剂的汽化温度为 100℃。合成制动液对金属件（铝除外）和橡胶都无害，溶水性也很好，成本较高。矿物性制动液在高低温下性能都很好，对金属无腐蚀作用，但溶水性差，易使普通橡胶膨胀。

在使用矿物制动液时，活塞皮碗及制动软管必须用耐油橡胶制成。

咨询二　液压式制动系典型故障诊断排除

一、制动不灵或失灵

（1）现象

踩下制动踏板进行制动时，制动效果不理想，或无制动反应。

（2）原因分析

制动不灵主要是由于制动器摩擦片与制动毂（或制动盘）之间的摩擦力减小导致的，其主要原因有以下几点：

① 制动总缸内的油液不足、皮碗漏油或踩翻，使制动摩擦片与制动毂（或制动盘）之间的摩擦力减小。

② 制动管路破裂、管接头漏油、系统内进入空气，均会导致制动不灵或失灵。

③ 因制动器有制动拖滞，长时间连续制动而产生高温，使油缸内的油液由液态变为气态，由于气体可压缩性好，制动时会吸收油液压力，使制动轮缸的压力减小，造成制动不良。

④ 制动器摩擦系数减小，导致制动力下降。

⑤ 制动阀阀芯不能自由移动，液压元件磨损过甚等均会导致制动不灵，甚至失灵。

（3）诊断与排除

① 连续踩几下制动踏板，踏板不升高，同时也感到无阻力，应先检查制动总缸是否缺油，如果缺油，应添加同型号的油液，并排除管路空气。如不缺油，应检查前、后制动油路是否有漏油或损坏，视情况予以排除。

② 踩下制动踏板，如无连接感，则可能是踏板至制动总缸（或动力缸）的连接脱开，应按连接关系连接好。

③ 踩下制动踏板，虽感到有一定阻力，但踏板位置保持不住，有明显下沉，观察制动总缸有滴油或喷油现象，则为总缸皮碗破裂，应分解制动总缸，更换皮碗。

④ 连续踩几下制动踏板，踏板能逐渐升高，升高后不抬脚继续往下踩，感到有弹力，松开踏板稍停一会再踩，如无变化，即为制动系内有空气，应进行排气。

⑤ 踩一下制动踏板制动不灵，连续踩几下，踏板位置逐渐升高并且制动效果良好，说明踏板自由行程过大或制动器摩擦副间隙过大。应先检查调整踏板自由行程，使其在规定范围之内，再检查调整制动间隙。

⑥ 若连续踩下制动踏板，踏板位置能逐渐升高，当升高后，不抬脚继续往下踩未感到有弹力而有下沉感觉，说明制动系中有漏油之处，应检查油管、油管接头、制动总缸、制动轮缸、加力器动力缸等有无漏油处，如有漏油，应采取紧固、更换、焊接等方法修复。

⑦ 当踩下制动踏板时，踏板高度合乎要求，也不软弱下沉，但制动效果不好，则为制动器的故障，如摩擦片硬化、铆钉头露出、摩擦片油污或水湿等，应拆检制动器，根据具体原因，采取不同方法修复排除。

二、制动跑偏

（1）现象

机械制动时偏离原来行驶的方向。

（2）原因分析

制动时如果左、右车轮的制动力不等，则制动合力的作用线就会偏离通过质心的纵向中心线，而产生一个旋转力矩，使机械制动跑偏。导致左、右两车轮制动力不相等的原因有以下几种。

① 左、右车轮制动器摩擦副之间的间隙不一致。

② 左、右车轮制动摩擦片与制动毂（或制动盘）接触面相差过大。

③ 左、右车轮摩擦片材质不同。

④ 左、右车轮制动器回位弹簧弹力不一样。

⑤ 两侧车轮制动轮缸活塞磨损不一样。

⑥ 某侧车轮制动管路内有空气，或制动总缸皮碗、软管老化。

⑦ 两侧车轮轮胎气压不一样。

⑧ 某侧车轮制动器摩擦片油污、水湿、硬化或铆钉外露。

（3）诊断与排除

① 通过路试，找出制动效能不良的车轮。当机械行驶中制动时，若向右偏斜，说明左侧车轮制动迟缓或制动力不足；若向左偏斜，说明右边车轮制动效能不好，同时观察车轮在地面上拖滑的痕迹，印迹短的车轮为制动迟缓，印迹轻的为制动力不足。

② 找出制动效能不良的车轮后，仔细检查该轮制动管路有无凹陷、漏油的现象，如有，应查明原因并予以排除。

③ 如果该轮制动管路外观完好，可对其制动轮缸放气，若放气时发现有空气或放气后故障消除，说明故障在该车轮制动轮缸或管路内有气阻，应查明原因并予以排除。

④ 如果无气阻现象，应检查该车轮制动器的制动间隙，若不恰当，应调整至正常范围。

⑤ 如果制动间隙符合要求，制动时仍跑偏，应检查该轮轮胎气压和磨损程度，若轮胎气压太低或轮胎花纹磨平，应进行充气或更换新胎。

⑥ 上述检查均正常，说明故障在制动器内，应拆检制动器，检查摩擦片是否有油污、水湿，检查制动轮缸活塞和皮碗的状况及有无漏油，找出故障并予以排除。

三、制动拖滞

（1）现象

解除制动后摩擦片与制动毂（或制动盘）仍有摩擦，机械行驶时总感到有阻力。

（2）原因分析

制动拖滞主要是由于机械在非制动状态下制动间隙消失所导致的，其主要原因有以下几种。

① 全部车轮均有拖滞的原因主要在制动主缸或制动阀。

简单液压式与液压助力式制动系出现全轮制动拖滞的主要原因在制动主缸，如主缸活塞回位弹簧过软或折断；总缸皮碗发胀或活塞变形或被污物粘住；总缸皮碗发胀堵住回油孔或污物堵塞回油孔等。

液压直接驱动式制动系出现全轮制动拖滞的主要原因在制动阀，如制动阀活塞回位弹簧过软，活塞回位能力差等。

② 单个车轮出现制动拖滞的主要原因是制动器制动间隙过小，制动蹄回位弹簧过软或折断，制动轮缸皮碗发胀及轮缸活塞变形或被污物粘住，制动蹄在支承销上转动不灵活等。

③ 制动液过脏或黏度过大，或制动管路堵塞。

（3）诊断与排除

① 机械工作一段时间后，用手抚摸各车轮轮毂，若全部车轮制动毂都发热，说明故障发生在制动阀或制动主缸；若个别车轮发热，则说明故障在车轮制动器。

② 若故障在制动阀，应拆检制动阀，查明原因并予以排除。

③ 若故障在制动主缸，应检查踏板自由行程，若自由行程不符合要求，应按规定调整踏板自由行程。若自由行程符合要求，可将制动总缸的储油室盖打开，并连续踩下、放松制动踏板，观察其回油情况。如不能回油，则为回油孔堵塞，应清洗疏通；如回油缓慢，则是皮碗、皮圈发胀或回位弹簧失效无力，应视情况予以排除。与此同时，观察踏板回位情况，如踏板不能迅速回位或没有回到原位，说明踏板回位弹簧过软或折断，应更换。

④ 若故障在车轮制动器，应先拧松放气螺钉，如果制动液急速喷出，制动蹄回位，则为油管堵塞，制动轮缸不能回油所致，应疏通油管。如果制动蹄仍不能回位，应调整制动间隙。

⑤ 若上述检查调整均无效，则拆检制动器，检查轮缸活塞皮碗与回位弹簧的状况以及制动蹄支承销的活动情况，必要时进行修理或更换。

四、故障实例

在一台应用该湿式制动系统的轮式装载机路试调试过程中，调试员每次踩下刹车后制动系统警报器都会低压报警，制动系统压力表数值在踩下刹车时短时间急剧下降至低于 $90×10^5Pa$ 然后再回升至正常值，而且发觉制动距离变大，有制动不灵的倾向。

分析原因：综上所述排除了压力传感器和制动系统压力表损坏的可能。该装载机的压力传感器位于 DS2 口，由压力表的变化规律，可以得知，此时蓄能器进出油口处压力变化应该也很大，导致这种情况出现的原因一般有三种情况：制动系统管路有泄漏；蓄能器容量与制动系统不匹配，蓄能器容量太小；蓄能器预充氮压力参数不对，充氮压力严重偏离正常值，充氮压力过大或过小，甚至是密封失效，蓄能器内氮气泄漏殆尽。

排除方法：针对第 1 种情况查看有没有制动系统管路有泄漏现象。第 2 种情况一般也不太容易出现，蓄能器的容量选择取决于制动压力、排量（制动器用油量）和动力消失后紧急制动次数。制动管路不太长，弹性变形不太大的系统，管路的影响可以忽略不计，本例不应存在此类问题。第 3 种情况有可能会经常出现的。我们先测试蓄能器的预充氮压力。测压前先充分泄压，泄压方法为发动机熄火后反复数次压下制动踏板，然后用蓄能器的充氮压力表测量蓄能器的预充氮压力，经测试，发现该车的两个蓄能器一个压力正常，另一个没有压力，表明该故障现象是由一蓄能器无预充压力引起的。检查蓄能器充氮口密封垫圈没问题后重新充氮，结束后拧紧蓄能器充氮口充氮螺栓，试车，故障排除。

实践训练 14 液压式传动装置维修

一、维护

1．管路检查

整个制动系统的管路、接头应无凹瘪、严重锈蚀、裂纹现象，连接应可靠无渗漏。金属管路用的管夹固定牢靠，不得与车架及其他部件相碰擦，在行车过程中不得产生较大振幅的振抖。制动软管应舒展无折叠，无脱皮、老化、膨胀等缺陷，否则应采用相应的措施进行维修。

2．排空气

制动系统中渗入空气，会影响制动效果。在维修过程中，由于拆检液压系统、接头松动或制动液不足等原因，造成空气进入管路时，应及时将系统中的空气排出。

（1）制动系统空气排放步骤如下：

① 排气工作必须由两人配合完成，一人在驾驶室内连续踩制动踏板数次，直到踏板变硬踩不下去为止，然后踩住不动。

② 另一人在车下，将放气螺钉旋松，让空气与一部分制动液排出（为避免制动液溅洒，应用透明橡胶管一端接放气螺钉，一端接盛液器），待踏板降到底时拧紧放气螺钉，松开踏板。

③ 重复①、②两步，直到放气螺钉处排出的全是制动液为止。

④ 检查并拧紧所有放气螺钉。检查并加注主缸制动液位到标准。

（2）排空气过程中的注意事项：

① 排空气前，储液罐应加入足够的制动液，并注意制动液的清洁，防止灰尘和水分进入制动液。此外，制动液对涂层的腐蚀性很大，要避免制动液滴溅在油漆表面。

② 排空气的顺序对于大多数车辆而言，先从离制动主缸最远的轮缸开始按由远到近的顺序排气。对于装有真空增压器的应先从离制动主缸最近的地方开始，然后再排离制动主缸最远的轮缸的空气。

③ 排空气过程中应注意随时检查主缸液位，及时补充。

④ 在放气螺钉未拧紧以前，切不可抬起踏板，否则空气又会侵入。

3．制动踏板调整

制动器带有真空助力的液压系统，制动踏板调整包括踏板自由高度的调整、自由行程的调整和剩余高度的调整等。

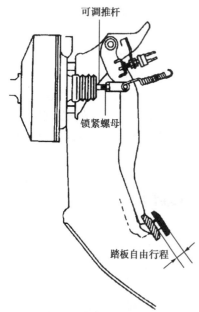

图 6-2-10 制动踏板自由高度及自由行程的检查

（1）制动踏板自由高度的调整。

制动踏板的自由高度为解除制动时踏板的高度，其测量基准为去除驾驶室内地毯等覆盖后的车厢底板。

揭开踏板下的地板覆盖物，测量踏板高度。如高度与该车型的原设计规定不符合，应进行调整。首先，拆下制动灯导线，拧松制动等开关锁母，视调整要求将制动灯开关旋进或旋出。用直尺测量踏板高度，直到调整至标准值为止。其次，锁紧制动灯锁母。检查制动灯开关与踏板的接触情况，应确保制动灯熄灭。

调整踏板自由高度后，必须按下述步骤调整踏板的自由行程。因为踏板位置移动后，推杆的长度没变，会使踏板自由行程变化。

（2）制动踏板自由行程的调整。

在发动机不工作的状态下，反复踩制动踏板多次，消除真空助力器内原有的真空。

用手轻推踏板，直至感到有阻力为止，此位置与踏板自由高度之差即为踏板自由行程（图 6-2-10）。

如踏板自由行程超过规定，可拧松推杆的锁母，转动推杆调整至符合规定为止。拧紧锁母，复查自由行程是否正确。

复查踏板自由高度，检查制动灯是否能正常工作。

（3）制动踏板剩余高度的检查。

用掩木塞在前后轮下，松开驻车制动器，启动发动机运转 2min。用 490N 的力踩下制动踏板，测量此时踏板至地板之间的距离，即为踏板的剩余高度。如踏板的剩余高度低于该车型的标准值，说明制动器蹄鼓间隙过大，应按车轮制动器的有关内容进行蹄鼓间隙的调整。

4．维护实例

某平地机共有两套制动系统：停车制动、行车制动。停车制动采用的是钳盘式制动器，安装于变速箱输出法兰。 行车制动采用的是全液压鼓式制动器如图 6-2-11 所示，安装于中后四轮的轮边，行车制动与前轮转向采用的是同一台液压泵，当发动机运转时，液压泵 8 从油箱 10 吸油，泵输出的油经过充液阀 6 通向两个蓄能器 4，蓄能器压力低于 133bar 时增压，在 150bar 时断油。

蓄能器 4 充油只需很短的时间，而后进油阀就使油流向液压回路（130bar）。

蓄能器的充油是优先进行的，所以发动机一运转，制动系统所需的压力油就可供使用。

当踩下制动阀 2，蓄能器回路中的压力油就流向使轮边制动器 12 的制动蹄动作的制动分泵 13，制动蹄动作，轮边制动器工作，设备制动。

同时由制动开关 3 控制的制动灯接通。

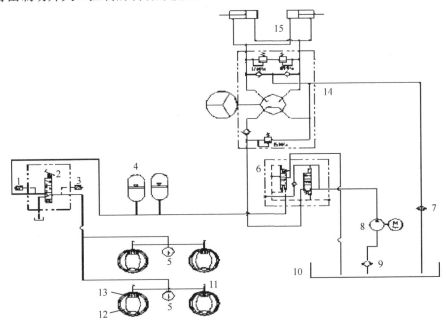

图 6-2-11　行车制动液压原理

1—工作制动压力开关；2—制动阀；3—制动灯开关；4—液压蓄能器；5—微型测量接头；6—充液阀；7—精过滤器；8—液压泵；9—粗过滤器；10—液压油箱；11—放气螺塞；12—轮边制动器；13—制动分泵；14—转向器阀块

5．轮边制动器的维护

（1）检查制动衬片

按照保养制度检查制动衬片的厚度，不足 3mm 时要更换新的制动衬片。

（2）更换制动衬片

所更换的制动衬片，必须经过与制动毂的配磨和修整，以保证必需的接触面积。此外，为避免制动力的不平衡，对面车轮的衬片总是一起更换的。

（3）调整脚制动器

更换带衬片的制动器时，平衡箱的全部四轮都应进行调整。

制动器的蹄片与制动毂之间的间隙≥1.0mm 时，需要调整，一个制动器的两个制动蹄总要一起调整，而先后次序没有关系。调整必须由两个人来进行，一个人转动车轮，同时另一个人调整制动器。

① 用铲刀撑地的方法，使平地机的一边抬起，直至离地。

② 支住平衡箱，放松手制动器。

③ 用手转动车轮并按如图 6-2-12 所示的"拧紧"方向用 22mm 的扳手调整，锁住为止（此时两个制动蹄与制动毂接触）。

注意：不要给调整螺栓以太大的力，否则会使里面的焊接的凸板受力过大。

④ 按照"拧松"方向把调整螺栓 1 拧松约 30°，这样，两制动蹄与制动毂的间隙就放松为 0.45～0.55mm。

⑤ 调整另一制动器，注意调整螺栓 1 的旋转方向是相反的。

（4）制动系统的放气

在发动机运转中，制动管路中要充满制动液，方可进行行车制动系统放气，放气必须由两个人进行，所有轮边制动器放气部位都必须放气（图 6-2-13）。

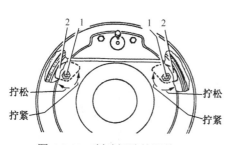

图 6-2-12　制动间隙的调整

1—调整螺栓；2—扳手

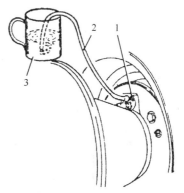

图 6-2-13　制动分泵放气

1—放气螺栓；2—软管；3—容器

① 取下放气螺栓 1 的胶帽。

② 把软管 2 放到放气螺栓上，另一端放到一个清洁的容器 3 里。

③ 拧松放气螺栓 1 半圈，并踏下制动踏板，一有油从放气嘴流出，就立即拧紧放气螺栓，放松踏板。

油从放气螺栓流出只是一瞬间，所以要使放气动作配合的非常协调才行。

④ 此时，其他的制动分泵也要按规定放气。

二、主要零件的检修

1．制动主缸和轮缸的检修

（1）检验

① 总成解体时，应注意制动主缸缸体外部有无渗漏处，如有裂纹或气孔应更换。

② 检查缸筒内表面，允许内表面有轻微变色。若有划痕、阶梯形磨损或锈蚀现象应换新。制动主缸的圆柱度误差值超过 0.02mm、主缸与活塞的配合间隙大于 0.15mm 时，应更换加大尺寸的活塞或更换壳体。

③ 复位弹簧的弹力必须符合该车型的使用要求，否则应换新。

④ 大修时，必须更换活塞和所有橡胶密封件。

（2）制动主缸和轮缸的装配

① 认真清洗缸体，尤其是主缸的补偿孔和回油孔一定要保持畅通。

② 装配时，在缸筒内表面及活塞总成涂一层干净的制动液。安装活塞时，不得用任何工具，以免划伤缸筒。

③ 装配后用推杆推动活塞多次，检查活塞能否灵活回位。

2．真空助力器的检修

（1）真空助力器的检验

真空助力器的检查方法有就车检验法和仪表检验法两种。就车检验法作为一种定性检查，操作简便。仪表检验法则是一种定量检测，它通过测试在不同真空度下，各种踏板力对应的制动压力来与原厂标准比较，以确定其性能。下面介绍就车检验法：

① 发动机熄火后，踩几次制动踏板，消除助力器内原有的真空。踩下踏板（处于工作行程范围）并保持不启动发动机，制动踏板应能稍向下移动。

② 发动机运转数分钟后熄火，用同样的力量踩下踏板数次，踏板的剩余高度应一次比一次升高。

③ 在发动机运转时，踩下制动踏板不动，将发动机熄火。在 30s 内，踏板高度不允许下降。

（2）真空助力器的检修

目前轿车采用的真空助力器有可拆卸式与不可拆卸式两种。对可拆卸式的真空助力器可用如图 6-2-14 所示的专用工具进行拆卸检修。

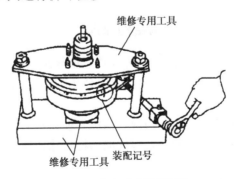

图 6-2-14　真空助力器的拆装

拆卸前，应在前后壳体上做好标记，以便装配。真空助力器的主要损伤是密封不良和膜片破裂。因此，解体后的修理主要是更换壳体上的密封件、膜片及检验单向阀。单向阀可用嘴从其两侧吹吸来检验，必要时换新。

装配时，在膜片与壳体之间及所有运动零件表面涂以专用润滑脂（装于配件包装内），按装配标记装复。装配后，应按原车型技术条件的要求调整制动主缸活塞推杆的长度。

任务思考题 13

1. 简述人力液压传动装置组成原理。
2. 简述空气助力液压传动装置构造原理。
3. 简述全液压传动装置特点、构造及原理。
4. 如何检修制动主缸、轮缸和真空助力器？
5. 分析液压制动系制动跑偏的原因？
6. 举例说明如何排出液压系统的空气。

任务三　气压及气液式制动传动机构构造与维修

知识目标：

1. 学会描述气压式制动系构造原理。
2. 学会描述气液式制动系构造原理。
3. 学会分析气液及气压制动系常见故障原因。

知识目标：

1. 能够对主要零部件进行拆装检验。
2. 能够对制动系常见故障进行正确诊断和排除。

任务咨询：

咨询一　气压式制动传动机构构造原理

一、74 式Ⅲ挖掘机的制动传动机构结构原理。

气压式制动传动机构是以压缩空气作为介质，依靠发动机带动压缩机所产生的空气压力作为制动的全部力源，通过驾驶员操纵，使气体压力作用到制动器上产生制动力矩使机械制动。

气压式制动传动机构的优点是工作可靠，操纵轻便、省力，制动效能好，便于挂车的制动操纵；缺点是辅助设备多，结构复杂，零件的结构尺寸和质量比液压式要大，工作滞后现象严重。

它主要由空气压缩机、气体控制阀、储气筒、脚制动阀、手制动阀、双向逆止阀、快速放气阀和制动气室等组成（图 6-3-1）。

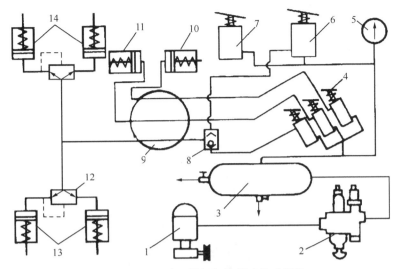

图 6-3-1   74 式Ⅲ挖掘机的制动传动机构

1—空气压缩机；2—气体控制阀；3—储气筒；4—手制动阀；5—气压表；6—脚制动阀；7—助力器；8—双向逆止阀；

9—中央回转接头；10—前桥接通汽缸；11—悬挂控制汽缸；12—快速放气阀；13—后轮制动气室；14—前轮制动气室

1．气体传递

由空气压缩机产生的压缩空气，经气体控制阀进入储气筒，从储气筒出来后分成两路：一路到气压表、脚制动阀；另一路到手制动阀。不制动时，气体到此为止。制动时，气体途径分成两路。

（1）踩下制动踏板，脚制动阀接通，气体经双向逆止阀、快速放气阀进入制动气室，使车轮制动。解除制动时，松开制动踏板，脚制动阀关闭从储气筒来的气路，并将制动管路气体放出，制动气室气体则从快速放气阀放出，使车轮解除制动。

（2）手制动阀向左扳到固定位置，气体经双向逆止阀、快速放气阀进入制动气室，使车轮制动。将手制动阀扳回原位关闭位置，制动气室和管路中的压缩气体便从快速放气阀和手制动阀排气口排出，制动解除。手制动阀用于挖掘机作业时使车轮长时间制动。

2．各部件结构与工作原理

（1）空气压缩机

空气压缩机装于柴油机正时齿轮箱上面，通过三角皮带由柴油机带动进行工作。其型号为 SKI—32 型风冷直立单缸活塞式，转速为 1200 r/min，工作压力为 0.88MPa，排气量为 0.1～0.15m³/min。

当空气压缩机皮带过松时，可松开空气压缩机座上的固定螺钉，移动空气压缩机的位置，使皮带达到规定紧度，以 29～39N 的力向下压传动皮带，正常挠度达 15～20mm 为正常。

（2）气体控制阀

① 功用。

a．分离压缩空气中的油和水分；

b．过滤压缩空气中的杂质和灰尘；

c．防止储气筒内的压缩空气向压缩机方向中倒流；

d. 使储气筒内的气压保持在 0.5～0.65MPa 范围内；

e. 降制系统最高气压不超过 0.8MPa，以保证气压传动机构安全可靠地工作。

② 结构。

气体控制阀安装在空气压缩机和储气筒之间的管路上。它主要由壳体、油水分离器、过滤器、单向阀、调压阀和安全阀等组成（图 6-3-2）。

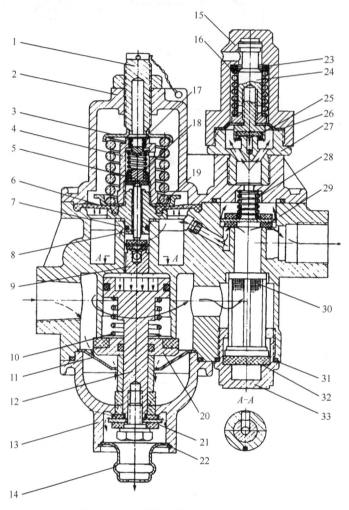

图 6-3-2　74 式Ⅲ挖掘机的气体控制阀

1、17—调整螺钉；2—调压阀体；3、20—弹簧座；4—弹簧套筒；5—密封塞；6—调压阀膜片；7—滑阀；8—顶针；

9—堵头；10—弹簧；11—漏斗；12—排气活塞；13—螺钉；14—防尘罩；15—安全阀体；16—安全阀弹簧；

18—小弹簧；19—大弹簧；21—排气阀；22—卡环；23—调整垫片；24—阀杆；25—膜片；26—阀门；27—安全阀座；

8—单向阀弹簧；29—单向阀门；30—滤网；31—O 形密封圈；32—吸尘垫；33—固定螺母

a. 壳体由上、中、下三部分组成。上壳体包括调压阀体和安全阀座；中壳体上制有进气口和出气口，通过管路进气口和压缩机相连，出气口和储气筒相连；下壳体为油水分离器体。上、中、下壳体分别用螺栓连在一起。

b. 油水分离器由叶片、漏斗、分离器壳体组成。5 个弯曲的叶片对正中壳体的进气口处，叶片的下部装有漏斗，气体中分离出来的油和水分经过漏斗可以进入分离器壳体内。壳体下部装有防尘罩，并用卡环固定。

c. 过滤器装在中壳体的右下方，由滤网、吸尘垫、固定螺母组成。滤网由铜丝编织成圆筒形，装在壳体内，滤网下部装有吸尘垫和固定螺母。过滤器通过壳体上的径向圆孔和油水分离器相通，通过上部孔和单向阀相通。

d. 单向阀装在过滤器上方，由单向阀门和单向阀弹簧组成。在弹簧的作用下，阀门处于关闭状态，只有压缩机排出的气体压力高于储气筒内的气压和弹簧的弹力时，才能顶开单向阀门向储气筒充气。与此同时，压缩气体也可以通过单向阀上部孔进入安全阀，通过壳体上的斜气道进入调压阀膜片下部气室。

e. 调压阀由调压阀体、调整螺钉、大小弹簧、弹簧套筒和滑阀等组成。调整螺钉拧在调压阀体上，下端顶在大弹簧上座的中心孔内。弹簧套筒和滑阀通过螺纹连接在一起，其连接处夹装着大弹簧下座及调压阀膜片。大弹簧套装在弹簧套筒上，两端分别支承在上、下弹簧座上，弹簧套筒的顶部中心孔内拧有调整螺钉，用以调整小弹簧的压力。小弹簧上端通过座顶在调节螺钉上，下端则支承在密封塞上，密封塞起小弹簧座和工作时封闭滑阀轴向孔的作用。在滑阀的上端与密封塞之间有 1.2mm 的距离，此距离为调压行程。滑阀中间有 3.5mm 的轴向孔，孔内装有直径为 3mm 的顶针，顶针上端顶在密封塞上，下端顶在调压阀门上，调压阀门在小弹簧的作用下，通过顶针被压紧在堵头中间的轴向孔上。

堵头黏结在中阀体内，其上端有互相连通的轴向孔和径向孔，并通过壳体上的径向孔与调压阀膜片下部气室相通，堵头的一侧还开有一垂直切槽，将滑阀下部空间与排气活塞上部气室沟通。

排气活塞装在缸筒内，活塞上装有 O 形密封圈，活塞杆上套装有弹簧，弹簧装在缸筒下端，活塞杆下端通过螺钉固定有排气阀门。

f. 安全阀由阀体、阀座、阀杆、阀门、弹簧、膜片和调整垫片等组成。阀体和阀座通过螺纹连成一体，并通过阀座上的螺纹拧在上壳体上，阀座上有两个斜孔使上下气室相通，中心位置还有一个垂直孔和一个水平的排气孔与大气相通。阀门和阀杆通过螺纹连接在一起，阀杆外部套装有弹簧，在此弹簧的作用下阀门将阀座的中心孔封闭。为调整安全阀的压力，弹簧上端与阀体之间装有调整垫片。膜片中部夹装在阀门与阀杆之间，外缘夹装在阀体与阀座之间。

③ 工作原理。

从压缩机排出的压缩空气，经气管从中壳体上进气口进入油水分离器，由于 5 个叶片的作用，使气体流动方向突变并形成急剧的漩流。在离心力的作用下，气体中所含较重的杂质和凝聚的小水滴和小油滴被分离出来，沿壁落入下边漏斗底部和排气阀门上面，当排气阀门打开时，便随压缩气体一起排出。经过油水分离后的气体则沿漏斗上部边缘，经阀体内的径向圆孔进入过滤器，在通过过滤器时，将空气中的尘土和杂质再进一步滤除。当气体通过滤网后其方向改变，进入单向阀下部。此时，如果气体压力高于储气筒内的压力，便克服单向阀上部弹簧和气体的压力，将单向阀顶开，气体便充入储气筒。与此同时，气体也进入安全阀、调压阀膜片下部气室及堵头中心孔内。

当储气筒内的气体压力升高到 0.65MPa 时，调压阀膜片在下部气体压力作用下向上拱曲，压缩大弹簧，带动滑阀和弹簧套筒向上移动。当移动距离超过 1.2mm 时，滑阀轴向孔被密封塞封闭，弹簧套筒内的小弹簧伸长，使小弹簧通过密封塞作用在顶针及顶针下端，调压阀门上的压力消失。此时，进入堵头轴向孔的气体压力推动阀向上移动，使堵头的轴向孔与堵头垂直切槽相通，压缩气体便进入排气活塞上部气室，推动排气活塞压缩弹簧向下移动，将排气阀打开，压缩机过来的压缩气体由此排入大气，单向阀迅速关闭，储气筒压力不再升高，保持在 0.65MPa 以下。

当储气筒内的气压低于 0.5MPa 时，调压阀膜片在大弹簧的作用下向下移动恢复原位，同时弹簧套筒和滑阀也随之向下移动，滑阀轴向孔与密封塞脱离接触，小弹簧被压缩，顶针将调压阀门重新压紧在堵头的轴向孔上，切断进入排气活塞上部气室的气体通路。排气活塞上部气室内的气体经堵头垂直切槽、滑阀轴向孔、套筒及调压阀体上的排气孔排入大气。排气活塞在其弹簧的作用下向上移动，将排气阀关闭，压缩机又继续向储气筒充气。

上述过程的往复循环，使储气筒内的气体压力保持在 0.5～0.65MPa 的额定范围之内。

当调压阀一旦由于某种原因而不能排气时，储气筒内的气压就会继续升高，当气压超过 0.8MPa 时，作用在安全阀膜片下部的气体压力，便克服弹簧的张力，使安全阀门向上移动，将排气孔打开，压缩空气由此孔排出阀体外，当储气筒内的压力低于 0.8MPa 时，在弹簧的作用下，安全阀门重新将排气孔关闭。

发动机熄火后，单向阀阀门在其弹簧和储气筒内气体压力的作用下，处于关闭状态，防止储气筒内的压缩空气向发动机方向倒流。

④ 调整。

a. 调压阀的调整。

当储气筒内气压高于 0.65MPa 时，调压阀下部的排气阀门还不开启排气，或者当气压低于 0.5MPa 时，调压阀下部的排气阀门还不关闭。这两种情况都说明调压阀工作不正常，应进行调整，其方法如下：

拧松调整螺栓固定螺母，顺时针转动调整螺母排气压力升高，反之排气压力则降低。

调整螺栓每次转动量不要太大，并注意观察气压表的读数。

当调整到下部排气阀开始排气时，气压正好在 0.65MPa；排气阀关闭不排气时，气压在 0.5～0.55MPa，则说明调压阀已调好。

调好后将固定螺母拧紧，再反复检查验证。

调压阀除主要调整大弹簧外，有时调压阀失灵还可能由下列原因引起：

排气活塞上的 O 形密封圈安装过紧，使正常的气体压力无法推动活塞移动；调压阀小弹簧过紧，顶针不易向上推动，使调整气压偏高，反之，顶针在气压较低的情况下便向上推压小活塞，使调压阀体上的小孔处不断排气，导致系统压力上不去；气体控制阀内的密封圈和密封垫损坏或阀门关闭不严时均会破坏气体控制阀的正常工作。如果控制阀工作不正常，经调整无效时，则应拆开仔细检查和排除。

b. 安全阀的调整。

将发动机熄火并放掉储气筒内的压缩气体。

卸下安全阀，如果需要升压时，增加阀体内的调整垫片，反之则减少调整垫片，每增减 1mm 的调整垫片，压力约改变 0.037MPa。

调整装复好后，将调压阀调整螺母顺时针拧紧，使下部排气阀门不能开启。

启动发动机进行检查验证，如不符合要求，应按上述方法重新调整，直到正常为止。

按照调压阀的调整方法将调压阀调整好。

（3）储气筒

储气筒为一钢制圆筒，用于储存压缩机送来的压缩气体，当压缩机停止运转时，储气筒内的压缩气体大约可供挖掘机连续制动十次左右。储气筒容量为 68L。储气筒的一端装有一充气开关，可接上软管给轮胎充气。下方有一放水开关，挖掘机每工作 50h 后，应放除筒内的污水一次，冬季则应在每天作业完后放水一次。

（4）脚制动阀

① 功用。

a．控制压缩空气进、出制动气室，使制动器制动或解除制动。

b．使制动气室的气压与踏板的行程保持一定的比例关系。

② 结构。

脚制动阀主要由踏板、滚轮、传动套、阀体、活塞及阀门等组成（图6-3-3）。

踏板通过销轴与盖板铰接，盖板通过螺栓与阀体固定在一起，滚轮用销子装在踏板的下方，并与传动套接触。

阀体上有D、G、P三个孔。D为排气孔，与大气相通；G为出气孔，经气管、双向逆止阀与4个制动气室相通；P为进气孔，经气管与储气筒相通。阀体上与出气孔相平行的另一侧安装有制动灯开关。

阀体内装有活塞、弹簧及阀门。活塞下部装有回位弹簧，上部装有平衡弹簧，平衡弹簧座由拧在活塞杆上端的定位螺钉和挡板限位。传动套穿过盖板压紧在弹簧座上，活塞杆上制有轴向孔和径向孔，并与排气孔相通。活塞杆的下端与阀门配合组成排气阀，阀体上的阀座与阀门配合组成进气阀，阀门下面装有阀门回位弹簧。在出气阀体内壁上开有一平衡孔，与活塞下部气室相通。

制动阀通过盖板用螺栓固定在驾驶室下部底板制动阀支架上。

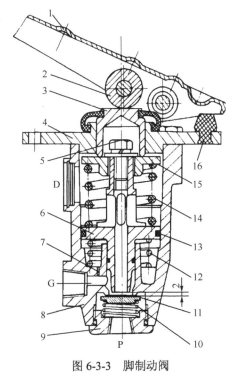

图6-3-3　脚制动阀

1—踏板；2—滚轮；3—传动套；4—盖板；5—定位螺钉；6—活塞；7—平衡孔；8—阀体；9—端盖；
10—阀门回位弹簧；11—阀门；12—活塞回位弹簧；13—密封圈；14—平衡弹簧；15—弹簧座；16—橡胶垫

③ 工作原理。

当踩下制动踏板时，通过滚轮、传动套、弹簧座及平衡弹簧，推动活塞压缩回位弹簧下移，当下移到活塞杆的下端面顶住阀门时，排气阀关闭。再继续下移，阀门回位弹簧也被压缩，使阀门离开阀座，进气阀打开。此时，储气筒来的压缩气体经进气孔、进气阀、活塞杆下端的环形气室、出气孔和气管而进入制动气室，使车轮制动。与此同时，气体经平衡孔也进入活塞下部气室。

当踏板踩下一定距离不动时，活塞下部气室及前、后制动气室中的气压随着充气量的增加而逐步升高，当活塞下室中的气压升高到它对活塞的作用力与活塞回位弹簧及阀门回位弹簧的作用力之和，大于平衡弹簧的张力时，平衡弹簧被压缩。于是活塞上移，阀门也在其弹簧的作用下，始终压紧在活塞杆上端面上，使阀门和活塞杆同时上移（即排气阀保持关闭），直到进气阀完全关闭为止。这时进排气阀均处于关闭位置，活塞下部气室及制动气室均处于封闭状态，既不与大气相通也不与储气筒相通。这时活塞及活塞杆所处的位置，称为平衡位置。此后，只要踏板位置不再改变，则制动气室的气压就保持一稳定值，与此相对应，制动力矩也就保持一定的稳定值。

若驾驶员感到制动力矩不够，可以将踏板再踩下去一定距离，使活塞及活塞杆重新下移，进气阀便又开启，制动气室和活塞下部气室便进一步进气，直到活塞及活塞杆又回到平衡位置时为止。此时，在新的平衡状态下，制动气室所保持的稳定气压值比以前的要高，相应的制动力矩也就比以前的要大。

反之，若驾驶员感到制动力作用过于强烈时，可将脚抬起而让踏板向上移动一些，此时，活塞在其回位弹簧和气压的作用下也向上移，将排气阀打开。制动气室和管路中的气体，分别经快速放气阀和制动阀上的排气孔排出一部分。制动气室及活塞下部气压随之降低，平衡弹簧伸张，将排气阀重新关闭，活塞及活塞杆又处于平衡位置。此时，因制动气室气压降低，相应的制动力矩要比以前的小。

由此可知，制动时制动踏板踏到任意工作位置，制动阀都能自动达到平衡位置，而使进、排气阀都处于关闭状态。

当完全放松踏板后，活塞在其回位弹簧作用下上移，进气阀关闭，活塞杆下端面离开阀门使排气阀打开。管路中的气体经活塞杆的轴向孔、径向孔和阀体上的排气孔排入大气，车轮制动解除。

不制动时，活塞杆的下端面与阀门之间有 2mm 的间隙。

（5）手制动阀

手制动阀（也称为手作业制动阀）用于控制储气筒的压缩空气进入制动气室，在挖掘机作业时使车轮制动器长时间处于制动状态，以提高作业的稳定性。

① 结构。

手制动阀和悬挂闭锁及前桥接通的三阀组装在一起，并且结构完全一样。手制动阀主要由阀体、阀杆、弹簧及手柄等组成（图 6-3-4）。

阀体上共有 3 个孔，左上孔为排气孔，与大气相通；左下孔为进气孔，经气管与储气筒相通；右边孔为出气孔，经气管与制动气室相通。手柄装在铰支架轴上，下端制为双向凸块。铰支板一端装在铰支销轴上，其倾斜面与手柄双向凸块接触（手柄在中间位置时）。阀杆穿过上盖装入阀体内，下部有回位弹簧支承，中间细腰部与阀体形成环形槽，细腰部可始终与 3 个气孔中的两个相通。在阀体内的进、排气孔处各装有一个支承架，每个支承架的上、下端各装有垫圈和密封圈。两个支架装在阀体内的上下端。托板及上、下盖用螺钉与阀体连接。

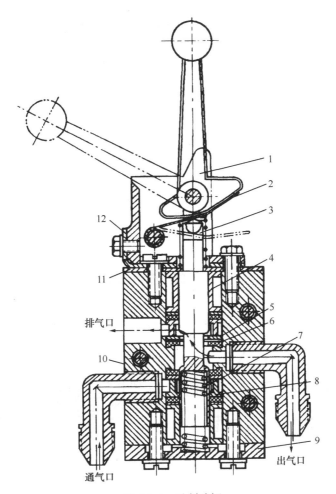

图 6-3-4 手制动阀

1—手柄；2—铰支板；3—阀杆；4—支承架；5—垫圈；6—密封圈；7—弹簧；8—支架；9—底板；10—阀体；11—盖板；12—托架

② 工作原理。

制动时，手柄扳到左侧位置，手柄下端左凸块通过铰支板下压阀杆，由于阀杆的下移，将进气孔打开，排气孔关闭，阀杆细腰部将进气孔与出气孔接通。此时，储气筒内的压缩气体经进气孔、环形空间、出气孔、双向逆止阀和快速放气阀进入制动气室，使车轮制动。

解除制动时，手柄扳回原位，手柄下端凸块不顶压阀杆，在弹簧的作用下，阀杆恢复原位，将进气孔关闭，排气孔打开。此时，阀杆的细腰部将出气孔与排气孔接通，通往制动气室管路中的气体便从排气孔排入大气，制动气室内的气体则由快速放气阀排入大气，车轮制动解除。

（6）双向逆止阀

双向逆止阀安装在脚制动阀和手制动阀通往制动气室管路的汇合处。其功用是当使用一种制动操纵时（脚制动阀或手制动阀），防止压缩气体从另一个制动阀的排气孔排出。双向逆止阀主要由阀体、端盖、铜套和阀芯等组成（图 6-3-5）。

阀体两端用螺栓固定着左、右端盖，端盖与阀体的接合处装有密封垫。两端盖上的孔口经气管分别与脚制动阀和手制动阀相通，阀体上的孔口则经管路与制动气室相通。阀体内装

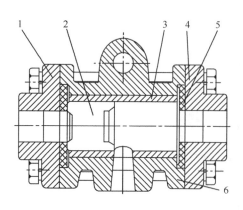

图 6-3-5　双向逆止阀

1—左端盖；2—阀芯；3—铜套；4—右端盖；

5—橡胶密封圈；6—阀体

有铜套，阀芯装在铜套内，在气压作用下，阀芯可在铜套内做轴向滑动。

当使用脚制动阀时，压缩气体从右端盖上的孔口进入阀体内，将阀芯推压在左端盖上，使左端盖上孔口关闭，压缩气体只能从阀体上的孔口去制动气室。当使用手制动阀时，阀芯的位置及其工作情况与上述相反。

（7）快速放气阀

快速放气阀（简称快放阀）有两个，安装在靠近制动气室的管路 Y 路处，其功用是放松制动踏板后，使制动气室的压缩气体由此就近迅速排入大气中，以迅速解除对车轮的制动。快速放气阀主要由阀体、膜片、阀盖等组成（图 6-3-6）。

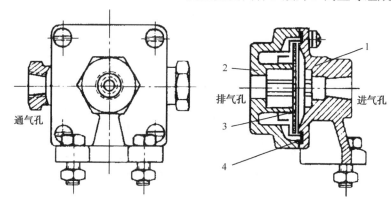

图 6-3-6　快速放气阀

1—阀盖；2—阀体；3—橡胶膜片；4—密封圈

阀体与阀盖用螺钉连在一起，橡胶膜片装于两者之间。阀体上有三个孔，左、右孔为出气孔，通过气管分别与左、右制动气室相通；中间孔为排气孔，排气孔既与左、右两个孔口相通又与大气相通。阀盖上有一个进气孔，经过气管、双向逆止阀与制动阀相通。

制动时，从制动阀来的压缩空气经进气孔进入膜片右方，使膜片紧靠在排气孔上，将排气通路封闭，气体经膜片周围空间进入阀体，从两侧出气孔进入制动气室。

解除制动时，制动阀至快速放气阀管路内的压缩气体先由制动阀排出，作用在膜片右面的压力消失，膜片的左面和右面产生压力差，在压力差的作用下，膜片左面的气压便推膜片向右运动，将排气孔打开，进气孔封闭，于是制动气室内的压缩空气便从排气孔迅速排到大气中。

由于快速放气阀安装位置到制动气室的管路较短，且排气孔较大，因而对气流的阻力较小，故放气迅速，制动解除较快。

（8）制动气室

74 式Ⅲ挖掘机有三种汽缸，分别为制动汽缸、前桥接通汽缸和悬挂控制汽缸，其中制动汽缸又称为制动气室。制动气室共 4 个，均为单作用式，分别安装在前后桥壳的前端，用于将气体压力变为推力使车轮制动。主要由缸体、活塞、回位弹簧、推杆等组成（图 6-3-7）。

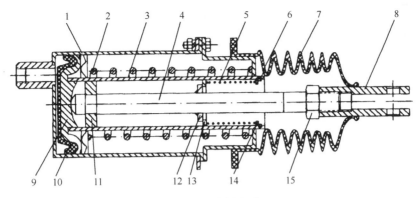

图 6-3-7　制动气室

1—缸体；2、5—回位弹簧；3—弹簧套筒；4—推杆；6—卡簧；7—防尘套；8—接头；
9—活塞；10—橡胶皮碗；11—橡胶支承圈；12—挡板；13—内挡圈；14—外挡圈；15—锁紧螺母

缸体与端盖用螺钉连接为一体，左端气孔通过气管与快速放气阀连接。活塞与活塞杆焊成一体，橡胶皮碗装在活塞上。活塞回位弹簧套装在活塞杆上，其两端装有弹簧座和密封垫。推杆上装有回位弹簧，推杆的左端顶在活塞上，用一个橡胶支承圈保持其中间位置，右端通过接头与车轮制动器制动臂连接。为防止尘土进入气室中，壳体右端装有橡胶折叠式防尘套。

制动时，压缩气体进入气室内，推动活塞右移，推杆便推动制动臂带动凸轮轴及凸轮转动一个角度，使车轮制动。当解除制动时，活塞顶部气压迅速消失，在两弹簧的作用下，活塞和推杆恢复原位，作用在制动臂、凸轮轴及凸轮上的推力消失，车轮制动即被解除。

前桥接通汽缸安装在下传动箱的前端车架上。悬挂控制汽缸安装在车架中部横梁上，两汽缸均为单作用式，其结构相同，分别用于控制前桥接通和悬挂闭锁。

当需要前桥接通或悬挂闭锁时，分别将手制动阀的操纵手柄扳到左边固定位置，气体进入控制汽缸，推动活塞移动，在推杆的推动下，前桥即可接通动力，悬挂即可闭锁。将操纵手柄放回原位，气体经手制动阀排出，活塞及推杆在回位弹簧的作用下恢复原来位置，即可切断通往前桥的动力或解除悬挂闭锁。

咨询二　气液式制动传动机构构造原理

气液式制动传动机构在重型工程机械上应用比较广泛，它实际上是在液压式制动传动机构的基础上增加一套气压系统，因此，它综合了气压传动工作可靠、操纵轻便省力和液压传动结构紧凑、制动平顺、润滑良好的优点。

目前工程机械采用空气助力式的较多，如轮式推土机、TL—180 推土机、ZL—40（50）装载机、74 式装载机、PY—160 平地机等均采用这种形式。

一、ZL—50 装载机气液式制动系统结构特点及工作原理

1．结构特点

国内各企业生产的 ZL—50 轮式装载机的气液式制动系统，虽然在结构上略有差异，但其工作原理是一致的，如图 6-3-8～图 6-3-10 所示。

柳工 ZL—50 行车制动采用单管路、气液式、钳盘式制动器；停车制动采用气动机械操纵蹄式制动器，且具备紧急制动功能。山工 ZL—50 行车制动采用双管路、气液式、钳盘式制动器；停车制动采用机械操纵的蹄式制动器，没有紧急制动功能。厦工 ZL—50 行车制动采用单管路、气液式、钳盘式制动器；停车制动采用机械操纵的蹄式制动器，没有紧急制动功能。

综上所述，国产 ZL—50 轮式装载机，行车制动普遍采用气液式、钳盘式制动器；停车制动有采用机械操纵的，也有气动控制的。气动控制的一般都有紧急制动功能，当制动气压低于安全气压的，该系统能自动使装载机紧急停车。

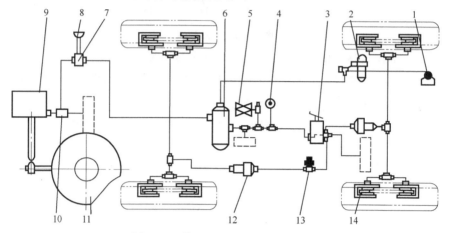

图 6-3-8　柳工 ZL—50C 的制动系统

1—空气压缩机；2—组合阀；3—单管路气制动阀；4—气压表；5—气喇叭；6—空气罐；7—紧急和停车制动控制阀；8—顶杆；
9—制动气室；10—快放阀；11—蹄式制动器（停车制动）；12—加力器；13—制动灯开关；14—钳盘式制动器（行车制动）

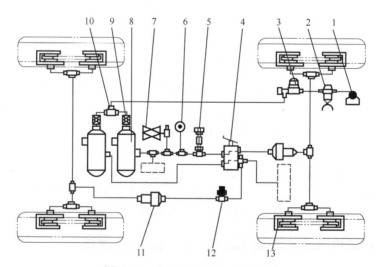

图 6-3-9　山工 ZL—50D 制动系统

1—空气压缩机；2—油水分离器；3—压力控制器；4—双管路气制动阀；5—刮水阀接头；6—气压表；7—气喇叭；8—空气罐；
9—单向阀；10—三通接头；11—加力器；12—制动灯开关；13—钳盘式制动器

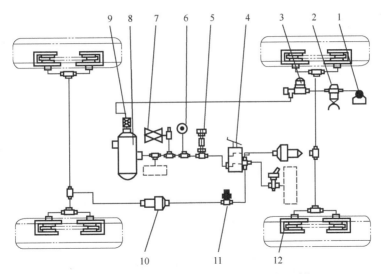

图 6-3-10 厦工、龙工、临工 ZL—50 制动系统

1—空气压缩机；2—油水分离器；3—压力控制器；4—单管路气制动阀；5—刮水阀接头；6—气压表；7—气喇叭；8—空气罐；

9—单向阀；10—加力器；11—制动灯开关；12—钳盘式制动器

2．构造原理

空气压缩机由发动机带动输出压缩空气，经压力控制阀（组合阀或压力控制器）进入空气罐。当空气罐内的压缩空气压力达到制动系统最高工作压力时（一般为 0.78MPa 左右），压力控制阀就关闭通向空气罐的出口，打开卸荷口，将空气压缩机输出的压缩空气直接排向大气。当空气罐内的压缩空气压力低于制动系统最低工作压力时（一般为 0.71MPa 左右）， 压力控制阀就打开通向空气罐的出口，关闭卸荷口，使空气压缩机输出的压缩空气进入空气罐进行补充,直到空气罐内的压缩空气压力达到制动系统最高工作压力为止。

制动时，踩下气制动阀的脚踏板，压缩空气通过气制动阀，一部分进入加力器的加力缸，推动加力缸活塞及加力器总泵，将气压转换为液压，输出高压制动液（压力一般为 12MPa 左右），高压制动液推动钳盘式制动器的活塞，将摩擦片压紧在制动盘上制动车轮；另一部分进入变速操纵阀的切断阀的大腔，切断换挡油路，使变速箱自动挂空挡。

放松脚踏板，在弹簧作用下，加力器、切断阀大腔内的压缩空气从气制动阀处排出到大气，制动液的压力释放并回到加力器总泵，解除制动，变速箱挡位恢复。

对于具有紧急制动功能的制动系统，其紧急制动的工作原理是：当装载机正常行驶时，紧急和停车制动控制阀是常开的，来自空气罐的压缩空气经过紧急和停车制动控制阀、快放阀，一部分进入制动气室，推动制动气室内的活塞、压缩弹簧，储存能量；另一部分进入变速操纵阀的切断阀的小腔，接通换挡油路。当需要停车或紧急制动时，操纵紧急和停车制动操纵阀切断压缩空气、制动气室，切断阀小腔内的压缩空气经过快放阀排入大气，切断换挡油路，变速箱自动挂空挡，同时制动气室内弹簧释放，推动制动气室内的活塞并驱动蹄式制动器，实施停车或紧急制动。当制动系统气压低于安全气压〔一般为 0.3MPa 左右〕时，紧急和停车制动控制阀能自动动作，实施紧急制动。

二、主要零部件构造原理

ZL—50 型轮式装载机制动系统的主要有空气压缩机、压力控制与油水分离装置、单向阀、气制动阀、气顶油加力器、钳盘式制动器、紧急和停车制动控制阀、制动气室、快放阀、蹄式制动器等。

1．空气压缩机

活塞式空气压缩机（如图 6-3-11，视柴油机不同，分单缸和双缸），用空气或发动机冷却水冷却，它的吸气管与发动机的进气管相通。润滑油由发动机供给，从发动机引入、油量孔限定的机油进入空气压缩机油底壳，并保持一定高度的油面，以飞溅方式润滑各运动零件，多余部分经油管流回发动机。采用发动机冷却水冷却的空气压缩机，其冷却水道与发动机的相通。

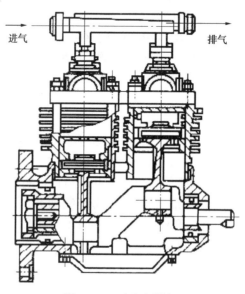

图 6-3-11　空气压缩机

发动机带动空气压缩机曲轴旋转，通过连杆使活塞在汽缸内上下往复运动，活塞向下运动时汽缸内产生真空，打开吸气阀吸入空气。活塞向上运动时，吸气阀关闭，压缩汽缸内空气，并将吸入的压缩空气自排气阀输出。

在不使用压缩空气的情况下，发动机带动空气压缩机连续工作几十分钟，制动系统气压稳定，说明空气压缩机工作正常。如果气压急骤变化或经常波动，则应该检查空气压缩机的排气阀门，进行研磨，保持其密封性。

空气压缩机在工作时不应有大量机油渗入压缩空气内。若在工作 24 小时后，在油水分离装置和空气罐中聚集的机油超过 10～16cm³时，应检查空气压缩机窜油原因。

2．压力控制与油水分离装置

压力控制与油水分离装置比较常见的有两种:组合阀与油水分离器和压力控制器。

（1）组合阀

组合阀结构，如图 6-3-12 所示。

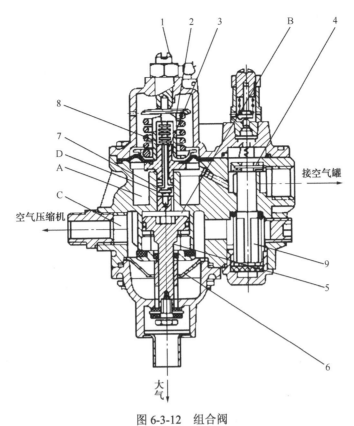

图 6-3-12　组合阀

1—调整螺钉；2—控制活塞总成；3—阀杆；4—单向阀；5—放气活塞；6—集油器；7—膜片；8—膜片压板；9—滤芯

① 油水分离。

阀门 C 腔为冲击式油水分离器，使压缩空气中的油水污物分离出来，堆积在集油器 6 内，在组合阀排气时自动排入大气中。滤芯 9 也起到过滤作用，防止油污污染管路，腐蚀制动系统中不耐油的橡胶件。由于压缩空气中的水分被排出，避免腐蚀空气罐，且管路不会因为冰冻而影响冬季行车安全。

② 压力控制。

当制动系统的气压小于制动系统最低工作压力时，从空气压缩机来的压缩空气进入 C 腔，打开单向阀 4 后分为两路：一路进入空气罐；另一路经小孔进入 A 腔，A 腔有小孔与 D 腔相通，这时控制活塞总成 2 和放气活塞 5 不动。

当制动系统的气压达到制动系统最低工作压力时，压缩空气将控制活塞总成 2 顶起，此时阀杆 3 浮动。当气压继续升高大于制动系统最高工作压力时，D 腔内气体将膜片 7 及阀杆 3 顶起，控制活塞总成 2 继续上移，阀门在弹簧作用下将控制活塞总成 2 中间的细长小孔的上端封住，同时压缩空气进入 B 腔，克服阻力推动放气活塞 5 下移，打开下部放气阀门，将从空气压缩机来的压缩空气直接排入大气。

当制动系统的气压回落到制动系统最低工作压力时，控制活塞总成 2 在弹簧力作用下回位，阀杆 3 推动膜片 7 下移，封住了使 B、D 腔相通的小孔，控制活塞总成 2 中间的细长孔上端打开，B 腔内残留气体通过控制活塞总成 2 中间的细长小孔进入大气，放气活塞 5 在弹簧力作用下回位，下部放气阀门随之关闭，空气压缩机再次对空气罐充气。

组合阀中集成一个安全阀。当控制活塞总成 2、放气活塞 5 等出现故障，放气阀门不能打开，导致制动系统气压上升达到 0.9MPa 时，右侧上部安全阀打开卸压以保护系统。

③ 单向阀。

组合阀中有一个胶质的单向阀片 4，当空气压缩机停止工作时，此单向阀能及时阻止气罐内高压空气回流，并使制动系统气压在停机一昼夜后仍能保持在起步压力以上，减少了第二天开机准备时间。同时在空气压缩机瞬间出现故障时，由于有此阀的单向逆止作用，不致使空气罐内的气压突然消失而造成意外事故。

当需要利用空气压缩机对轮胎充气时，可将组合阀侧面的翼形螺母取下，单向阀片 4 关闭，使空气罐内的压缩空气不致倒流，而分离油水后的压缩空气则从充气口，通过接装在此口上的轮胎充气管充入轮胎。

（2）油水分离和压力控制器

① 油水分离器。

油水分离器结构，如图 6-3-13 所示。油水分离器用来将压缩空气中所含的水分和润滑油分离出来，以免腐蚀空气罐及制动系统中不耐油的橡胶件。空气压缩机的压缩空气自进口 A 进入，通过滤芯 2 后，从中央管 7 壁上的孔进入中央管内。进气阀 5 的阀杆被翼形螺母 3 向上顶起，使阀处于开启位置，除去油、水后的压缩空气自出气口 C 流到压力控制器，再进入空气罐。为防止因滤芯堵塞或压力控制器失效而使油水分离器中气压过高，在盖上装有安全阀 6，安全阀 6 的开启压力设定为 0.9MPa。旋出下部的放油螺塞 4 就可以把凝集的水和润滑油放出。

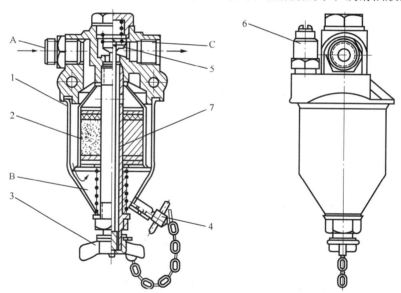

图 6-3-13 油水分离器

1—罩；2—滤芯；3—翼形螺母；4—放油螺塞；5—进气阀；6—安全阀；7—中央管

当需要利用空气压缩机对轮胎充气时，可将翼形螺母 3 取下，这时进气阀 5 在其上面的弹簧作用下关闭，使空气罐内的压缩空气不致倒流，而分离油水后的压缩空气则从中央管 7 的下口通过接装在此口上的轮胎充气管充入轮胎。

② 压力控制器。

压力控制器结构如图 6-3-14 所示，来自空气压缩机的压缩空气经油水分离器从 A 口进入压力控制器，然后经止回阀 7 自 B 口流出，再经单向阀进入空气罐，这时止回阀 6 在压缩空气作用下关闭，把 A 口和通大气的 D 口隔开。同时压缩空气还通过滤芯 8 进入阀门鼓膜 2

下的气室，因此，该气室中的气压和空气罐中气压相等。当气压达到 0.71MPa 时，阀门鼓膜 2 受压缩空气的作用克服鼓膜上弹簧的预紧力向上拱起，使压缩空气通过阀门座 3 上的孔，经阀体上的气道进入皮碗 5 左边的气室，一面沿放气管 4 排气，另一面推动皮碗 5 右移，推开止回阀 6，使 A 口和 D 口相通，来自空气压缩机的压缩空气直接由 D 口排出，而这时止回阀 7 则在压缩空气的压力及阀上弹簧的作用下处于关闭状态。

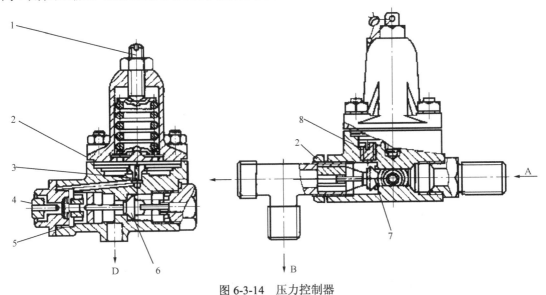

图 6-3-14　压力控制器

1—调整螺钉；2—阀门鼓膜；3—阀门座；4—放气管；5—皮碗；6、7—止回阀；8—滤芯

3．单向阀

单向阀结构，如图 6-3-15 所示。压缩空气从上口进入，克服阀门弹簧 6 的预紧力，推开阀门 7，由下口流入气罐。在空气压缩机失效或压力控制器向大气排气时，由于弹簧 6 的预紧力和阀门 7 左右腔的压力差，使阀门 7 压在阀座上，切断了空气倒流的气路，使空气罐中的压缩空气不能倒流。

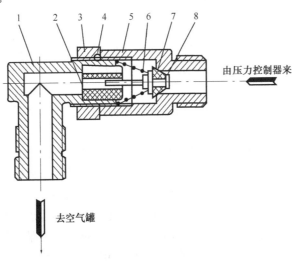

图 6-3-15　单向阀

1—直角接头；2—阀门导套；3—垫圈；4—密封圈；5—阀体；6—阀门弹簧；7—阀门；8—阀门杆

4．气制动阀

比较常用的气制动阀有两种：单管路气制动阀和双管路气制动阀。

（1）单管路气制动阀

单管路气制动阀结构如图 6-3-16 所示。当制动踏板放松时，活塞 3 在回位弹簧 4 作用下被推至最高位置，活塞下端面与进气阀门 7 之间有 2mm 左右的间隙，出气口（与 A 腔相通）经进气阀门中心孔与大气相通，而进气阀门 7 在进气阀弹簧作用下关闭，处在非制动状态。

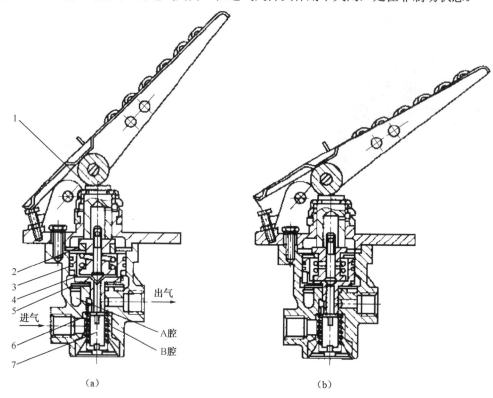

图 6-3-16　单管路气制动阀

1—顶杆；2—平衡弹簧；3—活塞；4—回位弹簧；5—螺杆；6—密封片；7—进气阀门

当踩下制动踏板时，通过顶杆 1 对平衡弹簧 2 施加一定的压力，从而推动活塞 3 向下移动，关闭了出气口与大气间的通道，并顶开进气阀门 7，压缩空气经进气口入 B 腔、A 腔，从出气口输入加力器产生制动。

在制动状态下，出气口输出的气压与踏板作用力成比例的平衡是通过平衡弹簧 2 来实现的，当踏板作用力一定时，顶杆施加于平衡弹簧的压力也为某一定值，进气阀门打开后，当活塞 3 下腔气压作用于活塞的力超过了平衡弹簧的张力时平衡弹簧被压缩，活塞上移，直至进气阀门关闭。此时气压作用于活塞上的力与踏板施加于平衡弹簧的压力处于平衡状态，出气口输出的气压为某一不变的气压，当踏板施加于平衡弹簧的压力增加时，活塞又开始下移，重新打开进气阀门，当活塞下腔的气压增至某一数值，作用于活塞上的力与踏板施加于平衡弹簧的压力相平衡时，进气阀门又关闭，而出气口输出的气压又保持某一不变而又比原先高的气压，即出气口输出气压与平衡弹簧的压缩变形成比例，与制动踏板的行程成比例。

（2）双管路气制动阀

双管路气制动阀结构如图 6-3-17 所示。A、B 口接空气罐，C、D 口接加力器。当制动踏板 1 放松时,阀门 12、17 在回位弹簧和压缩空气的作用下,将从空气罐到加力器的气路关闭。同时,加力器通过阀门 12、17 和活塞杆 9、16 之间的间隙,再经过活塞杆中间的孔及安装平衡弹簧 6 的空腔,经由 F 口通大气。

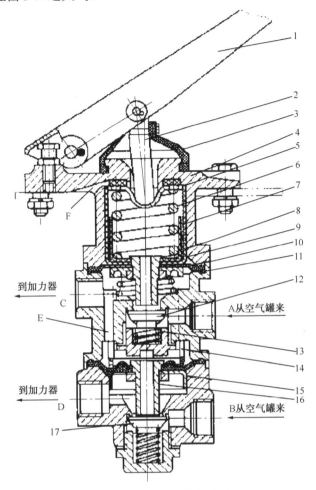

图 6-3-17 双管路气制动阀

1—制动踏板;2、14—顶杆;3—防尘套;4—阀支架;5—顶杆座;6—平衡弹簧;7—大活塞;8—弹簧座;9、16—活塞杆;

10—鼓膜;11—鼓膜夹板;12、17—阀门;13—阀门回位弹簧;15—小活塞

踩下制动踏板一定距离,顶杆 2 推动顶杆座 5、平衡弹簧 6、大活塞 7、弹簧座 8 及活塞杆 9 一起下移一段距离。在这一过程中,先是活塞杆 9 的下端与阀门 12 接触,使 C 口通大气的气路关闭。同时鼓膜夹板 11 通过顶杆 14 使活塞杆 16 下移到下端与阀门 17 接触,使 D 口通大气的气路也关闭。然后活塞杆 9 和 16 下移,将阀门 12 及 17 推离阀座,接通 A 口到 C 口、B 口到 D 口的通道,于是空气罐中的压缩空气进入加力器,同时也进入上、下鼓膜下面的平衡气室。加力器和平衡气室中的气压都随充气量的增加而逐步升高。

当上平衡气室中的气压升高到它对上鼓膜的作用力加上阀门回位弹簧及鼓膜回位弹簧的力的总和,超过平衡弹簧 6 的预紧力时,平衡弹簧 6 便在上端被顶杆座 5 压住不动的情况下进一步被压缩,鼓膜 10 带动活塞杆 9 上移,而阀门 12 在其回位弹簧 13 的作用下紧贴活塞杆下端随之上升,直到阀门 12 和阀座接触,关闭 A 口到 C 口的气路为止, 这时 C 口既不和空气罐相通,也不和大气相通而保持一定气压,上鼓膜处于平衡位置。同样,当下平衡气室的气压升高到它对下鼓膜的作用力加上阀门回位弹簧及鼓膜回位弹簧力的总和，大于上平衡气室中的气压对鼓膜的作用力时，下鼓膜带动活塞杆 16 上移，阀门 17 紧贴活塞杆下端也随之上升，直到阀门 17 和阀座接触关闭 B 口到 D 口的气路为止，这时 D 口既不和空气罐相通，也不和大气相通，保持一定气压，下鼓膜处于平衡位置。

若驾驶员感到制动强度不足，可以将制动踏板再踩下一些，阀门 12、 17 便重新开启，使加力器和上、下平衡气室进一步充气，直到压力升高到鼓膜又回到平衡位置为止。在此新的平衡状态下，加力器中所保持的气压比以前更高，同时平衡弹簧 6 的压缩量和反馈到制动踏板上的力也比以前更大。可见，加力器中的气压与制动踏板行程（即踏板力）成一定比例关系，松开制动踏板 1，则上、下鼓膜回复到如图 6-3-17 所示的位置，加力器中的压缩空气由 D 口经活塞杆 16 的中孔进入通道 E，与从 C 口进来的加力器中压缩空气一起，经活塞杆 9 的中孔，经安装平衡弹簧的空腔由 F 腔排出，制动解除。

5. 气顶油加力器

气顶油加力器由汽缸和液压总泵两部分组成，比较常用的结构有两种。

（1）气顶油加力器的第一种结构

如图 6-3-18 所示，制动时，压缩空气推动活塞 2 克服弹簧 5 的预紧力，通过推杆使液压总泵活塞 10 右移，总泵缸体内的制动液产生高压，推开回油阀 16 的小阀门，通过油管进入钳盘式制动器的油缸。当气压为 0.71～0.784MPa 时，出口的液压为 12MPa 左右。

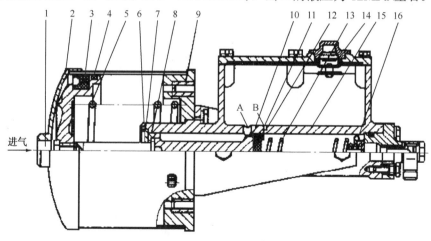

图 6-3-18　气顶油加力器

1—进气口；2、10—活塞；3—丫形密封圈；4—毛毡密封圈；5、13—弹簧；6—锁环；7—止推垫圈；8、11—皮碗；9—端盖；
12—弹簧座；14—加油塞；15—油缸；16—回油阀；A—回油孔；B—补偿孔

松开制动踏板，压缩空气从进气门 1 返回，活塞 2 和 10 在弹簧 5 作用下左移，钳盘式制动器内的制动液经油管返回，推开回油阀 16 流回总泵内。由于弹簧 13 的作用，使制动液回流结束。回油阀 16 关闭时，由总泵至钳盘式制动器的制动管路中保持一定压力，以防止空气从接头或制动器的密封圈等处侵入制动管路。

当迅速松开制动踏板时，总泵活塞 10 在弹簧 5 的作用下迅速左移，而制动液因为黏性未能及时填充总泵活塞退出的空间，使总泵缸内形成真空。这时在大气压力作用下，储油室内的制动液经回油孔 A 穿过活塞 10 头部的 6 个孔，由皮碗周围进入总泵缸内进行填补，避免在活塞回位过程中将空气吸入总泵。活塞 10 完全回位后，补偿孔 B 已经打开，由制动管路中继续回总泵的制动液则经过补偿孔 B 进入储油室。当制动管路因密封不良而泄漏一些制动液，或由于温度变化引起总泵、钳盘式制动器以及制动管路制动液膨胀和收缩时，都可以通过回油孔 A 和补偿孔 B 得到补偿。

（2）气顶油加力器的第二种结构

如图 6-3-19 所示，在非制动状态时，储液罐和加力器的 A、C 腔是相通的。制动液通过小孔 B，由 A 腔流到 C 腔。

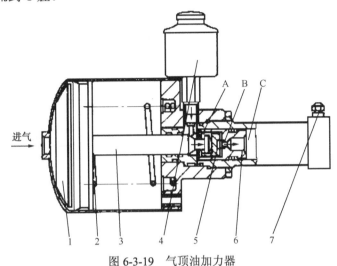

图 6-3-19　气顶油加力器

1—汽缸活塞；2—弹簧；3—活塞杆；4—储液罐；5—密封垫；6—液压总泵活塞；7—排气嘴

制动时，压缩空气推动汽缸活塞 1 克服弹簧 2 的阻力，通过活塞杆 3 推动液压总泵活塞 6 右移。同时密封垫 5 封闭小孔 B，分隔加力器的 A、C 腔，C 腔内的制动液产生高压，从而推动钳盘式制动器的油缸，实施制动。

松开制动踏板，压缩空气从进气口返回气制动阀，排入大气。汽缸活塞 1 和液压总泵活塞 6 在弹簧 2 作用下复位，小孔 B 打开，加力器的 A、C 腔相通，钳盘式制动器油缸内的制动液流回总泵内。若制动液过多，可以经 A 腔流回储液罐内。如果制动踏板松开过快，制动液滞后未能及时随活塞返回，总泵 C 腔内形成真空。在大气压力下，储液罐内的制动液经过小孔 B 补充到总泵内，再次踩下制动踏板时，制动效果就可增大。

6. 紧急和停车制动控制阀

如图 6-3-20 所示，按下阀杆，阀杆下部的阀门总成 7 下移顶在底盖上，排气口封闭，进气口与出气口接通，气体走向如图 6-3-20（a）所示，压缩空气通过紧急和停车制动控制阀进入制动气室，解除停车制动；拉起阀杆，阀门总成 7 上移，进气门封闭，出气口与排气口连通，将制动气室内的压缩空气排出，气体走向如图 6-3-20（b）所示，驱动制动器实施停车制动。

在启动机器以后，如果制动系统气压低于 0.4MPa，紧急和停车制动控制阀的阀杆按下去又会自动弹起，是因为此时的气压克服不了弹簧 6 的初始阻力，这样的设置是为了保证机器起步时制动系统具备一定的制动能力。机器正常行驶过程中，如果制动系统出现故障，制动系统气压低于 0.3MPa 时，由于气压过低，克服不了弹簧 6 的张力，阀杆 4 及阀门总成 7 自动上移，切断进气，打开排气口，自动实施紧急制动，由此实现停车制动的手动及自动控制功能。

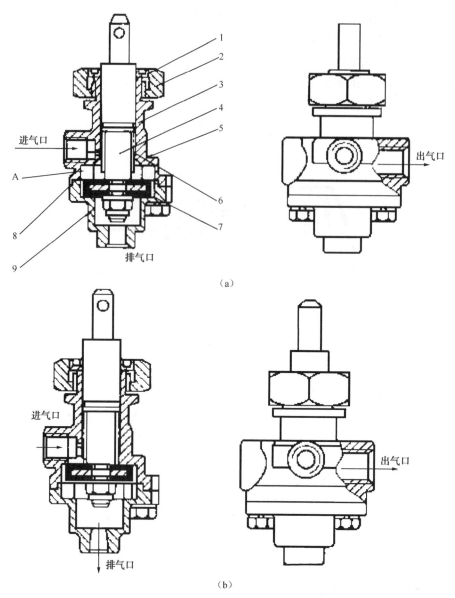

（a）

（b）

图 6-3-20　紧急和停车制动控制阀

1—防尘圈；2—固定螺母；3—O 形密封圈；4—阀杆；5—阀体；6—弹簧；7—阀门总成；8—密封圈；9—底盖

7．制动气室

如图 6-3-21 所示，紧急或停车制动时，制动器的松脱和接合是通过制动气室进行的。制动气室固定在车架上，制动气室的杆端与蹄式制动器的凸轮拉杆连接。

在处于停车制动状态时，制动气室的右腔没有压缩空气，由于弹簧 1 的作用力，将活塞体 4 推到右端，使蹄式制动器结合。

当制动系统气压高于 0.4MPa 并按下紧急和停车制动控制阀的阀杆时，压缩空气通过紧急和停车制动控制阀、快放阀，进入制动气室的右腔，压缩弹簧 1 推动活塞 2 左移，双头螺栓 3 带动蹄式制动器的凸轮拉杆运动，使制动器松开，解除停车制动。

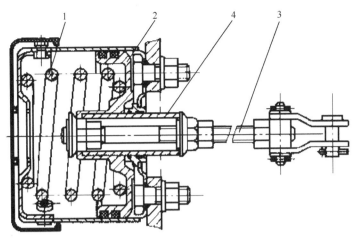

图 6-3-21　制动气室

1—弹簧；2—活塞；3—双头螺栓；4—活塞体

在停车后拉起紧急和停车制动控制阀阀杆，或是在机器正常行驶过程中，如果制动系统出现故障，制动系统气压低于 0.3MPa 时，紧急和停车制动控制阀的阀杆自动上移打开排气口并切断制动气室的进气。制动气室右腔的压缩空气通过紧急和停车制动控制阀、快放阀排入大气，弹簧 1 复位，将活塞 2 推向制动气室的右端，双头螺栓 3 也同时右移，推动蹄式制动器的凸轮拉杆，使制动器接合实施制动。

如果机器发生故障无法行驶需要拖车时，而此时停车制动器又不能正常脱开，应该把制动气室连接叉上的销轴拆下，使停车制动器强制松脱后再进行拖车。

8．快放阀

快放阀结构如图 6-3-22 所示。其上口接紧急和停车制动控制阀出气口，左右两口接制动气室和变速操纵阀的切断阀，下口通大气。作用是从紧急和停车制动控制阀来的压缩空气被切断时，使制动气室、切断阀内的压缩空气迅速排出，以缩短变速箱空挡、制动蹄张紧的时间，实现快速制动。

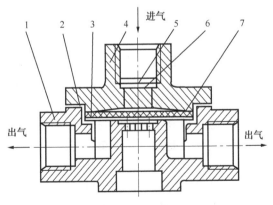

图 6-3-22　快放阀

1—阀体；2—密封垫；3—橡胶膜片；4—阀盖；5—挡圈；6—滤网；7—挡板

当从紧急和停车制动控制阀来的压缩空气经滤网 6 过滤后进入阀体。在气压的作用下，橡胶膜片 3 中部凹进封闭下部排气口。气体从膜片周围进到左右两边出气口，进入制动气室解除制动，进入变速操纵阀的切断阀接通换挡油路，机器方可起步。气体走向如图6-3-23（a）所示。

当从紧急和停车制动控制阀来的压缩空气被切断时，橡胶膜片3上面压力解除，下面的气压就把膜片推向上部进气口，从而关闭进气口打开了排气口。制动气室、切断阀内压缩空气从排气口排出，变速箱换挡油路切断，制动蹄张开实现制动。气体走向如图6-3-23（b）所示。

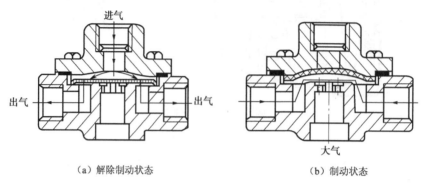

（a）解除制动状态　　　　　　　　　　　　（b）制动状态

图6-3-23　快放阀气体走向

9. 制动器

钳盘式制动器为固定钳盘式，制动盘固定于轮毂上随车轮一起旋转，夹钳固定在桥壳上，制动结构原理不再赘述。

蹄式制动器安装于变速箱输出轴前端，制动底板安装在变速箱壳体上，制动毂安装在变速箱前输出法兰上。制动时，通过制动气室拉动拉杆带动凸轮旋转以制动变速箱输出轴实现制动。

咨询三　其他制动系统介绍

一、防抱死制动系统

在前面提到，最佳的制动是使车轮将要"抱死"而未"抱死"的状态。此时，车轮相对于地面处在滑移状态，滑移率在15%～20%，轮胎与地面间有最大的附着系数。这时不仅能保证制动距离最短，还能控制车辆的方向稳定性。因此，在许多高级轿车、大客车和重型货车上都装备了防抱死制动系统（Anti-lock Braking System，ABS）。近几年来，防抱死制动系统在工程运输车上应用较多，有效地提高了运行的安全性。

防抱死制动系统所做的工作实质就是通过检测车轮转速判断车轮是否抱死，再由电磁阀对制动器的液压力进行调节。当检测到车轮抱死时，就降低压力松开制动器，当检测到车轮纯滚动时就升高压力制动车轮，这种压力调节的频率每秒可达15次。

防抱死制动系统由电子控制器、车轮传感器、液压控制阀总成、蓄能器等组成。

电子控制器实际上就是一个模块化的微处理机，它将输入的信息（如车轮转速传感器和制动踏板传感器传入的信息）与存储器中的数据作比较，根据比较，控制器系统驱动某些输出设备（如电磁阀或警告灯开关）。

车轮传感器也称速度传感器或脉动传感器。它的主要作用就是检测车轮转速，并将此信息提供给控制器。

在许多系统中速度传感器是永磁式的，当安装在轮上的齿环随轮转动，从永久磁铁前经过时，它的磁通量发生变化，变化的磁通经过传感器线圈感应出交流电压，该交流电压的频率与齿圈转速成比例。再将该电压信号输给电子控制器用来计算车轮转速。

液压控制阀总成包括调节每个液压制动回路中液压力所需的机电元件，如阀门/电磁线圈、活塞等，它控制车轮制动器总成对车轮施加制动和解除制动。

蓄能器储存来自油泵的高压制动液，它在防抱死系统工作和制动助力时起作用。

图 6-3-24 是四轮三通道防抱死系统示意图，ABS 控制器对车轮速度传感器信号进行分析处理得知，车轮处减速度大（即车轮将要抱死和打滑）时，控制器向液压控制装置发出信号要保持车轮制动器压力恒定，即保持制动。如果得知车轮继续减速，控制器就发信号给回路阀电磁线圈对该制动器减小压力。当检测到该轮再次加速到某一特定的极限时，控制器再发出信号给电磁控制阀增加压力使车轮再次减速，这种控制每秒都在进行，直至停车或驾驶员松开踏板为止。

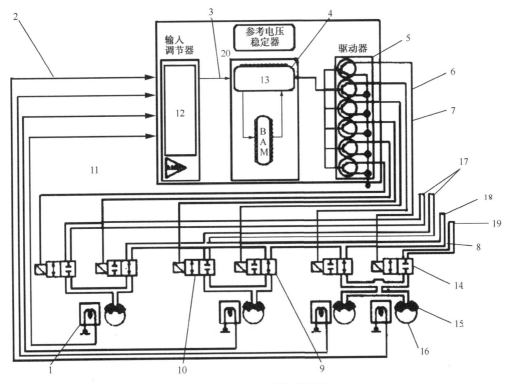

图 6-3-24　ABS 系统示意图

1—传感器探测车轮转动；2—传感器传送即将抱死工况的模拟信号；3—模拟信号转换为数字信号；

4—微处理器将输入信号与存储器内信息作比较，判断出潜在的制动器抱死；5—输出驱动器闭合；

6—促动器搭铁电路关闭；7—电流流到电磁线圈；8—到制动器的液压力减小；9—常闭输出阀开启；10—常开输入阀关闭；

11—防抱死制动处理机；12—模数转换器；13—微信号处理机；14—电磁阀；15—制动卡钳；16—制动盘；

17—来自主缸；18—到储液罐；19—来自助力器；20—微处理器

图 6-3-25 是系统正常制动时的状态，助力器室与储液罐相通，助力器室的制动液处于与储液罐相同的低压状态。

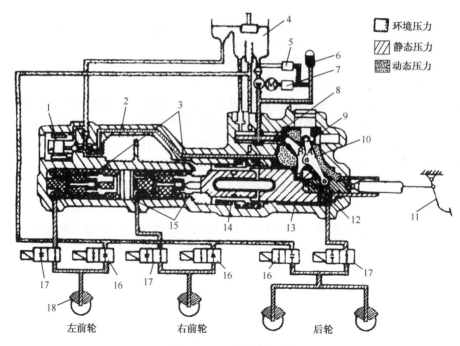

图 6-3-25 正常制动工作

1—主电磁阀；2—内部储液室；3—总泵活塞密封圈；4—储液筒；5—限压阀；6—蓄能器；7—压力控制开关及压力警示开关；
8—控制滑阀；9—液压制动助力器；10—剪状杆系；11—制动踏板；12—感压活塞；13—助力活塞；14—复位套筒；
15—制动总泵活塞；16—常闭出液电磁阀；17—常开进液电磁阀；18—制动卡钳

　　正常制动情况下，制动踏板推动推杆，操纵剪状杆系，滑阀左移时，关闭液压助力器室到储液罐的孔口，并部分开启从蓄能器来的孔口，开启的大小与制动踏板上的压力成正比，这使压力液从蓄能器进入助力器室。主缸储液罐与储液罐相通，故进入助力器室的压力油为机械推力提供液压助力，推动制动总泵活塞左移，制动液一方面进入左、右前轮制动分泵制动前轮，另一方面进入后轮制动分泵制动后轮。图 6-3-25 为 ABS 工作状态。当控制模块判定车轮抱死时，主电磁阀处于左闭右通位置、主缸储液罐与助力器室相通，压力油推动复位套筒右移，从而带动主缸活塞右移，推回制动踏板。此时蓄能器向前面轮提供液压力，后制动器仍处在正常制动方式，能接受附加制动系统使车轮进一步制动的压力，右前轮处在防抱死控制方式，因输入阀和输出阀均关闭，故液压力维持在保持方式；左前轮也处于防抱死控制方式，因输入阀关闭，输出阀打开，向储液罐卸压，液压力下降，左前轮制动暂时解除，以防打滑。

　　在制动过程中，ABS 的电子控制器是不断地对四轮转速、信号进行分析，并向液压控制阀发出指令，调整制动压力，使制动器始终在制动、保持、解除制动三种状态不断地转换，以防止车轮抱死，保证制动的可靠性。

二、静液压制动系统

　　国内外研制和应用静液压传动的工程机械越来越多，根据技术要求及通行安全，采用静液压传动的工程机械与常规机械一样，需要具备行走制动、停车制动和应急制动 3 套制动系统。它们的操纵装置必须是彼此独立的。

静液压行车制动传动系统由连接在一个闭式回路中的液压泵和液压马达构成。对这种传动装置所选用的泵和马达，除了有与一般液压元件相同的高功率密度、高效率、长寿命等性能要求外，还要求两者均能在逆向工况下运行，即在必要时马达可作为泵运行、泵也可作为马达运行，使整个系统具备双向传输功率或能量的能力。这样当泵的输出流量大于马达在某一转速下需要的流量时，多余的流量就使马达驱动车辆加速，而加速力的反作用力通过马达使入口压力升高，液压能转化为车辆的动能增量；反之，如调节变量泵的排量使其通过流量不大于马达的需求时，马达出口阻力增大，在马达轴上建立起反向扭矩阻止车辆行驶，车辆动能将通过车轮反过来的驱动马达使其在泵的工况下运行，并在马达出油口建立起压力，迫使泵按马达工况拖动发动机运转，车辆的动能将转化为热能由发动机和液压系统中的冷却器吸收并耗散掉。由于静液压传动系统产生的阻力（矩）原则上只取决于系统压力和马达排量而与行走速度无关，所以这种系统既能像上述"缓速器"那样使车辆减速，又能使其完全停止运动，不仅能满足行走制动全部功能要求，而且在制动过程中没有元件磨损且可控性良好。因此，静液压传动系统本身完全可以作为行走制动装置使用。装有静液压传动系统的车辆一般无须另行配置机械制动器，但系统中不能有驾驶员可随意操纵的使功率流中断的装置（如液压系统中的短路阀、马达与驱动之间的离合器或机械换挡装置等）。

　　在许多国家中，允许静液压传动装置作为行走制动系统使用已为相关安全法规所确认。前提是这一驱动系统中不含有短路阀，或只装有驾驶员无法直接操纵的短路阀（如将短路阀的操纵手柄装于机罩下面）。 人们也会担心静液压传管路爆破或元件损坏后会丧失制动能力，但在现在技术条件下，出现这种风险的概率不会大于传统行走制动器的概率。

　　停车制动系统用来使车辆保持静止状态。它的制动能力应足以防止车辆在各种条件下向任一方向意外移动，停车制动多在发动机熄火状态下进行操作，机构中的制动力只能由驾驶员人力能控制的纯机械传输，且必须在不输入任何外界能量的条件下长时间地保持在制动状态。这排除了用液压、气压、电磁等助力方式实现停车自动的可能。但相关法规却不禁止使用这些辅助施力方式来解脱停车制动。因此，许多现代车辆都采用蓄能弹簧加压的方式实现停车制动，而不用液压或气压方式解脱它。这种形式的停车制动器动作灵活可靠，并具备发动机熄火或主液压系统失压后自动完成保护性制动的功能。并且采用压力能源解脱它们，以便将故障车辆拖走。为此设置了机械式（螺杆、杠杆等）、液压式（手动泵或借用应急液压转向系统作为压力源）或气压式（手动气泵）应急解脱系统。

　　应急制动系统用于主制动系统全部或部分失效时完成制动任务。应急制动系统通常仅在车辆发生故障时才使用，无须频繁操作。在极端情况下，应急制动器只有一次使用寿命，是靠"牺牲"自己来保全整机的安全。对它的其他要求类似于停车制动，不得由驾驶员人力以外的外部能源操作，由于停车和应急制动系统在要求上具有相似性，实践中大多利用可渐进作用的摩擦式停车制动器兼作应急制动器使用。

　　考虑到制动器本身（盘式或鼓式）失效的可能性远小于制动操纵系统，法规不再要求采用与主制动器完全分开的停车应急制动器，而是强调主制动装置的操纵系统完全失效时，应急制动器应能独立操纵直接作用在车轮或与车轮有固定传动关联的制动元件上。这样现代车辆可能采用兼有行走、停车或应急制动能力"三位一体"的多功能车轮制动器。在这样的系统中，制动蹄片（用于鼓式）或夹钳（用于盘式）一方面可以由行车制动系统中的液压缸或汽缸操纵，另一方面也可以由停车与应急制动手柄通过杠杆系统施力或释放蓄能弹簧，彼此互不干扰。在后一种情况下，用来控制由蓄能弹簧加压的停车制动器的手柄连接一个液压或气压阀（停车时泄压），或电磁阀的电路开关，而并非机械拉杆。上述规定主要针对公路车辆，并非所有工程机械都装备如此完善的制动系统。

静液压传动车辆除与传统车辆一样配齐上述三套制动系统外，也可以取消常规的行走制动系统，以简化机构和降低成本。考虑到人们的驾驶习惯，有时应设置一个与常规车辆类似的制动踏板，只不过它是通过渐变地减少静液压传动系统中变量泵的排量来使车辆减速和停止运动的。由于存在漏损，静液压传动系统并不能满足停车制动的要求，也必须配置独立操纵的停车和应急制动系统。为此许多液压元件制造厂都根据用户的要求，在所生产的液压元件上装设机械制动器。法国波克兰液压公司生产的车轮液压马达就装有行走、停车和应急制动三位一体的鼓式（蹄式）制动器，也可选装结构更为紧凑的多盘式制动器。后者由蝶形蓄能弹簧压紧、低压液压系统供能和解脱，解脱压力 1.2～3.0MPa，可直接利用静液压驱动系统中的补油压力。当静液压传动系统发生故障或发动机熄火时，这种闭式制动器将立即动作，使车辆自动停止运动，以确保安全。此制动器设有供强制解脱。

在工业发达国家中，静液压传动已广泛用于工程机械。普遍采用静液压传动装置作为行走制动，附加机械操纵停车与应急制动器这样的制动系统。只有少数速度特别高（>50 km/h）或有特殊要求的车辆才加设常规机械式行走制动系统。国内生产的林德系列叉车、液压传动扫路车、振动压路机、滑移式装载机、井下凿岩机和飞机牵引车等，都采用静液压传动装置兼作为行走制动系统。

三、电液制动系统

近年来，国外在车辆制动系统方面出现了很多新技术、新结构，其中线控制动是继车辆防抱死制动系统（ABS）、牵引力控制制动系统（ASR）等技术之后出现的一种新型制动形式。线控的概念源于飞机制造，随着电子技术的广泛应用，这一概念被引入车辆制造领域，出现了线控转向、线控驾驶及线控制动等技术在车辆上的应用。与传统的制动系统不同，线控制动以电子元件代替部分机械元件，成为机电一体化的制动系统。在电子控制系统中设计相应程序，操纵电控元件来控制制动力的大小及制动力的分配，可完全实现使用传统控制元件所能达到的 ABS 及 ASR 等功能。

目前线控制动系统分为两种类型，一种为电液制动系统（EHB），另一种为电子机械制动系统（EMB）。电液制动系统是将电子与液压系统相结合，由电子系统提供控制，液压系统提供动力；电子机械制动系统则采用电线及电制动器完全取代传统制动系统中的空气或制动液等传力介质及传统制动器，是未来制动控制系统的发展方向。线控制动系统的共同特点是都具有踏板转角与踏板力可按比例调控的电子踏板；具有控制制动力矩与踏板转角相对应的程序控制单元；具有的程序控制单元可基于其他传感器或控制器的输入信号实现主动制动及其他功能。

与电子机械制动不同，电液制动不会占用车轮制动器附近空间，也不会增加额外重量。相对电子机械制动的 42V 电源的高能耗，电液制动利用原车电源即能充分满足要求。为满足大吨位重型车辆或工程机械的制动要求，只有采用液压系统才能产生足够的制动力矩。此外，由于工作及转向的需要，轮式工程机械一般都具有多路液压系统，利用原车液压源建立电液制动更为容易。因此，在轮式工程机械上实现线控制动的第一步是实现电液制动。

轮式工程机械电液制动系统。动力制动系统以其优越的制动性能及可靠性被国内外广泛应用于轮式车辆。全液压动力制动尽管较气液式制动具有很多优势，但对于自行式登高作业车、集装箱搬运车等需要进行远程控制的车辆来说，仍需较长制动管路。采用电子与液压系统相结合的电液制动系统不但可以解决上述问题，而且较常规的全液压动力制动系统具有更多的优点。

轮式工程机械的电液制动系统的基本结构及原理与汽车不同，它是在全动力制动系统的基础上采用电液新技术加以改进来实现的。图6-3-26为MICO公司的轮式车辆的线控电液制动系统方案。新系统增加了电子踏板、电控单元、阀驱动器及电液制动阀，取消了原有的压力制动阀，保留了原全动力制动系统中的泵、蓄能器充液阀、蓄能器及制动器。

其基本原理是：电子踏板1将踏板角转换为电信号，同时输入到电控单元2及阀驱动器3。电控单元2将控制电流及信号分别输入到电液制动阀4和阀驱动器3。阀驱动器3根据两个输入信号中的值产生控制电流输入到电液制动阀5。电液制动阀4、5根据输入电流调整输出到制动器的压力。

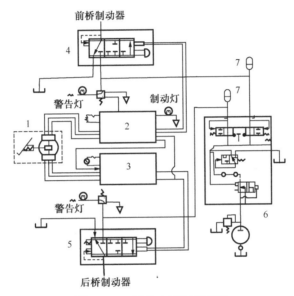

图6-3-26　线控电液制动系统

1—电子踏板；2—电控单元；3—阀驱动器；4、5—电液制动阀；6—充液阀；7—蓄能器

由图6-3-26可以看出，尽管转换看似复杂，并增加了元件的数量，但设计人员可通过元件的调整布置，利用可编程电控单元使系统实现全动力制动系统所无法实现的功能。采用电液制动系统可将制动阀和液压管路布置于远离驾驶室而更接近于制动器的位置，不但改善了系统性能和操作人员的工作环境，而且减少了管路的消耗并使管路布置更容易；采用电液制动系统能够很容易地进行远程操作或增加遥控操作系统而无须采用更多的管路及阀；电液系统能适时监控制动系统的状况，使故障的诊断和排除更容易，提高了机械的安全性；制动信号还能与发动机电子控制器及变速器控制器共享以改进车辆的性能；通过调整控制方案可形成多用途、多形式的制动系统。

电液制动系统能够实现多种控制方案，如防抱死制动、遥控制动及牵引控制制动等。图6-3-27为MICO公司带有牵引控制的电液制动系统方案。系统在全液压制动系统的基础上，增设了传感器、电液制动阀及电控单元。在电液制动阀中加入单向阀，使得双联制动阀的输出压力高于电液制动阀和牵引控制系统产生的压力。正常情况下电液制动阀2开启，制动压力由制动阀3控制，并与踏板上的操纵力成比例关系。安装于轮边的速度传感器1将产生的电子脉冲信号输入电控单元 4。当车轮转动过快时，根据控制规则，电控单元控制发送到每一个电液制动阀的电流，电液制动阀调整来自蓄能器的制动器压力，停止车轮的过度转动以改善车辆的牵引力。在车辆地面牵引工况恶劣的情况下，带有牵引控制的全动力制动系统能够帮助操作人员保证车辆具有足够的牵引力。

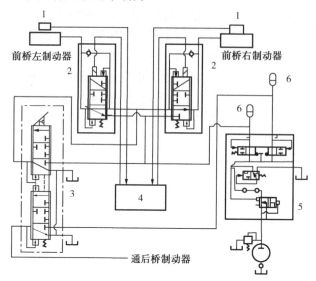

图 6-3-27　牵引控制电液制动系统

1—速度传感器；2—电液制动阀；3—双联制动阀；4—电控单元；5—充液阀；6—蓄能器

以消除这些干扰信号造成的影响。如果此类问题解决不好会使系统结构复杂，成本增高。目前电液制动系统的实施仍面临一些问题，如控制系统失效处理及抗干扰处理等。电液制动控制系统需要一个保证制动安全的监控系统，无论哪个电控元件失效，都应立即发出警告信息。轮式工程机械在工作过程中存在各种干扰信号，需要良好的抗干扰控制系统。

对于轮式工程机械，从气顶液压制动到全动力液压制动再到线控制动是制动系统的发展趋势。采用线控制动中的电液制动是实现制动系统电子化的第一步。尽管面临一些需要解决的问题，通过电子与液压系统结合形成的多功能、多形式的电液制动系统能够为设备的操纵人员提供更完善的服务，具有广泛的应用前景。

咨询四　气压及气液传动装置典型故障诊断排除

一、气压式传动装置故障诊断

1. 制动不灵或失灵

（1）现象

机械行驶或作业时，踩下制动踏板制动效能不理想，甚至无制动感。

（2）原因分析

① 空气压缩机因使用过久各部位机件磨损导致工作不良，使其供气能力衰退，使储气筒内无气压或气压不足，导致制动力减小；空气压缩机皮带过松或折断，使之供气能力下降，甚至不能供气。

② 空气滤清器堵塞造成供气困难。

③ 气压控制阀调整的压力过低，造成供气系统内气压过低。

④ 冬季供气管路内的积水或油水分离器分离出的水结冰堵塞供气气路而供能不良。

⑤ 制动管路有破裂、管接头松动漏气、控制阀关闭不严、垫片或膜片破裂等，均会造成漏气，当因漏气使系统内气压降至不足以制动时，则制动不良。

⑥ 制动阀平衡弹簧弹力调得过小，使进气阀门过早关闭而切断制动气路，使制动汽缸内的气体压力不能升高而造成制动力减小。

⑦ 制动阀的活塞密封件磨损，进气阀上方胶垫与芯管密封不良，均会造成漏气而使制动力减小。

⑧ 制动传输管道、制动汽缸、快速放气阀密封不良，制动时漏气，导致制动不灵。

⑨ 制动凸轮轴因锈蚀而转动困难或转角过大，使制动力减小。

⑩ 制动器摩擦副的摩擦系数减小，使其制动力减小。

（3）诊断与排除

① 启动发动机使之中速运转数分钟后，观察气压表读数是否符合技术要求。如气压表读数仍然很低，可踩下制动踏板，当放松踏板时放气很强，说明气压表损坏，故障不在制动器；若无放气声或放气声很小，则应检查空压机传动皮带是否折断、松弛或严重打滑，查明原因对症排除；若空压机传动皮带正常，应拆下空压机出气管检查，若排气很慢或不排气，表明出气管堵塞；若出气管未堵塞，查看出气管接头是否堵塞，进而检查空压机的排气阀是否漏气，弹簧弹力是否过弱或折断，缸盖衬垫是否损坏，汽缸壁及活塞是否磨损过度等。根据检查的故障原因对空压机进行修理。

② 如气压表读数正常，但发动机熄火后，气压表指针徐徐下降，说明系统有漏气，应检查制动阀、制动管等是否漏气，查明后予以排除。

③ 启动发动机后气压表指针指示气压上升速度正常，但气压未达到规定值就不再上升，说明压力调节阀调整压力过低，应重新进行调整。

④ 若气压表读数正常，发动机熄火后气压也能保持正常，但踩下制动踏板后有漏气声。应先检查制动阀，若有漏气声，说明制动阀不良，需拆检制动阀。若制动阀无漏气声，应再检查制动气室或制动软管有无漏气处，根据漏气部位，采取调整或更换元件的方法排除。

⑤ 若每踩一次制动踏板，气压表指针下降值少于规定值，说明制动阀平衡弹簧调整压力过小，应重新调整。

⑥ 若每踩一次制动踏板，气压表指针下降正常，说明制动不良是因制动器的摩擦系数减小，或制动蹄支承销锈蚀，或其他原因造成摩擦阻力过大所致。

如果长时间下慢长坡连续使用制动，则说明制动不良是使用不当所致，应让机械适当休息。若涉水、洗车或潮湿后制动不良，说明是制动摩擦系数减小，可以低速行驶并轻踩制动踏板，使制动器摩擦发热蒸发水分即可。

若上述现象均不存在，说明制动不良是由于制动蹄摩擦片与制动毂贴合面不良或摩擦片磨损过度所致，应更换摩擦片或重新靠合制动蹄的贴合面。

如果轮式工程建设机械停放时间过长，重新使用后出现制动失灵，多数是由于制动器锈蚀所致。

⑦ 如果发动机熄火后，气压能保持正常，踩下制动踏板也不漏气，但制动不灵，应检查制动踏板自由行程是否过大，若过大，应调整至标准范围；进而检查各制动气室推杆伸张

情况，若伸张行程过大，一般是因为制动毂与摩擦片间隙过大，应进行调整。

2．制动跑偏

（1）现象

机械制动时自动偏离原来的行驶方向。

（2）原因分析

机械制动时跑偏，主要原因是在同一轴上的左、右车轮的制动效果不相同。按要求，机械车轮制动力的合力作用线应与过质心的纵向中心线重合。如果左、右车轮的制动力不等，则制动合力的作用线偏离纵向中心线，产生一个旋转力矩，使机械制动时跑偏。左、右车轮制动力相差越大，则制动时产生的旋转力矩越大，制动跑偏越严重。导致左、右车轮制动力不相等的主要原因有以下几种。

① 左、右车轮制动毂与制动摩擦片之间的间隙不相等。

② 左、右车轮制动器摩擦片材质不同或接触面积相差悬殊。

③ 某车轮的摩擦片有油污或水。

④ 某车轮制动毂的圆柱度误差过大。

⑤ 某车轮制动气室推杆弯曲或膜片破裂。

⑥ 左、右车轮制动蹄回位弹簧弹力不相等。

⑦ 左、右车轮轮胎气压不一致。

⑧ 某侧制动软管堵塞、老化。

⑨ 车架、转向系有故障。

⑩ 制动时左、右车轮的地面制动力不相等。

（3）诊断与排除

① 通过路试，找出制动效能不良的车轮，一般是机械向右侧偏斜，则左侧车轮制动不良；机械向左侧偏斜，则右侧车轮制动不良。同时查看左、右车轮在地面上的拖印痕迹，拖印短的一边，车轮制动效能不良。

② 找出制动效能不良的车轮后，踩住制动踏板，注意听该车轮的制动气室、管路或接头是否有漏气声，如制动气室有漏气声，必是膜片破裂；管路或接头松动，也会有漏气现象。若无漏气，应注意观察制动气室推杆的伸张速度是否相等，有无歪斜或卡住情况，如左、右制动气室推杆伸张速度不等，则应检查左、右制动气室工作气压。如果左、右制动气室气压相差过大，应检查气压低的制动软管是否堵塞、老化等，并视情况予以排除。

③ 如左、右制动气室推杆伸张速度相等，可检查制动气室推杆行程是否过大，若过大应调整至符合要求。若推杆行程正常，应检查制动器内是否有油污和泥水以及摩擦片松脱现象，并检查制动毂与摩擦片之间的间隙是否正常，且左、右两轮应该一致。

④ 若上述检查均正常，应拆检制动毂是否失圆、摩擦片是否磨损过量、铆钉是否外露等，视检查情况，采取光磨制动毂、更换摩擦片等方法进行排除。

⑤ 检查左、右车轮轮胎气压是否一致，不符合要求，按需补气。

3．制动拖滞

（1）现象

机械解除制动后，制动蹄摩擦片与制动毂仍有摩擦，行驶时总感到有阻力，用手摸制动器，感到发热。

（2）原因分析

制动器在解除制动状态时制动蹄与制动毂之间应保持一定的间隙，即为制动间隙。非制动状态时不论什么原因使制动间隙消失，均会引起制动拖滞。制动拖滞分为全部车轮均有拖滞、单轴车轮拖滞和单车轮拖滞。

① 全部车轮均有拖滞，多为制动阀有故障，如制动阀的活塞回位弹簧弹力变弱，不能将制动管道的气路与大气沟通，管道内气体压力不能下降，使制动气室内气压不能消除。还有可能是制动阀排气阀弹簧折断或制动阀阀橡胶座变形或脱落等原因导致制动拖滞。

② 单轴车轮拖滞主要受快速放气阀的影响。若快速放气阀的排气口堵塞，解除制动时使单轴两车轮的制动气室内的压缩气体不能放掉，则该轴车轮的制动力不能消除，故出现单轴两车轮制动拖滞。

③ 单个车轮制动拖滞，多数是因为制动器和制动气室的故障。如制动毂与摩擦片间隙过小，制动蹄支承销处锈蚀卡滞，制动凸轮轴与支架衬套锈蚀卡滞，制动蹄回位弹簧过软或失效，制动气室推杆伸出过长或弯曲变形而卡住，制动气室膜片老化变形或破损等。

（3）诊断与排除

① 如果机械不能起步，或起步后感到行驶阻力较大，可停车观察各车轮制动气室的推杆，若制动气室的推杆均未收回，即为全部车轮均制动拖滞。应先检查制动踏板自由行程，若无自由行程，应进行调整；若自由行程正常，多为制动阀有故障，应查明原因予以排除。

② 如果用手抚摸同轴上的两车轮制动感到发热，说明是单轴车轮制动拖滞，故障在与此轴有联系的快速放气阀，应拆解放气阀，查明原因予以排除。

③ 如果有个别车轮制动毂发热，或两发热的制动毂不在同一轴上，即为单车轮拖滞，故障原因在车轮制动器和制动气室。检查时踩抬制动踏板，观察该车轮制动气室推杆回动情况，若推杆回位缓慢或不回位，可拆下调整臂，再检查推杆回动情况，如仍回位缓慢，则应拆下该制动气室，检测推杆是否弯曲变形或歪斜卡住，或伸出过长，根据情况校正或调整。当拆下调整臂后，制动气室推杆回动正常，则应拆检、清洁、润滑制动器制动凸轮轴和制动蹄轴。

若制动气室推杆回位正常，则应检查该车轮轮毂轴承预紧度及制动间隙。其方法是：将有制动拖滞的车轮支起，若车轮能自由转动，说明车轮轮毂轴承过松，应调整轴承预紧度；如果车轮有摩擦，应将制动间隙调大；若调整后车轮转动仍有摩擦，同时调整制动间隙感到费力，说明是制动器有锈蚀引起制动拖滞。如果调整制动间隙无效，说明是由于该车轮制动器的回位弹簧失效或脱落所致，应查明原因予以排除。

二、气液综合式制动装置故障诊断

1．制动不灵或失灵

（1）现象

踩下制动踏板后其制动效果不理想或机械无减速感觉。

（2）原因分析

制动不灵主要是由制动器的制动摩擦块与制动盘的摩擦力减小或消失，或者摩擦系数减小所导致的，其主要原因有以下几点：

① 空气压缩机因磨损或气门关闭不严，造成能量转换效率降低，输出的气压不足。

② 压力控制阀调整压力过低，使空压机输出的气体压力低。

③ 储气筒或所连接的管路漏气，如储气筒进气口单向阀密封不良、制动阀进气门被污物堵塞关闭不严、压力控制阀漏气等，造成供给的气体压力下降。

④ 空气滤清器堵塞，造成空压机充气不足而供能不良。

⑤ 油水分离器冬季时被分离出的水冻结，使供能气路堵塞，使制动力下降。

⑥ 加力器的活塞密封不良而漏气，使作用在活塞上的气体压力减小，液压制动总缸输出的油液压力也减小，使制动力减小。

⑦ 液压制动总缸内油液不足、皮碗漏油或管路漏油，使制动摩擦衬块压向制动盘的力减小，即制动力减小。

⑨ 制动轮缸密封件损坏漏油，使制动力下降。

⑨ 液压制动油路泄漏或系统内有空气时，导致制动不灵。

⑩ 制动器摩擦系数减小，使制动力减小。

（3）诊断与排除

① 检查制动系供能装置、制动阀和气推油加力器故障。其气压部分与气压制动装置基本相同，进行故障诊断与排除时参看"气压制动装置故障诊断与排除"部分的内容。

② 如果冷车时制动效果良好，热车时制动效果变差，应检查制动盘温度，如果制动盘有烫手感觉，则可能是制动系统内有油蒸气，应排除制动器内的蒸汽或停车冷却。

排除液压部分气体的方法是：踩下制动踏板，松开制动轮缸上的放气螺塞，将气体排出，若一次排不完，可先将放气螺塞关闭，然后放松制动踏板，再重复以上动作，直至放出的油液无气泡为止。

③ 检查液压制动总缸的油液储存量，如果制动油液短缸，应添加油液。

④ 检查液压制动系是否有漏油，如有泄漏，应根据油迹查明漏油部位和原因，并予以排除。

⑤ 若制动盘有油污和水分，应查明来源并予以排除。

2．制动跑偏

（1）现象

机械制动时偏离原来行驶方向。

（2）原因分析

机械的制动器是两侧对称布置的，两侧车轮的制动效能应相同，若转向轮两侧车轮制动效能不同，就会出现制动跑偏，差值越大，制动跑偏现象越严重。造成制动跑偏的主要原因有以下几种。

① 某车轮制动管路中进入空气。

② 两侧车轮制动器制动块与制动盘之间的间隙不相等。

③ 两侧车轮制动器摩擦衬块材质不同。

④ 某车轮的摩擦衬块油污或水湿。

⑤ 两侧车轮轮胎气压不一致。

（3）诊断与排除

根据所分析的原因，气压制动部分故障与气压制动装置基本相同，诊断与排除时可参看前述气压制动装置；制动器故障的诊断与排除可参看制动不灵的诊断方法。

3．制动拖滞

（1）现象

机械解除制动后，行驶时感到有阻力，用手抚摸制动器感到发热。

（2）原因分析

全部车轮均有拖滞，多为制动阀故障。单个车轮拖滞，多为制动器及制动管路故障，原因分析可参看气压制动装置相关部分的内容。

（3）诊断与排除

制动阀故障的诊断与排除参看气压制动装置部分的相关内容，制动器及制动管路故障参看"制动不灵或失灵"故障的诊断与排除。

三、故障实例

ZL10C 装载机制动力不足。

（1）故障原因

① 制动液错用或混用。

② 制动总泵或分泵漏油。

③ 制动液压管路中有气体。

④ 刹车气压低。

⑤ 加力器皮碗磨损、制动摩擦片严重磨损。

（2）排除步骤及方法

① 检查制动液。如发现白色沉淀、杂质等要过滤后再用。醇型制动液低温时黏度大，变稠分层，使制动失灵；且沸点较低，高温时醇类蒸发易发生气阻使制动失灵。矿物型制动液需将制动系统的皮碗、软管等换成橡胶制品以防腐蚀，否则易导致制动失灵。合成型制动液易吸水，注意密封以防变质。不同类型和不同牌号的制动液绝对不能混用，否则混合后会分层而失去制动作用，同时会迅速损坏橡胶元件。如出现此类情况，应清洗制动系统，换用规定的制动液，即排除故障。

② 检查总泵液面是否正常，制动总泵进回油孔是否通畅，管路接头连接部分有无松动，橡胶元件是否老化、变质。必要时可更换分泵矩形密封圈，更换皮碗。

③ 液压管路应保持一定的压力，防止空气从油管接头或制动器皮碗等处侵入系统。制动液系统中的气体会影响制动性能，所以在更换零件时，清洗系统后要进行放气。

④ 检查空压机、多功能卸荷阀、储气筒及管路密封性。空压机压出的空气经多功能卸荷阀进入储气筒，用于刹车制动，一旦密封性能不好会造成刹车气压低。

⑤ 检查加力器皮碗和钳盘式制动器的摩擦片，当制动踏板松开时，制动液未能及时随活塞返回，总泵缸内形成低压，在大气压下储油室的制动液穿过活塞头部的 6 个小孔皮碗周围补充到总泵内。制动时，加力器推动总泵的压力油经管道进入夹钳内的活塞顶部，推动活塞使摩擦片压向制动盘，产生制动力矩，使车轮减速或停止。当摩擦片上的小沟磨平后即进行更换，更换时只需从钳体上拔去销子，就可将摩擦片抽出。更换皮碗和摩擦片后，再次踏下制动踏板时制动力增大则故障排除。

实践训练 15　气压及气液式制动传动装置维修

一、维护

气压式制动传动装置二级维护时，应进行下列作业：

（1）检查制动控制阀、储气筒、制动气室、管路及接头等部位是否漏气。

（2）制动软管应无老化；气压制动系各部的连接软管经长期使用后，会老化变质而漏气。因此，必须每年或每行驶 50000km 更换一次。

（3）制动控制阀进气迅速、排气畅通。

（4）制动气室推杆行程符合规定，例如，解放 CA1091 汽车前制动器的推杆行程为 20～25mm，最大不得超过 30mm，后轮制动器为 25～30mm，最大不得超过 40mm；东风 EQ1090 汽车前后轮制动器推杆行程均为 20～30mm，同一车桥相差不得大于 5mm。

二、主要零件的检修

1．空气压缩机检修

（1）检修

由于空气压缩机与调压阀配合工作，实际产生压缩空气并向储气筒供气的时间，根据行驶条件的不同，占总工作时间的 1/10～1/3。卸荷阀、调压阀在出厂时已调好，一般无须自行拆检。必需拆检时，要在专用试验台上进行开、闭压力的检查与调整。

空气压缩机工作时，不应有大量润滑油窜入储气筒中，经连续工作 24h 后，储气筒中的润滑油达到 10～15mL 时，应详细检查活塞与活塞环的磨损情况、后盖与油堵的密封情况、回油管是否畅通以及连杆大端与曲轴的轴向间隙等，根据发现的问题进行维修。

空气压缩机的修理，因其结构与发动机曲柄连杆机构相似，可参照发动机曲柄连杆机构的修理技术修理。

（2）磨合与性能试验

空气压缩机经修理后，应进行磨合和工作性能的试验。试验可在试验台上进行，空气压缩机的工作性能应符合原厂要求。无试验台时，可装在车上进行充气效率试验。

① 发动机中速运转，在 4min 内储气筒的气压不得低于 392kPa。

② 储气筒内的气压为 590kPa 时，空气压缩机停转 3min，筒内气压降不得大于 9.8kPa。

③ 卸荷阀的工作应正常。解放 CA1091 型汽车储气筒的气压升至 784～833kPa，卸荷阀开始工作，空气压缩机停止泵气；当储气筒内的气压降至 637～686kPa 时，空气压缩机应能自动恢复泵气，储气筒气压应逐渐升高。东风 EQ1090E 汽车空气压缩机应在储气筒气压为 687～726kPa 时，自动停止泵气；储气筒气压降至 550～589kPa 时，应能自动恢复泵气。

2．储气筒与附件的修理

储气筒应进行耐压试验，在 1274～1470kPa 水压下，应无明显的变形、局部凸起和渗漏，否则应更换。检修合格后，按规定涂漆。

（1）单向阀

单向阀装于各储气筒的进口处，用于防止压缩空气倒流。如出现储气筒的压力上升较慢，停车后气压下降较快或空气压缩机的皮带轮经常停转，一般是单向阀阀片发卡、破损或密封不严所致。如发现有此现象发生，可将单向阀解体清洗并检查阀门和阀座的密封性。若有锈蚀或损坏，应换新。

（2）安全阀

安全阀装在湿储气筒的后端。当调压阀出现故障、空气压缩机不能卸荷时，安全阀用于控制系统的最大压力。解放 CA1091 型汽车安全阀的开启压力为 882kPa，东风 EQ1090E 型汽车为 833kPa。维护时可用肥皂水来检查安全阀的密封性。当排气孔出现气泡时，说明安全阀密封不严。

（3）放水阀

放水阀装于每只储气筒的最低处，应密封严密。每天停车后，应及时放掉储气筒各腔的油与水，以免结冰或锈蚀。

3. 制动控制阀

（1）串联双腔制动控制阀

制动控制阀在使用中最为常见的损伤是密封不良、零件运动不灵活或调整不当等。

汽车停驶后，如发现储气筒气压下降过快，并且能在制动控制阀下方排气口听到漏气的声音，可拆检制动控制阀，检查的重点为上、下阀门与壳体接触的工作面。应清除橡胶件表面的积存物，用砂布轻轻磨去压伤痕迹。还应检查活塞上、下运动是否灵活，有无发卡现象。若活塞松旷，应考虑更换橡胶密封件。若制动阀上部的挺杆运动不灵活，应注意检查橡胶防尘套的密封性。若零件老化和裂纹，使尘土、泥沙进入摩擦表面，将影响制动阀的正常工作。

装配制动控制阀时，密封件和运动表面应涂工业锂基润滑脂。

制动阀中的平衡弹簧总成不得随意拆卸和调整，因为制动过程的随动作用完全取决于平衡弹簧的调整质量。如预紧力过大，制动过于粗暴；如预紧力过小，则气压增长缓慢制动不灵。只有出现上述不良现象时，才可按修理技术条件的要求进行平衡弹簧的调整。

这种串联双腔制动阀只有一个调整部位，即通过调整拉臂上的调整螺钉来调整上阀门的排气间隙，上活塞总成下端距上阀门之间的间隙应为 1.2～1.4mm。此间隙反映到制动踏板，即为制动踏板的自由行程。CA1091 型汽车制动踏板行程为 10～15mm。

装配后，应对制动控制阀的性能进行试验。试验时，在制动阀上、下进气口与储气罐之间各串入一个 1L 的容器和气压表，并用一个阀门控制气路的通断。首先通入压力为 78kPa 的压缩空气，待压力表的读数稳定后，将阀门关闭。此时只有串入的小容器中压缩空气与进气腔相通，压力表用来显示进气腔压力的变化。经 5min 试验后，气压表读数的降低不得大于 24.5kPa。否则，应检修或更换进气阀。打开阀门，使储气筒与制动控制阀相通，拉动制动拉臂至极限位置不动，然后关闭阀门，以小容器内的压缩空气检查两出气腔的密封情况，在 5min 内，气压表读数降低不得大于 49kPa，否则应检查制动气室、芯管和排气阀是否漏气。

（2）并联双腔制动控制阀

汽车大修时，制动控制阀应解体清洗并更换橡胶膜片和各部橡胶密封圈和阀门，不需更换的零件应清除油污、锈蚀，修整轻微磨损伤痕。装配时，应在各运动表面涂二硫化钼锂基脂。

在清洗过程中，应注意检查前、后两腔的圆柱形阀门。阀门的圆柱形导向表面容易生锈，使运动受阻，必须认真清洁，消除锈迹，以确保阀门上、下运动灵活。阀门上的轴向小孔使阀门上、下连通，起平衡作用。如有堵塞，阀门下方形成真空，解除制动后阀门不能复位，将导致储气筒压缩空气的泄漏，汽车将失去制动能力。因此，组装前向阀门涂润滑脂时，绝对不能将此小孔堵住。

在制动控制阀装配时，应进行以下调整。

① 调整排气间隙。在组装前、后两腔柱塞座之前，用深度尺测量芯管至阀座平面之间的距离，前、后两腔的距离应相等，均为 $1.5^{+0.3}_{0}$ mm。若该间隙不符合要求，用拉臂上的调整螺钉进行调整。螺钉旋入芯管下移，排气间隙变小；反之，排气间隙变大。调整后，锁止调整螺钉。此间隙反映到踏板上，即为制动踏板的自由行程，其标准值为 10～15mm。

② 调整最大制动气压。最大制动气压应为 539～589kPa。测量时，储气筒的压力应在 700～740kPa，此时制动拉臂应与壳上调整螺钉接触。如果气压较低时，将壳体上的调整螺钉旋出，反复试验无误后，将锁母锁紧。

③ 调整前、后腔的压力差。测量时，将压力表分别与前、后腔接通，踩下制动踏板至任一位置不动，旋转后腔调整弹簧下的弹簧座。旋入时，可使弹簧弹力增大，从而降低后腔的输出气压，应使后腔的输出气压比前腔低 9.8～39.3kPa。松开制动踏板，再踩到任一位置，如前后腔的压力差仍为上述数值，说明调整正确，最后将锁母锁紧。

4．制动气室

解放 CA1091 和东风 EQ1090E 型汽车的制动气室均采用卡箍夹紧的结构。制动气室膜片应无裂纹和老化。当用 1MPa 的气压做试验时，不得有漏气现象。在同一车桥的左、右制动室，不许装用不同厂牌、不同质量的制动膜片。制动膜片必须按使用说明书要求周期更换，一般的更换周期为 60000km。

5．油气加力器

（1）技术维护

油气加力器结构如图 6-3-28 所示，进油阀为摇摆式自定心结构，液压系统内无剩余压力，技术维护时应特别注意检查管路的密封性。若管路密封不严，空气将渗入系统内。在二级维护作业中，应清洗储油罐和滤清器，更换制动液；检查进油阀、活塞杆和活塞密封圈的密封性，必要时应予以更换。

（2）零件检修

检查各滑动零件是否过度磨损或损坏。活塞、气室缸体、活塞杆等不得有擦伤现象。检查橡胶密封件是否有膨胀变形、磨损及老化等现象，如有则更换。

弹簧不应有永久变形、锈蚀及断裂，如有则应予以更换。

（3）组装与工作性能检查

组装时，所有滑动零件摩擦表面应涂一薄层润滑脂，活塞皮碗应添加适量的润滑脂，活塞毛毡要浸透 10 号机油。

组装活塞皮碗时应注意，皮碗开口的一端应朝向气室进气的一侧。如装错，皮碗将不起密封作用。将活塞装入气室缸体内时注意不要碰坏活塞皮碗。

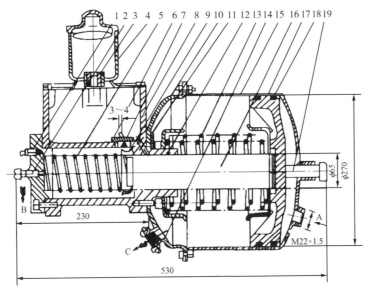

图 6-3-28 油气加力器

1—放气螺钉；2—出油螺栓；3—过滤网；4—储油罐；5、13—复位弹簧；6—进油阀螺塞；7—进油阀；8—缸体；9—阀门托盘；
10—气室缸体盖；11、12—密封圈；14—滤清器；15—气室缸体；16—活塞杆；17—活塞；18—活塞皮碗；19—调整螺钉；
A—接快放阀和制动阀；B—接前后制动分泵；C—通大气

由于活塞复位弹簧有一定预紧力，所以组装气室缸体盖时，应在压力机上进行。

组装后应调整进油阀开启的倾斜度。用气室缸体尾部上的调整螺钉来调节活塞复位时的极限位置，使进油阀的倾斜角约为 15°。

活塞在工作过程中应移动迅速，不应有卡滞现象。油气加力器不得有漏气及漏油现象，进油阀门应关闭紧密。

任务思考题 14

1. 简述气液式制动系特点、组成及工作过程。
2. 简述空气压缩机作用与原理。
3. 简述制动阀结构与原理。
4. 简述制动加力器结构与原理。
5. 试述串联活塞式气压制动控制阀的检修方法。
6. 分析气液式制动系制动不灵的原因？

参 考 文 献

[1] 周建钊. 底盘结构与原理. 北京：国防工业出版社，2006.

[2] 沈松云. 工程机械底盘构造与维修. 北京：人民交通出版社，2009.

[3] 高秀华. 工程机械结构与维护检修技术. 北京：化学工业出版社，2004.

[4] 陈新轩等. 现代工程机械发动机与底盘构造. 北京：人民交通出版社，2007.

[5] 杨国平. 现代工程机械技术. 北京：机械工业出版社，2006.

[6] 周林福. 汽车底盘构造与维修（中专教材）. 北京：人民交通出版社，2001.

[7] 周林福. 汽车底盘构造与维修（高职教材）. 北京：人民交通出版社，2002.

[8] 张铁. 工程建设机械故障检测与分析. 北京：石油大学出版社，2002.

[9] 李春明等. 现代汽车底盘技术. 北京：北京理工大学出版社，2006.

[10] 纪玉国. 公路工程机械构造与维修. 北京：人民交通出版社，2006.

[11] 屠卫星. 汽车底盘构造与维修. 北京：人民交通出版社，2006.

[12] 崔崇学. 公路工程机械维修. 北京：人民交通出版社，1999.

[13] 唐银启. 工程机械液压与液力技术. 北京：人民交通出版社，2006.

[14] 王胜春，靳同红等. 装载机构造与维修手册. 北京：化学工业出版社，2011.

[15] 杨国平等. 推土机、铲运机、装载机、平地机、挖掘机故障诊断与排除. 北京：机械工业出版社，2006.

[16] 陆刚，刘波. 工程机械底盘指南. 北京：中国轻工业出版社，2009.

[17] 林慕义，宁晓斌. 工程车辆全动力制动系统. 北京：冶金工业出版社，2007.

[18] 张炳根. 推土机运用与维护. 北京：北京大学出版社，2010.

[19] 林慕义，孙大刚，李春超. 轮式工程机械新型电液制动系统. 工程机械，2004（1）.